谨以此书献给所有从事 IGBT 设计、研发、生产和应用的科技工作者，感谢他们为国产 IGBT 的研制和推广做出的杰出贡献！

——编著者

“十三五”国家重点出版物出版规划项目
电力电子新技术系列图书
智能制造与装备制造业转型升级丛书

# 绝缘栅双极型晶体管（IGBT）设计与工艺

赵善麒　高　勇　王彩琳　等编著

机 械 工 业 出 版 社

IGBT是新型高频电力电子技术的CPU，是目前国家重点支持的核心器件，被广泛应用于国民经济的各个领域。本书共分10章，包括器件结构和工作原理、器件特性分析、器件设计、器件制造工艺、器件仿真、器件封装、器件测试、器件可靠性和失效分析、器件应用和衍生器件及SiC-IGBT。

本书面向电气、自动化、新能源等领域从事电力电子技术的广大工程技术人员和研究生，既满足从事器件设计、制造、封装、测试专业人员的知识和技术需求，也兼顾器件应用专业人员对器件深入了解以满足更好应用IGBT的愿望。

**图书在版编目（CIP）数据**

绝缘栅双极型晶体管（IGBT）设计与工艺/赵善麒等编著.
—北京：机械工业出版社，2018.9（2024.5重印）
“十三五”国家重点出版物出版规划项目　电力电子新技术系列图书　智能制造与装备制造业转型升级丛书
ISBN 978-7-111-60498-3

Ⅰ.①绝…　Ⅱ.①赵…　Ⅲ.①绝缘栅场效应晶体管
Ⅳ.①TN386.2

中国版本图书馆CIP数据核字（2018）第161857号

机械工业出版社（北京市百万庄大街22号　邮政编码100037）
策划编辑：罗　莉　　　　责任编辑：罗　莉
责任校对：刘志文　刘　岚　封面设计：马精明
责任印制：单爱军
北京虎彩文化传播有限公司印刷
2024年5月第1版第4次印刷
169mm×239mm · 19.25印张 · 354千字
标准书号：ISBN 978-7-111-60498-3
定价：98.00元

电话服务　　　　　　　　　　网络服务
客服电话：010-88361066　　机　工　官　网：www.cmpbook.com
　　　　　010-88379833　　机　工　官　博：weibo.com/cmp1952
　　　　　010-68326294　　金　　书　　网：www.golden-book.com
**封底无防伪标均为盗版**　　机工教育服务网：www.cmpedu.com

# 第2届
# 电力电子新技术系列图书
# 编辑委员会

# 电力电子新技术系列图书
# 序言

1974 年美国学者 W. Newell 提出了电力电子技术学科的定义，电力电子技术是由电气工程、电子科学与技术和控制理论三个学科交叉而形成的。电力电子技术是依靠电力半导体器件实现电能的高效率利用，以及对电机运动进行控制的一门学科。电力电子技术是现代社会的支撑科学技术，几乎应用于科技、生产、生活各个领域：电气化、汽车、飞机、自来水供水系统、电子技术、无线电与电视、农业机械化、计算机、电话、空调与制冷、高速公路、航天、互联网、成像技术、家电、保健科技、石化、激光与光纤、核能利用、新材料制造等。电力电子技术在推动科学技术和经济的发展中发挥着越来越重要的作用。进入 21 世纪，电力电子技术在节能减排方面发挥着重要的作用，它在新能源和智能电网、直流输电、电动汽车、高速铁路中发挥核心的作用。电力电子技术的应用从用电，已扩展至发电、输电、配电等领域。电力电子技术诞生近半个世纪以来，也给人们的生活带来了巨大的影响。

目前，电力电子技术仍以迅猛的速度发展着，电力半导体器件性能不断提高，并出现了碳化硅、氮化镓等宽禁带电力半导体器件，新的技术和应用不断涌现，其应用范围也在不断扩展。不论在全世界还是在我国，电力电子技术都已造就了一个很大的产业群。与之相应，从事电力电子技术领域的工程技术和科研人员的数量与日俱增。因此，组织出版有关电力电子新技术及其应用的系列图书，以供广大从事电力电子技术的工程师和高等学校教师和研究生在工程实践中使用和参考，促进电力电子技术及应用知识的普及。

在 20 世纪 80 年代，电力电子学会曾和机械工业出版社合作，出版过一套“电力电子技术丛书”，那套丛书对推动电力电子技术的发展起过积极的作用。最近，电力电子学会经过认真考虑，认为有必要以“电力电子新技术系列图书”的名义出版一系列著作。为此，成立了专门的编辑委员会，负责确定书目、组稿和审稿，向机械工业出版社推荐，仍由机械工业出版社出版。

本系列图书有如下特色：

本系列图书属专题论著性质，选题新颖，力求反映电力电子技术的新成就和新经验，以适应我国经济迅速发展的需要。

理论联系实际，以应用技术为主。

本系列图书组稿和评审过程严格，作者都是在电力电子技术第一线工作的专家，且有丰富的写作经验。内容力求深入浅出，条理清晰，语言通俗，文笔流畅，便于阅读学习。

本系列图书编委会中，既有一大批国内资深的电力电子专家，也有不少已崭露头角的青年学者，其组成人员在国内具有较强的代表性。

希望广大读者对本系列图书的编辑、出版和发行给予支持和帮助，并欢迎对其中的问题和错误给予批评指正。

电力电子新技术系列图书
编辑委员会

# 前言

绝缘栅双极型晶体管（Insulated Gate Bipolar Transistor，IGBT）是在金属氧化物半导体场效应晶体管（Metal-Oxide-Semiconductor Field-Effect Transistor，MOSFET）和双极结型晶体管（Bipolar Junction Transistor，BJT）的基础上，结合两者优点发展起来的一种新型复合电力半导体器件。经过穿通型（Punch-Through，PT）IGBT、非穿通型（Non-Punch-Through，NPT）IGBT 和场阻止型（Field-Stop，FS）IGBT 等器件纵向结构的进化，从平面栅（Planar-Gate）IGBT、到沟槽栅（Trench-Gate）IGBT 的栅结构演变，已成为高电压、大电流、高频电力电子装置中应用最为广泛的电力半导体器件。其应用遍布于工控领域，如电机调速、各种开关电源、UPS、静电感应加热等；家用电器，如变频空调、变频洗衣机、变频冰箱、电磁炉等；新能源领域，如太阳能逆变器、风能变流器、电动汽车、电能质量管理等；轨道交通，如动车、地铁的牵引系统、车厢的变流装备、车载空调等；还有，智能电网与物联网；城市照明与亮化工程；医疗器械和半导体装置；航天航空与军事等。使用 IGBT，可以将原有电力电子装备的电能消耗降低 10%～40%，根据 Baliga 教授引用的数据，1990～2010 年的 20 年间，如果 50%的电机采用 IGBT 调速控制技术，全球累计节约电能 41.9 万亿 kW · h。同时，减少 20.91 万亿 kg 的二氧化碳排放。我国生产和利用的电机普遍低于三级能效标准，如果要达到这一标准，需要采用 IGBT 调速控制技术将电机整体能效提升 5%～8%，届时，每年可节约电能 2000 亿 kW · h 左右，相当于两个三峡电站的年发电量，减少约 1800 亿 kg 的二氧化碳排放。可见，IGBT 已经成为节能减排的核心器件，是电力电子装备中绿色的芯。目前我国 IGBT 的市场规模在 2016 年已经超过了 100 亿，约占全球市场的三分之一。未来几年在电动汽车、光伏及智能制造的牵引下，IGBT 的需求量将以超过 15%的年复合增长率增长。但具有中国“芯”的 IGBT 器件，市场占有率不高，产品系列化不全。国产 IGBT 器件要有大发展，需要从设计方法、芯片制造工艺、封装、测试及可靠性技术方面下功夫，需要扎扎实实地做好大量的基础工作。

作为“电力电子新技术系列图书”中的一册，本书系统地介绍了 IGBT 器件基本结构和工作原理、静动态特性、仿真设计、制造工艺、测试技术及可靠性与失效分析等内容，并给出了一些典型应用实例。本书还简要介绍了 IGBT 的衍生器件和碳化硅 IGBT 的最新发展。

本书可以作为电子信息科学与技术及电力电子技术等相关专业本科生和研究生

的参考书，也可为IGBT应用工程师提供器件方面的专业知识。

本书的整体架构和写作大纲是由江苏宏微科技股份有限公司赵善麒博士提出并撰写，并参与了部分章节的撰写和审核。西安工程大学高勇教授和西安理工大学王彩琳教授分别撰写了主要章节并对全书进行了审核。参与本书撰写工作的还有西安工程大学冯松博士、江苏宏微科技股份有限公司姚天保高级工程师、刘清军高级工程师、西安理工大学杨媛教授、江苏力行电力电子科技有限公司钱昶博士以及魏进博士。江苏宏微科技股份有限公司井亚会硕士参与了本书的整理和校对工作。另外西安交通大学杨旭教授对本书应用章节也提出了宝贵的意见，在此表示感谢！虽经过几轮修改，但水平有限，书中错误和不当之处敬请读者和同行批评指正。

本书的编写提纲得到了“电力电子新技术系列图书”编委会的指导，作者在此向他们深表谢意！

作　者

# 目 录

# 第1章 器件结构和工作原理

本章主要介绍了 IGBT 的基本特征与结构类型、等效电路与工作原理、内部物理效应及 $I-U$ 特性。

## 1.1 器件结构

### 1.1.1 基本特征与元胞结构

**1. 基本特征**

绝缘栅双极型晶体管（Insulated Gate Bipolar Transistor，IGBT）是在纵向双扩散 MOS 场效应晶体管（Vertical Double Diffusion MOS Field Effect Transistor，VDMOS）的基础上发展而来的。IEC 60747-9-2007 中将绝缘栅双极型晶体管（IGBT）定义为具有导电沟道和 pn 结，且流过沟道和结的电流由施加在栅极和集电极-发射极之间电压所产生的电场来控制的晶体管[1]。

图 1-1 给出了 IGBT 与 VDMOS 的剖面结构图[2]。如图 1-1a 所示，在 VDMOS 结构中，栅极和源极均位于芯片上表面，漏极位于下表面。当栅极-源极外加电压高于阈值电压（即 $U_{GS}>U_T$）时，p 体区表面反型，形成 n 型导电沟道，于是在外加的正向漏极-源极电压（即 $U_{DS}>0$）作用下，$n^+$源区的电子经沟道进入 $n^-$漂移区，再通过漂移到达 $n^+$漏区，形成由源极到漏极的电子流，即漏极电流就是由漏极流到源极的电子电流。由于 VDMOS 中只有一种载流子（多子）导电，导通期间

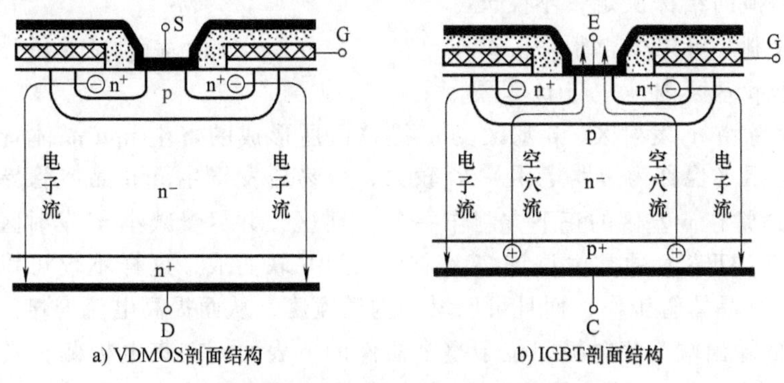


图 1-1 IGBT 与 VDMOS 的剖面结构比较

不存在电导调制效应，所以其导通电阻较大。特别是当 VDMOS 的击穿电压较高时，$n^-$外延层较厚，漂移区电阻增大，使其导通电阻随之增加。通常，VDMOS 的击穿电压 $U_{BR}$ 和导通电阻 $R_{ON}$ 之间的关系用 $R_{ON} \propto U_{BR}^{1.4\sim2.6}$ 来表示[3]。

如图 1-1b 所示，如果在 VDMOS 的漏极增加一个 pn 结，或者说，将漏极（衬底）$n^+$区改为 $p^+$区，同时将 VDMOS 的漏极（D）改为集电极（C），源极（S）改为发射极（E），并保持 MOS 结构的栅极（G）不变，于是 VDMOS 结构就变成了 IGBT 结构。在 IGBT 导通期间，当 $n^+$发射区的电子经沟道进入 $n^-$漂移区后，会导致 $n^-$漂移区的电位下降，于是背面的 $p^+$集电区会向 $n^-$漂移区注入空穴，形成由集电极到发射极的空穴流，其方向正好与沟道注入的电子流相反。显然，IGBT 的集电极电流是由电子电流和空穴电流两部分组成，并从集电极流向发射极。可见，IGBT 结构虽然是由 VDMOS 结构演变而来，但 IGBT 的工作模式已由 VDMOS 的单极变为双极模式，导通时有两种载流子参与导电，故 IGBT 实质上是一个电压控制的双极型器件。

双极型器件有一个共同的特点，即在导通期间内部存在电导调制效应，使其饱和电压明显下降。同时，由于存在少子注入，关断期间这些非平衡载流子必须通过复合逐渐消失，导致其开关速度有所减慢。因此，发展 IGBT 需要解决的主要问题就是，在保证阻断能力的前提下，尽量协调好饱和电压与开关速度之间的矛盾关系。

**2. 元胞结构**

IGBT 元胞剖面结构如图 1-2 所示，是一个由 MOS 控制的五层三结、三端子器件。为便于分析，通常定义 $p^+$集电区与 n 缓冲层形成的 pn 结为 $J_1$结，p 基区与 $n^-$漂移区形成的 pn 结为 $J_2$结，p 基区与 $n^+$发射区形成的 pn 结为 $J_3$结。

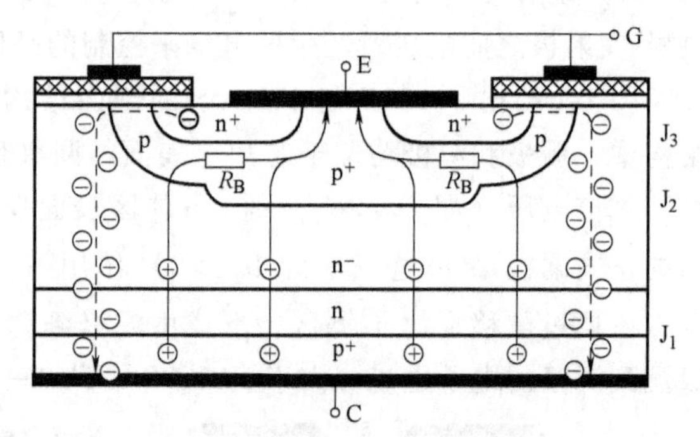


图 1-2　IGBT 元胞剖面结构

IGBT 的输入端为 MOS 栅极，沟道位于 p 基区表面，沟道长度由两次扩散的横向结深决定，不受光刻精度的限制，可以做得很短。$n^+$发射区位于 p 基区内，并与 p 基区短路，以消除由 $n^+$发射区、p 基区及 $n^-$漂移区所形成的寄生 npn 晶体管。若 p 基区的横向电阻（也称为短路电阻）$R_B$ 较大，容易诱发寄生 npn 晶体管导通。为了减小 $R_B$，通常在 p 基区的正下方制作一个 $p^+$阱区，并尽量减小 $n^+$发射区的横向尺寸。所以，IGBT 芯片通常由许许多多个小元胞并联而成，这样不仅可以减小 $R_B$，防止寄生 npn 晶体管工作，而且可以增加沟道宽度，从而提高电流容量。

IGBT 的输出端为集电极，位于整个器件的下表面。在集电极侧，具有承担外加反向电压的 $J_1$结。n 缓冲层位于 $p^+$集电区与 $n^-$漂移区之间，因其阻断时可以压

缩 $n^-$ 漂移区电场，提高阻断电压，故 $n^-$ 漂移区厚度可以减薄，导通电阻降低，饱和电压减小；同时，导通时可以限制集电区空穴注入，降低 $J_1$ 结空穴注入效率，提高关断速度，达到改善 IGBT 导通特性和开关特性的目的，但由于 n 缓冲层的浓度较高，使得 $J_1$ 结的击穿电压较低，故 IGBT 的反向阻断电压很低。

**3. 特点**

IGBT 因输入端采用 MOS 结构，输出端采用双极晶体管结构，因而综合了 MOSFET 和 BJT 两者的共同优点，集 MOSFET 的栅极电压驱动简单和双极晶体管（BJT）的低导通电阻于一体，具有阻断电压高、电流容量大、驱动功率小、开关损耗低、工作频率高以及安全工作区（SOA）宽等优点，是近乎理想的电力半导体器件，是目前 MOS-双极型功率器件的主要发展方向之一，有十分广阔的应用前景。

目前，IGBT 从 5kW 的单管到 500kW 的模块，在 600～6500V 电压范围内、20kHz 以上的中频领域内可取代功率 MOSFET、功率双极晶体管及 GTO 晶闸管。采用 IGBT 开发的相关电力电子设备，以其独特的、不可取代的特殊功能，几乎应用于国民经济的各个领域，包括通信、工业、医疗、家电、照明、交通、新能源、半导体生产设备、航空、航天及国防等诸多领域。

## 1.1.2　纵向结构

纵向结构与器件特性密切相关，决定了器件的耐压、饱和电压及开关速度。IGBT 的纵向结构包括耐压结构和电子注入增强（IE）辅助层结构。前者主要是为了改善器件的阻断电压和饱和电压而提出的不同结构，后者主要是为了降低高压 IGBT 的饱和电压而提出的新结构，并且都与提高器件的开关速度有关。下面分别加以介绍。

**1. 耐压结构**

IGBT 的耐压结构主要有穿通型（Punch Through，PT）、非穿通型（Non-Punch Through，NPT）及场阻止型（Field Stop，FS）[4] 三种结构。此外，还有由 PT-IGBT 和 NPT-IGBT 派生的弱穿通（Light Punch Through，LPT）结构[5]，由 FS 派生的软穿通（Soft Punch Through，SPT）[6]、可控穿通（Controlled Punch Through，CPT）[7]、多 FS 层结构及隐埋 FS 结构[8] 等，也用在不同公司的产品中。图 1-3 为 IGBT 三种主要纵向耐压结构及其电场强度分布图。

（1）穿通型（PT）结构　如图 1-3a 所示，PT-IGBT 采用外延片，较厚的 $p^+$ 衬底上有 n 缓冲层和 $n^-$ 漂移区两层外延层。在外加正向集电极-发射极电压（$U_{CE}>0$）下，由反偏的 $J_2$ 结来承担外加电压 $U_{CE}$，$J_2$ 结耗尽层主要向 $n^-$ 漂移区扩展。由于 $n^-$ 漂移区较薄，当 $J_2$ 结峰值电场还未达到临界击穿电场时，耗尽层已经穿通 $n^-$ 漂移区扩展至 $n^-n^+$ 结处，故称之为穿通型，于是 $n^-$ 漂移区的电场在 n 缓冲层内被压缩，使其电场强度近似为梯形分布。PT-IGBT 的正向阻断电压就是梯形电场强度分布的面积。

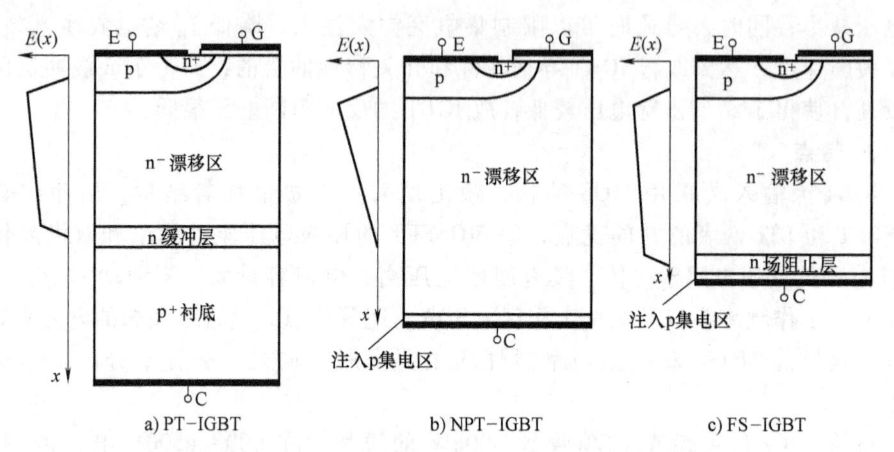


图 1-3　IGBT 三种主要耐压结构及其电场强度分布

（2）非穿通型（NPT）结构　如图 1-3b 所示，NPT-IGBT 的 $n^-$漂移区为衬底，采用了原始高阻区熔单晶材料，故成本较低。集电区是利用离子注入工艺形成的薄 $p^+$区。在外加正向集电极-发射极电压（$U_{CE}>0$）下，NPT-IGBT 的 $J_2$结反偏来承担外加电压 $U_{CE}$，$J_2$结耗尽层也向 $n^-$漂移区扩展。由于 $n^-$漂移区较厚，当 $J_2$结的峰值电场达到临界击穿电场时，耗尽层还未穿透 $n^-$漂移区，故称之为非穿通型，此时 $n^-$漂移区中还存在中性区域，于是便形成了三角形的电场强度分布。NPT-IGBT 的正向阻断电压就是三角形电场强度分布的面积。

（3）场阻止型（FS）结构　如图 1-3c 所示，FS-IGBT 的 $n^-$漂移区也是采用原始的高阻区熔单晶材料，$p^+$集电区是利用离子注入工艺形成的薄 $p^+$区。与 NPT-IGBT 结构不同的是，在 $n^-$漂移区和 $p^+$集电区之间增加一个掺杂浓度比缓冲层低的 n 型场阻止层，导致 $n^-$漂移区较薄。在外加正向集电极-发射极电压（$U_{CE}>0$）下，反偏的 $J_2$结耗尽层也向 $n^-$漂移区扩展。当反偏的 $J_2$结的峰值电场强度还未达到临界击穿电场强度时，耗尽层已经穿通 $n^-$漂移区扩展至 n FS 层，形成了类似于 PT-IGBT 的梯形电场强度分布。但由于 n FS 层的浓度较低，对 $n^-$漂移区电场强度的压缩有限，故 $n^-n$ 结处的电场峰值较低。FS-IGBT 的正向阻断电压就是梯形电场强度分布的面积。

PT-IGBT 与 FS-IGBT 的主要区别在于 n 缓冲层和 n FS 层有所不同。由于 n 缓冲层的浓度较高（在 $10^{16\sim17}cm^{-3}$）、厚度较薄（约为 10μm），所以，n 缓冲层不仅压缩 $n^-$漂移区的电场，还可以阻挡 $p^+$集电区的空穴注入，降低集电极的空穴注入效率；而 FS-IGBT 中的 n FS 层的浓度较低（通常在 $10^{16}cm^{-3}$以下），且厚度随耐压而变化（2~30μm），因此，n FS 层不会降低集电区的空穴注入效率，仅仅起压缩 $n^-$漂移区电场的作用，并且压缩程度有限，故称为场阻止层。

表 1-1 对比了三种不同耐压结构 IGBT 的主要特点、制作工艺及特性。从成本

而言，PT-IGBT 结构采用外延材料，虽然衬底成本高，但工艺简单，一般情况下不需要减薄工艺，故工艺成本较低。但当衬底较厚时，为了降低热阻，也可采用减薄工艺来减小集电区厚度。NPT-IGBT 采用高阻区熔单晶材料，虽然材料成本低，但需要用离子注入工艺形成集电区，并需要用减薄工艺来减小 $n^-$ 漂移区厚度以获得较低的饱和电压，所以工艺成本较高。FS-IGBT 也采用高阻区熔单晶材料，同时需采用离子注入工艺形成集电区和 FS 层，需要减薄工艺来减小 $n^-$ 漂移区厚度，故工艺成本比 NPT-IGBT 更高。

**表 1-1　三种不同耐压结构的 IGBT 结构特点、制作工艺及特性比较**

| 名称 | 结构 | PT-IGBT | NPT-IGBT | FS-IGBT |
|---|---|---|---|---|
| 结构特征及参数 | $n^-$ 漂移区 | 外延层<br>厚度较薄 | 原始衬底材料<br>厚度较厚 | 原始衬底材料<br>厚度很薄 |
| | 缓冲层/FS 层 | 外延层<br>浓度约 $10^{16}\sim10^{17}cm^{-3}$<br>厚度为 5~15μm | 无 | 离子注入或扩散形成<br>浓度为 $10^{14}\sim10^{16}cm^{-3}$；<br>厚度为 2~30μm |
| | p+集电区 | 原始衬底材料<br>厚度很厚<br>浓度约 $10^{19}cm^{-3}$ | 离子注入形成<br>厚度很薄，几微米<br>浓度为 $10^{17}\sim10^{18}cm^{-3}$ | 离子注入形成<br>厚度很薄，0.5μm~几微米<br>浓度约 $10^{18}cm^{-3}$ |
| | 总厚度 | 厚 | 中 | 薄 |
| 制作工艺 | 衬底材料 | 外延片 | 高阻区熔单晶 | 高阻区熔单晶 |
| | 减薄工艺 | 减薄 p+衬底 | 减薄 $n^-$ 漂移区 | 减薄 $n^-$ 漂移区 |
| | 寿命控制 | 有 | 无 | 无 |
| 特性 | $J_1$ 结注入效率 | 高 | 低 | 低 |
| | 电场强度分布 | 近似梯形分布 | 三角形分布 | 近似梯形分布 |
| | 饱和电压 | 最低 | 高 | 低 |
| | 阻断电压 | <600V | >600V | >600V |
| | 拖尾电流 | 小而长 | 大而短 | 小而短 |
| 可靠性 | 多芯片并联使用 | 不宜 | 适宜 | 适宜 |
| | 抗短路能力 | 弱 | 最强 | 强 |
| | 抗动态雪崩能力 | 弱 | 最强 | 强 |

从芯片总厚度来看，PT-IGBT 最厚（主要因 $p^+$ 衬底较厚），NPT-IGBT 次之，FS-IGBT 的最薄；但从 $n^-$ 漂移区厚度看，NPT-IGBT 最厚，PT-IGBT 最薄。对于 1200V IGBT，NPT-IGBT 的 $n^-$ 漂移区厚度约为 175μm，FS-IGBT 的 $n^-$ 漂移区厚度约为 110μm，是 NPT-IGBT 的 2/3，PT-IGBT 的 $n^-$ 漂移区厚度仅为 NPT-IGBT 的3/5。可见，PT-IGBT 的饱和电压最低，但其抗短路能力较弱；NPT-IGBT 的饱和电压较大，其抗短路能力较强，并且由于其饱和电压具有正的温度系数，适合并联使用。相比较而言，FS-IGBT 更有利于改善器件的阻断特性、通态特性和开关特性之间的矛盾关系，并具有较强的抗短路电流和抗动态雪崩的能力。

（4）弱穿通（LPT）结构　图1-4为弱穿通 IGBT（LPT-IGBT）与 NPT-IGBT 耐压结构及其电场强度分布比较[5]，LPT-IGBT 的 $n^-$漂移区比 NPT-IGBT 的薄，并且增加了 n 缓冲层。在实际的工作电压下，LPT-IGBT 中反偏 $J_2$结的电场强度在 $n^-$漂移区不会发生穿通，只有在额定电压下才会发生穿通，故称之为弱穿通。因此，可以根据阻断电压来设计 $n^-$漂移区。与 NPT-IGBT 结构相比，由于 LPT 耐压结构中 $n^-$漂移区较薄，有利于降低 IGBT 的饱和电压 $U_{CEsat}$和关断能耗 $E_{off}$，并且在不影响其特性的前提下，可改善 IGBT 的反偏安全工作区（Reverse Biased SOA，RBSOA）和短路安全工作区（Short Circuit SOA，SCSOA）。LPT-IGBT 结构适用于 6.5kV 等级的高压应用场合。

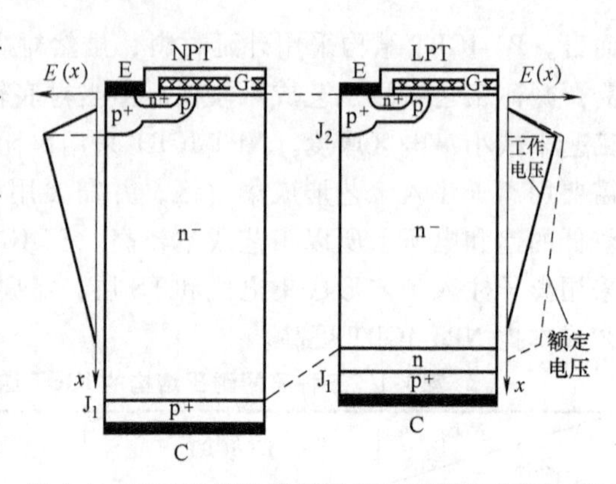

图 1-4　NPT 和 LPT 结构及其电场强度分布比较

（5）软穿通（SPT）结构　如图 1-5a 所示，SPT 结构与常规的 FS 结构很相似，n SPT 层浓度较低、厚度较厚，因此只对 $n^-$漂移区的电场强度分布起压缩作用，对 p 集电区注入的空穴并没有阻挡作用。

（6）可控穿通（CPT）结构　如图 1-5b 所示，CPT 结构是由两个 n 型层组成的。其中 $n_1$层起压缩 $n^-$漂移区电场的作用，$n_2$层起调整集电区空穴注入效率的作用。所以，$n_1$层与 $n_2$层组合相当于 PT 结构中的 n 缓冲层。与 SPT 结构相比较，采用 CPT 结构可使器件的片厚更薄。比如，对 1200V 的 IGBT，硅片厚度可减少到 100μm，使得器件的饱和电压和开关速度得到更好的协调。

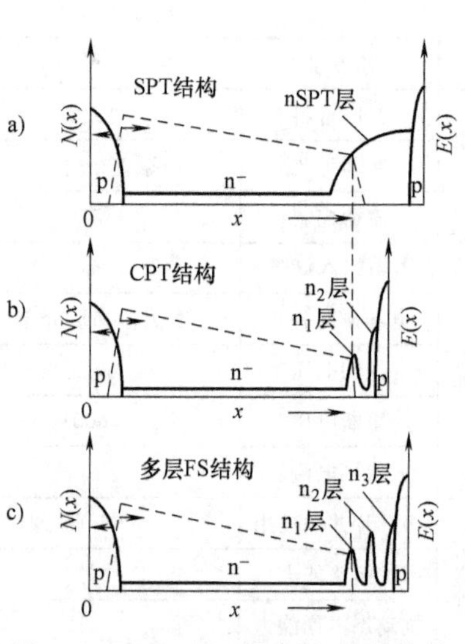

图 1-5　SPT、CPT 及多层 FS 结构的掺杂浓度及其电场强度分布比较

（7）多层 FS 结构　如图 1-5c 所示，多层 FS 结构是由两个以上的 n 型层组成，是在集电极侧通过多次磷离子注入形成的低浓度区域，其作用与 CPT 结构相同。与 SPT 结构相比较，采用多层 FS 结构可使 FS 的浓度更低、厚度更深。

（8）隐埋 FS 结构　如图 1-6a 所示，是将 FS 层隐埋在 $n^-$漂移区内[8]，厚度约为 2 μm、浓度在 $1\times10^{15}$~$1\times10^{16}cm^{-3}$，可通过 $H^+$注入后在 350~500℃范围内退火形成深度约为 15μm 的隐埋 n FS 层。采用该结构可以显著改善正、反向阻断电压，解决阻断电压与导通特性及开关特性之间的矛盾。

(9) npn-FS结构　如图1-6b所示，是将背面的nFS层由$n_1p_2n_2$结构代替[9]，其中$n_1$、$p_2$及$n_2$各区的厚度依次为1.5μm、1.5μm及5μm，可通过磷离子和硼离子交替注入形成，以实现对集电极空穴注入的精确控制，在显著提高器件的性能下，解决了欧姆接触和低注入效率之间的矛盾，较好地解决了通态特性和开关特性之间的矛盾关系。

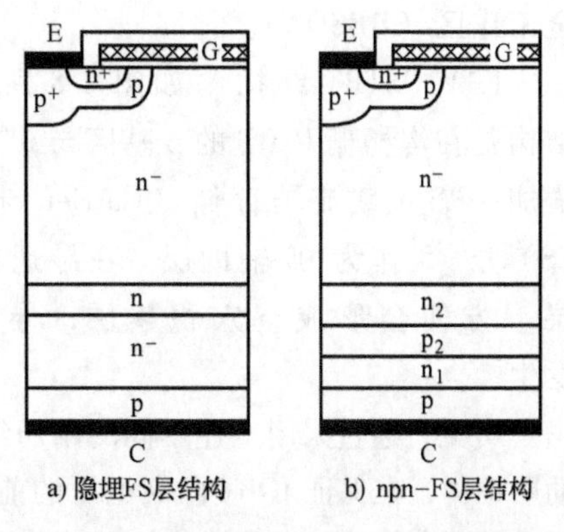


a) 隐埋FS层结构　　b) npn-FS层结构

图1-6　隐埋FS-IGBT与npn-FS-IGBT比较

**2. IE-辅助层结构**

当IGBT的阻断电压较高时，由于其$n^-$漂移区较厚，若采用常规的纵向结构，会使其饱和电压较高，导致通态功耗较大；同时因$n^-$漂移区存储的载流子较多，会使其关断速度变慢，导致关断功耗也增大。为了解决IGBT通态特性和开关特性之间的矛盾，需采用IE-辅助层结构，在其发射极一侧引入电子注入增强（Injection Enhancement，IE）效应，以加强$n^-$漂移区的电导调制。关于“电子注入增强效应”将在1.2.3节中详细介绍。

采用IE-辅助层的结构主要有高电导的IGBT（High-Conductivity IGBT，HiGT）[10,11]；增强型平面栅IGBT（Enhanced-Planar IGBT，EP-IGBT）[12]；以及载流子存储沟槽栅双极晶体管（Carrier Storage Trench Bipolar Transistor，CSTBT）[13]等，这些结构对改善高压IGBT的特性尤为重要。下面分别加以介绍。

(1) HiGT结构　如图1-7a所示，HiGT结构是通过离子注入工艺在$n^-$漂移区和p基区之间形成一个n空穴势垒层（Hole-Barrier Layer，HB）[11]作为IE-辅助层。因其浓度略高于$n^-$漂移区浓度，导致在$J_2$处形成了一个空穴势垒。在导通期间，大量空穴会积累在该空穴势垒层下方，迫使$n^+$发射区电子注入增强，以达到电中性，从而形成IE效应。

(2) EP-IGBT结构　如图1-7b所示，EP-IGBT结构是在普通IGBT的p基区侧面和底部分别增加了一个n增强层[12]作为IE-辅助层。与HiGT结构相比，EP-IGBT除了能产生IE效应外，p基区侧面的n增强层会缩短沟道长度，有利于提高器件跨导和集电极电流，降低MOS沟道的压降。通过优化IE-辅助层的参数，可增大其反偏安

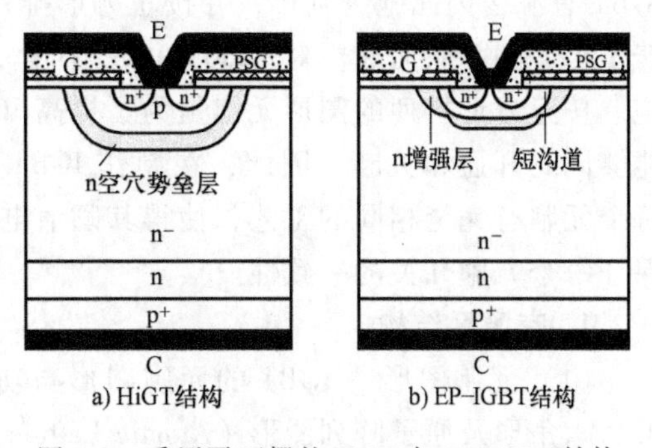


a) HiGT结构　　b) EP-IGBT结构

图1-7　采用平面栅的HiGT与EP-IGBT结构

全工作区（RBSOA）。

（3）CSTBT 结构　如图 1-8 所示，CSTBT 结构是在沟槽栅 IGBT 的 p 基区与 $n^-$漂移区之间增加一个 n 载流子存储（Carrier Storage layer，CS）层[13]作为 IE-辅助层。在导通期间，n CS 层下方便会形成空穴积累层，导致 IE 效应发生。

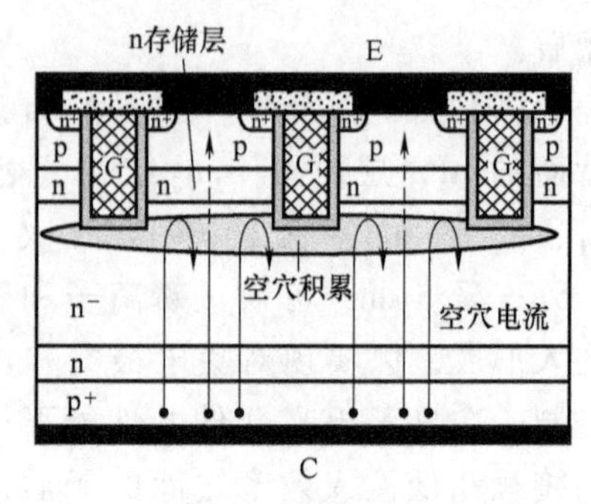


图 1-8　采用沟槽栅的 CSTBT 结构

可见，通过采用上述不同的耐压结构或 IE 辅助层结构，在保证 IGBT 阻断电压的前提下，可以改善其通态特性和开关特性，达到降低总损耗的目的。此外，也可以将耐压结构分别与不同的 IE 辅助层相结合[14,15]，进一步协调通态特性、阻断特性及开关特性三者之间的矛盾关系，降低器件损耗并提高短路能力。

## 1.1.3　横向结构

IGBT 的横向结构包括有源区和结终端区两部分。有源区位于芯片中央，由成千上万个元胞并联而成。有源区中栅极区位于两个元胞之间的 $n^-$漂移区和 p 基区上方，将多个元胞的沟道连通，以获得较大的沟道宽长比，从而提高器件的电流容量。结终端区位于芯片的最外围，是为了提高器件的终端击穿电压而设置的，不能传导电流。所以，结终端区越大，会导致芯片的有效利用率下降。为了防止芯片的有源区和结终端区交界处出现电流集中，可以在两者之间设置一定的电阻区。

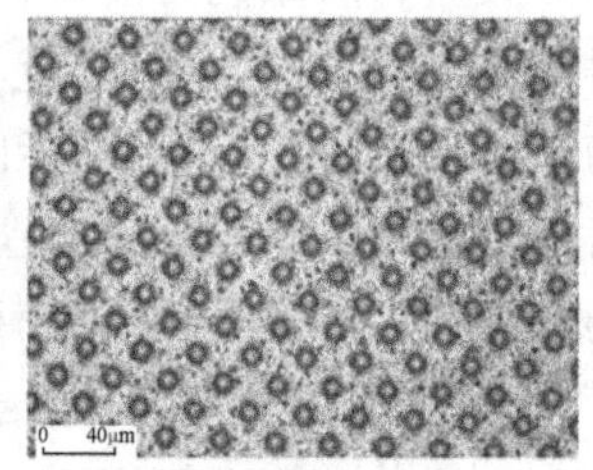


图 1-9　IGBT 芯片及其内部元胞分布图

图 1-9 为 IGBT 芯片及其内部元胞分布[2]。可见，IGBT 芯片为方形，中心区域为有源区，右下角有一个栅极区，外围区域为终端区。从内部元胞分布图可知，IGBT 有源区内元胞为圆形，并按正方形排列。与功率 MOSFET 相似，IGBT 也是由若干个元胞并联而成。对 1200V IGBT 而言，每平方厘米芯片上大约有 50000 个元胞。按正方形排列的图形元胞是为了提高 IGBT 电流容量和可靠性，要求所有元胞能够同时开通和关断。因此，在制作 IGBT 时，要求衬底材料有足够高的均匀性，每个元胞有完全相同的工艺，使得其阈值电压、跨导、饱和电压等参数相同，从而保证每个元胞开关的一致性。

### 1. 有源区结构

（1）元胞图形　IGBT 的元胞图形与功率 MOS 基本相同，有条形、方形、圆形、六角形及原子阵列图形（Atomic Lattice Layout，ALL），这些元胞按不同的阱区图形排列在硅片表面，如图 1-10 所示[1]。元胞图形及其相对位置对 IGBT 的特性

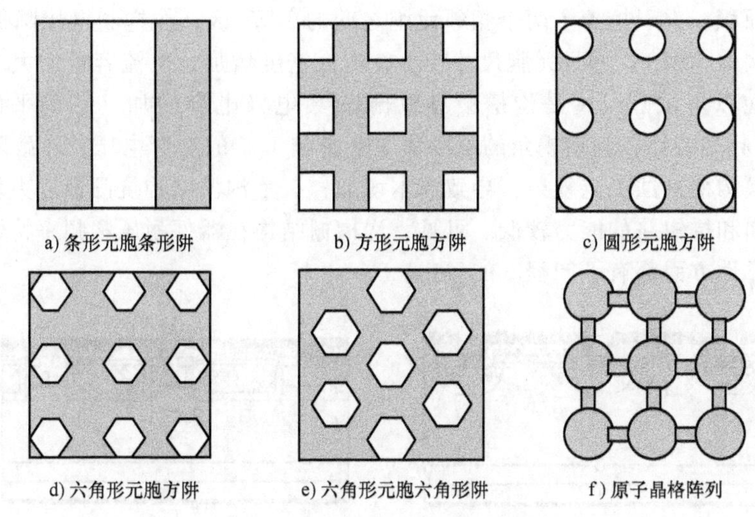


图 1-10 MOS 元胞与阱区图形

影响很大。相比较而言，采用正六边形元胞，IGBT 的饱和电压（$U_{CEsat}$）最小，但 p 基区横向电阻 $R_B$ 最大，抗闩锁能力最弱；采用条形元胞，$U_{CEsat}$ 最大，但 $R_B$ 最小，抗闩锁能力最强，并且在阻断电压 $U_{BR}$ 和 $U_{CEsat}$ 之间可以得到更好的折中；采用正方形元胞，沟道宽度最大，可获得较大的电流容量；采用 ALL 元胞，不仅可以有效地避免边、角区域的球面结效应，降低 pn 结曲率半径和峰值电场强度，有利于提高器件的阻断电压，同时还具有较小的栅极-集电极交叠电容，可提高器件的工作频率[16]，但因 ALL 结构比较复杂，故多数情况下首选结构简单的正方形元胞。

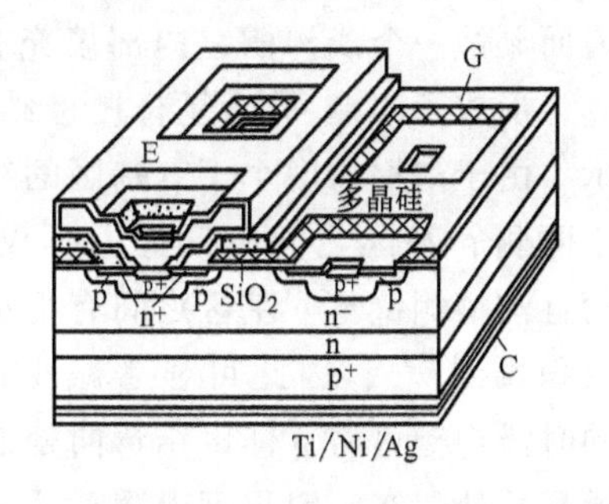


图 1-11 IGBT 三维结构（正方形元胞）

图 1-11 所示为采用正方形元胞的 IGBT 三维结构示意图。最上面的为铝金属化电极，向下方依次为磷硅玻璃（PSG）钝化层、多晶硅栅、栅氧化层、硅芯片及下方的金属化电极。为了减小金属化电极的热机械应力，集电极通常采用钛/镍/银（Ti/Ni/Ag）或铝/钛/镍/银（Al/Ti/Ni/Ag）等多层金属化电极[17]。

（2）栅极结构 IGBT 的栅极结构主要有平面栅和沟槽栅两种，如图 1-12 所示。平面栅 IGBT（Planar-IGBT 或 P-IGBT）结构如图 1-12a 所示，栅极在表面，沟道平行于表面，并占用表面积。通常采用自对准的双扩散工艺，沟道长度由两次扩散的横向结深决定，制造工艺相对比较简单，成本低。与 VDMOS 相似，由于平面栅 IGBT 的两个相邻元胞之间存在 JFET 区，所以其导通电阻较大。沟槽栅 IGBT（Trench-IGBT 或 T-IGBT）结构如图 1-12b 所示，栅极在体内，沟道垂直于表面，不占用表面积。由于挖掉了两个相邻元胞之间的 JFET 区，故饱和电压降低（约为平面栅结构的 30%）；并且元胞尺寸较小，沟道密度增加，电流容量增大。但沟槽结构也存在以下缺点：一是沟槽会导致栅极-集电极电容增加（约为平面栅的 3 倍），影响频率特性；沟槽拐角的电场集中会影响 $J_2$结的击穿电压，导致阻断电压降低；二是沟槽刻蚀工艺复杂，导致成本增加；三是沟槽结构抗闩锁能力较强，但抗动态雪崩和抗短路的能力较低。可见，沟槽栅结构在器件耐压和频率特性、工艺成本及可靠性方面都有不同程度的劣化。

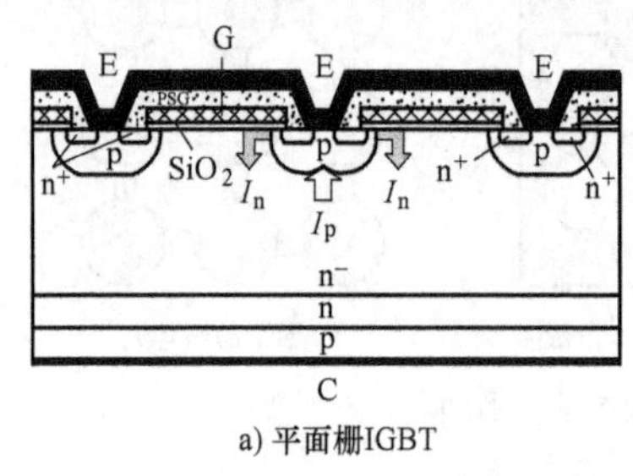

a) 平面栅IGBT

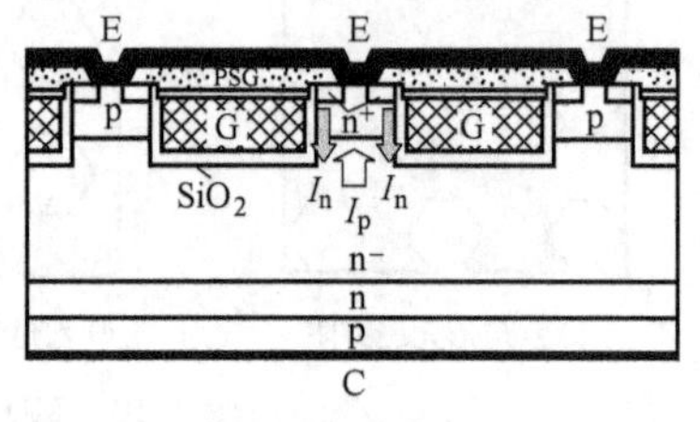

b) 沟槽栅IGBT

图 1-12　IGBT 的栅极结构

为了改善 IGBT 特性，在上述两种栅极结构的基础上又开发了一种沟槽-平面复合栅 IGBT 结构（TP-IGBT）[18]，它是在多晶硅栅下两个 p 基区之间的 $n^-$漂移区上表面刻蚀一个浅沟槽，内部填充有氧化层和多晶硅，并与平面栅极部分相连为一体，形成了沟槽-平面复合栅极结构，如图 1-13 所示。由于沟槽深度小于 p 基区的结深，沟槽宽度小于两侧 p 基区之间的间距，不仅消除了 JFET 区，而且沟槽侧壁与 p 基区之间有很窄的台面，可以形成积累层[19]，因此可显著减小器件的导通电阻；同时浅沟槽可将 p 体区结弯曲处的高电场转移到沟槽拐角处，在一定程度上缓解了 p 基区结弯曲处的电场集中，并有效地避免了栅极宽度对器件阻断电压的影响，可改善器件的阻断特性。此外，该 TP-IGBT 的制作工艺也与平面栅 IGBT 相兼容，只需要在元胞形成之前，先利用反应离子刻蚀（RIE）在 $n^-$外延层上形成 U 形浅沟槽，热氧化去除沟槽表面的损伤层后，再进行栅氧化层热生长和多晶硅填充及表面平坦化处理，之后的工艺与平面栅 IGBT 相同。

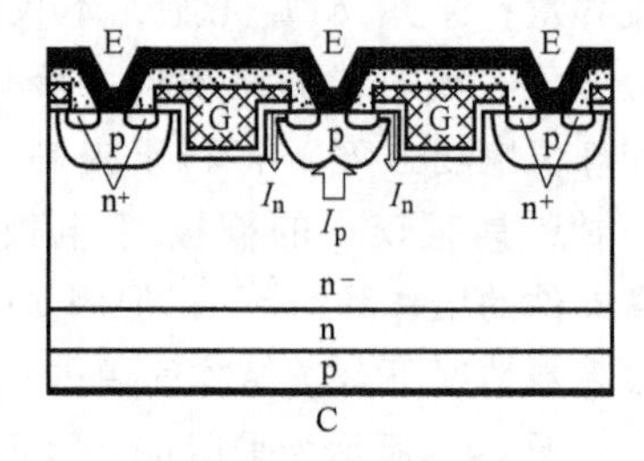

图 1-13　沟槽-平面复合栅 IGBT 结构

**2. 结终端结构**

与功率 MOSFET 相同，IGBT 也受结终端表面终止 pn 结曲率的影响，表面电场通常高于体内电场，使得击穿发生在表面，导致器件的阻断电压由较低的终端击穿电压决定。并且，当碰撞电离发生在表面时，电离所产生的热载流子容易进入栅氧化层，在其中形成固定电荷，从而改变栅氧化层中的电场分布，使器件性能不稳定，导致可靠性下降。为此，需要采用结终端技术（Junction Termination Technique，JTT）来降低表面的高电场。

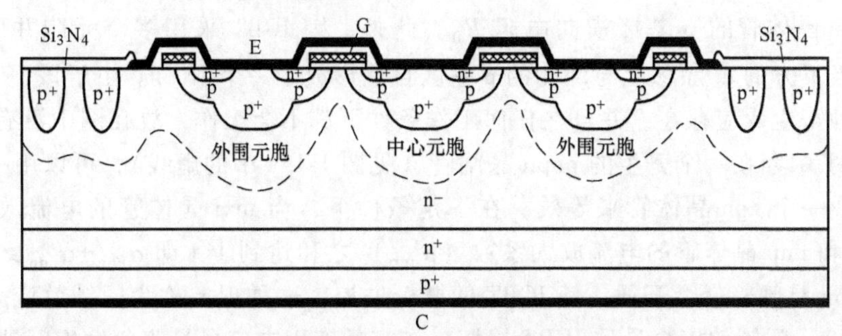


图 1-14　IGBT 常用的场限环结构

常用的结终端技术包括场限环（FLR）、场板（FP）、结终端延伸（JTE）及横向变掺杂（VLD）及其复合技术等。图 1-14 所示为 IGBT 常用的场限环结构[17]。由图可见，IGBT 的有源区是由多个元胞并联而成的，由于各元胞在表面处的电位基本相同，因此元胞之间并不存在击穿问题。但在外围元胞与衬底之间存在高电压，击穿将最先在此区域发生。因此，需要对 IGBT 芯片的终端区进行处理，降低其表面峰值电场，以提高终端击穿电压。对于低压 IGBT，多采用场限环终端结构；对于高压 IGBT，由于采用场限环结构占用的终端尺寸较大，通常采用场限环与场板复合（FLR-FP）技术。

## 1.2　工作原理与 *I*–*U* 特性

### 1.2.1　等效电路与模型

IGBT 基本结构及其等效电路如图 1-15a 所示[2]，其中除了含有由 $n^+$发射区、p 基区和 $n^-$漂移区形成的寄生 npn 晶体管和由 $p^+$集电区、$n^-$漂移区和 p 基区形成

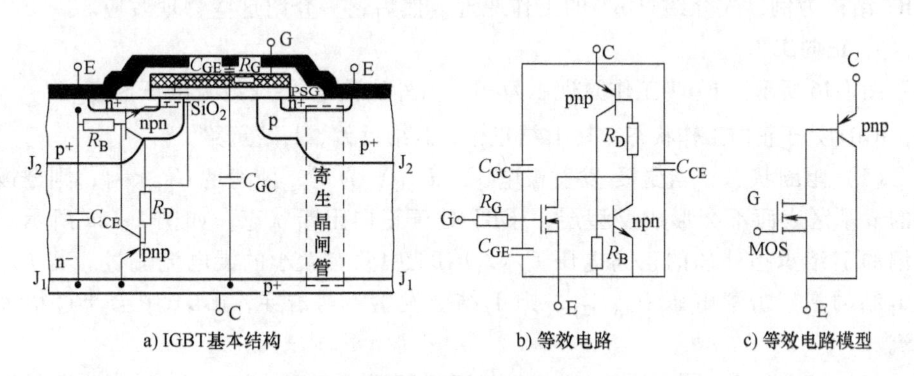


图 1-15　IGBT 结构及其等效电路

的寄生 pnp 晶体管外，还有一些寄生的电容和电阻。寄生电容包括栅极-发射极电容 $C_{GE}$、栅极-集电极电容 $C_{GC}$、集电极-发射极电容 $C_{CE}$；寄生电阻包括栅极电阻 $R_G$和 npn 晶体管的 p 基区横向电阻 $R_B$。此外，因 IGBT 采用多个元胞并联结构，使其栅极下方的 $n^-$漂移区与两侧的 p 基区自然形成了一个 JFET。由于该 JFET 只是作为一种寄生效应存在，并且在任何工作条件下都不会工作，故在图中没有标注。

IGBT 中存在一个寄生的 pnpn 晶闸管（见图 1-15a 中的虚线），可以用一个 pnp 晶体管及一个 npn 晶体管来等效，在一定条件下，当 npn 晶体管的电流放大系数（$\alpha_{npn}$）和 pnp 晶体管的电流放大系数（$\alpha_{pnp}$）之和达到 1（即 $\alpha_{npn}+\alpha_{pnp}\geqslant 1$），寄生的 pnpn 晶闸管就会开通，使 IGBT 的栅极失控，这种现象称为闩锁效应（Latch-up Effect）。闩锁效应会导致 IGBT 损坏，在实际应用中应尽量避免发生闩锁。

图 1-15b 为带有寄生元件的 IGBT 等效电路，假设 npn 晶体管 p 基区的横向电阻（$R_B$）很小，或者通过该电阻的空穴电流（$I_p$）很小，使 $R_B$上的压降 $U_R$小于 npn 晶体管发射结的开启电压 $U_E$（$U_E\approx 0.7V$），即 $U_R<0.7V$，则 npn 晶体管不会导通，于是寄生的 pnpn 晶闸管也就不会发生闩锁。在此前提下，若略去 IGBT 结构中寄生电容和栅极电阻，则 IGBT 的等效电路可简化为图 1-15c 所示的 pnp 晶体管与 MOSFET 的达林顿连接，即 IGBT 可等效为一个由 MOSFET 控制的双极 pnp 晶体管。

为了消除 IGBT 的闩锁效应，要求尽量减小 pnp 晶体管的 $\alpha_{pnp}$。PT-IGBT 通过在 $n^-$漂移区和 $p^+$集电区之间加 n 缓冲层来降低 $J_1$结的注入效率，NPT-IGBT 和 FS-IGBT 通过降低集电区的浓度和厚度来降低 $J_1$结的注入效率，从而减小 $\alpha_{pnp}$。此外，少子寿命对 pnp 晶体管的 $\alpha_{pnp}$影响较大。寿命越高，会导致 $\alpha_{pnp}$越大。所以，为了抑制 PT-IGBT 的闩锁效应，还需要对其少子寿命进行适当控制。

### 1.2.2 工作原理

在 IGBT 工作过程中，除了闩锁效应外，通常会伴随一些其他物理效应，如 MOS 结构表面效应、体内电导调制效应、电子注入增强效应等。下面以平面栅 PT-IGBT 结构为例，先介绍 IGBT 的工作原理，然后逐一介绍这些物理效应。

**1. 正向工作**

图 1-16 所示为 IGBT 工作原理示意图。当外加集电极-发射极电压为正（$U_{CE}>0$）时，IGBT 处于正向工作状态，其 $J_1$结正偏，$J_2$结反偏，$J_3$结短路。

（1）阻断状态　当栅极-发射极电压（$U_{GE}$）为正，且满足 $U_{GE}<U_T$，则栅极下方的 p 基区表面不会形成反型层，IGBT 处于正向阻断状态，如图 1-16a 所示。由反偏的 $J_2$结承担外加的正向电压 $U_{CE}$，IGBT 中只有微小的漏电流流过。若 $U_{CE}$大于 $J_2$结的雪崩击穿电压 $U_{BR(J2)}$，则 $J_2$结会发生雪崩击穿，IGBT 中会流过很大的电流。

（2）开通状态　当 $U_{GE}\geqslant U_T$，p 基区表面形成反型沟道，在集电极-发射极之

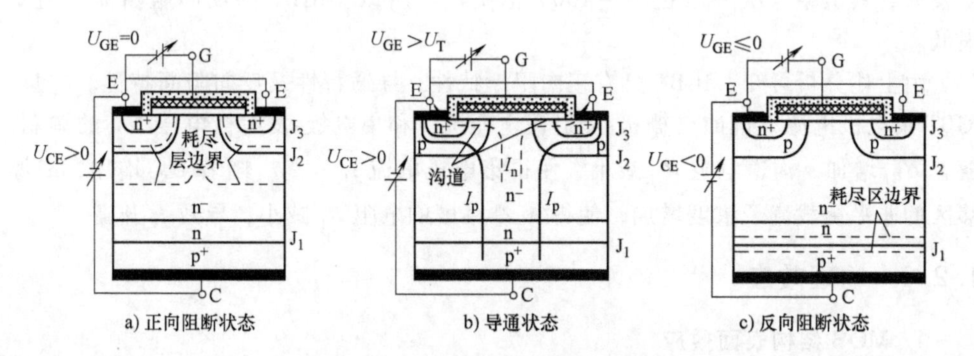


图 1-16　IGBT 的工作原理示意图

间形成了电流通路。$n^+$发射区的电子经沟道进入 $n^-$漂移区，使 $n^-$漂移区电位降低，导致 $J_1$结更加正偏，于是 $p^+$集电区向 $n^-$漂移区中注入空穴。注入到 $n^-$漂移区的大部分空穴与沟道注入的电子复合，形成连续的沟道电子电流（见图 1-16b 中的虚线），该电流相当于 pnp 晶体管的基极电流；其余的空穴则被反偏的 $J_2$结电场扫入 p 基区，经 p 基区被发射极收集。这部分由反偏 $J_2$结收集的空穴电流相当于 pnp 晶体管的集电极电流（见图 1-16b 中的实线）。于是 IGBT 进入正向导通状态，集电极电流（$I_C$）为流经沟道的电子电流（$I_n$）和流经 p 基区的空穴电流（$I_p$）之和，即 $I_C=I_n+I_p$。若 $U_{GE}$继续增加，则沟道电阻 $R_{ch}$减小，沟道的电子电流增加，于是集电极电流也随之增加。

（3）导通状态　当 $U_{GE}$较低时，随着 $U_{CE}$增加，沟道末端的电位升高。当 $U_{CE}$增加到 $U_{CEsat}$时，与功率 MOS 相同，IGBT 的沟道末端也会夹断，沟道的有效长度变短，沟道区电场增大，沟道电子的漂移速度达到饱和，$I_n$达到饱和，$I_C$也呈饱和特性。当 $U_{GE}$较高时，经沟道到达 $n^-$漂移区的电子数增加，导致从 p 集电区注入到 $n^-$漂移区的空穴数目（$\Delta p$）也不断增加。当 $\Delta p=\Delta n>>N_D$时，达到大注入状态，$n^-$漂移区会发生电导调制效应，使 $R_{on}$大大减小，电流迅速上升。此时 IGBT 类似于 pin 二极管的导通状态，$I_C$也呈非饱和特性，具有较低的饱和电压。

（4）关断状态　若使栅极-发射极短接（即 $U_{GE}\leqslant 0$）进行栅电容放电，p 基区表面的 n 反型层消失，于是切断了进入 $n^-$漂移区电子的来源，IGBT 开始了关断过程。由于正向导通期间，$n^-$漂移区注入了较多的非平衡载流子，所以，IGBT 关断不能突然完成。当非平衡载流子完全复合消失之后，才会进入正向阻断状态，由反偏的 $J_2$结来承担外加正向电压 $U_{CE}$。

**2. 反向工作**

当集电极-发射极电压为负（$U_{CE}<0$）时，由反偏的 $J_1$结承担外加反向电压，如图1-16c 所示，IGBT 处于反向阻断状态，只有微小的漏电流。当 $U_{CE}$大于 $J_1$结的雪崩击穿电压 $U_{BR(J1)}$，IGBT 也会发生反向击穿。由于 $J_1$结两侧的浓度较高或者厚

度较薄，其击穿电压一般在 20~100V 范围内。所以，IGBT 的反向阻断能力通常很低。

由上述分析可知，IGBT 具有正向阻断特性、导通特性及反向阻断特性。并且，IGBT 集电极电流 $I_C$ 同时受栅极-发射极电压 $U_{GE}$ 和集电极-发射极电压 $U_{CE}$ 的调制。随着 $U_{GE}$ 增加，沟道电阻 $R_{ch}$ 减小，使得集电极电流 $I_C$ 升高。随着 $U_{CE}$ 增加，$n^-$ 漂移区的非平衡载流子浓度增加，使得 $n^-$ 漂移区的电阻 $R_D$ 减小，导致 $I_C$ 升高。

## 1.2.3 物理效应

### 1. MOS 结构表面效应

根据 MIS（Metal Insulator Semiconductor）表面电场理论，对 p 型半导体衬底，当 $U_{GE}$ 从负逐步变为正时，在半导体表面将经历从空穴积累到平带、再由平带到电子反型的过程。

图 1-17 为 p 型硅衬底形成的 MIS 结构能带图。其中图 1-17a 表示多子积累，图 1-17b 表示平带，图 1-17c 表示少子反型。根据表面势（$U_S$）与平带电压（$U_{FB}$）的相对高低，表面反型通常又分为弱反型和强反型两种情况。当表面势 $U_S \geqslant 2U_{FB}$ 时，表面为强反型，可用 $qU_{FB}$ 表示体内费米能级到禁带中心的距离，此时对应的栅极电压定义为器件的阈值电压（$U_T$）。

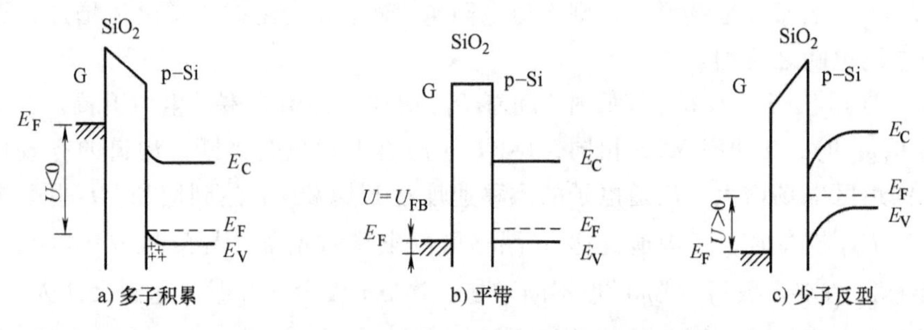


图 1-17 p 型硅衬底形成的 MIS 结构能带图

### 2. 电导调制效应

在 IGBT 导通期间，当从 $p^+$ 集电区注入到 $n^-$ 漂移区的空穴浓度与从 n 沟道区注入到 $n^-$ 漂移区的电子浓度远远高于 $n^-$ 漂移区的掺杂浓度（即 $\Delta p = \Delta n >> N_D$）时，$n^-$ 漂移区的电导率急剧增加，这种现象称为电导调制效应。电导调制效应是一种非线性很强的效应，产生的电压降一般为几十到几百毫伏，并且只与 $n^-$ 漂移区厚度和非平衡载流子寿命有关，与其掺杂几乎无关。由于功率 MOSFET 在导通期间不存在这种电导调制效应，其饱和电压或导通电阻由未经调制的 $n^-$ 漂移区的原始掺杂浓度决定。所以，在大注入条件下，IGBT 饱和电压比功率 MOSFET 的饱和电压小 1~2 个数量级。可见，电导率调制效应是 IGBT 的主要特征，也是 IGBT 区别于 VDMOS 的本质所在。

### 3. 电子注入增强效应

为了降低高压 IGBT 的饱和电压，可通过结构改进在 IGBT 中引入电子注入增强（Injection Enhancement，IE）效应。如图 1-18a 所示，所谓的电子注入增强效应是指，在 $n^-$漂移区和 p 基区之间增加一个浓度稍高于 $n^-$漂移区的 n IE-辅助层，使得 p 基区与 n IE-辅助层的内电势差增加（约 0.2V），相当于增加了一个空穴势垒。如图 1-18b 所示为沿 A-A′位置处形成的能带结构示意图，该势垒会阻碍空穴从 $n^-$漂移区顺利进入 p 基区，迫使其在 $n^-$漂移区形成积累，由此导致发射极一侧的载流子浓度明显加强。可见，电子注入增强效应使得电导调制效应进一步加强，从而使 IGBT 的饱和电压降低。

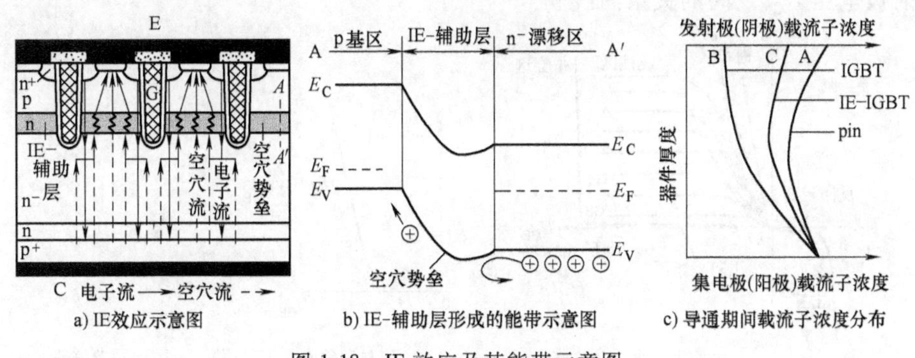


图 1-18　IE 效应及其能带示意图

值得注意的是，IE 效应是由于 $n^-$漂移区的空穴积累所致，并没有增加从集电区注入到 $n^-$漂移区的空穴数目，故关断特性并未变差。如图 1-18c 所示为不同结构的 IGBT 及 pin 二极管导通期间的载流子浓度分布[20]。可见，集电极（或阳极）侧的载流子浓度相同，但发射极侧（或阴极）的浓度相差较大。相比较而言，普通 IGBT 发射区的载流子浓度较低（B），IE-IGBT 发射区的载流子浓度明显较大（C），更接近 pin 二极管的阴极载流子浓度（A）。这说明，IE 效应能方便地增加 IE-IGBT 发射极侧的电子积累，同时有效地控制集电极侧的空穴注入，因此可以很好地解决 IGBT 因耐压提高、关断特性与饱和电压之间的矛盾。

为了产生电子注入增强效应，除了采用 IE 辅助层结构（如三菱公司的 CSTBT、日立公司的 HiGT 及 ABB 公司的 EP-IGBT 等）外，还可以通过增加栅极宽度（如东芝公司的 IEGT 结构[21,22]）；也可以通过减小发射极的欧姆接触比例或者使部分栅极与发射极短路，形成浮置 p 基区[23]或虚拟元胞（Dummy Cells）[24]等措施。也可以将这些技术相结合（比如将 n CS 层和虚拟元胞相结合），会进一步加强 IE 效应，从而使 IGBT 获得更低的导通损耗和开关损耗。

### 4. 寄生 JFET 效应

在平面栅 IGBT 结构中，除了含 MOSFET 结构外，还存在一种以相邻 p 基区为栅极、以 $n^-$漂移区为沟道的结型场效应晶体管（JFET）。该 JFET 区的存在会影响

IGBT 的导通特性和阻断特性。但事实上，对于一个合理设计和制造的 IGBT 来说，要求寄生的 JFET 对 IGBT 的影响尽量小。虽然平面栅 IGBT 工艺无法彻底消除 JFET 的影响，但通过优化设计，可使其影响减到最小。也就是说，在任何工作条件下，IGBT 正常工作只受 MOS 栅极的控制，与 JFET 是否会出现“夹断”无关[25]。

## 1.2.4 *I-U* 特性

### 1. *I-U* 特性曲线

图 1-19 给出了 IGBT 的 *I-U* 特性曲线与电路符号[2]。图 1-19a 所示为 IGBT 的输出特性曲线，即在给定的栅极-发射极电极电压 $U_{GE}$下，集电极电流 $I_C$与集电极-发射极电压 $U_{CE}$之间的关系曲线。

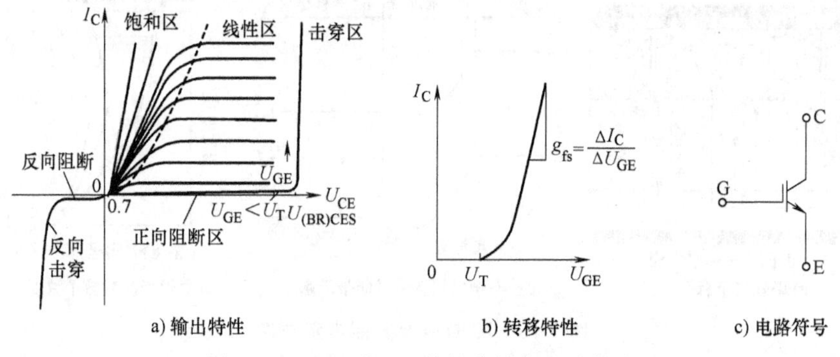


图 1-19　IGBT 的 *I-U* 特性曲线与电路符号

当集电极-发射极间加正向电压（即 $U_{CE}>0$）时，IGBT 输出特性曲线类似于功率双极晶体管和功率 MOSFET，包括截止区、线性区、饱和区及击穿区。

（1）当 $U_{GE}<U_T$时　IGBT 处于截止区，由 $J_2$结承担外加正向电压。如果外加的 $U_{CE}$很高，高于 $J_2$结的雪崩击穿电压，则 IGBT 会发生击穿，进入击穿区。实际应用中不允许 IGBT 工作在击穿区。

（2）当 $U_{GE}>U_T$时　器件处于正向导通状态，集电极输出电流 $I_C$随着 $U_{GE}$的升高而逐渐增大。在较低的栅极-发射极电压 $U_{GE}$下，随着 $U_{CE}$的增加，集电极电流 $I_C$会达到饱和，IGBT 处于线性放大区；在较高的栅极-发射极电压 $U_{GE}$下（即 $U_{GE}>U_{CE}$时），集电极电流 $I_C$不再饱和，IGBT 处于饱和导通区，饱和电压很低。与功率 MOSFET 不同之处在于，IGBT 输出特性曲线簇起始于 $U_{CE}=0.7V$，而功率 MOSFET 的输出特性曲线簇起始于 $U_{DS}=0V$。

（3）当集电极-发射极间加反向电压时（即 $U_{CE}<0$）　器件处于反向工作状态，$J_1$结可承担较小的反向阻断电压。

值得注意的是，IGBT 的饱和区与功率双极晶体管相似，位于输出特性曲线与纵轴之间，更靠近纵轴（I 轴），对应于功率 MOSFET 的线性区。功率 MOSFET 的饱和区则是指电流饱和区。可见，IGBT 与功率 MOSFET 对线性区和饱和区的定义有所不同。

图 1-19b 所示为 IGBT 的转移特性（也称为输入特性）曲线，是指集电极电流 $I_C$ 与栅极-发射极电压 $U_{GE}$ 之间的关系。图中转移特性曲线与 $x$ 轴的交点即为阈值电压值（$U_T$）。可见，它与功率 MOSFFT 的转移特性很相似，当 $U_{GE}<U_T$ 时，器件处于截止状态，器件中几乎没有电流通过；只有当 $U_{GE}\geqslant U_T$ 时，器件开通，集电极-发射极之间才会有电流 $I_C$ 产生（即 $I_C>0$），且 $I_C$ 随 $U_{GE}$ 增加呈指数增大。

在实际应用中，阈值电压所对应的集电极电流 $I_C$ 越小，表示器件的特性及可靠性越好[26]。比如 Infineon 公司第一代 IGBT（FF200R12KF）的 $U_T$ 为 3~6V，对应的集电极电流为 200mA，第四代 IGBT 模块（FF200R12KE）的 $U_T$ 为 5.8V，对应的集电极电流为 7.6mA。

图 1-19c 所示为 IGBT 的电路符号。输入端与功率 MOSFET 相似，输出端与功率双极晶体管相似。即 IGBT 表示为一个 MOSFET 控制的 pnp 晶体管。

**2. 转移特性**

IGBT 的转移特性与跨导和阈值电压两个电特性参数相关。

（1）跨导（$g_{fs}$）　IGBT 的转移特性曲线的斜率，用来表示 MOS 栅极控制集电极电流能力的大小。跨导越大，表示栅极的控制能力越强。

当集电极-发射极电压 $U_{CE}$ 一定时，跨导 $g_m$ 可表示为

$$g_m = \left.\frac{\partial i_c}{\partial u_{GE}}\right|_{u_{CE}=\text{常数}} \tag{1-1}$$

（2）阈值电压（$U_T$）　描述 MOS 栅输入特性的另一个重要参数，定义为 MOS 结构 p 基区表面形成强反型所需的最小栅极电压。阈值电压的高低，反映了 IGBT 的抗干扰能力的强弱与驱动的难易程度。阈值电压越高，抗干扰能力越强，但驱动能力越差。一般的 IGBT 模块的栅极阈值电压选择在典型值 4~7V，最大值与最小值的偏差越小越好。在实际应用中，需选取合适的 $U_T$，并且所加栅极-发射极电压约为 $U_T$ 的 2.5 倍以上，一般在 15~20V 范围内。

IGBT 的阈值电压由三部分组成[27]：

（1）平带电压 $U_{FB}$　是使能带恢复到平直状态所需要在栅极上施加的电压，由下式表示，即

$$U_{FB} = -\frac{W_{ms}}{q} - \frac{1}{C_{ox}}\int_0^{t_{ox}} \frac{x\rho_{ot}(x)}{t_{ox}}\mathrm{d}x = -U_{ms} - \frac{Q_{ss}}{C_{ox}} \tag{1-2}$$

式中，$W_{ms}$ 为金属-半导体功函数差，$q$ 为电子电荷，$\rho_{ot}$ 为界面态电荷密度，$t_{ox}$ 为栅氧化层厚度，$U_{ms}$ 为金-半接触电势差，$Q_{ss}$ 为 $Si\text{-}SiO_2$ 界面处的电荷面密度，$C_{ox}$ 为单位面积的栅氧化层电容，可表示为

$$C_{ox} = \frac{\varepsilon_0 \varepsilon_{ox}}{t_{ox}} \tag{1-3}$$

式中，$\varepsilon_0$为真空介电常数，$\varepsilon_{ox}$为二氧化硅的介电常数。

对多晶硅栅，平带电压$U_{FB}$可表示为

$$U_{FB}=\frac{kT}{q}\ln\left(\frac{N_{poly}N_A}{n_i^2}\right)-\frac{Q_{ss}}{C_{ox}} \tag{1-4}$$

式中，$N_A$为沟道的掺杂浓度；$N_{poly}$为多晶硅掺杂浓度；$n_i$为本征载流子浓度。

（2）表面势$U_S$　当表面出现强反型（$U_S \geqslant 2\phi_{FB}$）时，半导体能带弯曲了$2q\phi_{FB}$，因此栅极还应加上$2\phi_{FB}$的电压，$\phi_{FB}$可以表示为

$$\phi_{FB}=\frac{kT}{q}\ln\frac{N_{Amax}}{n_i} \tag{1-5}$$

式中，$N_{Amax}$为p基区表面峰值掺杂浓度，$n_i$为本征载流子浓度。

（3）表面出现强反型时氧化层上的电压$U_{ox}$　能带弯曲了$2q\phi_{FB}$，对应着表面反型层到体内有一过渡的耗尽区，而耗尽区的电荷需要栅极对应的正电荷来抵消，因此栅极加的另一个电压就是$Q_{Bmax}/C_{ox}$，其中$Q_{Bmax}$可以表示为

$$Q_{Bmax}=qN_Ax_{max}=\sqrt{4\varepsilon_0\varepsilon_{si}qN_{Amax}\varphi_{FB}} \tag{1-6}$$

式中，$N_A$为p基区掺杂浓度；$x_{max}$为最大耗尽区宽度。

因此，IGBT阈值电压的公式就可以写成

$$\begin{aligned}U_T&=U_{FB}+U_S+U_{ox}=U_{FB}+2\phi_{FB}+Q_{Bmax}/C_{ox}\\&=\frac{kT}{q}\ln\left(\frac{N_{poly}N_A}{n_i^2}\right)-\frac{Q_{ss}}{C_{ox}}+2\phi_{FB}+\frac{\sqrt{4\varepsilon_0\varepsilon_{si}qN_{Amax}\phi_{FB}}}{C_{ox}}\end{aligned} \tag{1-7}$$

式（1-7）中后两项之和（$U_{ox}+U_S$）表示理想的阈值电压。

从式（1-7）中可以看出，实际的$U_T$主要与$Q_{ss}$、$C_{ox}$、$\phi_{FB}$、$N_{poly}$及$N_{Amax}$等值有关，影响最大的是p基区表面峰值掺杂浓度。因此，必须对退火再分布等工艺条件进行优化，减小p基区杂质分布的波动，从而才能稳定阈值电压，以提高器件参数的均匀性和一致性[27]。

温度是所有半导体器件极为敏感的参数之一。对于IGBT而言，随着温度的升高，输入特性会发生偏移。对于硅材料，禁带宽度$E_g$和载流子浓度$n_i$与温度的关系[28]可表示为

$$E_g(T)=1.17-\frac{4.73\times10^{-4}T^2}{T+636} \tag{1-8}$$

$$n_i(T)=3.87\times10^{16}T^{1.5}\exp\left(-\frac{E_g}{2kT}\right) \tag{1-9}$$

式中，$k$为玻耳兹曼常数；$T$为绝对温度。

将式（1-8）和式（1-9）代入式（1-5）及式（1-7），然后对式（1-7）关于温度求导可得[28]

$$\frac{\mathrm{d}U_{\mathrm{T}}}{\mathrm{d}T}=\left[\frac{\phi_{\mathrm{FB}}}{T}-\frac{k}{q}\left(\frac{E_{\mathrm{g}}}{2kT}+1.5\right)\right]\left(2+\frac{\sqrt{\varepsilon_0\varepsilon_{\mathrm{si}}qN_{\mathrm{Amax}}\phi_{\mathrm{FB}}}}{\phi_{\mathrm{FB}}C_{\mathrm{ox}}}\right) \tag{1-10}$$

式（1-10）表明，随温度升高，阈值电压逐渐下降，下降率约为-3.1mV/℃。这说明，IGBT在高温下容易发生误触发。

此外，在辐照条件下，栅氧化层内的陷阱电荷和界面态增加，会使IGBT的阈值电压发生漂移，导致器件工作不稳定。

由于IGBT的沟道掺杂分布不均匀，而且存在短沟道效应，因此IGBT的阈值电压计算不能直接采用沟道均匀掺杂的普通MOSFET阈值电压的计算方法。需要在普通MOSFET阈值电压计算模型[29,30]的基础上，结合浅结和短沟道条件，并考虑退火条件对沟道杂质分布的影响，精确计算IGBT的阈值电压。在实际应用中，应注意工作温度及环境条件对器件阈值电压的影响。

### 3. 输出特性

（1）IGBT与功率MOSFET的输出特性比较　如图1-19a所示，栅极-发射极电压$U_{\mathrm{GE}}$越大，集电极电流$I_{\mathrm{C}}$也越大。与功率MOSFET相比，IGBT输出电流更大，并且曲线并不是从原点开始增加，而是有一个大约0.7V的偏置。这是因为IGBT结构比功率MOSFET多了一个pn结。

根据图1-15所示的MOSFET/pnp等效模型可知，IGBT相当于一个MOSFET控制的pnp晶体管。假设流过MOSFET的电子电流为$I_{\mathrm{n}}$，流过pnp晶体管的空穴电流为$I_{\mathrm{p}}$，则流过IGBT的集电极电流$I_{\mathrm{C}}$可表示为

$$I_{\mathrm{C}}=I_{\mathrm{n}}+I_{\mathrm{p}} \tag{1-11}$$

根据晶体管的工作原理可知，pnp晶体管的集电极电流（$I_{\mathrm{p}}$）与其基极电流（$I_{\mathrm{n}}$）之间存在以下关系：

$$I_{\mathrm{p}}=\beta_{\mathrm{pnp}}I_{\mathrm{n}}=\left(\frac{\alpha_{\mathrm{pnp}}}{1-\alpha_{\mathrm{pnp}}}\right)I_{\mathrm{n}} \tag{1-12}$$

式中，$\beta_{\mathrm{pnp}}$为pnp晶体管的共射极电流放大系数；$\alpha_{\mathrm{pnp}}$为pnp晶体管的共基极电流放大系数。

值得注意的是，IGBT集电极一侧的pnp晶体管，仅是在结构上等效为pnp晶体管，在性能上与实际用于电流放大的双极晶体管相差甚远。因为实际的双极晶体管基区宽度很窄，并且集电极电流是基极电流的$\beta$倍。该寄生pnp晶体管不具备这两个特点。为了便于分析问题，这里采用了这个关系。

将式（1-12）代入式（1-11），可得到下式，即

$$I_{\mathrm{C}}=(1+\beta_{\mathrm{pnp}})I_{\mathrm{n}}=\frac{I_{\mathrm{n}}}{(1-\alpha_{\mathrm{pnp}})} \tag{1-13a}$$

$$I_{\mathrm{n}}=(1-\alpha_{\mathrm{pnp}})I_{\mathrm{C}} \tag{1-13b}$$

根据功率MOSFET的$I$-$U$特性方程可知，通过MOS沟道的电子电流就是其漏极电流，将式（1-13b）代入功率MOSFET的漏极电流表达式，可得到IGBT的电

流表达式为

$$I_{C}=\frac{1}{(1-\alpha_{pnp})}\frac{\mu_{ns}C_{ox}Z}{2L}[2(U_{GE}-U_{T})U_{CE}-\alpha U_{CE}^{2}] \tag{1-14}$$

式（1-14）为 IGBT 的 $I$-$U$ 特性表达式。

当 IGBT 工作在饱和区时，$U_{CE}$较小，满足 $\alpha U_{CE} << (U_{G}-U_{T})$；工作在线性区时，$U_{CE}$较高，满足 $\alpha U_{CE} \geqslant (U_{G}-U_{T})$。在此条件下，对式（1-14）进行化简，可得到 IGBT 在饱和区和线性区的电流表达式分别为

$$I_{C}=\frac{\mu_{ns}C_{ox}Z}{(1-\alpha_{pnp})L}(U_{GE}-U_{T})U_{CE}(\text{饱和区}) \tag{1-15a}$$

$$I_{Csat}=\frac{1}{2\alpha(1-\alpha_{pnp})L}\mu_{ns}C_{ox}Z(U_{GE}-U_{T})^{2}(\text{线性区}) \tag{1-15b}$$

可见，IGBT 工作在线性区时，对一个更高的 $U_{GE}$，电流 $I_{C}$相对于较低的 $U_{GE}$会向上偏移。于是，对于不同 $U_{GE}$，就会得到一组 $I_{C}$-$U_{CE}$的曲线。通常，pnp 晶体管的共基极电流放大系数 $\alpha_{pnp}$小于 0.5，这说明在相同的结构参数下，IGBT 的集电极电流至少为功率 MOSFET 的 2 倍。

对于相同电压等级的 IGBT，采用不同耐压结构时，其 pnp 晶体管的电流放大系数 $\alpha_{pnp}$有所不同。为了对比分析 PT-IGBT 和 NPT-IGBT 的特性区别，下面对 pnp 晶体管电流放大系数 $\alpha_{pnp}$进行深入分析。

（2）pnp 晶体管的电流放大系数 $\alpha_{pnp}$　为了能承受较高的阻断电压，IGBT 中的 pnp 晶体管为宽基区晶体管，其共基极电流放大系数 $\alpha_{pnp}$通常由注入效率 $\gamma$ 和基区输运系数 $\alpha_{T}$决定，可用下式表示[27]：

$$\alpha_{pnp}=\gamma\alpha_{T} \tag{1-16}$$

基区输运系数 $\alpha_{T}$与 n 基区的宽度及少子扩散长度有关，可表示为

$$\alpha_{T}=\frac{1}{\cosh\left(\frac{W_{L}}{L_{p}}\right)}\approx 1-\frac{1}{2}\left(\frac{W_{L}}{L_{p}}\right)^{2} \tag{1-17}$$

式中，$L_{p}$为基区少子扩散长度，与其扩散系数 $D_{p}$和寿命 $\tau_{p}$有关，可表示为

$$L_{p}=\sqrt{D_{p}\tau_{p}} \tag{1-18}$$

$W_{L}$为 pnp 晶体管中性基区的宽度，其值与 IGBT 结构和外加电压有关，可分别用下式表示：

$$W_{L}=\begin{cases} W_{n^-}-W_{D}=W_{n^-}-\sqrt{\dfrac{2\varepsilon_{0}\varepsilon_{r}U_{CE}}{qN_{D}}} & (\text{NPT-IGBT}) \\ W_{n} & (\text{PT-IGBT}) \end{cases} \tag{1-19}$$

式中，$W_{n^-}$为 $n^-$基区宽度，$N_{D}$为 $n^-$基区的浓度，$W_{D}$为耗尽层宽度。

pnp 晶体管的发射结（即 IGBT 的 $J_{1}$结）的空穴注入效率 $\gamma$ 可用下式来表示：

$$\gamma=\frac{J_{\mathrm{p}}}{J_{\mathrm{c}}}=1-\frac{J_{\mathrm{n}}}{J_{\mathrm{c}}} \tag{1-20}$$

式中，$J_{\mathrm{c}}$为 IGBT 集电极总电流密度，$J_{\mathrm{n}}$表示进入 $\mathrm{p}^{+}$集电区的电子电流密度；$J_{\mathrm{p}}$表示进入 $\mathrm{n}^{-}$基区的空穴电流密度，两者之和等于集电极总电流密度，即 $J_{\mathrm{c}}=J_{\mathrm{n}}+J_{\mathrm{p}}$。$J_{\mathrm{n}}$和 $J_{\mathrm{p}}$可分别表示为

$$J_{\mathrm{n}}=qD_{\mathrm{n}}\frac{n_{\mathrm{j1}}}{L_{\mathrm{n}}} \tag{1-21a}$$

$$J_{\mathrm{p}}=qD_{\mathrm{p}}\frac{p_{\mathrm{j1}}}{L_{\mathrm{p}}} \tag{1-21b}$$

式中，$p_{\mathrm{j1}}$和 $n_{\mathrm{j1}}$表示集电结两侧的非平衡少子浓度，与结两端的电位差有关；$q$ 为电子电荷，$D_{\mathrm{n}}$、$D_{\mathrm{p}}$分别为电子和空穴的扩散系数；$L_{\mathrm{n}}$、$L_{\mathrm{p}}$分别为电子和空穴的扩散长度。式中忽略了非常小的平衡浓度。

$\mathrm{p}^{+}\mathrm{n}$ 集电结的空间电荷区两侧的载流子浓度之比，可用下式来表示：

$$\frac{p_{\mathrm{j1}}}{p_{\mathrm{n0}}}=\frac{n_{\mathrm{j1}}}{n_{\mathrm{p0}}}=\exp\left(-\frac{q\Delta U}{kT}\right) \tag{1-22}$$

式中，$p_{\mathrm{n0}}$和 $n_{\mathrm{p0}}$分别表示 $\mathrm{p}^{+}\mathrm{n}$ 集电结两侧中性区的少子平衡浓度，且 $\mathrm{p}^{+}$集电区的平衡载流子 $p_{\mathrm{n0}}=N_{\mathrm{A}}$；$\Delta U$ 为 $\mathrm{p}^{+}\mathrm{n}$ 结空间电荷区两端的电压。

根据电中性原理可知，n 区耗尽层边界处的电子浓度等于空穴浓度之和，即 $n_{\mathrm{p0}}=p_{\mathrm{j1}}+N_{\mathrm{D}}$，代入式（1-22）后，可得 $\mathrm{p}^{+}$集电区一侧的电子浓度为

$$n_{\mathrm{j1}}=\frac{p_{\mathrm{j1}}n_{\mathrm{p0}}}{p_{\mathrm{n0}}}=\frac{p_{\mathrm{j1}}(p_{\mathrm{j1}}+N_{\mathrm{D}})}{N_{\mathrm{A}}}\approx\frac{p_{\mathrm{j1}}{}^{2}}{N_{\mathrm{A}}} \tag{1-23}$$

将式（1-23）代入式（1-21a），可得 pnp 晶体管发射区（即 IGBT 集电区）电子电流密度为

$$J_{\mathrm{n}}=q\frac{D_{\mathrm{n}}}{N_{\mathrm{A}}L_{\mathrm{n}}}p_{\mathrm{j1}}{}^{2}=qh_{\mathrm{p}}p_{\mathrm{j1}}{}^{2} \tag{1-21a$'$}$$

式中，$h_{\mathrm{p}}$为集电区的复合系数[31]

$$h_{\mathrm{p}}=\frac{D_{\mathrm{n}}}{N_{\mathrm{A}}L_{\mathrm{n}}}(L_{\mathrm{n}}<W_{\mathrm{pt}})\quad\text{或}\quad h_{\mathrm{p}}=\frac{D_{\mathrm{n}}}{N_{\mathrm{A}}W_{\mathrm{pt}}}(L_{\mathrm{n}}>W_{\mathrm{pt}}) \tag{1-24a}$$

式中，$D_{\mathrm{n}}$为电子扩散系数，$L_{\mathrm{n}}$为电子扩散长度，$W_{\mathrm{pt}}$为 p 集电区的厚度。当 $W_{\mathrm{pt}}$很厚，且 $W_{\mathrm{pt}}>L_{\mathrm{n}}$时，将式（1-18）代入式（1-24a），$h_{\mathrm{p}}$与少子寿命有关，可表示为

$$h_{\mathrm{p}}\approx\frac{1}{N_{\mathrm{A}}}\sqrt{\frac{D_{\mathrm{n}}}{\tau_{\mathrm{n}}}} \tag{1-24b}$$

将式（1-21a′）代入式（1-20），可得 pnp 晶体管的发射结（即 IGBT 集电结）空穴注入效率为

$$\gamma \approx 1-q \cdot h_{\mathrm{p}} \cdot \frac{p_{\mathrm{j1}}^{2}}{J_{\mathrm{c}}} \tag{1-25}$$

可见，当复合系数 $h_p$ 较高时，注入效率较低。比如，当 $p^+$ 区的掺杂浓度 $N_A$ 为 $2\times10^{16}\mathrm{cm}^{-3}$，厚度为 $4\mu\mathrm{m}$ 时，$h_p=3.4\times10^{-12}\mathrm{cm}^4/\mathrm{s}$，假设 $J_c=150\mathrm{A/cm}^2$，$p_{j1}=1\times10^{16}\mathrm{cm}^{-3}$，则 $\gamma\approx0.64$，$J_n\approx0.36J_c$ 或 $54\mathrm{A/cm}^2$。当复合系数 $h_p$ 较低时，注入效率较高。比如，当 $p^+$ 区的掺杂浓度 $N_A$ 高于 $1\times10^{18}\mathrm{cm}^{-3}$，且厚度较厚时，考虑到禁带窄化效应，此时 n 区一侧的平衡少子浓度变为 $p_{j1}'$，可表示为

$$p_{\mathrm{j1}}'=N_{\mathrm{A}} \cdot \exp\left(-\frac{\Delta E_{\mathrm{g}}}{kT}\right) \tag{1-26}$$

于是集电区的复合系数 $h_p$ 变为

$$h_{\mathrm{p}} \approx \frac{1}{p_{\mathrm{j1}}'}\sqrt{\frac{D_{\mathrm{n}}}{\tau_{\mathrm{A,n}}}} \tag{1-27}$$

式中，$\tau_{A,n}$ 为考虑到俄歇复合时载流子寿命；$D_n$ 为电子扩散系数，其值等于电子迁移率 $\mu_n$ 与热扩散电位（$kT/q$）的乘积；若 $\tau_{A,n}$ 为 $3.6\mu\mathrm{s}$，电子迁移率 $\mu_n$ 为 $300\mathrm{cm}^2/\mathrm{V\cdot s}$，则 $h_p=7.6\times10^{-15}\mathrm{cm}^4/\mathrm{s}$。假设 $J_c=150\mathrm{A/cm}^2$，$p_{j1}'=9\times10^{16}\mathrm{cm}^{-3}$，则 $\gamma\approx0.93$，$J_n\approx0.07J_c$ 或 $10.5\mathrm{A/cm}^2$。假设 $J_c=15\mathrm{A/cm}^2$，$p_{j1}'=9\times10^{15}\mathrm{cm}^{-3}$，则 $\gamma\approx0.99$，$J_n\approx0.01J_c$ 或 $0.15\mathrm{A/cm}^2$。可见，此时注入效率比较大，并随电流密度 $J_c$ 的增加而减小。

表 1-2 给出了 PT-IGBT 和 NPT-IGBT 集电极侧 pnp 晶体管的电流放大系数 $\alpha_{pnp}$ 的组成及其参数要求。对 PT-IGBT 而言，由于集电区为重掺杂，且厚度较厚，使得 $J_p>>J_n$，故其空穴注入效率 $\gamma_p\approx1$，$\alpha_{pnp}$ 主要由输运系数 $\alpha_T$ 决定，可通过控制少子寿命来降低 $\alpha_T$；并且 $\alpha_T$ 受温度影响较大，导致 $\alpha_{pnp}$ 随温度而变化，因此 PT-IGBT 的高温稳定性较差。对 NPT-IGBT 而言，由于集电区为中等掺杂，且厚度较薄，使得 $J_p>J_n$，于是 $J_n$ 不能忽略，故 $\gamma_p<<1$；通过控制集电区的掺杂可提高其复合系数 $h_p$，并且 $h_p$ 受温度影响较小，导致 $\alpha_{pnp}$ 随温度的变化很小，因此 NPT-IGBT 的稳定性更好[32]。

**表 1-2　PT-IGBT 和 NPT-IGBT 集电极侧 pnp 晶体管的电流放大倍数比较**

| 特性参数 \ 结构 | PT-IGBT | NPT-IGBT |
|---|---|---|
| $\alpha_{pnp}$ | $\alpha_{pnp}\approx\gamma\alpha_T$ | |
| 基区输运系数 $\alpha_T$ | $\alpha_T\approx1-\frac{1}{2}\left(\frac{W_n}{L_p}\right)^2$ | $\alpha_T\approx1-\frac{1}{2}\left(\frac{W_L}{L_p}\right)^2\approx1$ |
| 集电极注入效率 $\gamma$ | $\gamma\approx1$ | $\gamma\approx1-q\cdot h_p\cdot\frac{p_{j1}^2}{J_c}<<1$ |

（续）

| 特性参数＼结构 | PT-IGBT | NPT-IGBT |
|---|---|---|
| 特征参数 | 少子扩散长度<br>$L_P=\sqrt{D_p\tau_p}$ | 集电极的复合系数为<br>$h_p\approx\frac{D_n}{N_A\cdot L_n}\approx\frac{D_n}{N_A\cdot W_{pt}}$ |
| 关键参数要求 | 需采用寿命控制技术降低<br>$\tau_p$以减小$\alpha_T$ | 集电区掺杂低、厚度薄；<br>故其$h_p$很高，无需控制$\tau_p$ |
| 温度的影响 | $\tau_p$随温度变化强烈 | $h_p$随温度变化较弱 |
| 高温稳定性 | 差 | 好 |

（3）IGBT的输出饱和特性　由于IGBT结构中含有MOSFET，在一定的栅极-发射极电压（$U_{GE}$）下，当集电极-发射极电压$U_{CE}$较高，大于集电极-发射极饱和电压$U_{CEsat}$时，MOS沟道的末端也会像功率MOSFET那样出现夹断，但IGBT的集电极电流并不会因此而趋于饱和。这是因为在IGBT工作时，不仅存在沟道的长度调变效应，而且pnp晶体管的电流放大系数$\alpha_{pnp}$对输出特性也有明显的影响。

沟道长度调变效应是指在一定的栅极-发射极电压$U_{GE}$（$>U_T$）下，当IGBT的集电极-发射极电压$U_{CE}$较低时，沟道电子呈均匀分布，电阻$R_{ch}$较小，集电极电流$I_C$会随着$U_{CE}$的增大而急剧上升。随着集电极-发射极电压$U_{CE}$不断增加，沟道末端的电位逐渐增加，沟道电子逐渐变为非均匀分布；当$U_{CE}$大于集电极-发射极饱和电压（$U_{CEsat}$），即$U_{CE}>U_{CEsat}$，沟道在靠近$n^-$漂移区的一侧（即沟道末端）夹断，如图1-20所示。随着$U_{CE}$的继续增加，夹断点将向发射区一侧移动，导致沟道的有效长度减小，使$R_{ch}$减小，但夹断点的电位仍保持在$U_{CE(sat)}$，故在给定的$U_{GE}$下，随$U_{CE}$增加，$I_n$也不断增加，导致集电极电流$I_C$也不断增加，表现为输出特性曲线向上倾斜。这种现象称为IGBT的沟道长度调变效应。

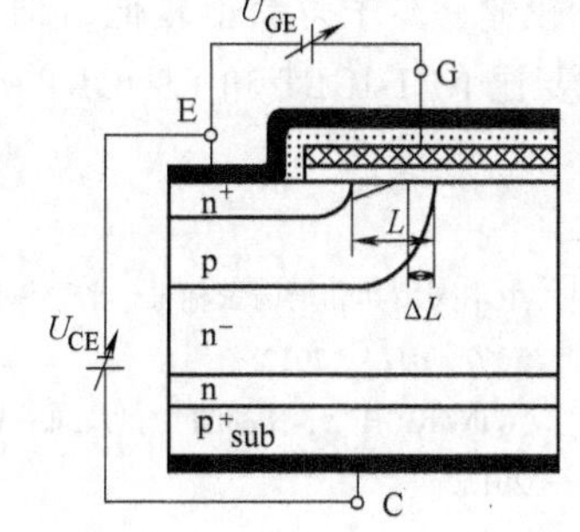

图1-20　沟道长度调变效应示意图

考虑沟道长度调变效应后，IGBT集电极电流可用下式来描述：

$$I_C=\frac{I_{C(sat)}}{1-(\Delta L/L)}(U_{CE}>U_{CE(sat)}) \tag{1-28}$$

式中，$I_{C(sat)}$为集电极饱和电流；$L$为沟道长度；$\Delta L$为沟道长度的变化量。

可见，沟道越短，沟道有效长度调变效应的影响越大，集电极电流向上倾斜越严重。

此外，NPT-IGBT的饱和电流还受集电极侧pnp晶体管电流放大系数$\alpha_{pnp}$的影响。根据式（1-19）可知，对于NPT-IGBT结构而言，$W_L$随$U_{CE}$而变化，导致其$\alpha_{pnp}$随外加的$U_{CE}$而变化。当$U_{CE}$很小时，对NPT-IGBT的n基区耗尽层展宽$W_D$较小，$W_L$较大，$\alpha_{pnp}$较小；当$U_{CE}$增大时，$n^-$基区耗尽层展宽$W_D$随之增大，导致中性区宽度$W_L$变窄，于是$\alpha_{pnp}$增大，引起$I_C$增大。对于PT-IGBT结构而言，$W_L$为n缓冲层的厚度（$W_n$），与$U_{CE}$无关，其pnp晶体管的$\alpha_{pnp}$不随$U_{CE}$而变化，不会引起$I_C$的变化。因而，PT-IGBT结构的输出特性只受沟道长度调变效应的影响，其输出特性曲线上倾也较小，如图1-21所示[17]。在较低的$U_{GE}$下，$I_C$随$U_{CE}$的增加变化较小；随着$U_{GE}$增大，$I_C$随$U_{CE}$增加而增加，使得NPT-IGBT与PT-IGBT的输出特性曲线都向上倾斜，且NPT-IGBT的输出特性曲线向上倾斜得更严重。

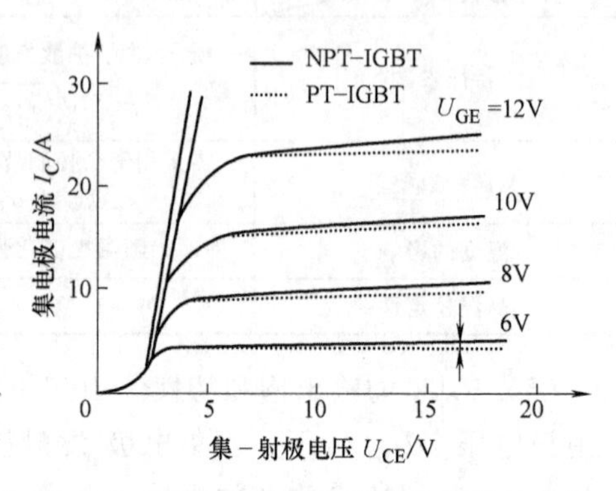


图1-21　NPT与PT型IGBT输出特性比较

相比较而言，PT-IGBT中缓冲层厚度$W_n$较薄，少子寿命也较低，但由于其集电结注入效率高，所以，PT-IGBT的$\alpha_{pnp}$值要比NPT-IGBT和FS-IGBT的$\alpha_{pnp}$值大，由此导致其特性有许多差异。

## 参考文献

[1] 中华人民共和国国家标准. 半导体器件分立器件第9部分：绝缘栅双极晶体管（IGBT).（IEC 60747-9：2007, IDT), 2012.

[2] WINTRICH A, Nicolai U, Tursky W, et al. Application Manual Power Semiconductors [M]. ISLE-Verlag, 2011.

[3] BALIGA B J. Fundamentals of Power Semiconductor Devices [M]. Springer, 2008.

[4] LASKA T, MIINZER M, PFIRSCH F, et al. The Field Stop IGBT (FS IGBT)-A New Power Device Concept with a Great Improvement Potential [C]. Proceedings of the ISPSD'2000, 2000: 355-358.

[5] NAKAMURA K, OYA D, SAITO S, et al. Impact of an LPT (II) concept with Thin Wafer Process Technology for IGBT's vertical structure [C]. Proceedings of the ISPSD' 2009: 295-298.

[6] RAHIMO M, LUKASCH W, VON ARX C, et al. Novel soft-punch-through (SPT) 1700V IGBT sets benchmark on technology curve [C]. Proceedings of the PCIM' 2001, 2001.

[7] VOBECKY J, RAHIMO M, KOPTA A, et al. Exploring the Silicon Design Limits of Thin Wafer IGBT Technology: The Controlled Punch Through (CPT) IGBT [C]. Proceedings of the ISPSD '2008, 2008: 76-79.

[8] 谈景飞，朱阳军，褚为利，等. 一种IGBT器件及其制作方法 [P], CN103794638A, 2014. 5. 14.

[9] 戚丽娜，张景超，刘利峰，等. 新型绝缘栅双极晶体管背面结构及其制备方法 [P]. ZL201110272825. 5, 2016. 08. 03.

[10] MORI M, et al. A novel High-conductivity IGBT (HiGT) with a short circuit capability [C]. Proceedings of the ISPSD' 98, 1998: 429-432.

[11] MORI M, OYAMA K, ARAI T, et al. A planar-gate high-conductivity IGBT (HiGT) with hole-barrier layer [J]. Electron Devices, IEEE Transactions, 2007, 54 (6): 1515-1520.

[12] RAHIMO M, KOPTA A, LINDER S. Novel Enhanced-Planar IGBT Technology Rated up to 6. 5kV for Lower Losses and Higher SOA Capability [C]. Proceedings of the ISPSD' 2006: 2006, 1~4.

[13] TAKAHASHI, H. HARAGUCHI H, HAGINO H, et al. Carrier Stored Trench-Gate Bipolar Transistor (CST-BT) -A Novel Power Device for High Voltage Application [C]. Proceedings of the ISPSD'96, 1996: 349-352.

[14] OYAMA K, ARAI T, SAITOU K, et al. Advanced HiGT with Low-injection Punch-through (LiPT) structure. Proceedings of the ISPSD'2004, 2004: 111-114.

[15] NAKAMURA K, SADAMATSU K, OYA D, et al. Wide Cell Pitch LPT (II) -CSTBTTM (III) Technology Rating up to 6500 V for Low Loss. Proceedings of the ISPSD' 2010, 2010: 387-390.

[16] K SHENAI. Optimally scaled low-voltage vertical power MOSFETs for high-frequency power conversion [J]. IEEE Transactions on Electron Devices, 1990, 37 (4): 1141-1153.

[17] VINOD KUMAR KHANNA. Insulated Gate Bipolar Transistor IGBT Theory and Design [M]. John Wiley & Sons Inc, 2003.

[18] SPULBER O, SANKARA NARAYANAN E M, HARDIKAR S, et al. A Novel Gate Geometry for the IGBT: The Trench Planar Insulated Gate Bipolar Transistor (TPIGBT) [J]. IEEE Electron Device Letters, 1999, 20 (11): 580-582.

[19] 王彩琳. 电力半导体新器件及其制造技术 [M], 北京: 机械工业出版社, 2015.

[20] TOMOMATSU Y, KUSUNOKI S, SATOH K. Characteristics of a 1200V CSTBT Optimized for Industrial Applications. IAS' 2001 (2), 2001: 1060-1065.

[21] KITAGAWA M, OMURA I, HASEGAWA S, et al. A 4500V injection enhanced insulated gate bipolar transistor (IEGT) operating in a mode similar to a thyristor [C]. Proceedings of the IEDM' 93, 1993: 679-682.

[22] TSUNEO OGURA, KOICHI SUGIYAMA, SHIGERU HASEGAWA, et al. High Turn-off Current Capability of Parallel-connected 4. 5kV Trench-IEGTs [C]. Proceedings of the ISPSD'98, 1998: 47-50.

[23] WATANABE S, MORI M, ARAI T, et al. 1. 7 kV trench IGBT with deep and separate floating p-layer designed for low loss, low EMI noise, and high reliability [C]. Proceedings of the ISPSD' 2011, 2011: 48-51.

[24] RYOHEI GEJO, TSUNEO OGURA, SHINICHIRO MISU, et al. Ideal Carrier Profile Control for High-Speed Switching of 1200 V IGBTs [C]. Proceedings of the ISPSD' 2014, 2014: 99-102.

[25] 袁寿财. IGBT 场效应半导体功率器件导论 [M]. 北京: 科学出版社, 2007.

[26] 陈永真, 陈之勃. 从不同年代的通用型 IGBT 模块的数据分析看 IGBT 的进步 [J]. 电源技术应用, 2013, (11): 1-4.

[27] 陈星弼, 张庆中, 陈勇. 微电子器件 [M], 北京: 电子工业出版社, 2011.

[28] WANG R, et al. Threshold Voltage variations with temperature in MOS transistors. IEEE Trans. On Electron Devices, 1971: 386.

[29] GRAHN K, et al. Model for DMOST threshold voltage. Electronics Letters, 1992, 28 (15): 1384.

[30] TSICIDIS Y. Operation and Modeling of the MOS Transistors [M]. Second Edition. Columbia University, WCB/McGraw Hill, 1999.

[31] LUTZ, J, Schlangenotto H, Scheuermann U, et al. Semiconductor Power Devices Physics, Characteristics, Reliability [M], Springer-Verlag Berlin Heidelberg, 2011.

[32] AZZOPARDI S, JAMET C, VINASSA J M, et al. Switching performances comparison of 1200 V punchthrough and non punchthrough IGBTs under hard-switching at high temperature, Proc. IEEE PESC, 1998: 1201-1207.

# 第2章 器件特性分析

本章主要介绍 IGBT 的静态特性（通态特性和阻断特性）和动态特性（开通特性和关断特性）以及安全工作区。

## 2.1 IGBT 的静态特性

IGBT 的静态参数主要有集电极-发射极饱和电压（在规定的栅极电压和集电极电流下，集电极-发射极两端电压的最大值），正向阻断电压（栅极-发射极短路状况下，在集电极电流为某一规定的低值时，集电极-发射极所能承受的最大电压）等。

### 2.1.1 通态特性

#### 1. 正向导通

IGBT 在导通状态下可采用 pin 二极管和 MOSFET 串联等效模型来描述，如图 2-1 所示。

pin 的压降可以表示为

$$U_{\mathrm{F,pin}}=\frac{2kT}{q}\ln\left[\frac{J_{\mathrm{C}}W_{\mathrm{N^-}}}{4qD_{\mathrm{a}}n_{\mathrm{i}}F(W_{\mathrm{N}}/2L_{\mathrm{a}})}\right] \tag{2-1}$$

式中，$W_{\mathrm{N^-}}$为 $\mathrm{n^-}$漂移区厚度；$D_{\mathrm{a}}$为双极扩散系数；$L_{\mathrm{a}}$为双极扩散长度；$n_{\mathrm{i}}$为本征载流子浓度，$F(W_{\mathrm{N}}/2L_{\mathrm{a}})$ 为关于 $W_{\mathrm{N^-}}/2L_{\mathrm{a}}$的函数，当 $W_{\mathrm{N^-}}/2L_{\mathrm{a}}=1$ 时，函数 $F$ 有最大值，$J_{\mathrm{C}}$为集电极电流密度。

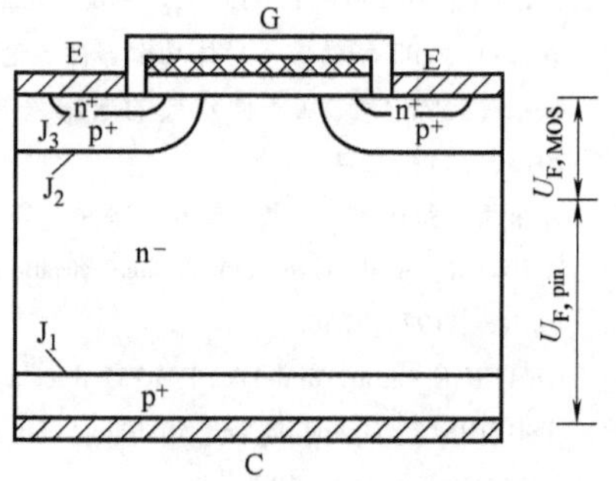


图 2-1 IGBT 元胞剖面结构

当 MOSFET 工作在线性区时，沟道的压降可以表示为

$$U_{\mathrm{F,MOS}}=I_{\mathrm{C}}R_{\mathrm{CH}}=\frac{I_{\mathrm{C}}L_{\mathrm{CH}}}{Z\mu_{\mathrm{ni}}C_{\mathrm{ox}}(U_{\mathrm{G}}-U_{\mathrm{T}})} \tag{2-2}$$

式中，$R_{\mathrm{CH}}$为 MOSFET 沟道电阻；$L_{\mathrm{CH}}$为沟道长度；$Z$ 为沟道宽度；$\mu_{\mathrm{ni}}$为沟道（反型层）电子的迁移率；$C_{\mathrm{ox}}$为栅氧化层电容；$U_{\mathrm{G}}$为栅极偏压；$U_{\mathrm{T}}$为阈值电压。

IGBT 的饱和电压即为 pin 二极管的正向压降与 MOSFET 的饱和电压之和，可用下式表示：

$$U_{\mathrm{F,IGBT}}=U_{\mathrm{F,pin}}+U_{\mathrm{F,MOS}}$$
$$=\frac{2kT}{q}\ln\left[\frac{J_{\mathrm{C}}W_{\mathrm{N}}}{4qD_{\mathrm{a}}n_{\mathrm{i}}F\left(W_{\mathrm{N}}/2L_{\mathrm{a}}\right)}\right]+\frac{I_{\mathrm{C}}L_{\mathrm{CH}}}{Z\mu_{\mathrm{ni}}C_{\mathrm{ox}}\left(U_{\mathrm{G}}-U_{\mathrm{T}}\right)} \tag{2-3}$$

一般来讲，由于 IGBT 在导通期间 $n^-$漂移区会发生电导调制效应，故其 $n^-$漂移区掺杂浓度比功率 MOSFET 要低得多，然而 $n^-$漂移区的低掺杂也会导致在 JEFT 区产生一个高的压降。为了获得较低的饱和电压，提高 JEFT 区的掺杂浓度是一个有效的手段。因此，在实际器件设计中，为了获得低的饱和电压和高的开关频率，优化 JFET 区就显得十分重要了。

**2. 温度对通态特性的影响**

IGBT 的通态特性与工作温度也有很大关系，不同结构的 IGBT 通态特性随温度的变化也不相同。

IGBT 的集电极电流分为两部分，一部分电流是由 $p^+$集电区注入 $n^-$漂移区并经 p 基区流向发射极的空穴电流；另一部分是由 $n^+$发射区经沟道注入到 $n^-$漂移区的电子电流。对于 PT-IGBT 而言，由于其集电极侧 pnp 晶体管的电流放大系数较高，导致其空穴电流相对较大，故器件的饱和电压具有负温度系数，即随着温度的升高，饱和电压随之下降，如图 2-2a 所示。由于 PT-IGBT 的集电区较厚，开通时注入的空穴数目较多，关断时要抽取的空穴数目也多，因而关断速度较慢。因此，为了提高关断速度，需要通过载流子寿命控制[1,2]技术来降低载流子的寿命。但由于少子寿命随温度的升高而增加，会导致器件的饱和电压减小，同时关断时间增加。

对于 NPT-IGBT 和 FS-IGBT 而言，由于集电区很薄、且掺杂浓度较低，属于透明集电极，其集电极侧 pnp 晶体管的电流放大系数较低，电子电流大于空穴电流，因此饱和电压具有正温度系数，如图 2-2b、c 所示。采用透明集电极可以实现器件快速关断，不需要对器件进行载流子寿命控制，同时因 FS-IGBT 的 $n^-$漂移区较薄，因此其饱和电压更低。

## 2.1.2 阻断特性

当 IGBT 的集电极-发射极之间加正向电压时，即 $U_{\mathrm{CE}}>0$，IGBT 处于正向工作状态。当栅极-发射极间电压 $U_{\mathrm{GE}}$小于阈值电压 $U_{\mathrm{T}}$时，半导体表面不会形成沟道，则器件处于正向阻断状态。

**1. 正向阻断特性**

IGBT 工作在正向阻断模式下时，集电极上施加正向电压，$J_1$结正偏，$J_2$结反偏，器件的阻断电压由反偏的 $J_2$结来承担，因此 IGBT 具有正向阻断能力。在正向阻断工作状态下，必须保证栅极-发射极短路，以防止栅极下面形成导电沟道。在 IGBT 施加正向电压情况下，$J_2$结反偏，其空间电荷区将向两侧扩展，因此阻断电

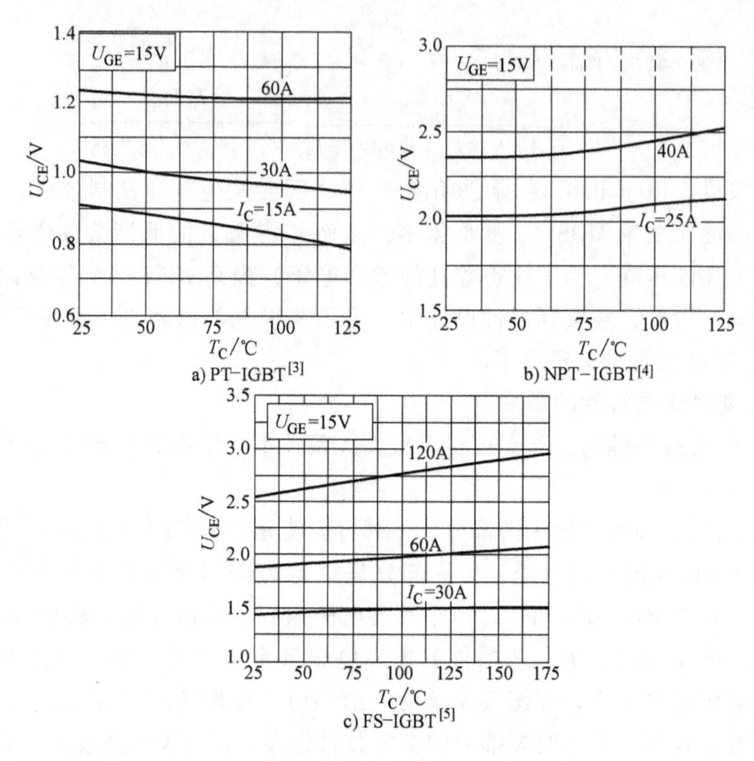


图 2-2　IGBT 的通态温度特性曲线

压将会受到 P 基区间距的限制。

NPT-IGBT 的耗尽区扩展如图 2-3 所示，图中电场强度峰值在 $J_2$结处。

当正向电压较小时，NPT-IGBT 的耗尽层的扩展宽度远小于其 $n^-$漂移区的厚度，电场分布如图 2-3b 所示。随着外加正向电压逐渐增大，耗尽层不断扩展，电场峰值增加，如图 2-3c 所示。直到峰值电场强度等于其发生雪崩击穿的临界电场

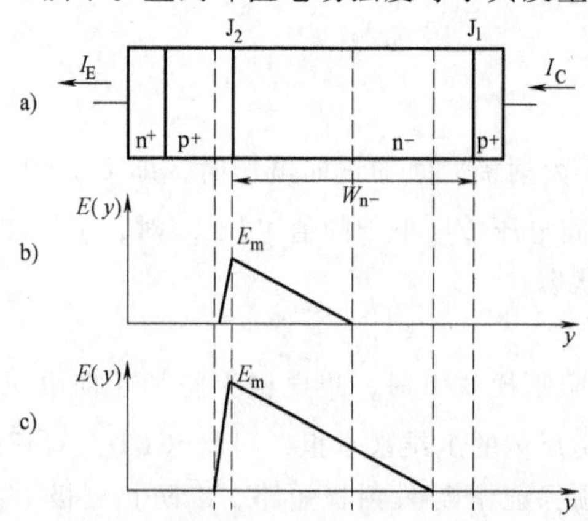


图 2-3　NPT-IGBT 工作在正向阻断模式下的电场强度分布

强度时，IGBT 发生雪崩击穿，此时 IGBT 的正向阻断能力由其雪崩击穿特性决定。

对于硅材料，雪崩击穿电压 $BU_{PP}$ 和最大耗尽层宽度 $W_{PP}$ 分别表示为

$$BU_{pp}=5.34\times10^{13}N_{D}^{-3/4} \tag{2-4}$$

$$W_{pp}=2.67\times10^{10}N_{D}^{-7/8} \tag{2-5}$$

式中，$N_D$ 为 $n^-$ 漂移区的掺杂浓度。

在实际应用中，由于饱和电压和开关速度的限制，IGBT 的 $n^-$ 漂移区厚度不会很厚。对 NPT-IGBT 而言，当正向电压较大时，$n^-$ 漂移区厚度仍大于耗尽层宽度，电场强度分布如图 2-3c 所示。如果 $n^-$ 漂移区厚度较薄，当耗尽区从反偏 $J_2$ 结扩展到正偏 $J_1$ 结后，$J_1$ 结的空穴注入将导致集电极电流大幅度增加，此时 NPT-IGBT 会发生穿通击穿，其阻断电压可以表示为

$$U_{B}=\frac{qN_{D}}{2\varepsilon_{s}}W_{n^-}^{2} \tag{2-6}$$

式中，$N_D$ 为 $n^-$ 漂移区的掺杂浓度，$W_{n^-}$ 为 $n^-$ 漂移区厚度。

PT-IGBT 和 FS-IGBT 在外加正向电压下的耗尽区扩展如图 2-4 所示，图中峰值电场强度位于 $J_2$ 结处。

当外加正向电压较低时，PT-IGBT 和 FS-IGBT 耗尽层扩展宽度小于其 $n^-$ 漂移区的厚度，电场分布如图 2-4b 所示。

随着外加正向电压不断增大，当 PT-IGBT 和 FS-IGBT 的耗尽层扩展宽度等于其 $n^-$ 漂移区厚度时，电场分布如图 2-4c 所示，此时耗尽区刚好扩展至整个轻掺杂的 $n^-$ 漂移区的边界，$J_2$ 结处的峰值电场强度仍低于击穿电压的临界电场强度，达到了穿通条件，此时 PT-IGBT 和 FS-IGBT 的阻断电压可以用式（2-6）表示。

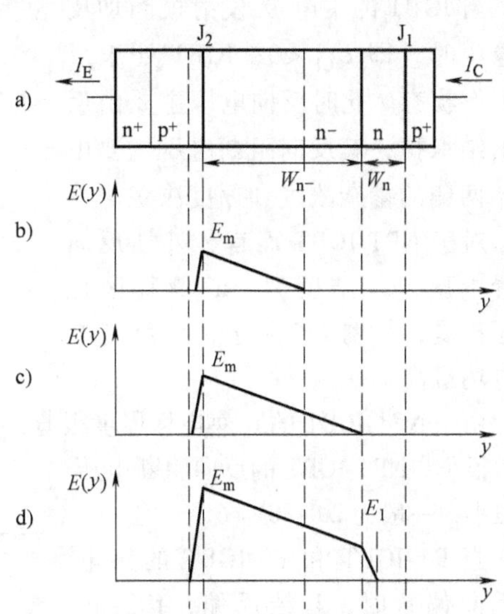


图 2-4　PT-IGBT 和 FS-IGBT 工作在正向阻断模式下的电场强度分布

随着外加正向电压的进一步增加，耗尽区继续向 $J_1$ 结扩展，PT-IGBT 和 FS-IGBT 的电场分布如图 2-4d 所示，当耗尽层扩展宽度超过 $n^-$ 漂移区时，耗尽区的扩展将延伸至较高掺杂的 n 缓冲区，此时电场强度呈现一种梯形分布，这是因为 $n^-$ 漂移区和 n 缓冲区的掺杂浓度不同，因此电场的下降斜率也不同，$n^-$ 漂移区和 n 缓冲区界面处的电场可以表示为

$$E_{1}=E_{m}-\frac{qN_{D}}{\varepsilon_{s}}W_{n^-} \tag{2-7}$$

式中，$E_m$为$J_2$结处的峰值电场强度；$N_D$为$n^-$漂移区的掺杂浓度，$W_{n^-}$为$n^-$漂移区厚度。

忽略空间电荷区在P基区和n缓冲区内较小的展宽，则穿通击穿电压可以表示为

$$U_{PT}=\left(\frac{E_m+E_1}{2}\right)W_{n^-} \tag{2-8}$$

当$J_2$结处的峰值电场强度（$E_m$）等于临界击穿电场强度（$E_c$）时，根据式（2-8）以及式（2-7）可知，PT-IGBT和FS-IGBT的阻断电压可以表示为

$$U_B=BU_{PT}=E_C W_{n^-}-\frac{qN_D}{2\varepsilon_s}W_{n^-}^2 \tag{2-9}$$

式中，$E_C$为$n^-$漂移区的临界击穿电场强度；$W_{n^-}$为$n^-$漂移区厚度。对于硅材料，$E_C$等于$4010N_D^{1/8}$。假设掺杂浓度为$1\times10^{14}\text{cm}^{-3}$，通过计算可知，临界击穿电场强度$E_C$为$2.25\times10^5\text{V/cm}$。

**2. 反向阻断特性**

当IGBT的集电极-发射极间加反向电压时，即$U_{CE}<0$，IGBT处于反向工作状态。此时反向电压主要由反偏$J_1$结承担，其反向阻断电压主要由$J_1$结两侧的掺杂浓度和厚度决定。

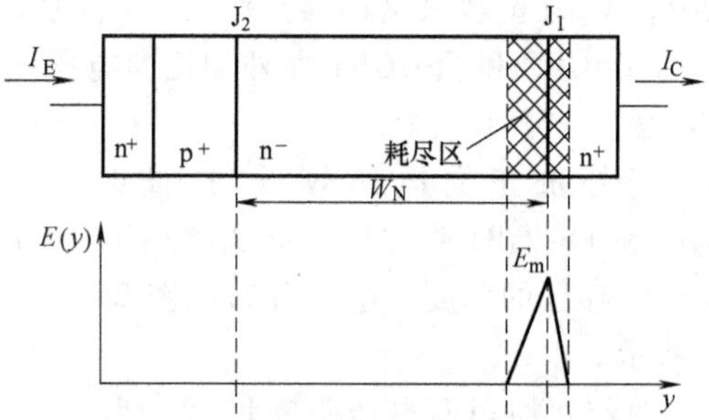

图2-5 NPT-IGBT工作在反向阻断模式下的电场强度分布

对于NPT-IGBT而言，外加反向偏置电压，$J_1$结反偏，$n^-$漂移区耗尽区扩展，如图2-5所示，$J_1$结处峰值电场最高。

由于NPT-IGBT的$p^+$集电区厚度很薄，可以提供的展宽很小，因此$J_1$结所能承受的耐压很小，NPT-IGBT的反向阻断电压也很小，一般为20~80V。

当PT-IGBT和FS-IGBT的集电极反向偏置时，$J_1$结反偏、$J_2$结正偏，反向电压也主要由n缓冲层和$P^+$集电区形成的$J_1$结承担，其耗尽区扩展如图2-6所示，图中峰值电场也出现在$J_1$结处。由于n缓冲层的掺杂浓度比$n^-$漂移区高，导致$J_1$结耗尽区的扩展也很有限，故其反向阻断电压也很低。当n缓冲层浓度从$4\times10^{17}\text{cm}^{-3}$变化到$1\times10^{16}\text{cm}^{-3}$时，IGBT反向阻断电压仅从3.4V变化到53V，

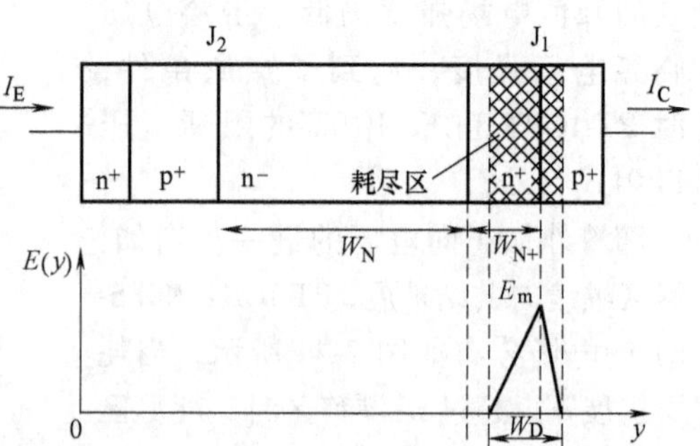


图2-6 PT-IGBT和FS-IGBT工作在反向阻断模式下的电场强度分布

而且在此浓度范围内，耗尽区的最大宽度仅为 2.6μm，因此 PT-IGBT 和 FS-IGBT 的 n 缓冲区宽度设计为 10μm 时，足以确保耗尽层停留在 n 缓冲区内。

3. 温度对阻断特性的影响

IGBT 的阻断电压和漏电流与温度密切相关。随着温度的升高，器件内部晶格振动加剧，载流子与晶格碰撞概率增大。为了使载流子发生碰撞电离，需要更高的电场使得载流子获得更多的能量，因此，随着温度的升高，pn 结的雪崩击穿电压会有所增加。此外，由于温度对 pnp 晶体管电流放大系数的影响，导致 IGBT 的阻断电压和漏电流随温度升高均会发生变化。

pn 结的雪崩击穿电压与温度的关系式可以表示为[6]

$$U_B(T) = 5.34\times10^{13} N_B^{-0.75} T_n^{0.35} \tag{2-10}$$

IGBT 的阻断电压除了与 $J_2$ 结的雪崩击穿电压有关外，还与 pnp 晶体管电流放大系数有关。

## 2.2　IGBT 的动态特性

IGBT 的开关特性参数主要包括开关速度和开关损耗两部分，开关速度主要受到 pnp 晶体管少数载流子电荷存储效应的影响。IGBT 开关状态下的电压-电流特性决定着其动态功耗。

图 2-7 为 IGBT 的工作状态示意图。当栅极-发射极电压小于阈值电压时，器件处于阻断状态，集电极-发射极电压为外加正向电压，同时集电极电流几乎为零。当栅极-发射极电压大于阈值电压时，器件处于开通状态，集电极电流逐渐增大，受电路中续流二极管的影响，会出现电流尖峰；同时集电极-发射极电压逐渐减小到饱和电压，器件进入到完全通态。当栅极-发射极电压再次小于阈值电压时，器件开始关断状态，集电极-发射极电压逐渐增大，受电路寄生电感的影响，会出现电压尖峰；同时集电极电流逐渐减小到零，器件又恢复到阻断状态。

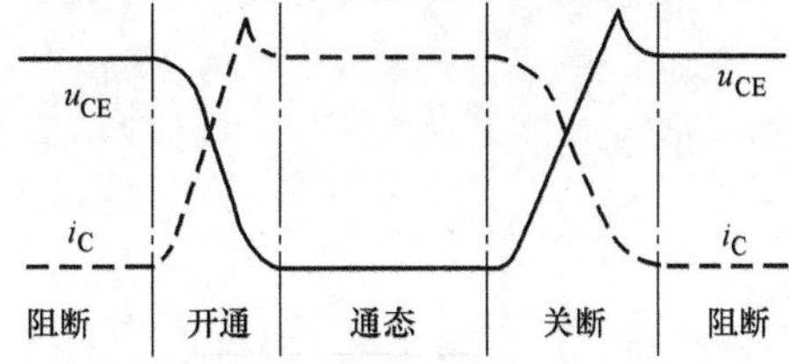


图 2-7　IGBT 工作状态示意图

### 2.2.1　开通特性

IGBT 开通过程与功率 MOSFET 相似，当施加一个大于阈值电压的栅极-发射极电压之后，栅极电容开始充电，MOS 晶体管中就会有电子电流流过，随后产生集电极空穴电流。因此 IGBT 开通时间由 MOSFET 的栅电容充电时间和 pnp 晶体管基区少子渡越时间组成，其分别对应 IGBT 的开通延迟时间 $t_{d(on)}$ 和上升时间 $t_r$。

开通过程中，当栅压大于阈值电压，栅电容开始充电，栅氧化层上的电压与时间的关系如式（2-11）所示：

$$U_{GE}=U_T\left(1-\exp\frac{-t_{d(on)}}{R_G(C_{GS}+C_{GD})}\right) \tag{2-11}$$

所以

$$t_{d(on)}=R_G(C_{GS}+C_{GD})\ln\left[\frac{U_{GE}}{U_{GE}-U_T}\right] \tag{2-12}$$

pnp 晶体管基区少子渡越时间为

$$t_r=\frac{w^2}{2D_p} \tag{2-13}$$

因此，IGBT 的开通时间为

$$t_{on}=t_{d(on)}+t_r=\frac{w^2}{2D_p}+R_G(C_{GS}+C_{GD})\ln\left[\frac{U_{GE}}{U_{GE}-U_T}\right] \tag{2-14}$$

**1. 阻性负载**

图 2-8 是一个阻性负载的 IGBT 开通电路以及 IGBT 导通过程中的电流电压波形。可见，当施加的栅极-发射极电压 $u_{GE}$ 大于阈值电压时，IGBT 的集电极电流 $i_C$ 开始随着 $u_{GE}$ 的上升而上升，集-射极电压 $u_{CE}$ 开始下降。

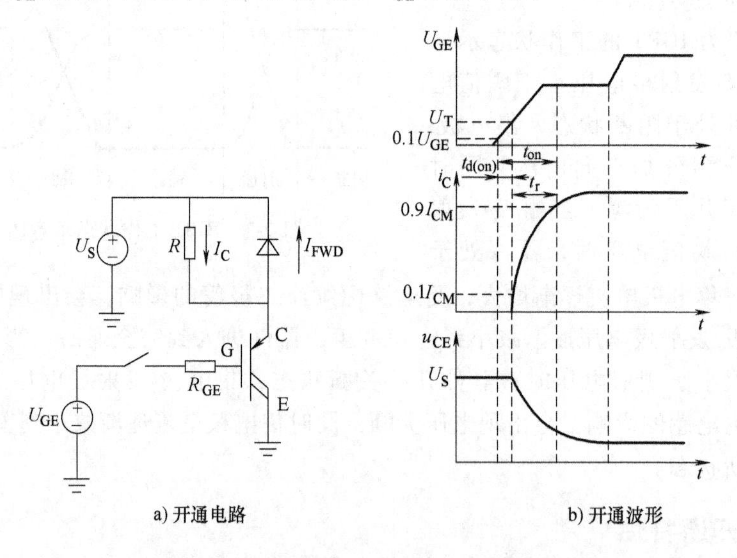


a) 开通电路　　　　b) 开通波形

图 2-8　IGBT 在阻性负载时的开通电路及波形

IGBT 开通时间 $t_{on}$ 为开通延迟时间 $t_{d(on)}$ 和电流上升时间 $t_r$ 之和。

1）开通延迟时间 $t_{d(on)}$：从 $U_{GE}$ 上升到其幅值的 10%的时刻到 $I_C$ 上升至其幅值 10%的时刻为止，所需要的时间。

2）电流上升时间 $t_r$：$I_C$ 从其幅值 10%的时刻上升至其幅值 90%的时刻为止，所需要的时间。

下面分析 IGBT 在开通过程中的能耗和平均功耗。当施加一个栅极电压 $U_{GE}$ 后，栅电容开始充电，当栅极-发射极电压达到阈值电压时，集电极电流 $I_C$ 开始流动，并且随 $U_{GE}$ 快速增大，最后达到稳定状态，此时

$$I_C = U_S / R \tag{2-15}$$

$$U_{GE} = \frac{I_C}{g_m + U_T} \tag{2-16}$$

在集电极电流上升期间的瞬时电流为 $i_C$，集电极-发射极的瞬时电压 $u_{CE}$ 为

$$u_{CE} = U_S - i_C R \tag{2-17}$$

所以，在 IGBT 的整个开通过程中的能量损耗为

$$E_{on} = \int u_{CE} i_C \mathrm{d}t \tag{2-18}$$

在 $U_{GE} = U_T$ 时，集电极电流开始上升，集电极-发射极电压开始下降，集电极电流上升时间与集电极-发射极电压下降时间关系为

$$t_r = t_{fv} = t_c \tag{2-19}$$

令 $t' = t - t_{d(on)}$，可得

$$i_{CE} = \frac{I_{CE} t'}{t_c} = \frac{I_C t'}{t_c} \tag{2-20}$$

$$u_{CE} = \frac{U_S t'}{t_c} + U_S \tag{2-21}$$

所以，此时的能量损耗为

$$E_{on} = \int_o^{t_c} u_{CE} i_{CE} \mathrm{d}t = \frac{U_S I_C t_c}{6} \tag{2-22}$$

设 IGBT 工作时的频率为 $f$，那么其平均功耗可以表示为

$$P_{on} = E_{on} \times f = \frac{U_S I_C t_c f}{6} \tag{2-23}$$

### 2. 感性负载

图 2-9 是一个感性负载的 IGBT 开关电路以及 IGBT 开通过程中的电流电压波形。假设电路的时间常数远远大于 IGBT 的开关时间，负载电流 $I_L$ 为常数。

当 IGBT 的栅极施加电压后，此时影响 $U_{GE}$ 的只有 $R_{GE}$ 和 $C_{GE}$。经历一段延迟时间 $t_d$ 后，栅极电压达到阈值电压，此时集电极电流开始增加。当 $I_C = I_L$，此时二极管电流为零，负载在电感上的电压开始下降，IGBT 开通。IGBT 开通过程中集电极-发射极间电压的变化规律为

$$\frac{\mathrm{d}U_{CE}}{\mathrm{d}t} = \frac{\mathrm{d}}{\mathrm{d}t}(U_{CG} + U_{GE}) \tag{2-24}$$

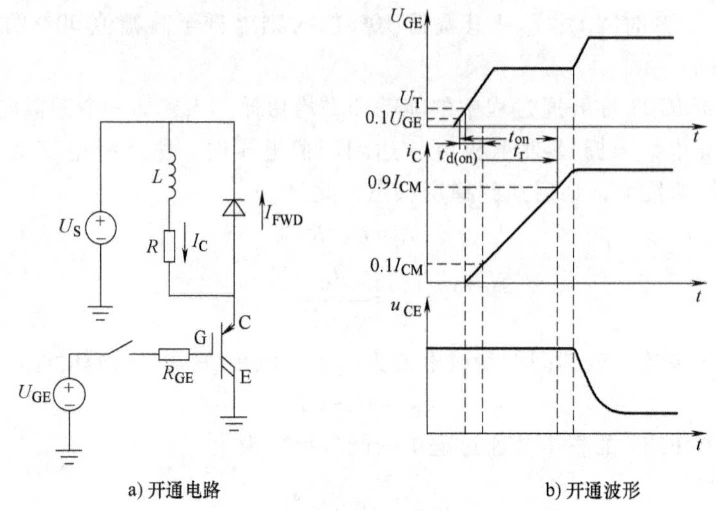


a) 开通电路　　b) 开通波形

图 2-9　IGBT 感性负载时开通电路及波形

在一个电感负载电路中，集电极-发射极电压从 $U_s$ 下降到 $U'_{CE}$

$$\frac{du_{CE}}{dt} \approx \frac{du_{CG}}{dt} = \frac{I_{GE}}{C_{GC}} = \frac{U_{GE} - U'_{GE}}{R_{GE} C_{GC}} \tag{2-25}$$

高的 $du_{CE}/dt$ 会通过密勒电容反馈到栅极，致使栅极电压增加，当该电压高于 IGBT 阈值电压时，会导致 IGBT 重新开通。

为了计算开通期间内的能量损耗 $E_{on}$，这里忽略二极管反向恢复的影响，令

$$t' = t - t_{d(on)} \tag{2-26}$$

$$t'' = t - (t_{d(on)} + t_r) \tag{2-27}$$

所以

$$E_{on} = \int_o^{t'} u_{CE} i_{CE} dt' = \frac{U_S I_C}{2} t_c \tag{2-28}$$

**3. 温度对开通时间的影响**

IGBT 的开通过程开始于栅极电压高于阈值电压，此时栅极导电沟道形成，电子从沟道注入，同时空穴也从集电区注入，最终在 $n^-$ 漂移区形成稳定的载流子分布。这一过程相对较短暂，并且由于有大量外部载流子的不断注入，过程中内部复合作用影响较小，因此温度对于开通过程的影响也较小。图 2-10 给出了温度对 PT-IGBT、NPT-IGBT 和 FS-IGBT 开通时间的影响，图 2-11 给出了温度对 PT-IGBT、NPT-IGBT 和 FS-IGBT 开通损耗的影响，从图中可以看出，25℃ 和 125℃ 时，开通时间和开通损耗差别很小。

## 2.2.2　关断特性

IGBT 工作在导通状态时，撤去栅极-发射极电压 $U_{GE}$，栅电容放电，沟道消失，$I_C$

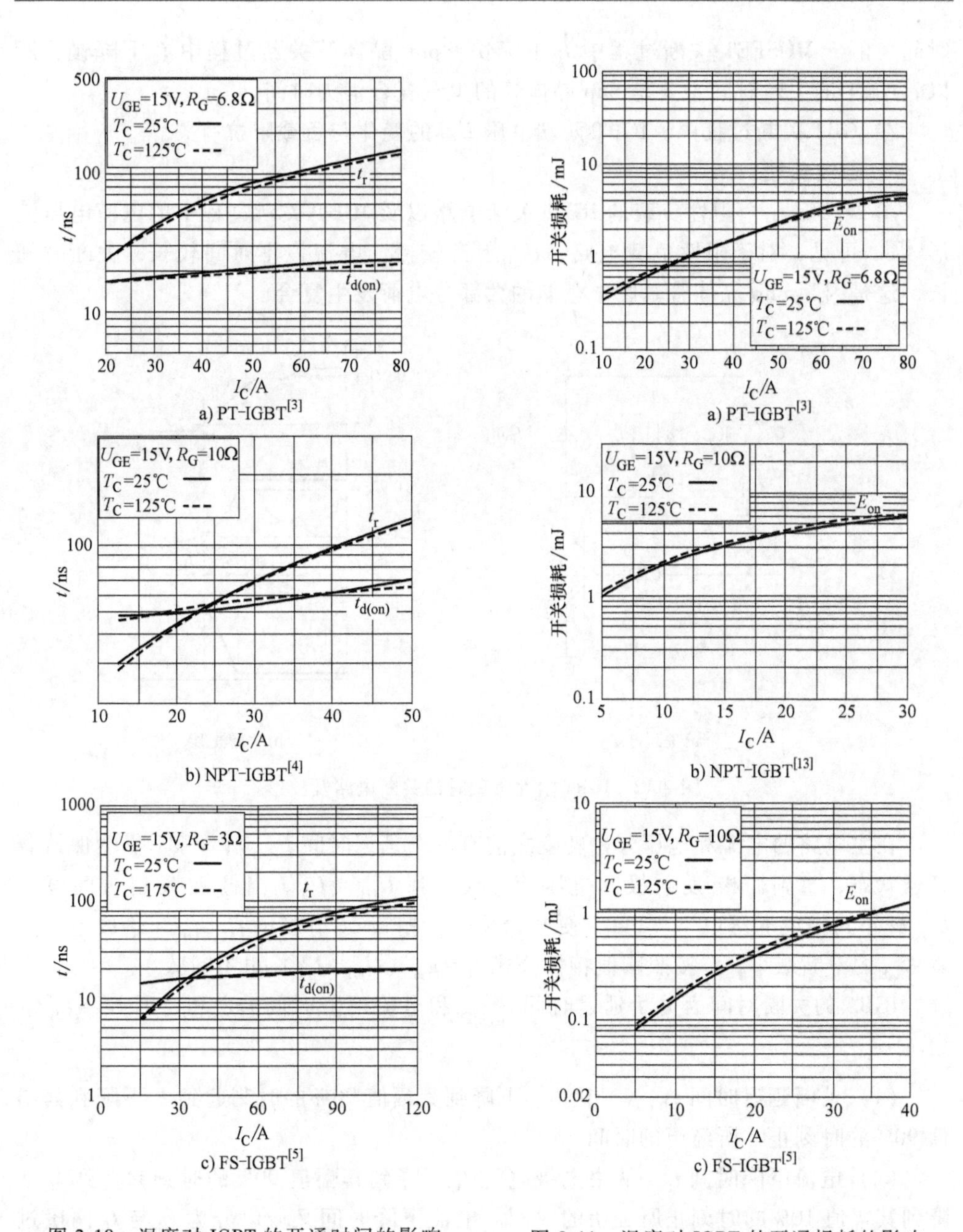


图 2-10 温度对 IGBT 的开通时间的影响

图 2-11 温度对 IGBT 的开通损耗的影响

快速下降，此时 $J_2$ 结反偏。在导通状态下 $n^-$ 漂移区内存储的大量少数载流子，在关断过程中不断复合消失，导致集电极电流有一个很大的拖尾，这个电流称为 IGBT 的拖尾电流。拖尾电流的存在对 IGBT 关断过程中的功耗会产生很大的影响。

IGBT 的关断时间主要是 MOSFET 沟道消失时间和 pnp 晶体管中少子复合消失

时间。由于 MOSFET 关断过程中 $I_C$ 下降快，pnp 晶体管关断过程中 $I_C$ 下降慢，所以，IGBT 的关断时间主要是 pnp 晶体管的少子复合消失时间。

在 IGBT 关断过程中，IGBT 两端电压 $U_{CE}$ 的变化与负载阻抗有关。

**1. 阻性负载**

图 2-12 是一个阻性负载的 IGBT 关断电路以及 IGBT 关断过程中的电流电压波形[21]。可见，对于阻性负载电路，$U_{CE}$ 上升较慢，电流拖尾时间较长，关断时间长，这是因为 pnp 晶体管基区中存储的大部分电荷发生复合。

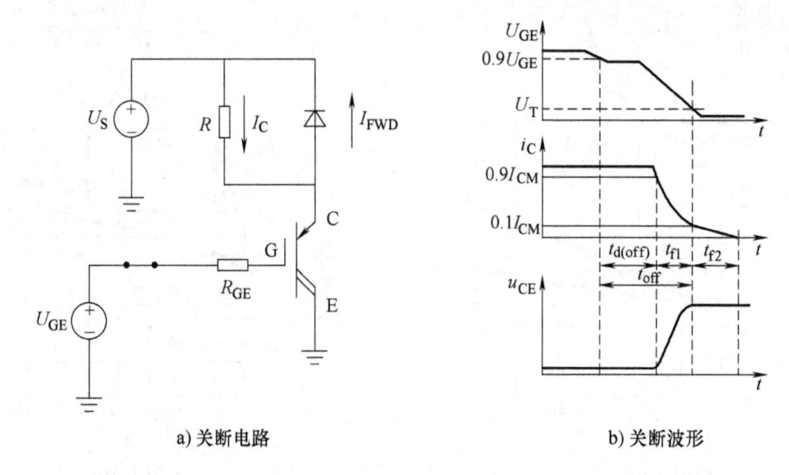


图 2-12　IGBT 阻性负载时的关断电路及波形

在主电路的电流和电压开始转变之前有一个延迟时间 $t_{d(off)}$，IGBT 仍然保持着开通状态，直到栅极-发射极间电压 $U_{GE}$ 减小到 $U_{GE}=U_T$。当栅极-发射极间电压 $U_{GE}$ 减小到阈值电压以下，IGBT 便开始关断，栅极-发射极电容 $C_{GE}$ 开始放电。随着 $U_{GE}$ 的不断减小，$I_C$ 按照阈值特性公式 $I_C=g_m(U_{GE}-U_T)$ 也不断减小。

IGBT 的关断时间为关断延迟时间 $t_{d(off)}$ 和电流下降时间 $t_f$ 之和，即 $t_{off}=t_{d(off)}+t_f$[7-11]。

（1）关断延迟时间 $t_{d(off)}$　从 $U_{GE}$ 下降到其幅值 90% 的时刻起到 $I_C$ 下降到其幅值 90% 的时刻止，所经历的时间。

（2）电流下降时间 $t_f$　从集电极电流 $I_C$ 下降到其幅值 90% 的时刻起，到 $I_C$ 下降到其幅值 10% 的时刻止所经历的时间。电流下降时间又可以分为 $t_{f1}$ 与 $t_{f2}$ 两段过程。$t_{f1}$ 是 IGBT 内部功率 MOSFET 的关断过程，$I_C$ 下降较快；$t_{f2}$ 是 IGBT 内部的 pnp 晶体管的关断过程，$I_C$ 下降较慢。

从 IGBT 关断过程中可以看出，在集电极电流开始下降之前，$U_{CE}$ 首先有一个上升过程，当关断开始后，$U_{GE}$ 迅速下降，栅极-发射极间电容 $C_{GE}$ 开始放电，在开始的一段时间内 $U_{CE}$ 和 $I_C$ 没有任何变化。之后由于 IGBT 中 MOSFET 的存在，$U_{CE}$ 开始慢慢上升，在这段时间内 $U_{CE}$ 随着时间的变化率 $du/dt$ 引起的位移电流通过栅极-

集电极间电容 $C_{GC}$ 向栅极-发射极电容 $C_{GE}$ 充电，正是由于这种反馈作用的存在使得 $U_{GE}$ 几乎为一个常数。随后随着 $U_{GE}$ 的下降，IGBT 的发射极电流开始下降，$U_{CE}$ 继续增大，栅极-发射极间的密勒电容大大减小，使得从集电极到栅极的反馈电流也随之减小。随着 $U_{GE}$ 减小到 0，$U_{CE}$ 也上升到最大值。而集电极电流的下降分为两过程，在电流下降时间 $t_{f1}$ 内，IGBT 集电极电流快速随着栅极-发射极电压 $U_{GE}$ 的下降而下降，对应于 IGBT 内部功率 MOSFET 的关断过程。而在电流下降时间 $t_{f2}$ 内，集电极电流 $I_C$ 下降缓慢，表现为拖尾电流，对应于 IGBT 内部 pnp 晶体管的关断过程。

IGBT 器件处于导通状态的时候，大量少子注入到漂移区，产生了电导调制效应，减小了漂移区的电阻，降低了饱和电压；但器件关断的时候，过剩的少子不能及时复合掉，造成拖尾电流，影响器件的开关速度，也增大了开关损耗。

与开通过程不同的是，关断过程属于少子复合阶段，关断损耗主要由少数载流子复合时间和关断时的拖尾电流引起。利用电荷控制模型，在 $t<0$ 时刻

$$I=I_0=I_{MOS}+I_{BJT} \tag{2-29}$$

在 $t>0$ 时

$$I(t)=I_{BJT}(t)+J_1(t)\frac{dQ}{dt} \tag{2-30}$$

在 $t=0^+$ 时刻

$$I(0^+)=I_0,\ J_1(0^+)\frac{dQ}{dt}=I_{MOS} \tag{2-31}$$

当沟道消失后，$I_{MOS}$ 几乎在瞬时突降为零，这时 IGBT 中的电流等于 pnp 晶体管的集电极电流 $I_C$。

当栅极-发射极电压降为零后，虽然沟道电流可以迅速下降为零，但由于 $J_1$ 结耗尽区少数载流子的存在，$I_{BJT}$ 并不是立即下降为零，此时 $I_{BJT}$ 复合电流为

$$I_{BJT}=\frac{Q_p(t)}{\tau_p(t)} \tag{2-32}$$

式中，$Q_p(t)$ 是 $n^-$ 漂移区中过剩的少数载流子空穴的数目，$\tau_p$ 是空穴的渡越时间。在大注入条件下，设

$$\tau_p(t)=\frac{(w-x_d(t))^2}{4K_A D_p} \tag{2-33}$$

式中，$K_A<1$ 为常数，且其值与 pnp 晶体管的集电区和发射区面积之比有关。在关断过程中 $Q_p$ 不变，由于 $t<0$ 时，$J_1$ 结耗尽区宽度 $x_d\approx 0$，则由式（2-31）、式（2-32）和式（2-33）有

$$I_0=I_{MOS}+\frac{Q_{p0}}{4K_A D_p W^2} \tag{2-34}$$

式中，$Q_{po}$为恒定的$n^-$漂移区中过剩少子空穴数目。

则可以求出$Q_p$的稳态值。电流拖尾过程起始于

$$\frac{dQ_n(t)}{dt}=I_{MOS}\rightarrow 0 \tag{2-35}$$

所以联立式（2-31）、式（2-32）、式（2-33）和式（2-34）可知，当$I\rightarrow I_1$时

$$I_1=\frac{\frac{Q_{p0}}{(W-x_{dm})^2}}{4K_A D_p}\equiv\frac{I_0-I_{MOS}}{(1-\frac{x_{dm}}{W})^2} \tag{2-36}$$

式中，$x_{dm}$为$J_1$结构耗尽区最大扩展宽度，可以表示为

$$x_{dm}=\sqrt{\frac{2\varepsilon_{Si}\varepsilon_0}{qN_B}} \tag{2-37}$$

由式（2-34）和式（2-36）可得

$$\Delta I=I_0-I_1=I_{MOS}\left(1-\beta\left(1-\frac{x_{dm}}{W}\right)^{-2}-1\right) \tag{2-38}$$

由式（2-38）可知，$\Delta I<I_{MOS}$，也就是说，沟道消失时关断对应的电流下降值并不等于沟道电流，而是小于沟道电流。沟道基区消失后，为了保持电流连续和维持$n^-$漂移区的电中性，pnp 晶体管的集电极电流穿过 p 基区到达发射区，抵消了一部分沟道电流的下降。由式（2-38）还可以看出，如果$\beta$值很小或者接近于零，那么，$\Delta I$近似等于$I_{MOS}$。

在电流下降过程的第二个阶段，由于$I_{MOS}=0$，对于 pnp 双极晶体管的电流连续性方程为

$$\frac{Q_p(t)}{\tau_H}+\frac{dQ_p(t)}{dt}+\frac{Q_n(t)}{\tau_n}+\frac{dQ_n(t)}{dt}=0 \tag{2-39}$$

又

$$Q_n=\frac{Q_p^2}{Q_0},Q_0=\frac{Aq^2(W-x_{dm})^2}{4\tau_n J_{N0}} \tag{2-40}$$

式中，$\tau_n$是电子寿命；$J_{N0}$是反注入到$p^+$区的饱和电子电流密度，把式（2-40）代入式（2-39），得到

$$Q_p(t)=\frac{Q_{p0}\exp\left(-\frac{t}{\tau_H}\right)}{1+\frac{Q_{p0}\tau_H}{Q_0\tau_n\left[1-\exp\left(-\frac{t}{\tau_H}\right)\right]}} \tag{2-41}$$

又由式（2-39）、式（2-40）和式（2-41）得

$$I(t)=\frac{I_1\exp\left(-\frac{t}{\tau_{\mathrm{H}}}\right)}{1+\frac{I_1 J_{\mathrm{N0}}\tau_{\mathrm{H}}}{AK_{\mathrm{A}}q^2n_{\mathrm{i}}^2D_{\mathrm{p}}\left[1-\exp\left(-\frac{t}{\tau_{\mathrm{H}}}\right)\right]}} \tag{2-42}$$

类似于 IGBT 开通过程，计算 IGBT 关断过程的能量损耗，记 $t'=t-t_{\mathrm{d(off)}}$，所以

$$E_{\mathrm{off}}=\int_0^{t_{\mathrm{c}}}u_{\mathrm{CE}}i_{\mathrm{C}}\mathrm{d}t'=\frac{U_{\mathrm{S}}I_{\mathrm{C}}t_{\mathrm{c}}}{6} \tag{2-43}$$

**2. 感性负载**

图 2-13 是一个感性负载的 IGBT 关断电路以及 IGBT 关断过程中的电流电压波形[12]。可见，对于感性负载电路，$U_{\mathrm{CE}}$上升较快，由饱和电压突然上升并超过电源电压，过冲后又回到电源电压。这是由于 $J_2$结的电容放电产生的很大位移电流与负载电感引起的。该电流会引发寄生的晶闸管导通，造成 IGBT 发生动态闩锁，所以必须限制 $\mathrm{d}u_{\mathrm{CE}}/\mathrm{d}t$ 的值。

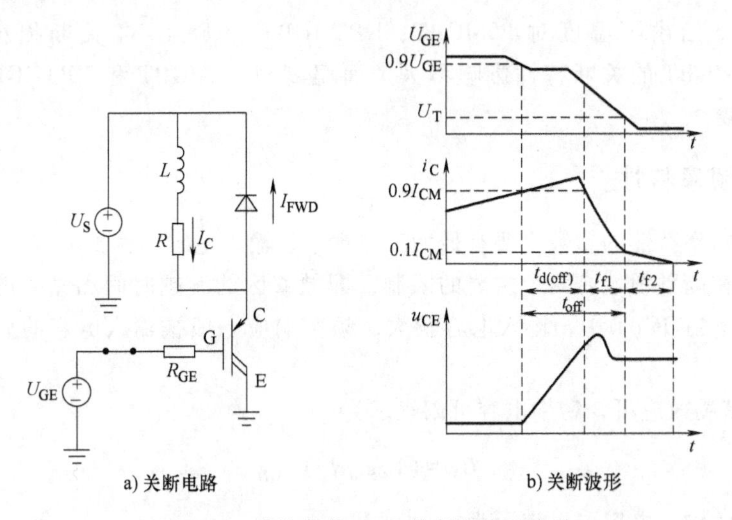


图 2-13　感性负载 IGBT 关断电路及波形

当栅极-发射极电压 $U_{\mathrm{GE}}$从初始值降低到 $U'_{\mathrm{GE}}$，此时 IGBT 仍然处于导通状态，集电极-发射极电压 $U_{\mathrm{CE}}$随着栅极-发射极电容 $C_{\mathrm{GE}}$的放电而逐渐增大，在此过程中，理想状态下，关断电路中的主电流 $i_{\mathrm{C}}$是保持不变的。但是在实际应用中，此电流会明显下降，低于初始导通电流 $I_{\mathrm{L}}$。随着集电极-发射极电压 $U_{\mathrm{CE}}$的增大，当 $U_{\mathrm{CE}}=U_{\mathrm{S}}$时，IGBT 关断电路中的二极管开始导通，此时负载电压 $U_{\mathrm{L}}=0$，栅极-发射极电容 $C_{\mathrm{GE}}$继续放电，当栅极-发射极电压 $U_{\mathrm{GE}}$小于阈值电压 $U_{\mathrm{T}}$后，沟道夹断，MOS 管

关断，由于$n^-$漂移区掺杂浓度低，电子数目少，与空穴的复合速度较慢，因此此时集射电流$I_C$下降缓慢，表现为拖尾电流。

根据图2-13的电流电压波形来计算感性负载的IGBT关断过程中产生的关断损耗。延迟时间$t_{d(off)}$是栅极-发射极电压$U_{GE}$从初始值的90%到$I_C$下降到90%所用的时间。$t_{rv}$是集电极-发射极电压$U_{CE}$从$0.1U_s$上升到$0.9U_s$所用的时间，在此过程中，集电极-发射极电流$I_C$基本保持不变，维持在$0.9I_L$左右。集电极-发射极电流$I_C$从$0.9I_L$减小到接近0所用的时间记为$t_{fi}$。令$t_c \approx t_{rv}+t_{fi}$，$t'=t-t_{d(off)}$，$t''=t-(t_{d(off)}+t_{rv})$，可得带有感性负载的IGBT的关断过程中能量损耗为

$$E_{off}=\int_0^{t_{rv}} u_{CE} i_C \mathrm{d}t' + \int_0^{t_{fi}} u_s i_C \mathrm{d}t'' t' \mathrm{d}t' = \frac{U_s I_C t_c}{2} \tag{2-44}$$

**3. 温度对关断时间的影响**

对于PT-IGBT，在关断过程中产生的热效应就较为明显，如图2-14a所示。这是因为在室温时载流子寿命较低。随着温度的升高，载流子寿命增加，使得关断时间延长，关断速度变慢。在关断过程中，由于NPT-IGBT和FS-IGBT的载流子寿命较高，随温度升高的变化不明显，因此其关断特性也基本不随温度变化，分别如图2-14b和图2-14c所示。

图2-15给出了温度对PT-IGBT、NPT-IGBT和FS-IGBT关断损耗的影响。温度对FS-IGBT的关断特性影响不大，而温度对PT-IGBT和NPT-IGBT的关断特性影响较大。

## 2.2.3 频率特性

IGBT频率特性的参数主要有最大工作频率、输入电容、输出电容等。

IGBT在高频领域有两个主要的限制，即漂移区的渡越时间和输入电容的充放电时间[15]。在IGBT中，输入电容较大，频率响应一般被输入电容的充电和放电所限制。

根据密勒效应可知密勒电容可以表示为

$$C_M=(1+g_m R_L)C_{GD} \tag{2-45}$$

IGBT的输入电容可以表示为

$$C_{IN}=(C_{GE}+C_M) \tag{2-46}$$

最大的工作频率定义为输入电流等于负载电流时的工作频率，表达为

$$f_m=\frac{g_m}{2\pi C_{IN}} \tag{2-47}$$

为了分析频率响应，需要对IGBT结构中输入电容的各个组成部分进行分析。

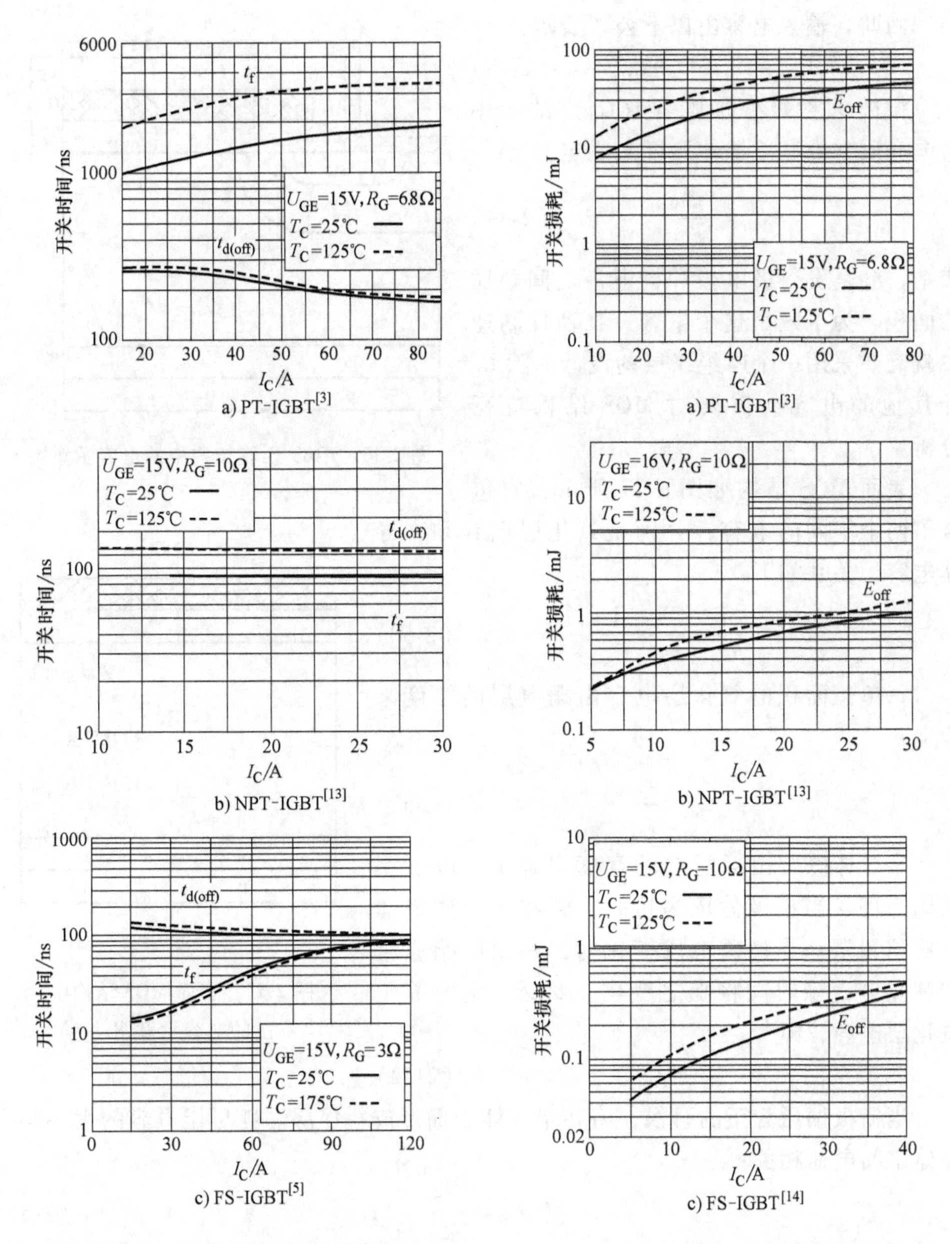


图 2-14　IGBT 的关断温度特性

图 2-15　温度对 IGBT 的关断损耗的影响

考虑到 IGBT 结构（见图 2-16）中栅极在临近的 IGBT 元胞之间可以扩展，所以此结构的栅射电容必须包含以下几个部分。

1）$C_{n^+}$电容：由栅电极覆盖于 $n^+$有源区上面而产生的电容；

2）$C_p$电容：由栅电极覆盖于 p 基区上面而产生的 MOS 电容；

3）$C_0$电容：由发射极电极覆盖于栅电极之上而产生的电容。

因此，输入电容由以下公式表示：

$$C_{GS}=C_{n+}+C_{P}+C_{0} \tag{2-48}$$

栅极-发射极叠加电容（$C_0$）的大小由电介质常数和绝缘体厚度来决定：

$$C_{0}=\frac{\varepsilon_{I}A_{0}}{t_{0}} \tag{2-49}$$

式中，$A_0$是发射极电极和栅电极之间叠加的面积。为了减小这个电容，在器件制造中就需要采用一个厚绝缘层的设计。除$C_0$外其他的电容就需要对MOS结构进行分析。

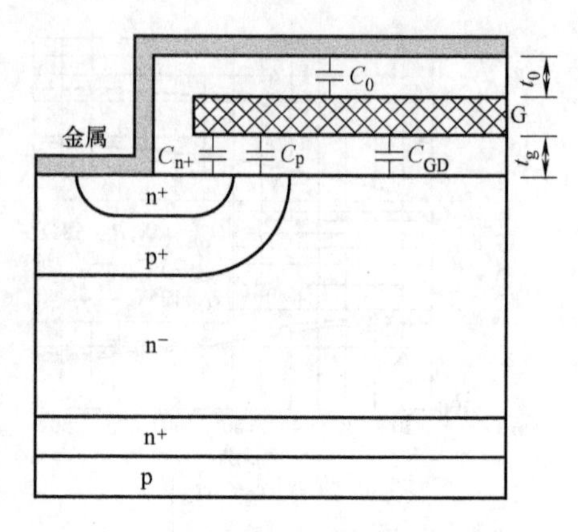


图 2-16　IGBT元胞结构中的电容示意图

表面MOS结构如图2-17所示，它包含了两个不同的电容，分别是氧化层电容和半导体电容，关系如下：

$$\frac{1}{C_{G}}=\frac{1}{C_{ox}}+\frac{1}{C_{S}} \tag{2-50}$$

每单位面积的氧化层电容由栅氧层的厚度来确定：

$$C_{ox}=\frac{\varepsilon_{ox}}{t_{ox}} \tag{2-51}$$

半导体电容由耗尽层的宽度来确定。以p型结构为例，当栅极偏压为负时，将在半导体表面形成积累层。当栅极电压变化时，积累层响应时间和介电弛豫时间将随之变化。此时，电容等于氧化层电容，即

$$C_{S}=C_{ox} \tag{2-52}$$

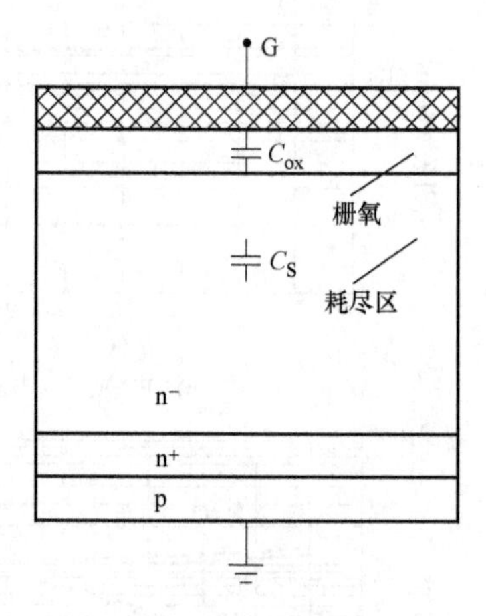


图 2-17　表面MOS结构中的电容示意图

当栅极偏压为正的时候，将在半导体表面形成耗尽层。耗尽层电容的大小与半导体空间电荷相关：

$$C_{S}=\frac{dQ_{S}}{dU_{S}} \tag{2-53}$$

由

$$Q_{S}=\frac{\sqrt{2}\varepsilon_{S}kT}{qL_{D}}F\left(\frac{qU_{S}}{kT},\frac{n_{P0}}{p_{P0}}\right) \tag{2-54}$$

可得

$$C_{S}=\frac{\varepsilon_{S}}{\sqrt{2}L_{D}}\frac{\{1-e^{-(qU_{S}/kT)}+(n_{P0}/p_{P0})[e^{(qU_{S}/kT)}-1]\}}{F(qU_{S}/kT,n_{P0}/p_{P0})} \tag{2-55}$$

MOS 栅电容随着正向栅极电压的增大而逐渐减小，从而导致耗尽层宽度逐渐增加。当超过某一临界值时，将在器件表面形成反型层。一旦形成了反型层，此时耗尽层的宽度达到了最大值，电容将维持在最小值。

基于以上对栅结构的 MOS 电容的分析，输入电容的成分由以下因素确定。重掺杂 $n^+$发射区的电容由栅氧化层厚度确定：

$$C_{n+} = \frac{\varepsilon_{ox} A_{n+O}}{t_{ox}} \tag{2-56}$$

式中，$A_{n+O}$为栅电极叠加于 $n^+$发射区之上的面积，此面积值可以由沟道宽度 $Z$ 表示：

$$A_{n+O} = X_{n+} Z \tag{2-57}$$

式中，$X_{n+}$是 $n^+$发射区的横向扩散深度。

栅覆盖于 p 基区上面的电容（$C_P$）的大小与栅的偏置大小相关。通过缩短沟道宽度可以降低此电容，它是 IGBT 输入电容的主要组成部分。

栅极-集电极之间的电容也与栅极-集电极的电压偏置相关。随着集电极-发射极的电压的增大，器件承受电压增大，栅极-集电极之间的电容减小。栅极-集电极之间的电容通过密勒效应被放大，因此电容的频率响应也急剧下降。

在 IGBT 中，栅电阻有很重要的作用。输入栅电路中的频率响应受到 $R_G C_{IN}$ 充电时间的限制：

$$f_{IN} = \frac{1}{2\pi R_G C_{IN}} \tag{2-58}$$

以传统的多晶硅栅 IGBT 为例，典型的栅电极方块电阻大于 10Ω/□（方块电阻的单位），此时的频率响应非常低。通过采用钼栅结构，可以使得频率响应大幅度提高。

IGBT 的最大工作频率定义为输入栅电流等于输出集电极电流时的频率。以交流输入波形为例，IGBT 的输入电流为

$$I_{IN} = 2\pi f C_{IN} U_G \tag{2-59}$$

式中，$U_G$是输入交流电压。IGBT 的输出电流为

$$I_{OUT} = g_m U_G \tag{2-60}$$

最大工作频率见式（2-47）。

对于 IGBT 的总开关时间，它可以通过开通延迟时间、关断延迟时间、电流上升时间和下降时间来估算，限定开关转换时间占总开关时间的 5%，据此得出最小脉冲宽度的最大频率为

$$f_{max1} = \frac{1}{T_S} = \frac{1}{20(t_{d(on)} + t_{d(off)} + t_r + t_f)} \tag{2-61}$$

式中，$t_{d(on)}$为开通延迟时间，$t_{d(off)}$为关断延迟时间，$t_r$为电流上升时间，$t_f$为电流下降时间。假设 $t_{diss}$是耗散开通能耗 $E_{on}$和关断能耗 $E_{off}$来维持规定的结温所需的最短时间，所以 $t_{diss}$的倒数就是 IGBT 的另一个最大频率：

$$f_{\max2}=\frac{1}{t_{\text{diss}}}=\frac{1}{E_{\text{on}}+E_{\text{off}}}\left(\frac{T_{\text{J}}-T_{\text{C}}}{R_{\theta\text{JC}}}-P_{\text{cond}}\right) \tag{2-62}$$

式中，$T_{\text{J}}$为结温；$T_{\text{C}}$为环境温度；$R_{\theta\text{JC}}$为结热阻；$P_{\text{cond}}$导通损耗。对于一个给定的集电极电流，它的最大开关频率由$f_{\max1}$和$f_{\max2}$中的最小值决定：

$$f_{\max}=\min(f_{\max1},f_{\max2}) \tag{2-63}$$

## 2.3 安全工作区

安全工作区（Safe Operating Area，SOA）是指由最大电流、最高电压或最大功耗等极限参数决定、器件能在其中安全工作的区域[16]。若工作电流或工作电压超出了其 SOA，器件运行存在危险，甚至会引起失效。IGBT 的安全工作区包括正偏安全工作区（Forward Biased SOA，FBSOA）、反偏安全工作区（Reverse biased SOA，RBSOA）、开关安全工作区（Switching SOA，SSOA）及短路安全工作区（Short Circuit SOA，SCSOA）。

### 2.3.1 FBSOA

正偏安全工作区（FBSOA）是指在管壳温度 25℃、直流电流和脉冲持续时间条件下，IGBT 开通后的最大额定集电极电流 $I_{\text{Cmax}}$与开通前和关断后的最高集-射极电压 $U_{\text{CEmax}}$及开通期间的最大功耗 $P_{\text{Cmax}}$决定的区域。即使在最佳冷却条件下，集电极电流 $I_{\text{C}}$也不应超过最大额定电流。

如图 2-18 所示[17]，当 IGBT 工作在单脉冲模式时，$I_{\text{Cmax}}$ 由闩锁电流决定，$U_{\text{CEmax}}$由击穿电压决定，$P_{\text{Cmax}}$ 由最高允许结温 $T_{\text{jm}}$和热阻所决定。脉冲宽度越宽，导通时间越长，发热越严重，SOA 则越窄。由图可见，当脉冲宽度分别为 20μs、100μs、1ms 及 10ms 时，对应的 SOA 依次缩小。当 IGBT 工作在直流（DC）模式时，则 SOA 更小，对应的 $I_{\text{Cmax}}$ 也减小。此时 FBSOA 只需考虑导通功耗。当 IGBT 在一定脉宽和占空比下连续工作时，其安全工作区边界应根据瞬态热阻曲线来确定。

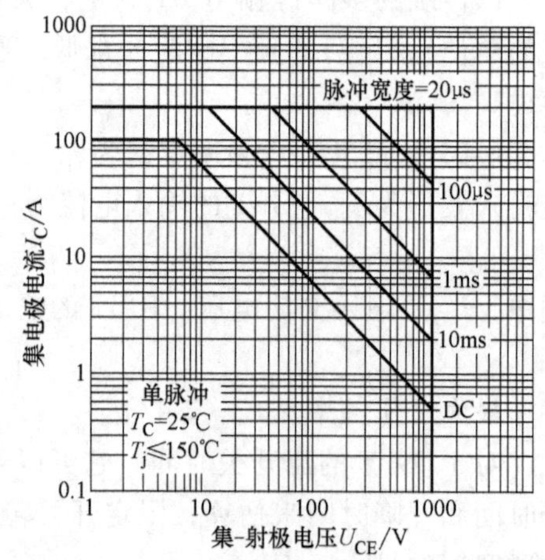

图 2-18 IGBT 正偏安全工作区（FBSOA）

### 2.3.2 RBSOA

反偏安全工作区（RBSOA）是指在规定条件下，IGBT 在关断期间能同时承受

最大集电极电流 $I_{Cmax}$和最高集电极-发射极电压 $U_{CEmax}$而不失效的区域。即当栅极-发射极偏压为零或负值时（即 $U_{GE}\leqslant 0$），在箝位负载电感和额定电压下，关断最大箝位电感电流（$I_{Lmax}$）而不失效的工作区域。RBSOA 的电流限为最大箝位电感电流 $I_{Lmax}$，一般是最大直流额定电流的 2 倍。

在 IGBT 关断过程中，如果 $U_{CE}$上升过快，即 d$u$/d$t$ 过高，会导致 IGBT 发生动态闩锁。故 d$u$/d$t$ 越高，RBSOA 越小，如图 2-19a 所示。相比较而言，由于 PT-IGBT 中集电极侧 pnp 晶体管的 $\alpha_{pnp}$ 较大，关断时的空穴电流较大，更容易引起动态闩锁。故 PT-IGBT 的 RBSOA 比 NPT-IGBT 的更小[18]，如图 2-19b 所示。当 d$u$/d$t$ 很小时，PT-IGBT 的 RBSOA 接近梯形，而 NPT-IGBT 的 RBSOA 为矩形。这说明，在额定电压下，PT-IGBT 能关断的最大箝位电感电流 $I_{Lmax}$ 比 NPT-IGBT 要小，其抗高电压、大电流冲击和短路能力都不如 NPT-IGBT。

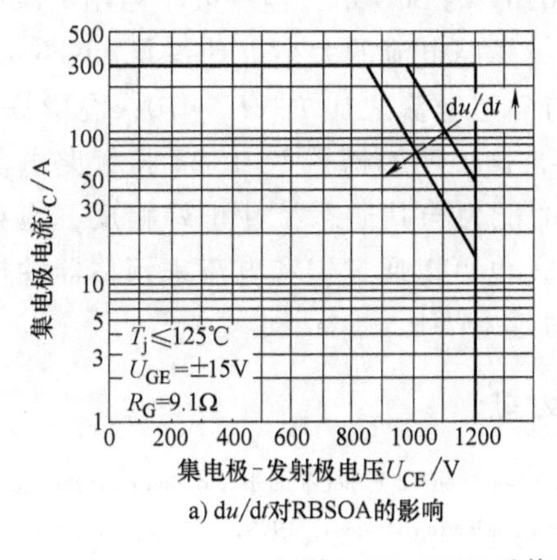


a) d$u$/d$t$对RBSOA的影响

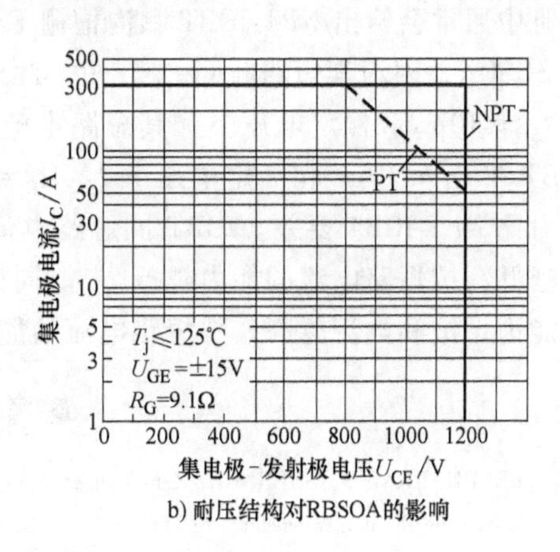


b) 耐压结构对RBSOA的影响

图 2-19　IGBT 反偏安全工作区（RBSOA）

值得注意的是，在感性负载电路中，IGBT 开通时 $U_{CE}$ 没有降下来，$I_C$ 就达到负载电流 $I_{load}$。在有续流作用时，IGBT 中的电流还要达到 $I_C+I_{RRM}$（$I_{RRM}$ 为续流二极管的最大反向恢复电流）。因此，开通过程中也存在高电压、大电流状态。

需要说明的是，有的公司在产品数据单中不给出 FBSOA 和 RBSOA，只给出开关安全工作区（Switching SOA，SSOA），即器件在开通和关断时能安全工作的区域。不仅考虑关断状态，同时也考虑开通瞬间，SSOA 兼顾了 FBSOA 和 RBSOA 两种状态。SSOA 与 RBSOA 的不同在于，RBSOA 所指的集电极电流为关断时最大箝位电感电流 $I_{Lmax}$；SSOA 所指的电流为最大脉冲电流 $I_{Cmax}$，而两者在手册中给出的数值又是相等的。

## 2.3.3　SCSOA

短路安全工作区（SCSOA）是指在负载短路的条件下和持续短路时间内，短路电流与集电极-发射极电压构成的、IGBT 能再次开关而不失效的区域。短路时间

$t_{SC}$是指电路在电源电压条件下接通器件后，所测得的由驱动电路控制被测器件的时间最大值。通常要求在总运行时间内，IGBT短路的次数$n$不得大于1000次，且两次短路的时间间隔$t_i$至少为1s。如图2-20所示[16]，SCSOA与短路电流及其上升率d$i$/d$t$有关。d$i$/d$t$越高，SCSOA越窄。在短路期间，IGBT中流过的短路电流（$I_{SC}$）很大，由此产生的功耗很大。因此，必须在很短的时间内将其关断。

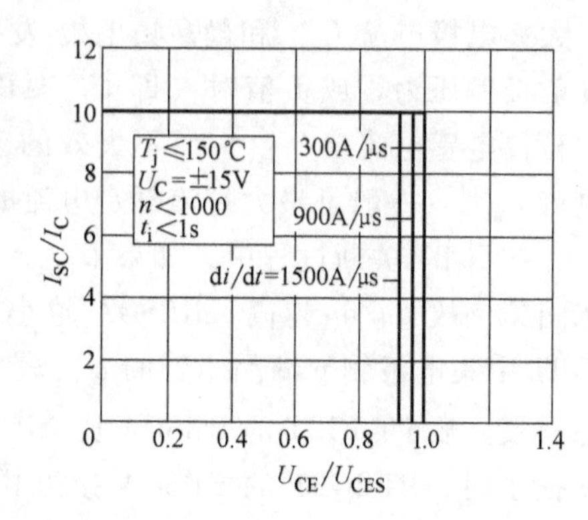


图2-20 IGBT的短路安全工作区（SCSOA）

IGBT结构对其SCSOA影响很大。产品手册中通常会给出NPT-IGBT和沟槽栅FS-IGBT的SCSOA，但一般不给出PT-IGBT的SCSOA，因为其短路时间$t_{SC}$较短。此外，短路电流的大小也有差异。NPT-IGBT在$t_{SC} \leqslant 10\mu s$和额定电压下，其短路电流与额定电流之比$I_{SC}/I_C \approx 10$；沟槽栅FS-IGBT在$t_{SC} \leqslant 10\mu s$和额定电压下$I_{SC}/I_C = 4$，这说明沟槽栅FS-IGBT抗短路电流的能力比NPT-IGBT要差。IGBT抗短路电流的能力与其通态特性正好相反，饱和电压越低，抗短路电流的能力越差[19]。同样，也可以通过饱和电流来预估器件抗短路能力，饱和电流越高，抗短路电流的能力越差[19]。

## 参考文献

[1] PENDHARKAR S, SHENAI K. Zero Voltage Switching Behaviour of Punchthrough and Nonpunchthrough Insulated Gete Bipolar Transistor (IGBTs) [J]. IEEE Trans. Electron Devices, 1998, 45 (8): 1926-1835.

[2] PENDHARKAR S, et al. Electronthermal Simulations in punchthrough and Nonpunchthrough IGBTs [J]. IEEE Trans. Electron Devices, 1998, 45 (10): 2222-2231.

[3] FairChild Date Sheet. FGH30N60LSD, 2008.

[4] FairChild Date Sheet. FGA25N120ANTD, 2007.

[5] FairChild Date Sheet. FGA60N65SMD, 2011.

[6] HEFNER A R J. A dynamic electro-thermal model for the IGBT [J]. IEEE Trans. Industry Applications, 1994, 30: 394.

[7] KUO D S, CHOI J Y, GIANDOMENICO D, et al. Modeling the Turn-off Characteristics of the Bipolar-MOS transistor [J]. IEEE Electron Device Lett., 1985, 6 (5): 211-214.

[8] MOGRO-CAMPERO A, LOVE R P, CHANG M F, et al. Shorter Turnoff Times in Insulated Gate Transistors By Proton Implantation [J]. IEEE Electron Device Lett., 1985, 6 (5): 224-226.

[9] BALIGA B J. Analysis of Insulated Gate Transistor Turn-off Characteristics [J]. IEEE Electron Device Lett., 1985, 6 (2): 74-77.

[10] LEFEBVRE S, MISEREY F Analysis of CIC NPT IGBTs Turnoff Operations for High Switching Current Level [J]. IEEE Trans. Electron Deaices, 1999, 46 (5): 1042-1049.

[11] HIDESHIMA M, KURAMOTO T, NIKAGAWA A. 1000 V, 300 A Bipolar Mode MOSFET (IGBT) Module [C]. in Proceedings 1988 International Sympncium nn Power, Semiconductor Devices, 1988: 80-85.

[12] RAMSHAW R S. Power Electronics Semicongductor Switches [M]. London: Chapman/Hall 1993.
[13] FairChild Date Sheet. FGA15N120ANTD, 2006.
[14] FairChild Date Sheet. FGB20N60SFD, 2010.
[15] BALIGA B. Power semicongductor devices [M]. Boston: PWS Publishing, 1996: 381-387.
[16] 中华人民共和国国家标准. 半导体器件 分立器件第9部分: 绝缘栅双极晶体管 (IGBT) [S]. GB/T 29332—2012, 2013-6-1.
[17] WINTRICH A, NICOLAI U, TURSKY W, et al. Application Manual Power Semiconductors [M/OL]. ISLE-Verlag, 2011. http://www.semikron.com/service-support/downloads.html#show/filter/document_type=book/.
[18] 赵忠礼. 从安全工作区探讨IGBT的失效机理 [J], 电力电子. 2006, 5.
[19] 王彩琳. 电力半导体新器件及其制造技术 [M]. 北京: 机械工业出版社, 2015.

# 第3章 器件设计

本章分析了各电特性参数的影响因素，主要从元胞结构、终端结构及纵向耐压结构等方面介绍了 IGBT 的设计方法。

## 3.1 关键电参数的设计

### 3.1.1 关键参数

IGBT 的阻断电压、饱和电压、开关损耗、电容以及频率等特性参数之间都是相互制约的关系，为了得到优良的器件特性，在进行器件设计时需要综合考虑各个因素。

**1. 阻断电压**

在阻断状态下，IGBT 承受额定阻断电压，此时希望漏电流尽量小，从而减小器件断态功率损耗[1]。阻断电压可以由式（2-6）表示，$n^-$漂移区的掺杂浓度 $N_D$ 和 $n^-$漂移区厚度 $W_N$ 是设计阻断电压的关键参数。

**2. 饱和电压**

饱和电压 $U_{CE(sat)}$ 受导通电阻 $R_{on}$ 的影响。对于平面栅 PT-IGBT 结构，其导通电阻 $R_{on}$ 与 VDMOS 的导通电阻相似，可以由式（3-1）表示，即

$$R_{on}=R_{ES}+R_n+R_{ch}+R_A+R_J+R_D+R_{sub}+R_{CS} \tag{3-1}$$

式中，$R_{ES}$ 为发射极接触区电阻，$R_n$ 为 $n^+$ 发射区电阻，$R_{ch}$ 为沟道电阻，$R_A$ 为积累区电阻，$R_J$ 为 JFET 区电阻，$R_D$ 为 $n^-$ 漂移区调制电阻，$R_{sub}$ 为 $p^+$ 衬底电阻，$R_{CS}$ 为集电极接触电阻。

对高压 IGBT 而言，影响 $U_{CE(sat)}$ 的电阻主要是 JFET 区电阻 $R_J$ 和 $n^-$ 漂移区电阻 $R_D$。设计高压 IGBT 时，通常采用沟槽栅结构和场阻止结构来减小 $R_J$ 和 $R_D$。为了获得低的饱和电压，最佳漂移区厚度（μm）和浓度（$cm^{-3}$）分别为[2]

$$W\approx 0.018U_{BR}^{1.2} \tag{3-2}$$

$$N_D\approx 1.9\times 10^{18}U_{BR}^{-1.4} \tag{3-3}$$

式中，$U_{BR}$ 为 IGBT 阻断电压。

器件耗散功率 $P_D$ 也取决于 $U_{CE(sat)}$[3]，即

$$P_D = U_{CE(sat)} I_C \tag{3-4}$$

3. 开关损耗

IGBT 的开关损耗主要由其开关能量 $E_{SW}$ 及开关频率 $f_{SW}$ 决定，即

$$P_{SW} = E_{SW} f_{SW} = (E_{on} + E_{off}) f_{SW} \tag{3-5}$$

式中，$E_{on}$ 为开通损耗；$E_{off}$ 为关断损耗，可以表示为

$$E_{on}、E_{off} = \int U_{CE}(t) I_C(t) \mathrm{d}t \tag{3-6}$$

降低栅极电阻 $R_G$、栅极-发射极电容 $C_{GE}$ 和栅极-集电极电容 $C_{GC}$ 可降低 $E_{on}$ 和 $E_{off}$。pnp 晶体管的电流放大系数 $\alpha_{npn}$ 对 $E_{on}$ 和 $E_{off}$ 的影响是相反的，$\alpha_{pnp}$ 越大，开通时间越短，但关断时间会增长，因此在设计时要折中考虑。在高频应用线路中，往往希望 IGBT 的关断时间要短，故在设计中应尽可能地减小 $\alpha_{pnp}$。在 PT-IGBT 结构中采用 n 缓冲层，在 NPT-IGBT 结构中尽可能地降低 $p^+$ 集电区浓度和厚度，可达到此目的。另外，$\alpha_{pnp}$ 的减小也有利于抑制 IGBT 的闩锁（latch-up）效应[4]。

4. 频率特性

IGBT 的电容包括输入电容 $C_{iss}$，输出电容 $C_{oss}$ 和密勒电容 $C_{miller}$ 等，这些参数均会影响器件的开通和关断时间，进而影响器件的频率特性。

输入电容 $C_{iss}$ 由栅极-发射极电容 $C_{GE}$ 和密勒电容 $C_{miller}$ 组成，可以表示为

$$C_{iss} = C_{GE} + C_{miller} \tag{3-7}$$

其中，密勒电容 $C_{miller}$ 是栅极-集电极电容 $C_{GC}$ 的 $u$ 倍，$u$ 为放大系数，与跨导 $g_m$ 和负载电阻 $R_L$ 有关，可以表示为

$$C_{miller} = uC_{GC} = (1 + g_m R_L) C_{GC} \tag{3-8}$$

输出电容 $C_{oss}$ 由集电极-发射极电容 $C_{CE}$ 和栅极-集电极电容 $C_{GC}$ 组成，可以表示为

$$C_{oss} = C_{CE} + C_{GC} \tag{3-9}$$

栅极-发射极电容 $C_{GE}$ 由发射极电容 $C_{n^+}$、基区电容 $C_p$ 和氧化层电容 $C_0$ 组成，其具体描述参考 2.3.3，此处不再赘述。

栅极-集电极电容 $C_{GC}$ 主要由栅氧厚度和栅极覆盖 $n^-$ 的面积决定，栅氧厚度 $t_{ox}$ 越大，栅极覆盖 $n^-$ 的面积越小，$C_{GC}$ 越小。

集电极-发射极电容 $C_{CE}$ 主要由 $n^-$ 漂移区和 P 基区的面积决定，面积越小，$C_{CE}$ 越小。

频率特性除了受栅极电阻和输入电容影响外，还受通态损耗、开关损耗、热阻、工作电流、阻断电压及环境温度等参数的影响。损耗越低，或散热特性越好，工作频率越高；栅极电阻和输入电容 $C_{iss}$ 越小，频率也越高；工作电流越大、阻断电压越高，频率越低；环境温度越高，频率越低。

## 3.1.2 需要协调的参数

为了获得最优的器件特性，各个电特性参数都需要考虑，但有些特性参数对器件的结构或工艺参数的要求是相互矛盾的，如饱和电压 $U_{CE(sat)}$ 与阻断电压 $U_{BR}$ 的

关系，饱和电压 $U_{CE(sat)}$ 与关断时间 $t_{off}$ 的关系等。因此，设计时需要对这些特性参数进行折中考虑[2,5]。

**1. 饱和电压 $U_{CE(sat)}$ 与阻断电压 $U_{BR}$ 的关系**

饱和电压 $U_{CE(sat)}$ 的大小与阻断电压 $U_{BR}$ 的高低成正比，降低 $U_{CE(sat)}$ 一直是高压 IGBT 设计的一个重要考量。通常采用沟槽栅结构、FS 型耐压结构，以及增强发射极侧载流子浓度的方法来折中饱和电压 $U_{CE(sat)}$ 与阻断电压 $U_{BR}$ 之间的关系。

**2. 饱和电压 $U_{CE(sat)}$ 与关断时间 $t_{off}$ 的关系**

采用不同器件结构和技术时，$U_{CE(sat)}$ 与关断时间 $t_{off}$ 的关系如图 3-1 所示。曲线越接近原点，技术越先进。从图中可看出，引入 IE 效应的 CSTBT 折中关系最优，具有场阻止和沟槽栅的次之，而 NPT 结构最差。

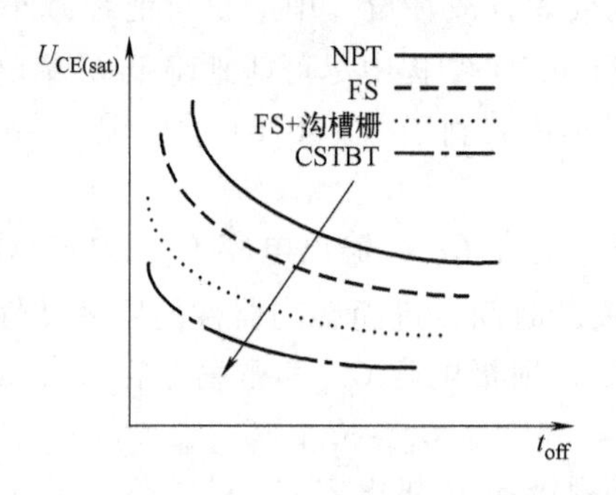


图 3-1　$U_{CE(sat)}$ 与关断时间 $t_{off}$ 的关系

由于 IGBT 存在电导调制效应，因此在同样的阻断电压下可获得较低的 $U_{CE(sat)}$。然而，由于空穴的存在，延长了器件的关断时间。通常采用透明集电极或在集电极侧增加 n 缓冲层，以及少子寿命控制技术等来改善饱和电压 $U_{CE(sat)}$ 与关断时间 $t_{off}$ 的关系。

**3. 饱和电压 $U_{CE(sat)}$ 与短路电流能力的关系**

$U_{CE(sat)}$ 越小，IGBT 能够承受短路电流的时间 $t_{sc}$ 就越短，即短路能力越差。通过减小 $W_G/W_E$ 长度，以及在集电极侧采用 n 缓冲层来降低 pnp 晶体管的电流放大系数 $\alpha_{pnp}$，使得饱和电压增加以提高短路能力。

在高压 IGBT 设计中，需要在减少器件静态损耗和开关功率损耗的前提下，综合考虑其静态、动态特性及可靠性之间的协调关系。

## 3.2　有源区结构设计

### 3.2.1　元胞结构

IGBT 芯片是通过若干元胞并联来获得大电流，并联的元胞数量越多越好。但由于 IGBT 工艺的均匀性较难保证，无法做成较大的芯片。为了满足实际应用的需求，通常将多个 IGBT 并联做成模块。目前，市场上 IGBT 半桥模块产品中通过多芯片并联获得的，最大电流已达到 3600A。

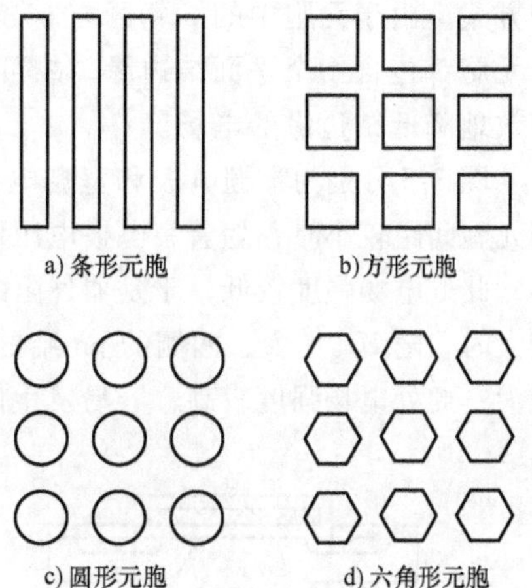

a) 条形元胞　b) 方形元胞

c) 圆形元胞　d) 六角形元胞

图 3-2　IGBT 有源区元胞几何结构

IGBT 有源区常用的元胞图形有条形、方形、圆形、六角形等，如图 3-2、图3-3、图3-4所示。在相同漂移区掺杂浓度下，各元胞的饱和电压不同，闩锁电流也不同。如 1.1.3 节中提到的，六角形的饱和电压 $U_{CE(sat)}$ 最小，条形的饱和电压 $U_{CE(sat)}$ 最大；六角形的抗闩锁能力最弱，长条形最强；六角形的 $R_B$ 最小，条形的 $R_B$ 最大。在实际应用中，条形元胞、和方形元胞是最常采用的有源区结构。

另外，元胞间距对阻断电压也有一定的影响，随着元胞间距的减小，阻断电压逐渐增大。因此可以采用高密度的 IGBT 元胞设计，增加器件总沟道宽度，降低导通电阻、减小饱和电压，提高阻断电压。

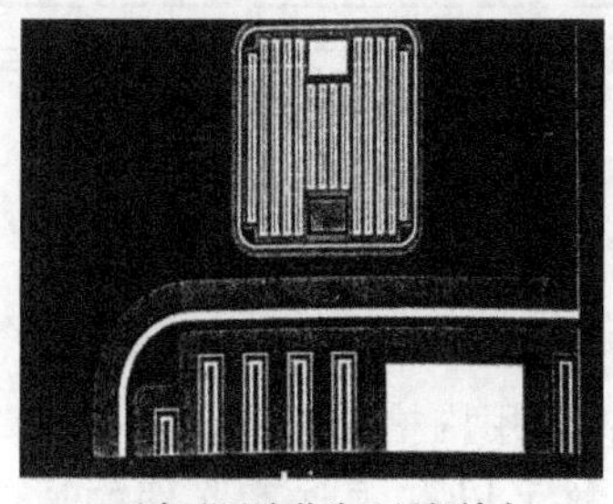

a) 条形元胞芯片及局部放大

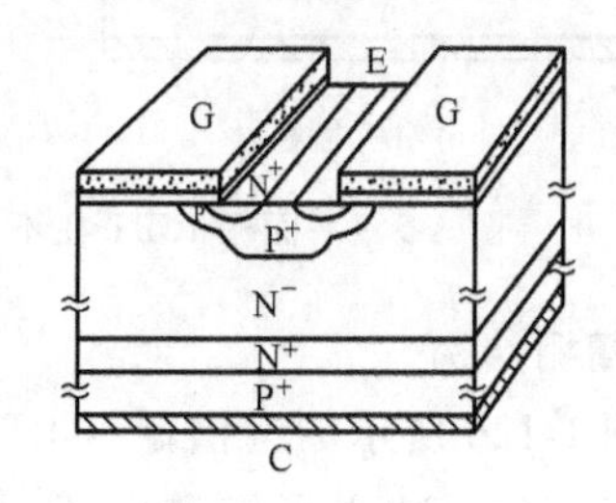


b) 条形元胞剖面结构

图 3-3　条形元胞芯片及结构

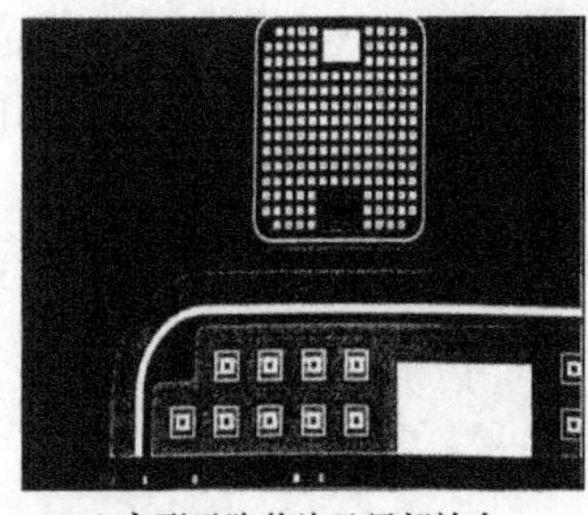

a) 方形元胞芯片及局部放大

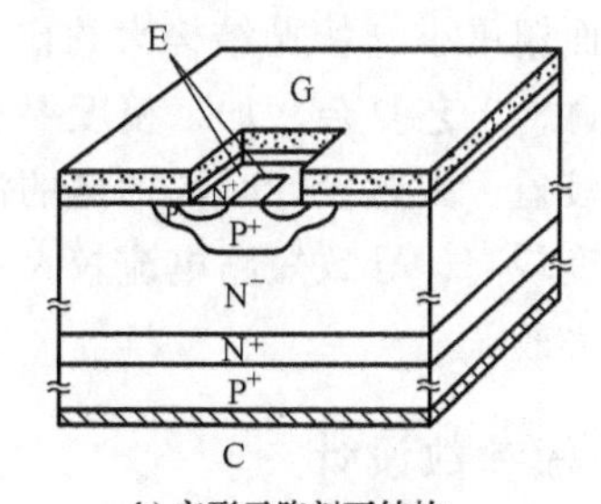


b) 方形元胞剖面结构

图 3-4　方形元胞芯片及结构

## 3.2.2　栅极结构

### 1. 平面栅结构

对于图 1-12a 所示的平面栅 IGBT 结构[7-9]，为了使器件具有良好的通态特性，需要对器件沟道宽度进行加宽处理。因此在制造 IGBT 时，采用多个单元重复排列的方式。由于元胞中的 p 基区与 $n^-$ 漂移区之间的 pn 结与表面相连接，结果导致每个元胞都包含一个平面结边缘，故可以利用多晶硅平面栅电极作为一个平板电场，有效地降低结边缘的电场。

图 3-5 分别为窄栅电极和宽栅电极的 IGBT 在阻断状态下的耗尽层展宽示意图。当元胞间距较小时，随着集电极电压增大，两侧 pn 结的耗尽区更易相连，弯曲度较小，此处电场强度较低，于是器件阻断电压较高，击穿最终会在终端处。当元胞间距较大时，随 $U_{CE}$ 增大，两侧的 pn 结的耗尽层很难相遇，p 基区边缘的耗尽层弯曲度较大，此处电场强度较高，容易发生低电压击穿，导致器件的阻断电压下降。

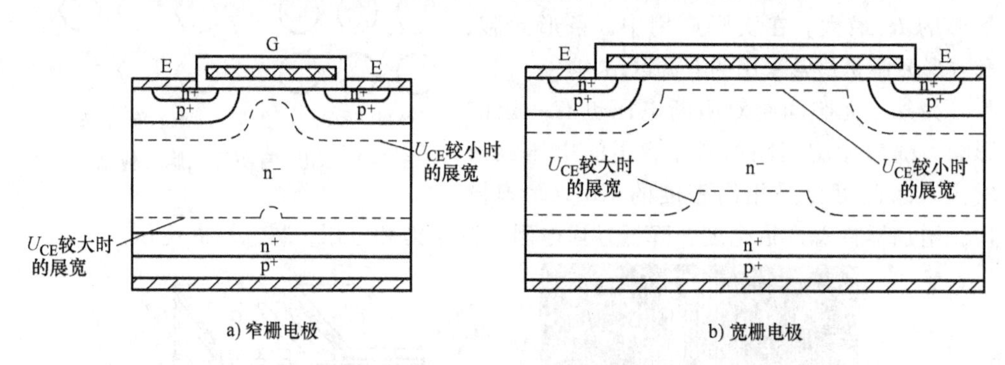


图 3-5　平面栅 IGBT 在不同栅极宽度下的耗尽层展宽示意图

**2. 沟槽栅结构**

对于图 1-12b 所示的沟槽栅 IGBT 而言，采用沟槽栅结构，消除了 JFET 效应，增加了沟道密度，减小了饱和电压[10,11]，故可以有效改善器件的通态特性。使 IGBT 的器件尺寸和饱和电压 $U_{CE(sat)}$ 大幅度减小。沟槽栅消除了 JFET 电阻，且元胞间距较平面栅更小（槽栅结构大约比平面栅面积小 30%左右），但是沟槽栅的缺点也十分明显，工艺复杂，加工精度要求高，栅电容大约比平面栅大 3 倍左右，抗短路能力也较差。因此设计时沟槽栅的沟槽宽度不能太窄，沟槽宽度过窄，沟槽结构的元胞密度较高，导致短路电流较大；当散热能力一定时，结温度迅速升高，容易导致器件失效。

### 3.2.3　栅极参数设计

栅极参数设计主要分为栅氧厚度的设计和多晶硅栅的设计。

栅氧厚度主要对阈值电压和频率特性有影响。栅氧厚度减小，栅电容增大，频率特性变差；栅氧化层厚度过大，开启电压增大，开通损耗增大。因此栅氧厚度需要折中考虑，一般选择栅氧厚度为 100nm 左右。

多晶硅栅宽度对 IGBT 的表面电场、阻断电压、饱和电压和频率特性等都有很大的影响。

图 3-6 所示为 IGBT 工作在 1kV 时的电场分布，图 3-6a 中的多晶硅栅宽度 $W_G$ 为 22.25μm，图 3-6b 中的多晶硅栅宽度 $W_G$ 为 27.25μm。从图中可以看出，多晶硅栅宽度越大，也就是 P 基区间距越大，IGBT 器件表面的电场强度越高。随着多晶硅栅宽度的增加，积累层电阻和沟道电阻逐渐增大，漂移区电阻和 JFET 电阻逐渐降低，尤其是对 JFET 电阻影响很大。如图 3-7 所示，随着多晶硅栅宽度的增加，IGBT 的通态电阻下降，因此 IGBT 的饱和电压也逐渐减小。

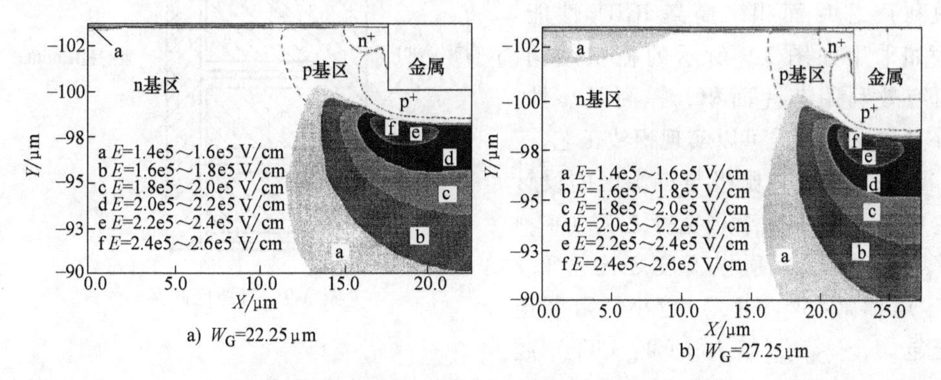


图 3-6　IGBT 工作在 1kV 时的电场分布

在 IGBT 的元胞结构中，p 基区和 $n^-$ 漂移区之间的 pn 结为器件提供正向阻断能力。在正向阻断状态，耗尽层从结处扩展，也从元胞之间的栅处扩展，从而使得多晶硅栅电极也可以起到场板的作用。不同漂移区浓度下，栅极宽度对阻断电压的影响如图 3-8 所示。由图中可以看到，当多晶硅栅宽度小于 10μm 时，阻断电压随着栅极宽度的增加而降低。当漂移区掺杂浓度较低时，耗尽层扩展加大将使结的弯曲程度减轻。而且，多晶硅栅宽度的减小可以有效降低栅极-集电极电容 $C_{GC}$，从而改善频率特性。然而，多晶硅栅宽度也不能无限制的缩小，因为这又将导致通态电阻随之增大。

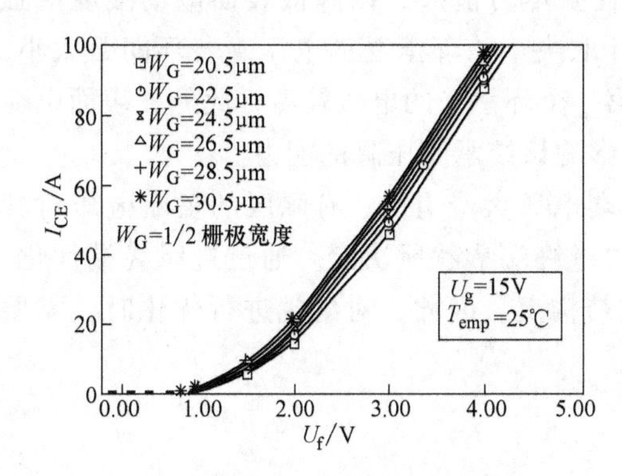


图 3-7　多晶硅栅宽度对 1kV/45A IGBT 的正向导通特性的影响

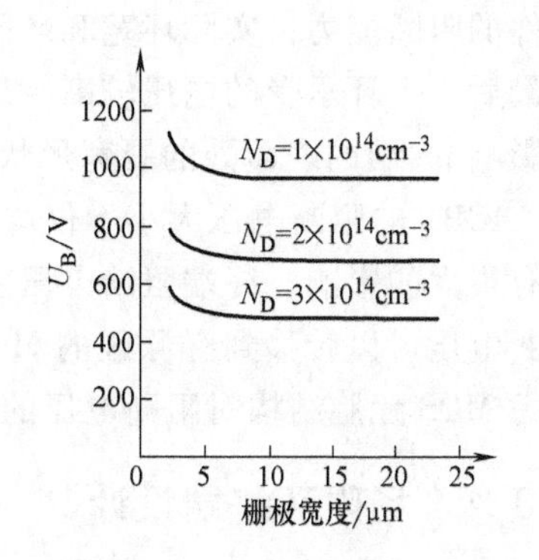


图 3-8　栅极宽度对阻断电压的影响

栅极结构设计与有源区结构设计是互相影响的，不同的栅极结构设计可以选择不同的有源区结构。对于平面栅工艺，有源区的元胞结构可以选择图3-2节中任意一个图案；对于沟槽栅工艺，可选择的只有条形和方形元胞。由于方形元胞沟槽拐角处的电场过于集中，不利于器件阻断电压的提高，因此沟槽栅最常用的还是条形的元胞结构。

栅极与有源区互相优化，可以有效利用芯片面积，提高IGBT性能。例如采用如图3-9所示的梳状结构，可有效利用芯片面积，提高可靠性，并且顶层多晶硅可以实现铝线工艺。

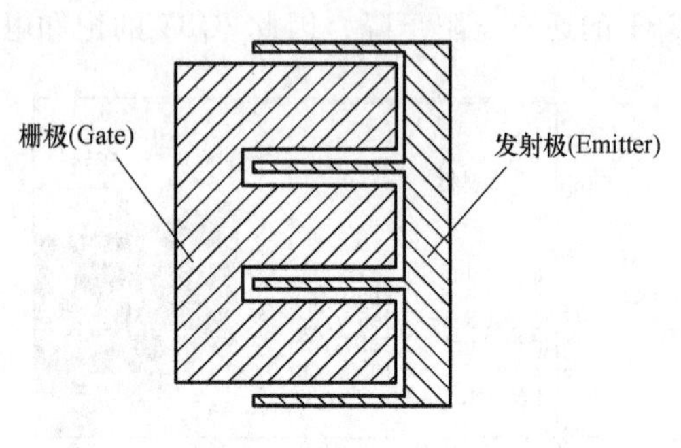

图3-9　有源区图案

综上所述，栅极与有源区的设计主要考虑栅极-发射极宽度之和（$W_G+W_E$）及栅极-发射极宽度之比（$W_G/W_E$）。$W_G/(W_G+W_E)$越小，阻断电压越大，$U_{CE(sat)}$越大；（$W_G+W_E$）越大，$U_{CE(sat)}$越小，阻断反之。$W_G$越大，JFET区域的电阻越小，$U_{CE(sat)}$就越小。阻断电压与饱和电压互相矛盾，因此在进行栅极与有源区设计时也需要折中考虑。

## 3.3　终端结构设计

电力半导体器件常见的终端结构主要有场限环结构[12]、场板结构[13]、结终端扩展（JTE）结构[14]、横向变掺杂（VLD）结构[15]和深槽（VDT）结构[16]。高压IGBT芯片中用得最多且工艺上容易实现的终端结构是场限环结构，在有些设计中也将上述方法结合起来使用。

终端设计中应注意，pn结的曲率半径要尽可能大，以降低表面电场强度增强器件的阻断能力；实际环宽和环间距设计取决于该环承受的电压。若环间距太小，则最后一个环承受的电压较高，反之，第一个环承受的电压较高；此外，表面电荷会影响pn结的表面处的展宽形状，进而影响该结承受压降的能力。

IGBT的阻断电压大小不仅与器件终端电压大小有关，有源区的阻断电压对其也有很大的影响。终端阻断电压主要由边缘终端形状所决定。通过边缘终端优化，阻断电压可以转移到有源区的MOS元胞结构上。因此，对终端进行优化时，需要考虑MOS元胞结构对阻断电压的影响。

### 3.3.1　场限环终端设计

场限环又称场环或浮空场环，与主结相距一定距离，结深、掺杂类型和主结相同。与场限环相关的设计参数有场限环的宽度、间距以及数目等[16]。图3-10为场限环结构中 pn 结耗尽区的扩展，当主结电压 $U_1$ 较小时，耗尽区尚未到达环结处，如图 3-10a 所示；当主结电压增大到 $U_2$ 时，耗尽区扩展，并与环结相连，如图 3-10b所示，其中 $U_2>U_1>0$。场限环设计的主要是优化场限环的参数，使主结和环结同时达到临界击穿电场强度，从而得到合适的阻断电压[17,18]。

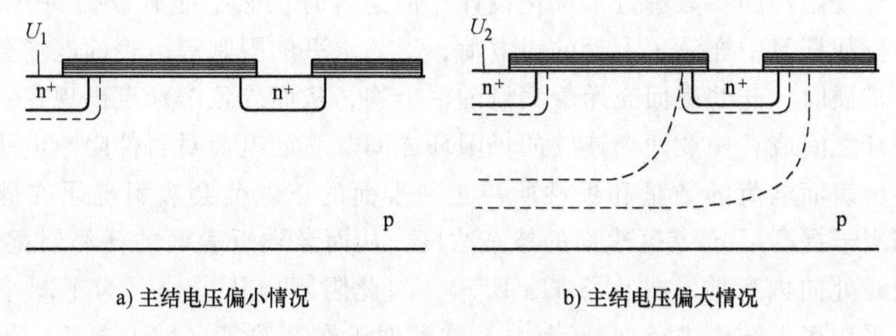


图 3-10　场限环终端结构

对于单环结构，设 $U_s$ 是总的外加电压，$U_1$ 是环电压，$U_0$ 是主结电压，从而 $U_0=U_s-U_1$ 成立，即主结电压等于总电压减环结电压。利用泊松方程的圆柱对称解，场限环的公式可写为[19]

$$U(r)=U+(r_{ds})=\frac{qN_B}{2\varepsilon_0\varepsilon_{si}}\left[\frac{r_j^2-r_{ds}^2}{2}+r_{ds}^2\ln\left(\frac{r_{ds}}{r_j}\right)\right] \tag{3-10}$$

而 $r_j$ 处的峰值电场为

$$E_m(r_j)=-\frac{qN_B}{2\varepsilon_0\varepsilon_{si}}\left[\frac{r_j^2-r_{ds}^2}{r_j}\right] \tag{3-11}$$

式中，$r_{ds}=D-r_j$，其中 $D$ 为环间距。主结电压为

$$U_0=U(r_{ds})\big|_{r_{ds}=r_d} \tag{3-12}$$

式中，$r_d$ 是 pn 结击穿时耗尽区的半径。令 $\eta$ 由下式定义[17]：

$$\frac{U_{FFR}}{U_{PP}}=\frac{U_{CYL}}{U_{PP}}+\frac{1}{2}(\eta^2+1.896\eta^{\frac{6}{7}})\ln(1.896\eta^{-\frac{8}{7}}+1)-0.948\eta^{\frac{6}{7}} \tag{3-13}$$

式中，$U_{FFR}$ 是带场限环 pn 结的击穿电压；$U_{PP}$ 是理想平行平面结的击穿电压。

对于具有 $n$ 个场限环终端的器件，其雪崩击穿电压可由式（3-14）表示[18]：

$$U_T=U_0(X^0+X^1+\cdots+X^n)=V_0\frac{1-X^{n+1}}{1-X} \tag{3-14}$$

式中，$X$ 为一个常数，它与硅衬底的电阻率、结深及表面电荷有关（$X<1$，一般取 0.6~0.7。

理论上可通过增加场限环数目、提高 $U_0$ 及 $X$ 值来获得理想的雪崩击穿电压[19]，但在实际上是不可能的。场限环数量的增多使得终端宽度的增大，也增加了设计的复杂性[20]。

## 3.3.2 场板终端设计

虽然对场限环的参数进行了优化设计，但是有时仍然不能有效提高 IGBT 的阻断电压，例如栅氧中充满了大量的正电荷，工艺水平的限制等。表面电场分布或空间电荷区扩展时，硅的表面充斥着大量的污染物，从而导致击穿点出现在主环和第一个场限环之间或者任意两个连续的场限环之间。表面电荷对器件阻断电压影响的大小主要由表面电荷的数量和极性所决定，表面的正电荷会吸引电子在硅表面聚集，这相当于提高了 $n^-$ 基区表面的掺杂浓度，从而导致近表面的耗尽层宽度减小，耗尽层边缘处向内弯曲，如图 3-11a 所示，因此阻断电压减小。为了减小这种效应，可以采用场板结构进行抑制[21,22]，这类似于在高浓度区域上覆盖一层延伸的金属板，如图 3-11b 所示。在场板上加上负电压，可阻止耗尽层在边缘处发生类似的弯曲。但这个负电压不能过大，否则会造成反偏，导致沟道向外延伸，如图 3-12a所示。在场板旁边加一个重掺杂的 $n^+$ 区，称为沟道截止区，如图 3-12b 所示，可以阻断沟道的延伸。

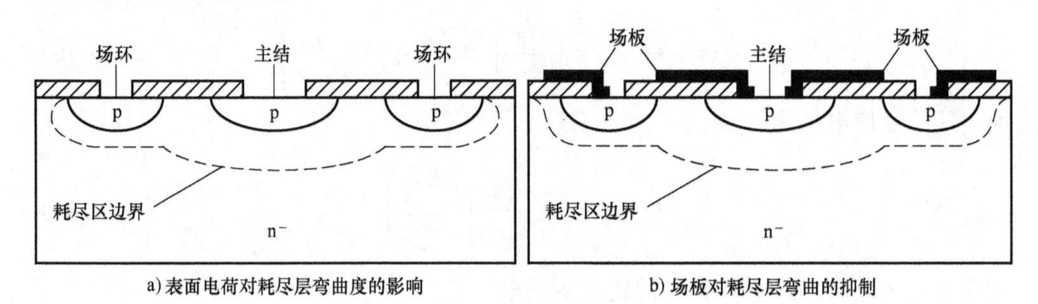


图 3-11 表面电荷对耗尽层弯曲度的影响和场板对耗尽层弯曲的抑制

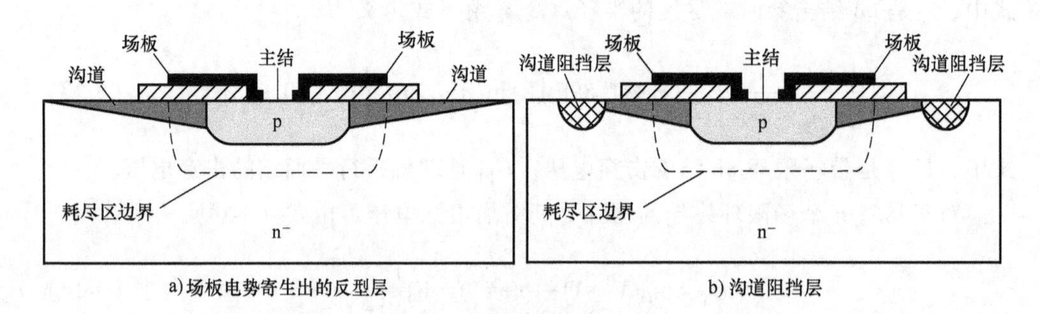


图 3-12 场板加电压后寄生出的反型层和沟道阻挡层

根据泊松方程和高斯定律可知，第 $i-1$ 块场板与第 $i$ 个场环之间的最小间距 $d_{si(min)}$ 为

$$d_{si(min)} = \{[\varepsilon_{ox} W_B \Delta U_i / \varepsilon_{si}(|U_i - 1| + U_{RT}\Delta U_i)]^2 - x_o^2\}^{1/2} \tag{3-15}$$

式中，$\Delta U_i$和$x_o$分别为环间电位差和场板下氧化层厚度，$\varepsilon_{ox}$和$\varepsilon_{si}$分别是二氧化硅层和硅的介电常数[23]。

### 3.3.3 横向变掺杂终端设计

横向变掺杂（VLD）[24,25]是渐变的掩膜小窗口下进行离子注入并推进，形成可控的杂质分布。每个窗口下得到一个虚线为边界的p区，这些p区连起来形成一个连续的渐变的P型区，如图3-13虚线所示。

与横向变掺杂相类似的一种终端结构称为结终端扩展（JTE）[26,27]，是通过在重掺杂的主结区附近通过多次离子注入获得轻掺杂的p型区的方法，如图3-14所示。

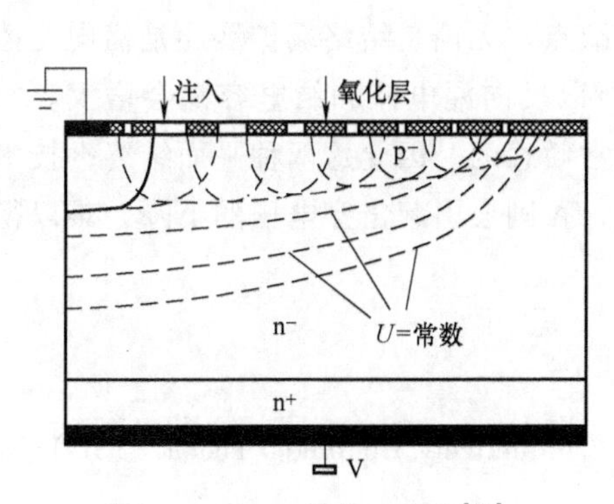


图3-13 VLD结构示意图[28]

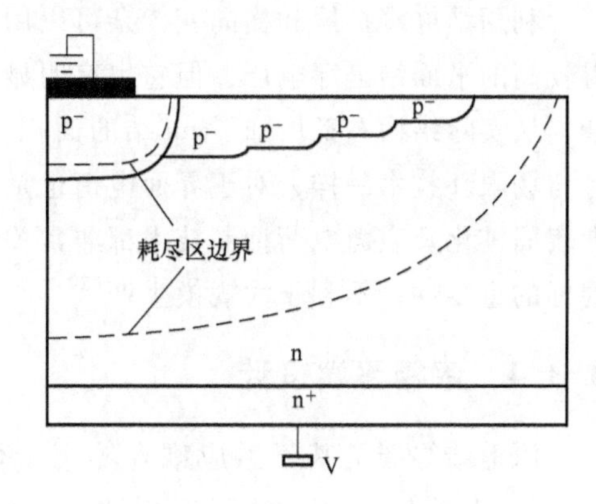


图3-14 JTE横截面图[29]

由于JTE与VLD在结构和原理上有一定的相似性，有些文献对两者有混用，但两者主要区别在于[28,29]JTE的主结外侧p型区掺杂倾向于均匀的，而VLD的p型区掺杂是渐变的。采用JTE或VLD结终端时，JTE区或VLD区在反偏时要全部耗尽，pn结的耗尽层就会沿着表面向外扩展，大大提高击穿电压。

采用主轴方向为$x$轴方向的多段Gauss型掺杂分布来拟合VLD横向分布，采用其横向扩展来拟合VLD的纵向分布，即VLD的分布函数$D_v(x, y)$为[24,25]

$$D_v(x,y) = \sum_{i=1}^{n}\left[\frac{N_{gi}}{2}\exp\left(-\frac{(x-x_i)^2}{a_i^2}\right)\left(1+\exp\left(-\frac{y^2}{b_i^2}\right)\right)\right] + N_{sub} \quad (n = 1,2,3,\cdots) \tag{3-16}$$

其中，$N_{sub}$为衬底掺杂浓度，$N_{gi}$为第$i$次高斯掺杂的峰值浓度，$x_i$为该峰值点的横向位置，$a_i$和$b_i$分别为横向及纵向高斯型分布的特征长度。如图3-14中JTE分布函数是由5段高斯掺杂形成的。其分布函数$D_v(x, y)$为

$$
\begin{aligned}
D_v(x,y) = 7.5e13 & -9e15\exp\left(-\frac{(x-35)^2}{9.9^2}\right)\left(1+\exp\left(-\frac{y^2}{(4.95\times10^{-5})^2}\right)\right) \\
& -2.2e15\exp\left(-\frac{(x-44.8)^2}{4.8^2}\right)\left(1+\exp\left(-\frac{y^2}{(2.4\times10^{-5})^2}\right)\right) \\
& -1.15e15\exp\left(-\frac{(x-49)^2}{4.3^2}\right)\left(1+\exp\left(-\frac{y^2}{(2.15\times10^{-5})^2}\right)\right) \\
& -6e14\exp\left(-\frac{(x-53)^2}{2.4^2}\right)\left(1+\exp\left(-\frac{y^2}{(1.2\times10^{-5})^2}\right)\right) \\
& -1.35e14\exp\left(-\frac{(x-55.4)^2}{1.41^2}\right)\left(1+\exp\left(-\frac{y^2}{(7.05\times10^{-6})^2}\right)\right)
\end{aligned} \tag{3-17}
$$

利用结终端扩展和横向变掺杂可以用较小的终端面积（相对于场限环而言）获得较高的平面结击穿电压，但它也有明显的缺点。无论是结终端扩展还是横向变掺杂，从实际结构看都增加了 pn 结的面积，所以反向漏电流和结电容都会增大。并且与场限环技术一样，对于界面电荷也是非常敏感的。因此这两种平面结终端技术中表面钝化及表面电荷抑制技术都非常关键，否则会引起击穿电压的下降，难以得到好的重复性，不利于大规模生产[29]。

### 3.3.4 深槽终端设计

深槽结终端是基于感应耦合等离子体（Inductively Coupled Plasma，ICP）刻蚀[33]，在硅片表面主结附近刻蚀一个深槽（深度远大于结深，与击穿时平面结耗尽区宽度相当），截断曲面结弯曲，消除电场集中，如图 3-15 所示。深槽结构中填充 $SiO_2$或低介电常数绝缘介质时，槽区可以比硅材料承受更大的峰值电场，因此该技术可以大大提高器件的击穿电压。

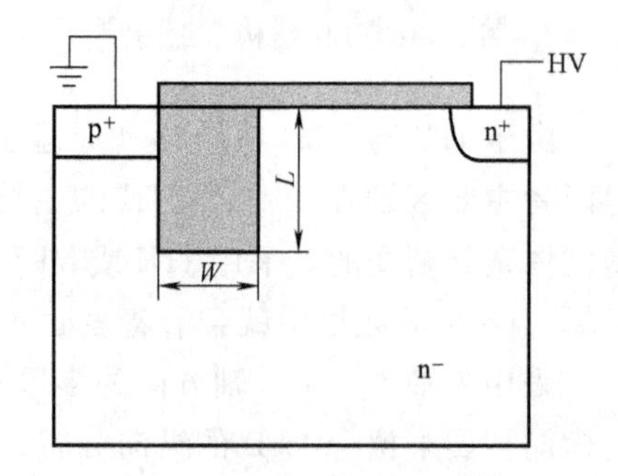

图 3-15　深槽结构终端[31]

通常情况下，击穿电压随着槽宽度和深度的增加而增大，但会达到饱和。1999 年 Daniela. Dragomirescu 等人研究发现这种深槽终端击穿电压在 2500 V 达到饱和，低于平行平面结击穿电压的 50 %。说明单一的深槽结构仅适用于阻断电压较低的情况。但在低压情况下选择适当的槽宽与槽深，在槽中填充低介电常数的物质，可以使器件的击穿电压非常接近理想击穿电压，且该深槽结终端技术比其他结终端技术占用的面积都要小得多。

# 3.4 纵向结构设计

NPT-IGBT 的纵向结构主要包括 $n^-$漂移区和 $p^+$集电区，PT-IGBT 和 FS-IGBT 还在漂移区和集电区之间包含了一个 n 缓冲层或 FS 层。为了减小饱和电压，可以在 IGBT 的 p 基区和 $n^-$漂移区之间加入一个浓度略高于 $n^-$漂移区的 n 型 IE 辅助层（即载流子存储层或空穴阻挡层）。

## 3.4.1 漂移区设计

在高压 MOS 器件中导通电阻的主要构成部分是 JFET 区电阻和漂移区电阻：

$$R_{on}=R_J+R_D \tag{3-18}$$

式中，$R_J \propto \rho_D X_{JP}/(L_G-X_{JP})$，其中，$X_{jp}$由阈值电压 $U_T$和沟道长度 $L_{ch}$确定，当$\rho_D$减小，$W_G$增大时将导致 $R_J$减小；式中 $R_D \propto \rho_D t_D$，当$\rho_D$减小，$t_D$减小时将导致 $R_D$减小。

对于一个功率器件而言，要提高阻断能力就需要较低的漂移区掺杂浓度 $N_D$和较大的扩展宽度 $W$，阻断电压 $U_{BR}$与扩展宽度 $W$ 和漂移区掺杂浓度 $N_D$的关系如图 3-16 所示。

IGBT $n^-$漂移区厚度选择基于以下原则：漂移区厚度等于在最大工作电压下空间电荷区的宽度加上一个少子扩散长度。对于 IGBT 来说，$n^-$漂移区是阻断电压的主要承担部分，设计 IGBT 时该掺杂浓度不能太低，厚度不能太薄，否则 IGBT 容易发生穿通。由于饱和电压随 $n^-$漂移区厚度的增加而增加，因此，用尽可能小的 $n^-$漂移区厚度获得所希望的阻断电压是十分重要的。

$n^-$漂移区厚度对 IGBT 正向阻断特性的影响如图 3-17 所示。由图可见，随着 $n^-$漂移区厚度增大，IGBT 的阻断电压随之增大，但是当 $n^-$漂移区厚度达到 200μm 后，阻断电压随 $n^-$漂移区厚度增加而增加的幅度变小。

$n^-$漂移区掺杂浓度对 IGBT 阻断特性的影响如图 3-18 所示，从图中可以看出，

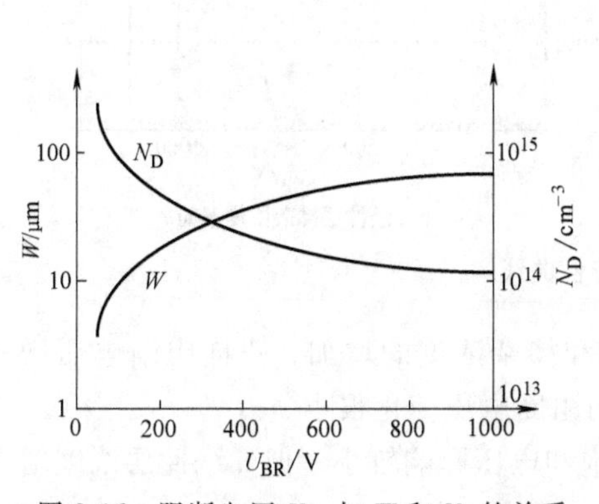


图 3-16 阻断电压 $U_{BR}$与 $W$ 和 $N_D$的关系

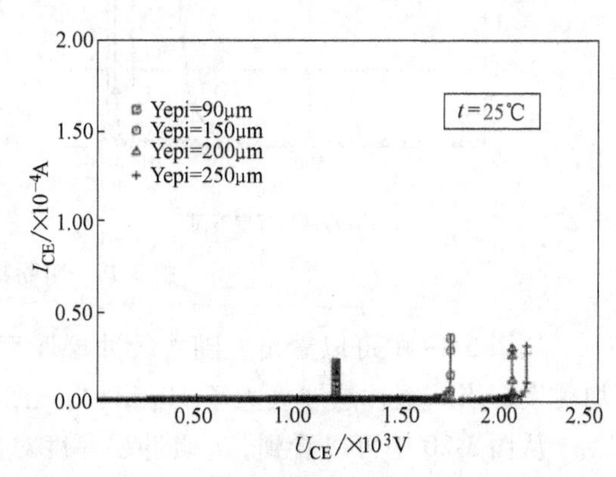


图 3-17 不同 $n^-$漂移区厚度下的 IGBT 正向阻断特性

随着掺杂浓度的降低，阻断电压逐渐增大。

### 3.4.2 缓冲层设计

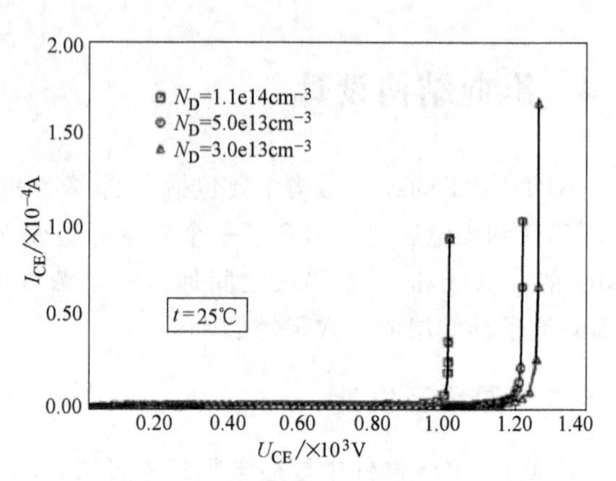


图 3-18 不同 n⁻漂移区掺杂浓度下的 IGBT 正向阻断特性

IGBT 处于正向阻断状态下，空间电荷区覆盖了整个 n⁻漂移区，来承担器件两端的电压。n⁻漂移区越厚，阻断电压越高，但同时会导致饱和电压增大。保证阻断电压的前提下，为了降低饱和电压，在 n⁻漂移区与 p 型集电区之间加入一个浓度略高于 n⁻漂移区的 n 缓冲（buffer）层或场阻止（Field Stop）层，如图 1-3a、c 所示，以压缩 n⁻漂移区的电场，使其呈梯形分布。按照泊松方程，电场强度在 n 缓冲层或场阻止层中迅速减小到零。若同时提高 n⁻漂移区的电阻率，可以用较薄的耐压层实现同样的阻断电压。n⁻漂移区减薄，饱和电压减小，通态损耗降低。相比较而言，在同样 n⁻漂移区厚度下，带 n 缓冲层的结构可以提高器件的阻断电压 50%～100%[32]。

n 缓冲层的厚度和掺杂浓度对 IGBT 各项特性有不同程度的影响。如图 3-19 所示，n 缓冲层从 5μm 增加至 15μm，浓度从 $1\times10^{15}\text{cm}^{-3}$变化至 $1\times10^{17}\text{cm}^{-3}$。

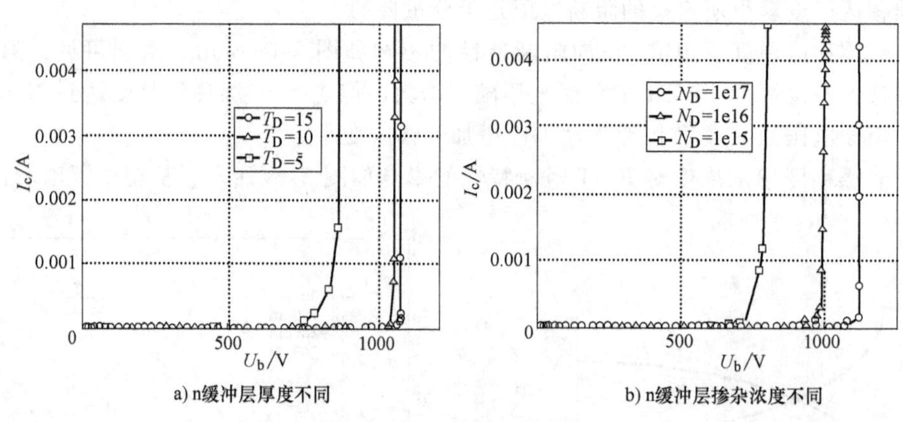


图 3-19 阻断特性曲线

从图 3-19 中可以看出，随着缓冲层厚度和掺杂浓度的增加，正向阻断电压增加缓慢；当 n 缓冲层厚度大于 10μm 时，正向阻断电压变化很小。

从图 3-20 中可以看到，n 缓冲层厚度对饱和电压影响较小，但 n 缓冲层浓度增加会使饱和电压明显增大。

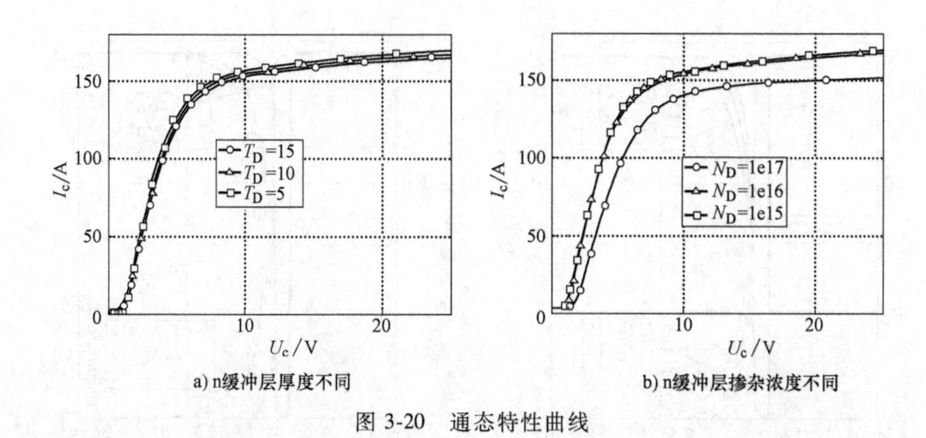

a) n缓冲层厚度不同　　b) n缓冲层掺杂浓度不同

图 3-20　通态特性曲线

从图 3-21 中可以看出，IGBT 在阻性负载下开通时，n 缓冲层厚度和掺杂浓度变化对开通速度没有影响。

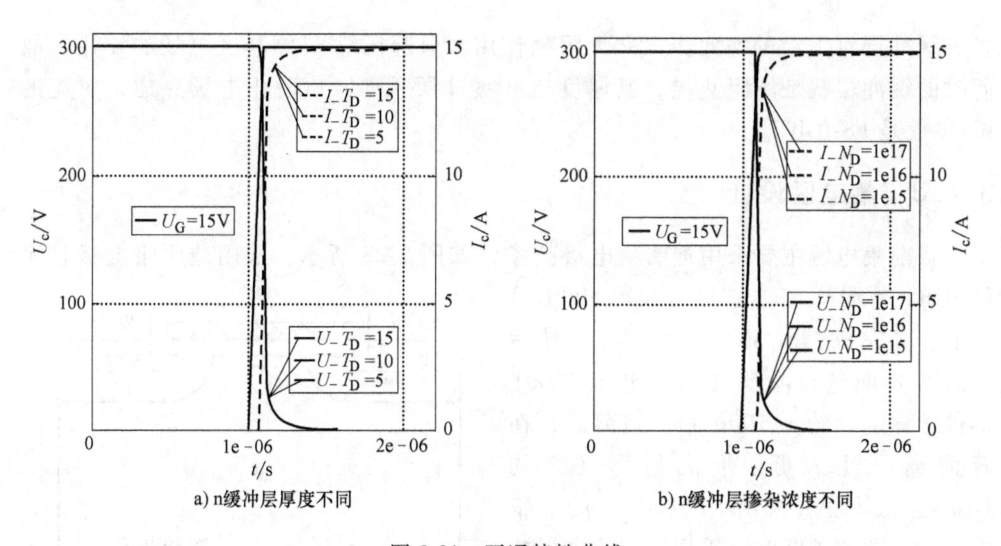

a) n缓冲层厚度不同　　b) n缓冲层掺杂浓度不同

图 3-21　开通特性曲线

从图 3-22 中可以看出，在阻性负载下关断时，由于随着缓冲层厚度和掺杂浓度的增加，通态时存储的载流子总量减少，使得 IGBT 的关断速度显著增快，从而关断损耗减少。

综上所述，缓冲层的掺杂浓度和厚度选取非常重要，在缓冲层很薄的情况下，可以适当提高 n 缓冲层的掺杂浓度，但是 n 缓冲层掺杂浓度不能过高，否则会导致 $J_1$结空穴注入效率降低，正向导通特性变差。所以，一般 n 缓冲层的掺杂浓度为 $10^{16}$ ~ $10^{17}$ $cm^{-3}$，厚度大约为 10μm 左右。

这里特别说明一下，若 n 缓冲层的掺杂浓度取值在 $10^{15}$ ~ $10^{16}$ $cm^{-3}$范围时，此

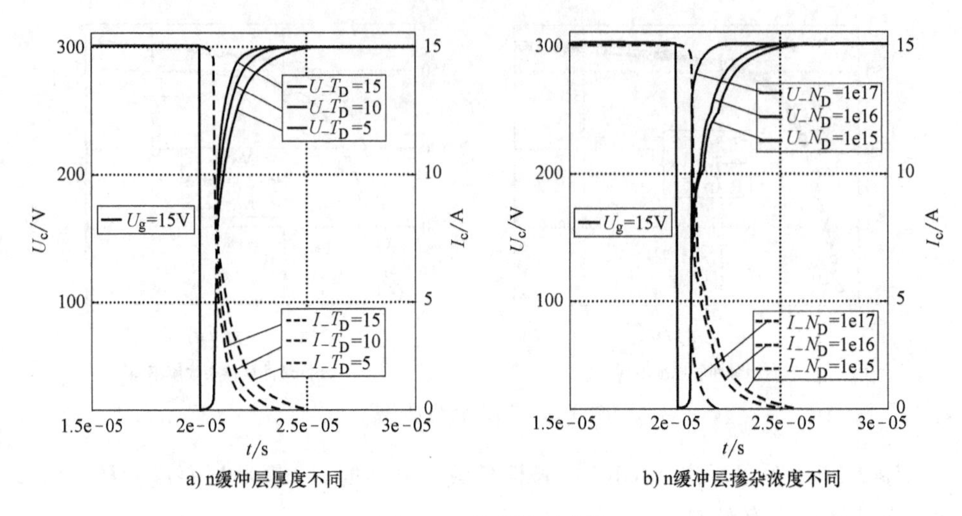


a) n缓冲层厚度不同　　b) n缓冲层掺杂浓度不同

图 3-22　关断特性曲线

时 n 缓冲层对 $J_1$ 结的空穴注入并无阻挡作用，只起压缩 $n^-$ 漂移区电场的作用，故此时的缓冲层就是场阻止层，其厚度比 n 缓冲层稍厚，以防止电场穿通，对应的 IGBT 就是 FS-IGBT。

### 3.4.3　集电区设计

目前集电区主要采用透明集电极技术，如图 3-23 所示。采用透明集电极技术的 IGBT 是在厚 $n^-$ 单晶片（大约 500μm）正面，先完成表面 MOS 结构制作，然后对芯片背面进行减薄（阻断电压 1200V 器件，厚度大约为 100μm）。减薄后，在背面离子注入硼，形成超薄（大约 1μm）、低浓度（大约 $10^{19}$ cm$^{-3}$）的 p 集电区。当器件关断时，采用透明集电极技术为电子提供了流通通道，$n^-$ 漂移区的非平衡电子可以从背面的 p 集电区流出，p 集电区对于电子来说是透明的，因此称为透明集电极。采用这种技术可以有效减小 IGBT 集电极的空穴注入效率，使得通过集电结的电流主要以电子电流为主，IGBT 关断时 $n^-$ 漂移区的剩余电子能迅速从 p 集电区流出，从而有效减小关断时间 $t_{off}$，提高了开关速度。

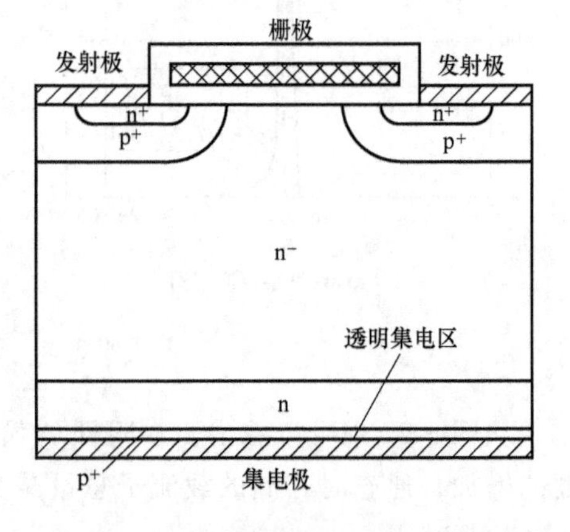


图 3-23　透明集电区 IGBT 结构

图 3-24 和图 3-25 分别为 $p^+$ 集电区的厚度和掺杂浓度对 IGBT 的开通和关断特性的影响，图 3-24a 和图 3-25a 中 $p^+$ 集电区掺杂浓度为 $1\times10^{19}$ cm$^{-3}$，厚度从 0.5μm

增大到 1.5μm，图 3-24b 和 3-25b 中 $p^+$集电区厚度为 1μm，掺杂浓度从$1\times10^{18}cm^{-3}$增大到$1\times10^{19}cm^{-3}$。

从图 3-24 中可以看到，$p^+$集电区的厚度和掺杂浓度对 IGBT 的开通特性影响不大。

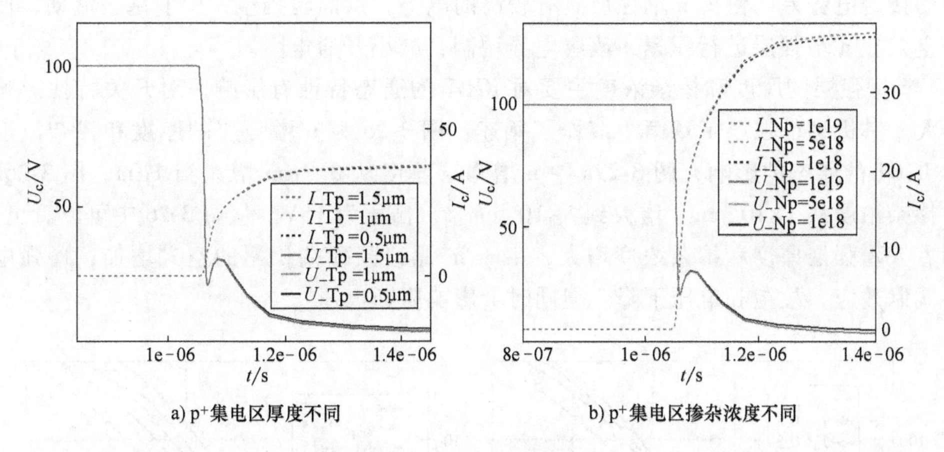

a) $p^+$集电区厚度不同　　b) $p^+$集电区掺杂浓度不同

图 3-24　开通特性曲线

从图 3-25 中可以看出，随着 $p^+$集电区厚度和掺杂浓度的增加，IGBT 的关断时间虽然增加，但集电极电压的尖峰却减小，这是由于 $p^+$集电区厚度和掺杂浓度增加，注入的载流子数目增加，集电极电流增大且下降速度变慢，导致关断时间增

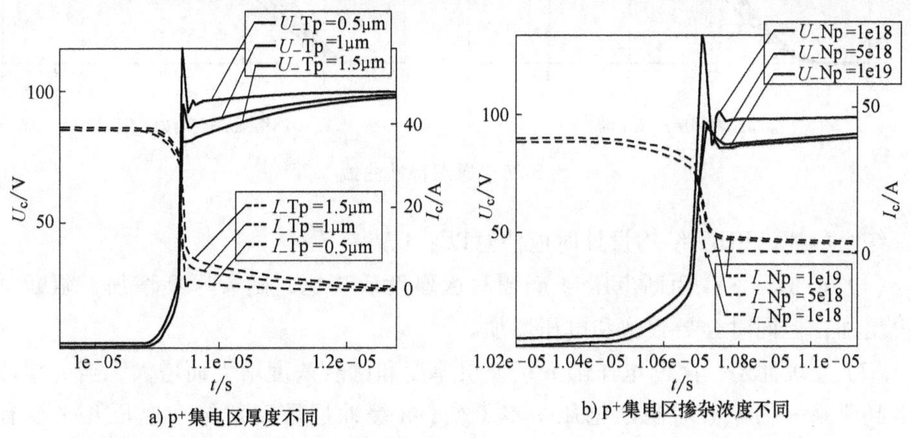

a) $p^+$集电区厚度不同　　b) $p^+$集电区掺杂浓度不同

图 3-25　关断特性曲线

加，阳极电压过冲也减小。

### 3.4.4　增强层设计

当 IGBT 正向导通时，空穴从 $p^+$集电区注入，经过 n 缓冲层，注入到 $n^-$漂移区

中。电子从 $n^+$发射区出发，经过 p 基区表面的沟道，注入到 n-漂移区中。空穴向上表面运动的过程中与电子复合，浓度逐渐降低，因此 n-漂移区中越接近表面处电导调制作用越弱，电阻越大。为了减小通态电阻，可以在 IGBT 的 p 基区和 $n^-$漂移区之间加入的一个浓度略高于 $n^-$层的 n 增强层，如图 1-8 所示。可以借助 $n/n^-$结的接触电势差，使得 n 增强层具有较高的电势，从而阻挡空穴向 p 基区流动，使得空穴在 n 增强层进行积累，改善电导调制，减小开通电阻。

n 增强层的厚度和掺杂浓度主要对 IGBT 的通态特性有影响，对开关特性影响不大。其机理已在第 1 章第 1 节作了阐述。图 3-26 为 n 增强层的厚度和掺杂浓度对 IGBT 的通态的影响，图 3-29a 中 n 增强层厚度从 0.2μm 增大到 1μm，图 3-26b 中掺杂浓度从 $1\times10^{14}cm^{-3}$增大到 $5\times10^{15}cm^{-3}$，栅压为 15V。从图 3-26 中可以看出，随着 n 增强层厚度和掺杂浓度增大，由于 $n^-$漂移区顶端积累的空穴增加，增强电导调制效应，故饱和电压下降。但同时会影响阻断电压。

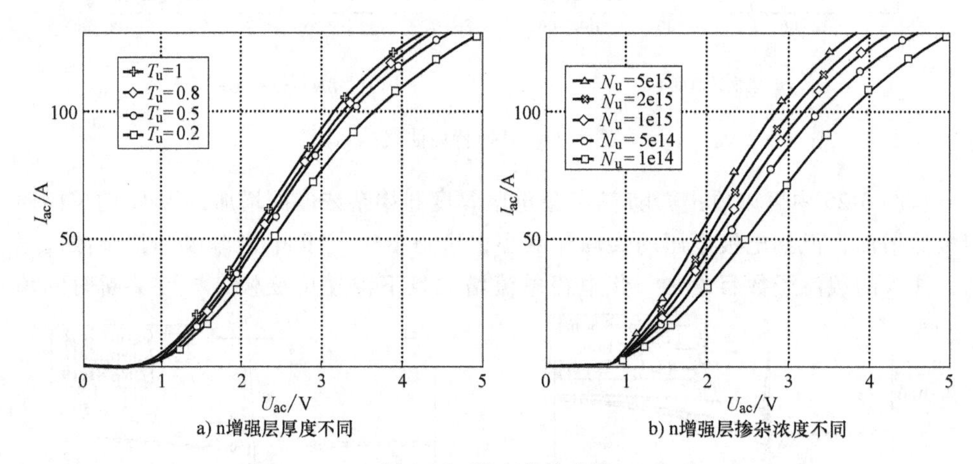


图 3-26　通态特性曲线

综上所述，IGBT 结构设计时应注意以下几点：

（1）$n^-$漂移区　阻断电压与 $n^-$漂移区厚度成正比，随着厚度增加，阻断电压缓慢增加；但同时会导致饱和电压增加。

（2）n 缓冲层　阻断电压随 n 缓冲层厚度和掺杂浓度增大而增大，当 n 缓冲层厚度高于某一临界值时阻断电压基本不变；n 缓冲层厚度对饱和电压几乎没有影响，但 n 缓冲层浓度增加会使饱和电压明显增大；n 缓冲层对开通特性影响不大，但对关断特性有一定的影响。随着缓冲层厚度和掺杂浓度的增加，IGBT 的关断速度显著加快。

（3）$p^+$集电区　$p^+$集电区对开通特性也影响不大，但对关断特性有显著的影响。随着 $p^+$集电区的厚度、浓度增加，IGBT 的关断时间增加，集电极电压的尖峰减小。

（4）IE辅助层（n增强层） 饱和电压随n增强层厚度和掺杂浓度增大而减小，n增强层对开关特性几乎没有影响，对阻断电压有一定的影响。

## 参考文献


[1] SHANQI ZHAO, et al. A Simulation System for a Power Insulat-ed Gate Bipolar Transistor (IGBT) with TSU-PREM-4 and MEDICI Simulators [C]. 7th European Simulation Sympo-sium, Erlangen, 1995.

[2] 张景超，赵善麒. 绝缘栅双极晶体管的设计要点 [J]. 电力电子技术，2010，44 (1)：1-3.

[3] KNIPPER U , WACHUTKA G, et al. Time-Periodic Avalanche Breakdown at the Edge Termination of Power Devices [C] //International Symposium on Power Semiconductor Devices & IC's, 2008: 307-310.

[4] JOHN HESS, TUTORIAL J J. IGBT Application Note APT0201 [J]. Tutorial: IGBT Application Note. Rev. B002, July, 2002.

[5] SHANQI ZHAO, et al. Simulation on Latch-up Effects of a High Power Insulated Gate Bipolar Transistor (IG-BT) [C]. IPEMC' 97. 1997: 3-6.

[6] 陈星弼. 超结器件 [J]. 电力电子技术，2008，42 (12)：2-7.

[7] BALIGA B J, ADLER M S, GRAY P V, et al. The insulated gate rectifier (IGR): A new power switching device [D]. IEDM Tech Dig., Paper 10. 6, 1982: 263-267.

[8] BALIGA B J, ADLER M S, LOVE R P, et al. The insulated gate transistor: A new three terminal MOS controlled bipolar power device [J]. IEEE Trans. on ElEctron Devices, 1983, ED-31 (6).

[9] MILLER G, SACK J. A new concept for a non like switching characteristics [J]. IEEE PESC, punch through IGBT with MOSFET Record 1, 1989: 21-25.

[10] 翁寿松，等. 4500V 注入增强门极晶体管 (IEGT). 世界产品与技术，2002，(2) 32.

[11] 杨大江，等. IGBT 器件的计算机模拟 [J]. 电力电子技术，2001，(2)：54.

[12] ADLER M S, TEMPLE A K. Theory and breakdown voltage for planar devices with a single filed limiting ring [J]. IEEE Trans ED, 1977, 24 (2) : 107.

[13] JAUME D, CHARITAT G, REYNES J M , et al . High voltage planar devices using field plate and semi-resistive layers [J]. IEEE T rans ED, 1991, 38 (7) : 1681.

[14] TEMPLE V A K, TANTRAPORN W. Junction termination extension for near-ideal breakdown voltage in p-n junctions [J]. IEEE rans ED, 1986, 33 (10) : 1601.

[15] STENG R, GOSELE U. Variation of lateral doping as a field termination for high voltage power devices [J]. IEEE Trans ED, 1986, 33 (3) : 426.

[16] 安涛，王彩琳. 平面型电力电子器件阻断能力的优化设计 [J]. 西安理工大学学报，2002，18 (2)：153-158.

[17] BALIGA B J, GHANDHI S K. Analytical solutions for the breakdown voltage of abrupt cylindrical and spherical junctions [J]. Solid-State Electronics , 1976 , 19 (9) : 739-744

[18] FINDLAY W J , COULBECK L. Edge termination for very high voltage IGBT devices [J]. IPEMC' 97, 1997, 1: 67.

[19] BILICHER A. Field-effect and bipolar power transistor physics [M]. New York: Academic Press, 1981.

[20] BRIEGER K P, GERLACH W, PELKA J. B locking capability of p lanar devices with field limiting rings [J]. So lid2 State Electronics, 1983, 26 (8) : 739.

[21] CONTI F, CONTI M. Field Plate Surface Breakdown in Silicon Planar Diodes Equipped with State Electron [J]. 1972, 15 (1): 93-105.

[22] ERANEN S, BLOMBERG M. The Vertical IGBT with an Implanted Buried Layer [J]. CH2987-6/91/0000-

0211, IEEE. 1991 (6): 211-214.

[23] 宋任儒，等. IGBT的总剂量辐射效应及加固［J］. 微电子学与计算机，1997（2）：9-13.

[24] STENGL R, GOSELE U. Variation of Lateral Doping a New Concept to Avoid High Voltage Breakdown of Planar Junctions [C]. Int. Electron Devices Meet , 1985 : 154-156.

[25] STENGL R, GOSELE U , et al . Variation of Lateral Doping as a Field Terminator for High-Voltage Power Devices [J]. IEEE Transactions on Electron Devices [J]. 1986 , ED233 ( 3 ) : 4292428.

[26] TEMPLE V A K. JTE a New Technique for Increasing Break-down Voltage and Controlling Surface Field [C]. IEDM, 1977 : 423-426.

[27] TEMPLE V A K. Increasing Avalanche Breakdown Voltage and Controlled Surface Electric Field Using a Junction Termination Extension (JTE) Technique [C]. IEEE Transactions on electron Devices. New York : 1983, 30 (8) : 954-957.

[28] 张彦飞，吴郁，游雪兰，等. 硅材料功率半导体器件结终端技术的新发展［J］. 电子器件，2009，32（3）：538-546.

[29] 陈星弼. 功率MOSFET与高压集成电路［M］. 南京：东南大学出版社，1990.

[30] CHANHO PARK, JINMYUNG KIM , et al . Deep Trench Terminations Using ICP RIE for Ideal Breakdown Voltages [C]. ISPSD 2003 , April 14217 , Cambridge , UK: 1992202.

[31] DRAGOMIRESCU D, CHARITAT G, et al . Novel Concept for High Voltage Junction Termination Techniques Using Very Deep Trenches [ C ]. Proceedings of the International Semiconductor Conference, 1999, v1: 67270.

[32] BALIGA B J. Modern Power Devices [M], New York: Wiley, 1987: 354.

[33] DEWAR S, LINDER S, Von Arx C, Mukhitinov A. Soft Punch Through (SPT) -Setting new Standards in 1200V IGBT [J]. ABB Semiconductors AG, 2000.

[34] 施敏，等. 半导体器件物理［M］，西安：西安交通大学出版社，2001：169.

[35] LASKY J B , WHITE F R, J Appl. Phys., 1986, 63: 2987-2991.

# 第4章 器件制造工艺

本章主要介绍IGBT芯片的制造工艺，包括衬底材料选择，制作工艺流程，以及氧化、掺杂、光刻、薄膜淀积、刻蚀、背面减薄等基本工艺，最后简单介绍了关键工艺参数的检测方法。

## 4.1 衬底材料选择

电力半导体器件对硅单晶衬底材料的厚度、晶向、尺寸、电阻率有一定的要求。由于电子迁移率大于空穴迁移率（$\mu_n>\mu_p$），所以，衬底材料的导电类型通常采用N型。为了提高器件的耐压，通常要求衬底材料具有较高的电阻率，并且在径向、轴向及微区的均匀性和真实性要高；同时，还要求材料晶格结构完整，无缺陷，并对其中载流子寿命的均匀性和真实性也有很高的要求。

对IGBT而言，要求采用<100>晶向的硅单晶材料。原始硅片的规格需要根据器件结构与特性要求来确定。

### 4.1.1 硅单晶材料

按晶体生长方法的不同，硅单晶棒生长主要分为直拉（Czochralski，CZ）法和区熔（Floating Zone Melting，FZ）法。

**1. 直拉单晶**

直拉硅单晶是采用直拉单晶生长法（CZ）制备，将多晶硅在真空或惰性气体保护下加热，使多晶硅熔化，然后利用籽晶来拉制的单晶。硅单晶的生长过程实际上是由液相向固相的转化过程，要求在液相-固相界面附近必须存在温度梯度（dT/dz）。开始拉制单晶时，先将多晶硅和所需掺杂剂一起放入石英坩埚内熔化，然后将籽晶浸入熔体中，缓慢转动并提起。在拉制过程中，籽晶的转动速度、提拉速度及温度分布应严格控制。

由于熔硅中的碳（C）与石英坩埚（$SiO_2$）会发生反应，生成一氧化碳（CO），受热对流影响不易挥发，导致直拉单晶中的碳（C）、氧（O）含量较高（可达$10^{18}cm^{-3}$）。为了抑制热对流，减小熔体中温度的波动，在生产中通常采用水平磁场或垂直磁场等技术。在磁场作用下，熔硅与坩埚的作用减弱，使坩埚中的杂质较少进入熔体和晶体，从而制成磁控直拉单晶（MCZ）。MCZ减小了杂质进入，降低了晶体的缺陷密度，提高了晶体纯度和杂质分布的均匀性。

利用直拉法可以制作 n 型和 p 型单晶。目前，大直径 MCZ 的直径范围为 6~18in（$\phi$150~450mm）[1]。可见，直拉单晶具有直径大、电阻低等特点，主要用于制作容量较低（如低压大电流）的器件及功率集成电路。在 IGBT 制作中，通常作为 PT-IGBT 的衬底材料。

**2. 区熔单晶**

区熔硅单晶是将籽晶和多晶硅棒黏在一起后竖直或水平地固定在区熔炉上、下轴之间，利用分段熔融多晶棒，在熔区由籽晶移向多晶硅棒另一端的过程中，使多晶硅转变成单晶硅。经过多次这样的熔融过程，单晶的电阻率可以高达 100~1000Ω · cm。

利用区熔法也可以制作 n 型和 p 型单晶，掺杂剂是以气体的形式被加入到晶体生长室内的惰性气氛中，通常掺磷时用磷烷（$PH_3$）、掺硼时用乙硼烷（$B_2H_6$）。由于熔化区仅与周围的惰性气氛接触，所以几乎没有杂质引入到硅中，故其中 C、O 含量较低。如在氩气气氛中制作的区熔单晶，C、O 含量为 $5\times10^{15}\sim2\times10^{16}cm^{-3}$。

目前，利用区熔法可以生产直径为 4~6in（$\phi$100~150mm）的硅单晶，并制作 8in（$\phi$200mm）以上的硅单晶[1]。区熔单晶具有电阻率高、直径小等特点，适用于制作 2kV 左右的功率器件。在 IGBT 制作中，区熔单晶通常作为 NPT-IGBT 和 FS-IGBT 的衬底材料。

**3. 中照单晶**

无论是直拉硅单晶还是区熔硅单晶，都存在轴向、径向电阻率的不均匀问题，无法用来制作高压器件。为了提高区熔单晶的均匀性，需采用中子嬗变掺杂法（Neutron Transmutation Doping，NTD）来改善其电阻率的均匀性[2]。中子嬗变法是利用硅中存在三种均匀分布稳定的 $^{28}Si$, $^{29}Si$, $^{30}Si$ 同位素（含量分别为 92.21%，4.7%，3.0%），在热中子（即低能中子）辐照下发生嬗变反应，生成 $^{31}Si$ 蜕变后形成稳定的 $^{31}P$，从而使硅单晶中的磷含量增加，形成均匀的 N 型掺杂。掺杂浓度可由中子通量密度和辐照时间来精确控制。中子辐照不会引入其他杂质，虽会产生晶格缺陷，但经退火处理（750~800℃，1~3h）可以消除这些辐照损伤。由于中子嬗变法只能制作 N 型单晶，不能制作 P 型单晶，所以，N 型区熔中照硅单晶常作为整流二极管、晶闸管及其派生器件、NPT-IGBT 和 FS-IGBT 等器件的衬底材料。

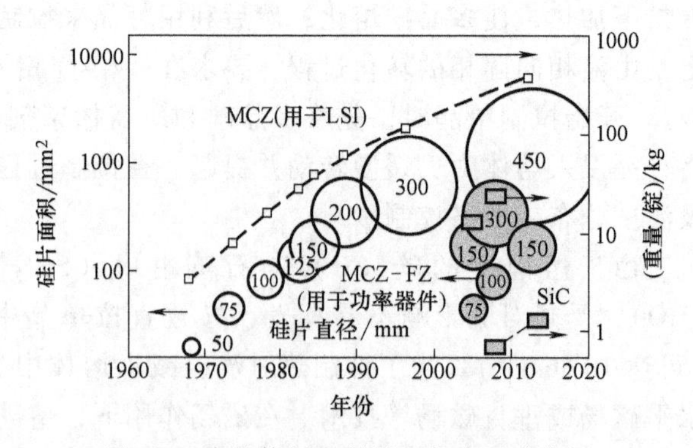

图 4-1　半导体衬底材料逐年发展路线图

图 4-1 给出了半导体衬底材料逐年发展路线图[1]。可

见，在衬底材料制造方面，大直径的磁控直拉单晶（MCZ）正逐渐取代悬浮区熔（FZ）单晶片。与硅衬底相比，SiC 衬底的产量很低，所以，快速发展 SiC 衬底很有必要。

### 4.1.2　硅外延片

外延（Epitaxy）是在低于晶体熔点的温度下，在表面经过细致加工的单晶衬底上，沿其原来的结晶轴方向，生长一层导电类型、电阻率、厚度和晶格结构完整性都符合要求的新单晶过程。外延层的性能在某些方面优于本体材料的抛光片，如 O、C 等杂质含量低，表面损伤小，避免了硅中氧化物的沉积，有利于提高少子寿命，减小器件的漏电流[3]。可见，外延技术是获得理想、完美、高质量硅材料的重要手段，可以提供一种杂质均匀分布且厚度满足要求的掺杂方法。

通常采用 $n^-/n/p^+$ 外延片制作 PT-IGBT，其中 $p^+$ 硅衬底用作机械支撑层和导电层，经减薄后形成 IGBT 的集电区，n 外延层作为缓冲层，$n^-$ 外延层作为漂移区。

## 4.2　制作工艺流程

IGBT 可认为是由多个元胞并联而成的超大规模集成电路（VLIC），每个元胞相当于一个微型的 IGBT。对高性能 IGBT 而言，必须保持 MOS 沟道长度为 1μm，这已经接近电子束光刻的技术容差。所以，IGBT 的制造工艺不仅包含集成电路和功率分立器件技术，而且含有 MOS 和双极器件的工艺步骤。为了满足 MOS 和双极器件工艺组合的需要，IGBT 制造工艺中必须生长并保证高质量、低电荷密度（$Q_{SS}$）的 MOS 栅氧化层，同时严格控制其中少数载流子的寿命，并将其维持在一个较高的值，以确保厚 $n^-$ 漂移区的电导调制。

### 4.2.1　平面栅结构的制作

#### 1. 工艺流程

下面介绍平面栅 PT-IGBT 制作的典型工艺流程。原始 p 型硅单晶→两步外延形成 $n^-/n$ 层→氧化→光刻 $p^+$ 深阱区与终端场限环掺杂窗口（1#）→溅射生长牺牲氧化层→硼离子（$B^+$）注入→刻蚀牺牲氧化层→推进兼退火并氧化→光刻有源区窗口（2#）→栅氧化层生长→多晶硅淀积并掺杂→光刻多晶硅栅与 p 基区掺杂窗口（3#）→硼离子（$B^+$）注入→推进兼退火→光刻 $n^+$ 发射区窗口（4#）→磷离子（$P^+$）注入→推进兼退火→化学气相淀积（CVD）磷硅玻璃并回流→光刻发射区和 p 基区接触区窗口（5#）→表面溅射金属铝膜→反刻形成金属化图形（6#）→淀积氮化硅形成钝化层→反刻钝化膜（7#）→背面衬底减薄→背面溅射多层金属膜并合金化→测试→划片→管芯分割→引线键合→封装[4]。

**2. 主要工艺步骤**

图 4-2 给出了平面栅 PT-IGBT 制造主要步骤对应的工艺流程剖面。其中包括阱区与终端场环区光刻、有源区光刻、p 基区窗口光刻、发射区光刻、接触孔光刻及铝反刻、钝化光刻共七次光刻。

首先对 $p^+$ 衬底进行清洗和抛光，然后生长两层外延层，如图 4-2a 所示。第一层外延层作为 n 缓冲层，第二层外延层作为 $n^-$ 漂移区，元胞制作在 $n^-$ 漂移区上。外延层的掺杂浓度和厚度由电压额定值预先确定。接着通过干氧-湿氧-干氧交替氧化在表面生长 0.8~1.5μm 厚的氧化层作为 $p^+$ 深阱区扩散的掩蔽膜，如图 4-2b 所示。

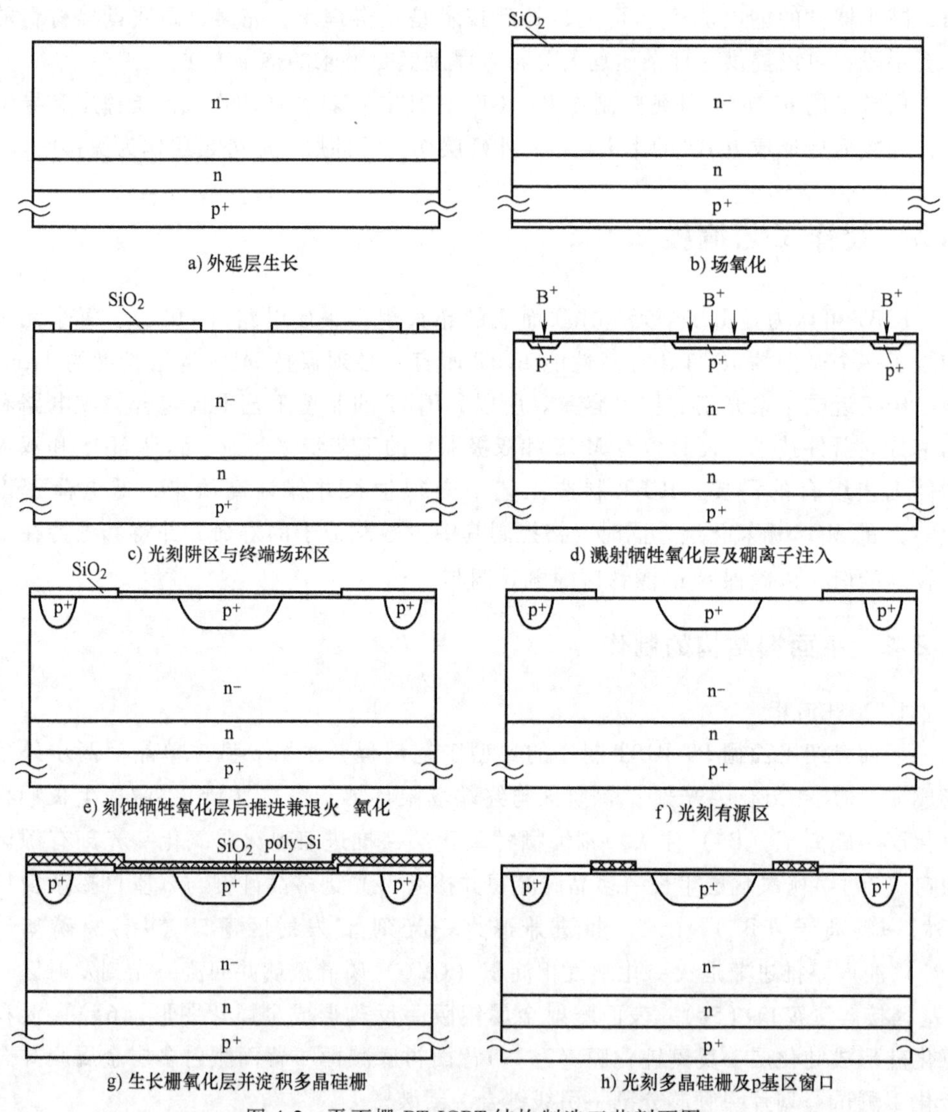


图 4-2 平面栅 PT-IGBT 结构制造工艺剖面图

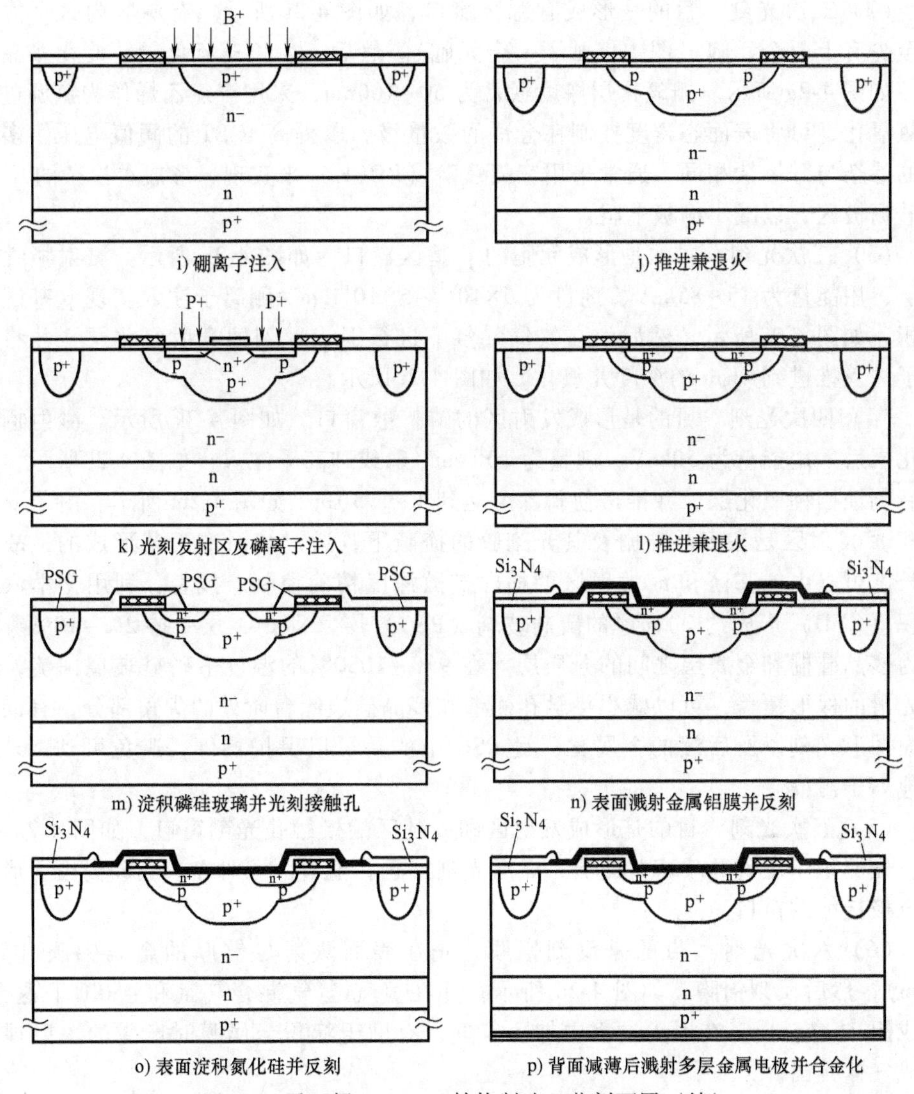


i) 硼离子注入　j) 推进兼退火

k) 光刻发射区及磷离子注入　l) 推进兼退火

m) 淀积磷硅玻璃并光刻接触孔　n) 表面溅射金属铝膜并反刻

o) 表面淀积氮化硅并反刻　p) 背面减薄后溅射多层金属电极并合金化

图 4-2　平面栅 PT-IGBT 结构制造工艺剖面图（续）

（1）一次光刻　目的是形成 $p^+$深阱区及终端场限环区的扩散窗口，如图 4-2c 所示。在每次离子注入之前，先在氧化层腐蚀窗口溅射一层 20~50nm 的无定形 $SiO_2$层作为牺牲氧化层，以避免沟道效应；在离子注入之后，去除溅射氧化层，可使离子注入的掺杂浓度峰值从硅表面以下几百埃的范围内移至表面。采用溅射法形成的淀积膜比较均匀，有助于在硅表面形成均匀的峰值掺杂浓度。硼离子注入的能量为 55~65keV、剂量为 $5\times10^{13}$~$5\times10^{16}$ $cm^{-2}$，以实现硼预沉积，如图 4-2d 所示。然后，刻蚀牺牲氧化层，退火并推进，最终形成的 p 阱区深度达到 5~8μm，如图 4-2e 所示。$p^+$深阱区可减小 p 基区横向电阻，防止 IGBT 发生闩锁。

（2）二次光刻　目的是形成有源区窗口，如图 4-2f 所示。有源区内每平方厘米至少有上万个元胞（图中仅画了一个元胞）。然后，生长栅氧化层并淀积多晶硅栅，如图 4-2g 所示。栅氧化层厚度通常为 50～100nm，采用三氯乙烯作为氯源进行掺氯氧化，可将表面态密度控制在合适的数量级，以提高 IGBT 的阈值电压。多晶硅的掺杂与硅掺杂相同，通常采用三氯氧磷（$POCl_3$）来实现，形成重掺杂的 $n^+$ 多晶硅栅极区，以减小栅极电阻。

（3）三次光刻　目的是形成元胞的 p 基区窗口，如图 4-2h 所示。溅射牺牲氧化层，用能量为 75～85keV、剂量为 $5\times10^{13}\sim5\times10^{14}cm^{-2}$ 硼离子注入实现 p 基区预沉积，如图 4-2i 所示。然后，在氮气气氛下进行退火，刻蚀溅射氧化层，并将硼离子注入推进到 4μm 的深度并氧化，如图 4-2j 所示。

（4）四次光刻　目的是形成发射区的磷扩散窗口，如图 4-2k 所示。溅射牺牲氧化层后，用能量为 50keV、剂量为 $10^{15}cm^{-2}$ 磷或砷离子注入，如图 4-2l 所示，退火后刻蚀牺牲氧化层，并推进使磷深度达到 1～1.5μm，如图 4-2m 所示。由于 p 基区和 $n^+$ 发射区是在多晶硅栅及其光刻胶的掩蔽下，通过自对准工艺形成的，故沟道长度可以由 p 基区和 $n^+$ 发射区的横向扩散深度精确控制。接着，利用化学汽相淀积（CVD）形成约 1μm 厚的磷硅玻璃（PSG）层（即 $SiO_2$ 层中掺 2%～10%磷），作为多晶硅栅和金属层之间的介质层。在 950～1050℃ 的温度下磷硅玻璃回流，形成光滑的保形覆盖，可以减小接触孔侧壁和多晶硅边缘台阶处的尖角部分，有助于表面图形光刻以及后续的金属化；且 PSG 中的磷可以保护器件，避免可动 $Na^+$ 和其他离子污染。

（5）五次光刻　目的是形成发射区和 p 基区的接触孔光刻窗口，如图 4-2m 所示。先淀积一层磷硅玻璃并回流，然后光刻接触孔窗口，同时在多晶硅栅极上形成铝电极接触的窗口。

（6）六次光刻　目的是反刻铝膜。先在表面溅射足够厚的金属铝膜（4～5μm），然后反刻铝膜，如图 4-2n 所示，并在氮气-氢气混合气氛和 450℃ 下退火，形成铝-硅合金层。在退火过程中加入氢气，有助于淀积金属膜时产生的辐射损伤变成气体排出。

（7）七次光刻　目的是形成钝化孔窗口。先通过等离子增强化学气相淀积（PECVD）形成氮化硅（$Si_3N_4$）膜，作为器件最外面的钝化层，以密封并保护芯片不受机械划伤或外界污染。然后，反刻钝化膜，如图 4-2o 所示，形成与外引线连接的压焊点。至此，正面工艺结束。

在背面金属化之前，需要对背面的衬底进行减薄。芯片背面金属化可采用多层金属膜，如 Al-Ti-Ni-Ag 或 Ti-Ni-Ag 金属化膜，如图 4-2p 所示。在多层金属化膜中，钛（Ti）厚度约为 200～300nm，作为阻挡层，以防止金属扩散到硅中，同时可以吞噬掉硅表面残留的天然氧化层，提高膜层的黏附性。中间镍（Ni）膜厚度约为 500nm，提供接触层。Ag 覆盖层厚度约为 200nm，以防止环境变化对金属化层的影响。

最后，测试芯片的电特性、划片及分离。芯片被固定在封装框架上有助于焊接，通过引线键合在上表面进行电接触，根据电流定额选择键合线。

在上述平面栅 PT-IGBT 的工艺流程中，共有3次离子注入及推进，即 $p^+$深阱区、p 基区和 $n^+$发射区。$p^+$深阱区和 p 基区均在元胞中心形成，$n^+$发射区和 p 基区是在多晶硅栅的掩蔽下通过自对准工艺形成。由于三者的浓度和结深不同，故注入剂量。推进的温度和时间也不同。其中 $p^+$深阱区的结深约 5~8μm、剂量约为 $10^{16}cm^{-2}$；p 基区的结深约为 3~4μm、剂量约为 $10^{14}cm^{-2}$；$n^+$发射区的结深约1~1.5μm、剂量约为 $10^{15}cm^{-2}$。

另外，在 p+深阱区与终端场限环形成之前，还可以先进行一次光刻和 JFET 掺杂，将有源区与终端区分开，使 JFET 区的掺杂仅位于有源区内，以防止对终端击穿电压的影响[5]。如果 IGBT 采用场限环和场板复合终端结构，其金属场板可以和发射极的金属电极同时形成。

### 4.2.2 沟槽栅结构的制作

#### 1. 工艺流程

下面介绍沟槽栅 FS-IGBT 制作的典型工艺流程。原始 n 型区熔硅单晶→氧化→光刻场限环区掺杂窗口（1#）→溅射生长牺牲氧化层→硼离子（$B^+$）注入→刻蚀牺牲氧化层→推进兼退火并氧化形成 p 场限环区→光刻有源区掺杂窗口（2#）→溅射生长牺牲氧化层→硼离子（$B^+$）注入→刻蚀牺牲氧化层→推进兼退火并氧化形成 p 基区→光刻发射区掺杂窗口（3#）→溅射生长牺牲氧化层→磷离子（$P^+$）注入→刻蚀牺牲氧化层→推进兼退火形成 n+发射区及垫氧化层生长→表面淀积氮化硅和二氧化硅层→光刻沟槽区窗口（4#）→沟槽刻蚀及损伤层去除→生长栅氧化层→多晶硅淀积并掺杂以填充沟槽→表面平坦化→多晶硅栅刻蚀（5#）→氧化层刻蚀→多晶硅栅区选择性氧化→刻蚀氮化硅和垫氧化层→淀积磷硅玻璃→光刻发射极和多晶硅栅极接触区窗口（6#）→表面溅射金属铝膜→反刻铝金属化图形（7#）→淀积氮化硅钝化膜→反刻钝化膜（8#）→背面衬底减薄→背面溅射生长牺牲氧化层→背面磷离子（$P^+$）注入→刻蚀背面牺牲氧化层→背面激光退火兼推进形成 nFS 层→背面溅射生长牺牲氧化层→背面硼离子（$B^+$）注入→刻蚀背面牺牲氧化层→背面激光退火形成 p+集电区→背面溅射多层金属膜并合金化→测试→划片→管芯分割→引线键合→封装[4]。

#### 2. 主要工艺步骤

图 4-3 给出了沟槽栅 FS-IGBT 制造主要步骤所对应的流程剖面。可见，沟槽栅的形成包括沟槽刻蚀、填充及表面平坦化工艺。整个工艺流程也包括 8 次光刻工艺，分别介绍如下。

（1）一次光刻　目的是形成终端场限环的注入窗口，如图 4-3b 所示。然后，在整个硅片表面溅射薄氧化层，接着进行 $B^+$注入，注入能量和剂量与平面栅 PT-IGBT 的第一次 $B^+$注入的相同，如图 4-3c 所示。刻蚀牺牲的氧化层，推进兼退火形成 p 场限环区。

（2）二次光刻　目的是形成 p 基区的注入窗口，如图 4-3d 所示。然后，在整个硅片表面溅射薄氧化层，接着进行 $B^+$注入，注入能量和剂量与平面栅 PT-IGBT 的第二次 $B^+$注入的相同，如图 4-3e 所示。刻蚀牺牲的氧化层，推进兼退火形成 p 基区，如图 4-3f 所示。

（3）三次光刻　目的是形成 $n^+$发射区注入窗口，如图 4-3g 所示。重新溅射牺牲氧化层，进行 $P^+$注入，如图 4-3f 所示。发射区的注入条件与平面栅 PT-IGBT 相同。刻蚀牺牲氧化层，推进兼退火，形成 $n^+$发射区，如图 4-3i 所示。在表面溅射垫氧化层，再采用低压化学气相淀积（LPCVD）形成氮化硅膜，用低温化学气相淀积（LTCVD）形成氧化膜，用来保护沟槽刻蚀期间 p 基区的硅表面，如图 4-3j 所示。

（4）四次光刻　目的是形成沟槽刻蚀窗口，如图 4-3k 所示。利用等离子刻蚀（RIE）形成 5~6μm 深矩形沟槽，如图 4-3l 所示。接着通过热氧化生长约 100nm 的牺牲氧化层，以除去刻蚀引起的槽壁损伤。然后，在沟槽中重新生长栅氧化层，如图 4-3m 所示。之后，淀积多晶硅以填充沟槽，如图 4-3n 所示。沟槽填充后，硅片表面不是一个平面，需进行平坦化处理，如图 4-3o 所示。

（5）五次光刻　目的是除去栅区外的多晶硅。采用 RIE 刻蚀多晶硅形成栅极，如图 4-3p 所示。然后在氮化硅膜的掩蔽下进行沟槽多晶硅的选择性氧化层，如图 4-3q 所示。然后刻蚀掉氮化硅膜及垫氧化层，如图 4-3r 所示。

（6）六次光刻　目的是形成发射区和 p 基区接触孔窗口，如图 4-3s 所示。先在表面淀积一层磷硅玻璃，并回流形成较为光滑的表面，然后光刻接触孔窗口，同时在多晶硅栅极上形成铝电极接触的窗口。

（7）七次光刻　目的是刻蚀铝膜形成发射极和栅极。先在表面溅射足够厚的金属铝膜（4~5μm），然后反刻铝膜并合金化，如图 4-3t 所示，合金条件与平面栅 PT-IGBT 相同。

（8）八次光刻　目的是形成钝化孔窗口。工艺过程和条件与平面栅 PT-IGBT 相同。反刻钝化膜，如图 4-2u 所示。至此，正面工艺结束。

沟槽栅 FS-IGBT 的制作工艺与平面栅 PT-IGBT 有所不同，除了正面栅极的形成不同外，背面多了 FS 层的形成（如图 4-3v、图 4-3w 所示）与集电区的形成（如图 4-3x、图 4-3y 所示）。对于低压 FS-IGBT 结构，在表面元胞制作好并对背面进行减薄后，采用磷离子注入及激光退火在背面形成 n FS 层，接着进行硼离子注入及激光退火[6]形成 $p^+$集电区。对高压 FS-IGBT 结构，由于 n FS 层较厚，可以在表面元胞制作之前，先采用磷离子注入及推进在背面形成 n FS 层。在表面的元胞制作好之后，再采用硼离子注入及激光退火形成背面的 $p^+$集电区。

另外，沟槽栅结构也可以制作 p+深阱区，通过硼离子注入及高温推进与场限环同时形成，并且在 p+深阱区与终端场限环掺杂之前，也可以先进行一次光刻和 JFET 掺杂，将有源区与终端区分开，使 JFET 区的掺杂仅位于有源区内，以防止对终端击穿电压的影响[5]。

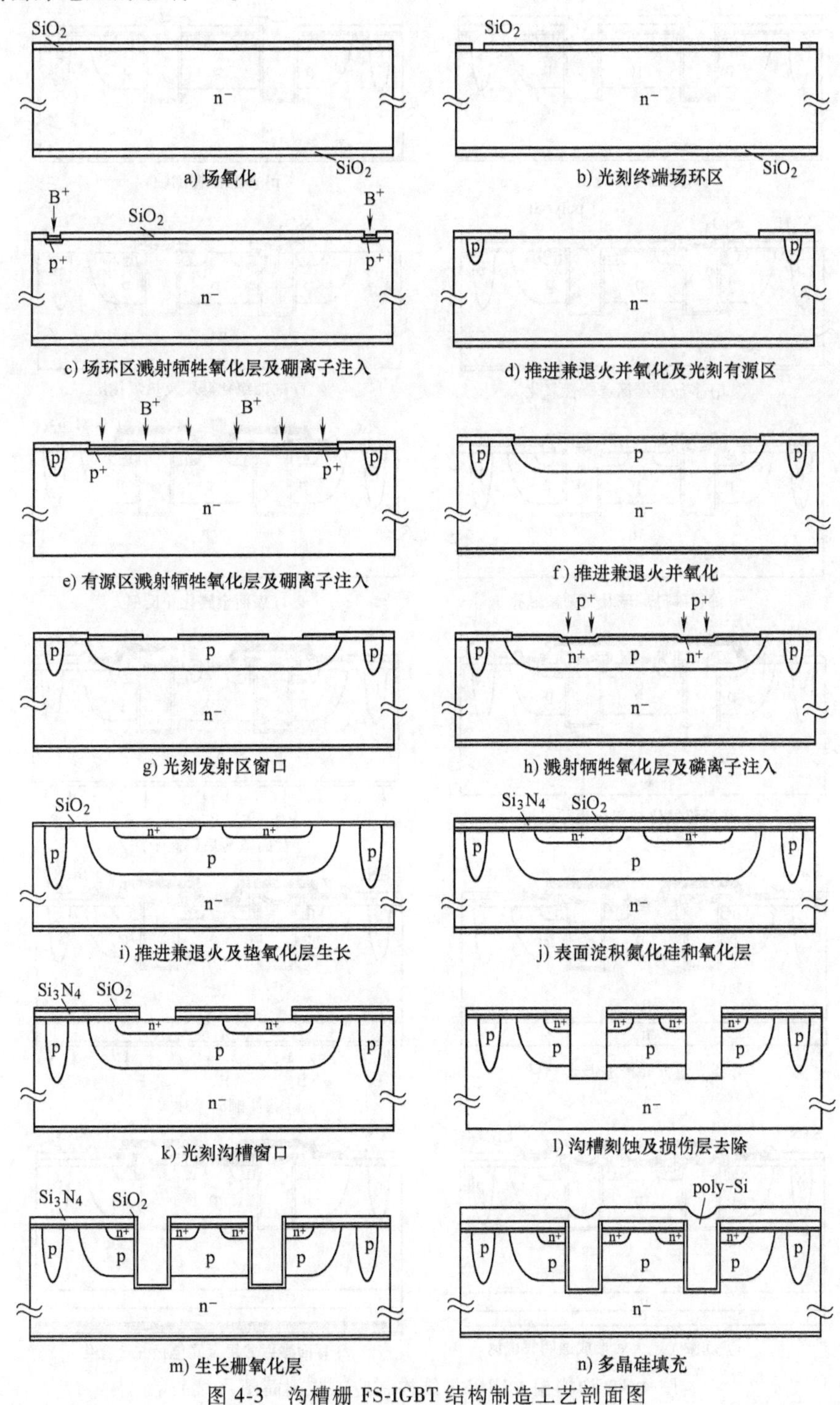


图 4-3 沟槽栅 FS-IGBT 结构制造工艺剖面图

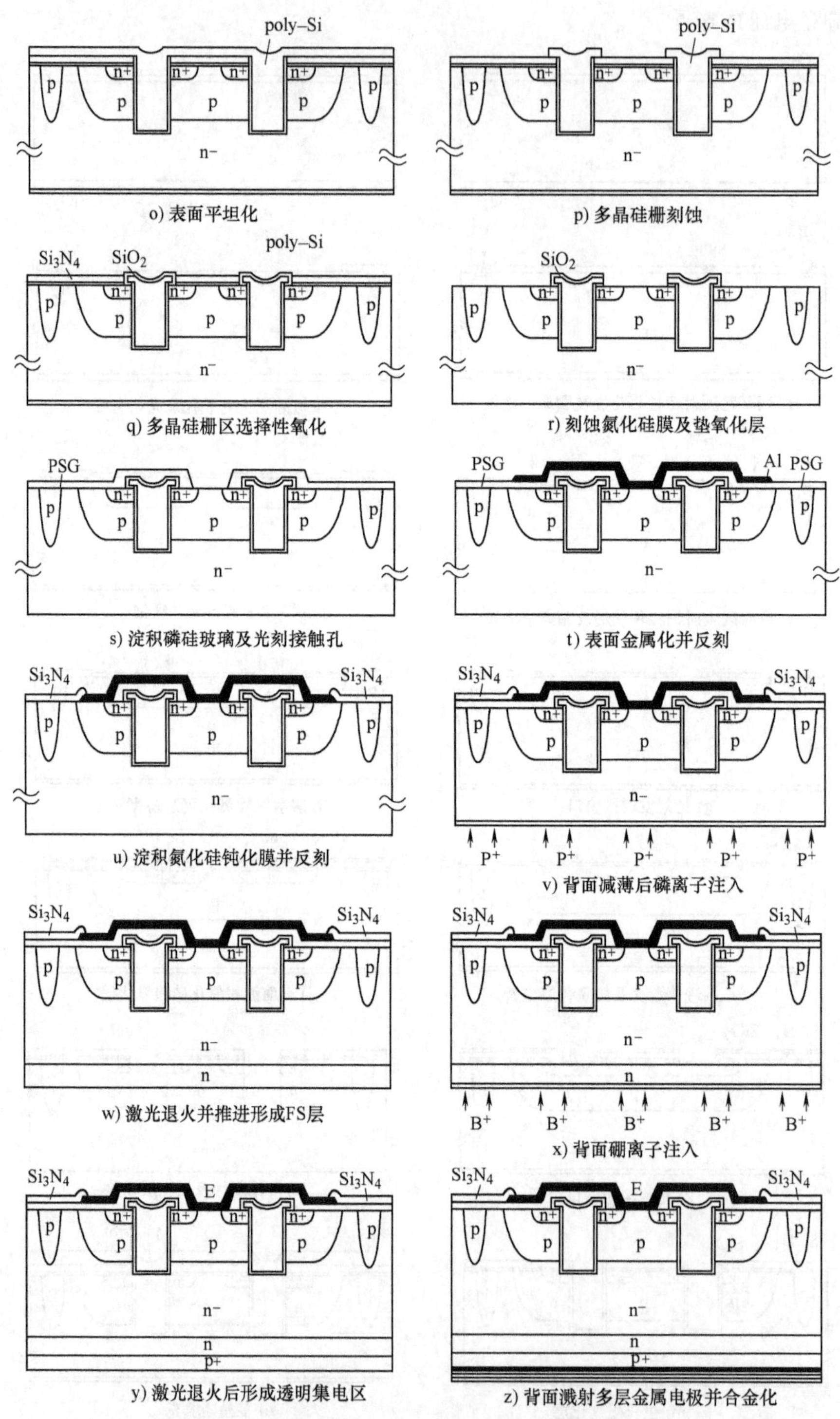


图 4-3　沟槽栅 FS-IGBT 结构制造工艺剖面图（续）

# 4.3 基本工艺

## 4.3.1 热氧化

在 IGBT 芯片制作中，二氧化硅（$SiO_2$）膜可作为栅氧化层、场限环扩散的掩蔽氧化层以及离子注入的牺牲氧化层、氮化硅与硅之间的垫氧化层。由于氧化膜的应用场合不同，对其厚度和致密度的要求也不同。氧化膜的制作方法很多，如热生长、化学气相淀积等。采用不同的制作方法得到的氧化膜的性质也有差异。

**1. 基本制备方法**

根据氧化气氛的不同来分，热生长法可分为干氧氧化、水汽氧化和湿氧氧化。

（1）干氧氧化　是指在反应室中通入纯净的干燥的氧气直接进行氧化。在高温下，当氧气与硅片接触时，氧气分子与其表面的硅原子反应生成 $SiO_2$ 起始层。由于该起始氧化层会阻碍氧分子与硅表面直接接触，于是在后续的氧化过程中，氧化剂（负氧离子）只能通过扩散穿过已生成的 $SiO_2$ 层，到达 $SiO_2$-Si 界面进行反应，使氧化层厚度不断加厚，同时硅层不断被消耗。

氧化过程发生的化学反应：

$$Si+O_2 \xrightleftharpoons{\Delta} SiO_2 \tag{4-1}$$

干氧氧化得到的 $SiO_2$ 层表面为硅氧烷结构，其中的氧原子呈桥联氧，故干氧氧化生成的 $SiO_2$ 层结构致密、均匀、重复性好。同时，硅氧烷呈非极性，与光刻胶（非极性）黏附性良好，不易产生浮胶现象，光刻质量好。所以，与光刻胶相接触的氧化层最好是采用干氧氧化生成。

（2）掺氯氧化　栅氧化层通常是通过干氧氧化形成的。为了改善栅氧化层的质量，也可以在干氧氧化时进行掺氯，即所谓掺氯氧化。在干氧氧化时，加入少量氯气（$Cl_2$）、氯化氢（HCl）、三氯乙烯（$C_2HCl_3$ 或 TCE）或三氯乙烷（TCA）等含氯的气态物，氯会结合到氧化层中，并集中分布在 $SiO_2$-Si 界面附近，使移到此处的 $Na^+$ 被陷住不动，从而使 $Na^+$ 丧失电活性和不稳定性。同时，氯在 Si-$SiO_2$ 界面处以氯-硅-氧复合体形式存在，中和了界面电荷，填补了氧空位，可降低 $SiO_2$ 层中的界面态密度，减少二氧化硅中的缺陷。此外，高温下氯气和许多重金属杂质发生反应，生成挥发性的化合物而从反应室逸出，可吸收、提取氧化层下方硅中的杂质，减少复合中心，使少子寿命增加。氯也可起催化剂的作用，有利于提高氧化速度。

（3）水汽氧化　是指在反应室中通入水汽进行氧化。水汽含量的多少由水浴温度和气流决定，饱和情况下只与水浴温度有关。水汽来源于高纯去离子水气化或由 H、O 直接燃烧化合而成。

在高温下，水汽与硅片表面的硅原子反应生成 $SiO_2$ 起始层。水分子先与表面的 $SiO_2$ 反应生成硅烷醇（Si-OH）结构，Si-OH 再穿过氧化层扩散到达 $SiO_2$-Si 界面

处，与硅原子反应，所生成的 $H_2$将迅速离开 $SiO_2$-Si 界面，也可能与氧结合形成羟基。化学反应为

$$Si+2H_2O \xrightleftharpoons{\Delta} SiO_2+2H_2\uparrow \tag{4-2}$$

水汽氧化时，$SiO_2$层表面为硅烷醇结构，其中的氧原子呈非桥联氧，故水汽氧化形成的氧化膜结构疏松，质量不如干氧氧化形成的氧化膜好，均匀性和重复性较差。同时，硅烷醇结构中的羟基极易吸附水，吸附水后呈极性，不易与非极性光刻胶黏附，易产生浮胶现象，所以光刻质量较差。并且由于水汽在二氧化硅中的溶解度比干氧大许多，且水汽氧化形成的氧化层结构疏松。所以，在相同的温度下，水汽氧化比干氧氧化快。

（4）湿氧氧化　是指氧气在通入反应室之前，先通过加热高纯去离子水，使氧气中携带一定量的水汽，进行氧化。水汽含量的多少由水浴温度和气流决定，饱和情况下只与水浴温度有关。湿氧氧化兼有干氧氧化和水汽氧化两者的共同特点，氧化速度比干氧氧化快，比水汽氧化速度慢；氧化层质量也介于两者之间。

图 4-4 为温度为 1200℃ 时干氧、湿氧（水浴温度分别为 28℃、85℃及 95℃）和水汽氧化的氧化层厚度与时间的关系曲线[3]。可见，在一定的温度下，氧化层厚度与时间成正比；在相同的时间内，干氧生长的氧化层最薄，水汽氧化生长的氧化层最厚，湿氧氧化生长的氧化层则介于两者之间。并且，水浴温度越高，氧化层越厚。此图中还列出了水浴温度为 95℃、温度为 1000℃时的曲线。可见，当水浴温度相同（95℃）时，氧化温度越低，则氧化层越薄。

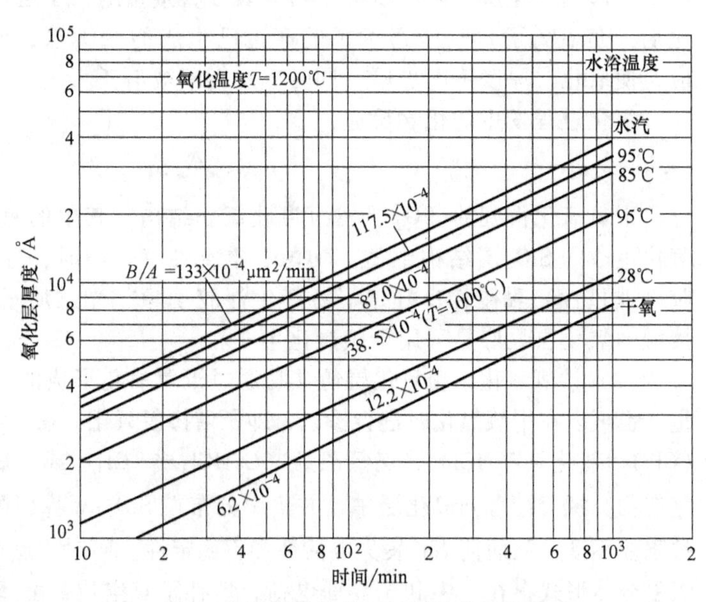

图 4-4　氧化层厚度与时间的关系曲线

**2. 主要氧化膜制备**

（1）栅氧化层　IGBT 的栅氧化层厚度仅为 50～150nm，并要求结构致密，故必须通过干氧氧化来实现。为了改善栅氧化层的质量，还可以采用掺氯氧化，以减小 $Na^+$污染，改善栅氧化层的质量。

（2）场氧化层　IGBT 的 $p^+$ 深阱区和终端区的场限环可通过杂质硼选择性掺杂同时实现，所需的扩散掩蔽膜可将有源区和终端区隔开，也可称此掩蔽膜为场氧化层。场氧化层厚度通常在 1~2μm 之间，但对膜层的质量要求不是很高，故可采用干氧-湿氧-干氧交替氧化的方法。

（3）牺牲氧化层　离子注入形成 IGBT 的 p 基区与 $n^+$ 发射区之前，为了避免沟道效应，并保护硅衬底，需制作一薄层二氧化硅层。在离子注入完成后，再去掉该氧化层，故称此氧化层为牺牲氧化层。牺牲氧化层通常在 10~50nm 之间，可采用干氧氧化来实现。

（4）垫氧化层　在硅衬底上制作氮化硅膜时，由于氮化硅与硅之间的机械应力较大，需在氮化硅与硅之间增加一薄层二氧化硅层，以缓解两者之间的应力，故称之为垫氧化层。垫氧化层的厚度为 10~20nm，也可采用干氧氧化形成[8]。

### 4.3.2　掺杂

掺杂就是将所需要的杂质，以一定的方式加入到半导体硅晶片内，并使其在晶片中的数量和分布符合预定的要求。掺杂技术主要有热扩散和离子注入。在 IGBT 芯片制作中，常用的 p 型杂质主要是硼（B）；n 型杂质有磷（P）、砷（As）。由于掺杂的结深较浅，通常采用离子注入和热扩散相结合，即先利用离子注入将杂质离子注入硅中，然后进行高温推进。

#### 1. 离子注入

离子注入掺杂是将掺杂剂通过离子注入机的离化、加速和质量分析，成为一束由所需杂质离子组成的高能离子流而投入半导体晶片（靶）内部，并通过逐点扫描完成对整块晶片的注入。

（1）离子注入原理　入射到硅晶片中的高能离子，不断受到硅（靶）原子的阻挡作用，能量逐步损失，最终能量耗尽后会停止在靶内某处。离子注入的能量损失机构有核阻止和电子阻止两种。由于原子核和核外电子的质量不同，两者对入射离子的阻挡作用也不同。靶原子的原子核与入射离子质量属于同一数量级，每次碰撞之后，入射离子的运动方向将产生较大角度的散射，并失去一定的能量。同时，靶原子核因碰撞而获得能量，如果获得的能量大于原子束缚能，就会离开原来所在位置，进入晶格间隙，并留下一个空位，形成缺陷。入射离子与电子相碰后，由于离子质量比电子质量大几个数量级，故在一次碰撞后离子能量损失较少，散射角也很小，可认为其运动方向不变。所以，低能重离子以核阻止为主，高能轻离子则以电子阻止为主。

（2）离子注入的杂质分布　虽然单个离子在靶中最终停止的位置是随机的，其分布是杂乱无章的，但是当大量离子注入到靶内以后，其分布表现出一定的规律。实验证明，离子注入到非晶靶中形成的杂质分布可近似为对称的高斯分布；低能 $B^+$ 的注入通常用相连的半高斯分布来描述，高能 $B^+$ 的注入通常用皮尔逊（Pearson）-Ⅳ分布来描述[9]。

为了描述离子注入到靶中形成的杂质分布，通常用投影射程 $R_P$、标准偏差 $\Delta R_P$、偏斜度 $\gamma_1$ 及峭度 $\beta_2$ 四个参量来表征。其中 $R_P$ 反映离子注入的平均深度，$\Delta R_P$ 反映射程的分散程度，$\gamma_1$ 反映分布的对称性，峭度 $\beta_2$ 反映分布的顶部尖峰特征。图 4-5 给出了投影射程 $R_P$ 和标准偏差 $\Delta R_P$ 与能量 $E$ 之间的关系。由图 4-5a 可知，$R_P$ 与 $E$ 近似地呈线性关系。并且，对相同 $E$ 入射离子，质量越小，射程愈远。对同一种入射离子，能量越大，射程愈远，故高能轻离子的 $R_P$ 较大。由图 4-5b 可知，$\Delta R_P$ 与 $E$ 近似地呈线性关系，与 $R_P \sim E$ 曲线一致。并且，靶原子越重，$\Delta R_P$ 越小。对 $P^+$ 和 $As^+$，在 Si 中的标准偏差 $\Delta R_P$ 比在 $SiO_2$ 中的标准偏差 $\Delta R_t$ 大。

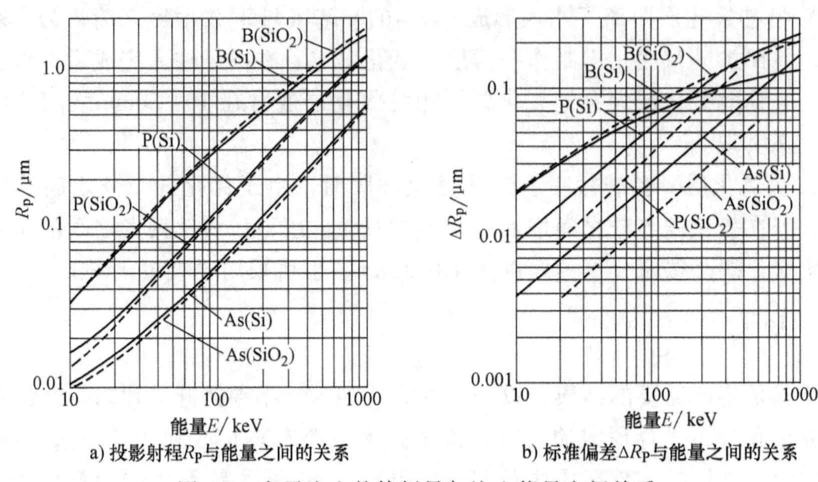

a) 投影射程 $R_P$ 与能量之间的关系　　b) 标准偏差 $\Delta R_P$ 与能量之间的关系

图 4-5　离子注入的特征量与注入能量之间关系

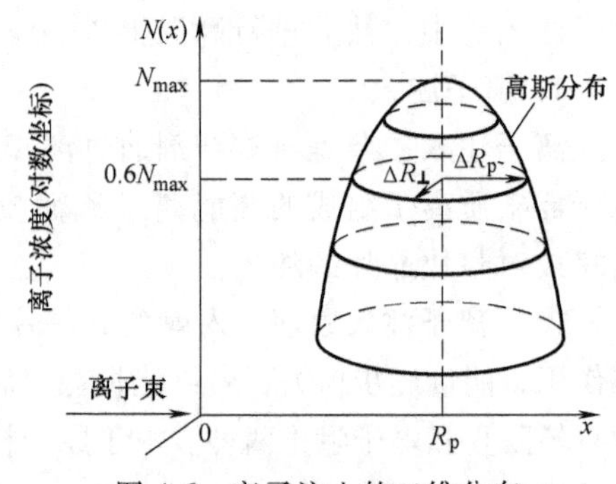

图 4-6　离子注入的二维分布

图 4-6 为离子注入形成的二维分布。可见，离子注入后，在平行和垂直于硅片表面的两个方向上形成的杂质分布均为对称的高斯分布，可用下式表示[10]：

$$N(x)=\frac{Q_0}{\sqrt{2\pi}\,\Delta R_P}\exp\left[-\frac{(x-R_P)^2}{2\Delta R_P{}^2}\right]=N_{max}\exp\left[-\frac{(x-R_P)^2}{2\Delta R_P{}^2}\right] \quad (4\text{-}3)$$

可见，峰值浓度 $N_{max}$ 位于 $x=R_p$ 处，在 $x=(R_p+\Delta R_p)$ 处的离子浓度约下降到最大值 $N_{max}$ 的 60%。

离子注入的平均深度 $R_P$ 与注入能量有关，峰值浓度 $N_{max}$ 与注入剂量有关。离子注入的能量一般在 1keV～1MeV 范围内，对应的离子分布的平均深度在 10μm～10μm 范围内。注入剂量一般在 $10^{12}cm^{-2}$～$10^{18}cm^{-2}$ 范围内。

（3）沟道效应　当杂质离子沿着某一晶向射入由晶格原子包围的一系列平行沟道

时，来自晶格原子的阻力很小，离子会在沟道中前进，导致射程很大，很难得到重复性好的离子浓度分布这种现象被称为“沟道效应”。由于硅衬底为单晶靶，在离子注入时会产生“沟道效应”，为了避免“沟道效应”，可以采用晶片偏斜工艺，使单晶靶偏离晶向7°~8°；同时将晶圆片的主参考面相对于离子束扫描方向偏转15°。此外，还可以在硅片表面生长一层$SiO_2$层，或者涂一层光刻胶，或者在硅片表面预先注入$Si^+$、$Ge^+$或$Ar^+$等惰性离子使之成为非晶硅层，此过程称为预注入或预先非晶化。由于Ge的原子量大，非晶化效率高，通常Ge的效果比Si好。预非晶化可以使晶体表面取向杂乱化，以降低沟道效应。

**2. 退火**

离子注入后会产生大量的晶格缺陷，导致硅中载流子的迁移率和寿命下降。同时，注入的大部分离子并不是正好位于晶格格点上，这些离子没有电活性，需要激活。为了消除缺陷并激活注入的离子，在离子注入完后必须进行退火处理。

退火方式有普通热退火和快速退火（Rapid Thermal Annealing，RTA）[11]。普通热退火的退火温度为600~800℃，退火时间为30~60min左右。快速热退火的退火温度为900~1200℃，退火时间很短，通常在$10^{-3}$~$10^{2}$s之间。如激光脉冲退火（Laser Pulse Annealing，LPA）就是快速退火，其退火温度约为1000℃，退火时间数秒，是用功率密度极高如1.0J/$cm^2$左右的激光脉冲在芯片背面扫描，使其注入层在极短的时间内达到退火温度，从而达到消除晶格损伤和激活杂质的目的。相对于普通热退火工艺，LPA可以实现更佳的芯片内温度分布以及应力均匀性，形成超浅结，同时可以增强其接触区杂质的激活[12]。由于激光脉冲退火只在对背面局部区域内进行，且时间极短，所以对正面已形成的元胞及金属化结构影响不大。

退火效果常用注入离子的激活率（$\alpha_n$）来衡量。激活率主要与退火温度与注入剂量有关。在合适的退火温度与注入剂量下，硼、磷的激活率可达90%。图4-7a给出了激活率为90%时硼、磷被激活所需的退火温度与注入剂量的关系。对硼而言，注入剂量即$Q_0$越大，所需的退火温度越高。对磷而言，当注入剂量$Q_0$较小时，与硼一致；当注入剂量$Q_0$超过其临界剂量（如$6\times10^{14}cm^{-2}$）时，$Q_0$越大，所需的退火温度会急剧下降，如当$Q_0$超过$1\times10^{15}cm^{-2}$时，退火温度已经降到600℃，这与固相外延过程有关[10]。在固相外延过程中，掺杂原子与基质原子一起进入晶格点阵，因此在较低的温度下即可全部激活。图4-7b给出了注入的磷剂量不同时退火温度与激活率的关系。可见，当注入剂量高于$1\times10^{15}cm^{-2}$时，在550~800℃激活率较高，可达到70%以上，并会形成非晶化损伤。

在离子注入前要进行非晶化处理，要求非晶化注入的深度必须足够浅，因为当非晶和晶体（a/c）界面处的缺陷分布较深时，很难通过退火完全消除。因此，离子注入深度必须小于a/c界面的深度，以防止沟道效应，否则非晶化将失去作用。在退火过程中，注入离子将会进一步推进到a/c以下约70nm处，于是所有晶体缺陷都局限在掺杂区，这样可以大大降低pn结的漏电流。

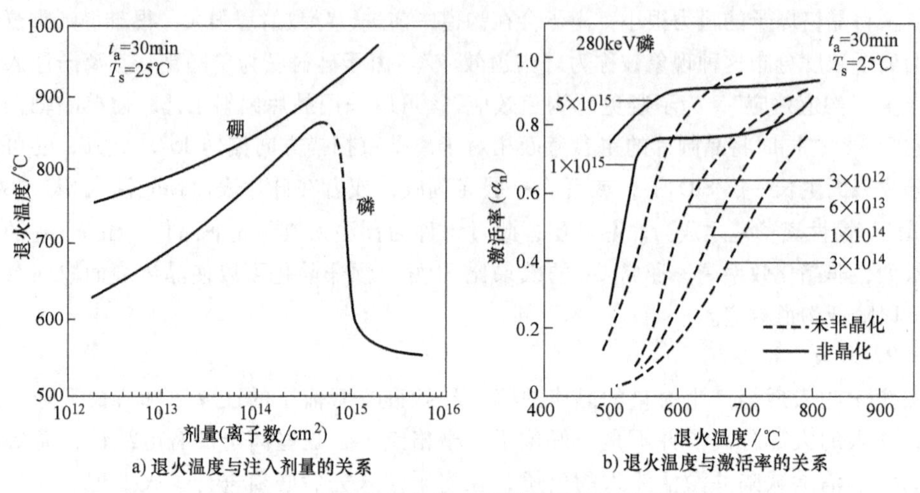

a) 退火温度与注入剂量的关系　b) 退火温度与激活率的关系

图 4-7　退火温度与注入剂量及激活率的关系

由于 IGBT 的透明集电区和 FS 层的离子注入是在正面所有工艺（包括金属化）完成后进行的，注入后需要退火来激活杂质。由于受金属化的限制，退火的温度不能超过 500℃。在这样低的温度下，硼和磷的激活率很低，不足 10%。为了在低于 500℃的温度下提高杂质的激活率，需采用短波激光退火设备。例如采用绿色激光（553nm），通过调整时间和能量，把激光的穿透深度控制在 1μm 范围内，再调整脉冲持续的时间（如 200~1000ns）加热，使硅片的加热层控制在 0.3~2μm 之间。这样，既可使硅片正面温度低于 500°，又能使背面的磷和硼得到足够的激活。在此条件下，硼的激活率达 100%，磷的激活率约 50%（双步退火）[13]。

3. 推进

在 IGBT 芯片制作过程中，掺杂过程通常采用两步工艺来实现。第一步是预注入，第二步推进兼退火。由于离子注入后的硅衬底中存在大量的晶格缺陷，会导致杂质离子的扩散增强。并且，缺陷辅助的增强扩散只是在 a/c 界面以上的瞬态效应，当结深推进到 a/c 界面以下时，大部分的晶粒间界消失，增强扩散也不再发生。

退火过程中的杂质再分布。热退火温度（600~900℃）虽低于热扩散温度（>900℃），但对于注入区的杂质，即使在比较低的温度下，扩散也非常显著。并且在退火温度 $T_A$（anneal）下的扩散系数 $D$（$T_A$）要比相同扩散温度 $T_D$（diffusion）下正常晶体中的扩散系数 $D(T_D)$ 大几倍，甚至几十倍，增大的幅度与 $E$、$Q$ 和注入速度等因素有关。并且，对于不同注入区，损伤不同，各处的扩散系数也有很大不同。

热退火后杂质浓度分布就是求解以刚注入后离子浓度分布为初始条件的扩散方程。假设刚注入后的离子浓度为高斯分布，则高温下杂质从峰值浓度 $R_P$ 处分别向靶表面和内部扩散。又假设衬底相对于 $R_P$ 的两边为无限厚，则注入的杂质离子退火后在靶内的分布仍是高斯函数，但标准偏差要有所修正。可用下式来表示：

$$C(x,t)=\frac{Q_0}{\sqrt{2\pi(\Delta R_P^2+2Dt)}}\exp\left[-\frac{(x-R_P)^2}{2(\Delta R_P{}^2+2Dt)}\right] \tag{4-4a}$$

如果 $R_P$ 靠靶表面的一侧不能看作为无限大，则靶表面将对杂质分布产生影响，在杂质不能扩散逸出表面的情况下，其扩散方程的近似解为

$$C(x,t)=\frac{Q_0}{\sqrt{2\pi(\Delta R_P{}^2+2Dt)}}\left\{\exp\left[-\frac{\Delta R_P}{R_P}\cdot\frac{(x-R_P)^2}{2(\Delta R_P{}^2+2Dt)}\right]+\exp\left[-\frac{\Delta R_P}{R_P}\cdot\frac{(x+R_P)^2}{2(\Delta R_P{}^2+2Dt)}\right]\right\} \tag{4-4b}$$

式中，$t$ 为退火时间；$D$ 为退火温度（$T_A$）下的扩散系数。

图 4-8 为离子注入推进后的两种杂质离子浓度分布示意图[9]。由图 4-8a 可知，当 $D_t < 2.5\Delta R_{P2}$时，分布呈“古钟”形，即随 $Dt$ 的增加，表面浓度增大，峰值浓度下降，但其位置不会明显偏离 $R_P$。由图 4-8b 可知，当 $Dt$ 足够大时，初始的注入层可看作有限表面源，杂质浓度分布为“单边”高斯分布。IGBT 背面的 n FS 层及透明集电区的离子注入及推进后的杂质分布均属于“单边”高斯分布。

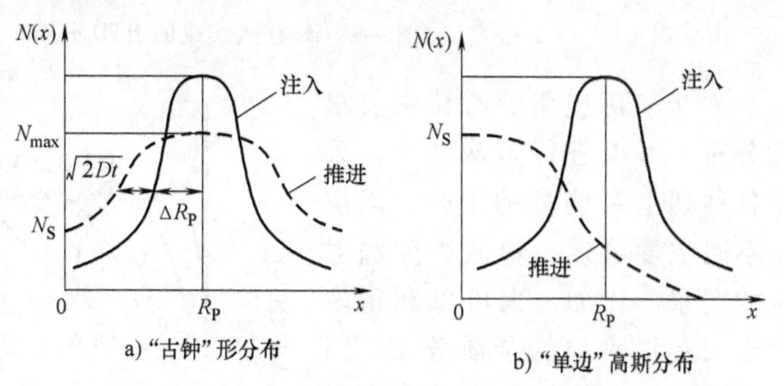


图 4-8 离子注入并推进后的杂质离子浓度分布

单步离子注入形成的结深通常在 0.5μm 左右。为了获得较深的结深和较低的表面浓度，可在注入后进行推进。当然，也可以通过增加入射离子的能量来实现深结。为了获得平均深度在 10nm~10μm 的范围内的注入掺杂区，注入能量需在 1keV~1MeV 范围内。目前，能量高达 1.5~5MeV 的高能离子已投入使用，使得离子分布的平均深度在几微米，无需在高温下长时间推进。

由于离子注入的深度与其质量有关，质量越小，注入的深度越深。因此，采用轻离子注入可以获得较深的掺杂区。比如，采用 $H^+$ 注入，并在合适的温度范围（如 350~500℃）内退火，可形成较深的施主掺杂。如图 4-9 所示，能量为 1MeV、剂量为 $1\times10^{14}\text{cm}^{-2}$ 的 $H^+$ 注入到浓度为（1~2）$\times10^{14}\text{cm}^{-3}$ 的 n 型硅衬底中，并在 400℃下退火 15min 后，实测出与氢有关的热施主（Hydrogen-Related Thermal Donor，HTD）浓度分布[14]。可见，该分布在 12~17μm 范围内近似为高斯分布，并向表面偏斜，峰值浓度位于 15.31μm 处。研究表明，在 400~450℃ 范围内退火时，峰值最高达 $1.5\times10^{16}\text{cm}^{-3}$。完全满足 IGBT 对 n FS 层的浓度要求。在实际工艺中，可通过调整注入能量获得理想的注入深度。

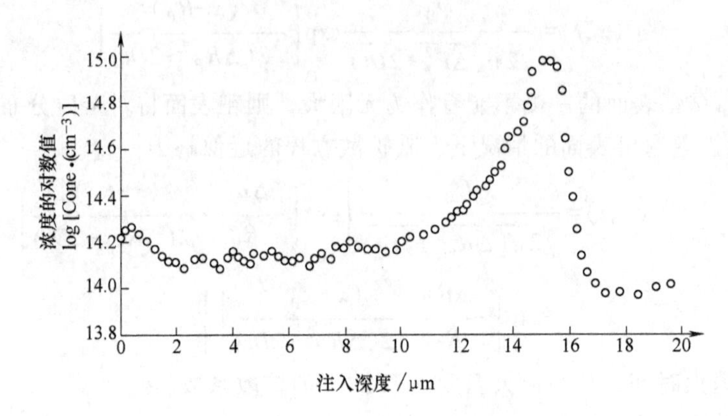


图 4-9　H+注入形成的 HTD 分布

对于实际应用中有特殊要求的分布，可以进行多次注入。采用各种剂量和能量的组合，以满足不同浓度梯度、峰值浓度和射程的要求。比如，也可以利用多次注入获得平坦的杂质分布。图 4-10 给出了经过四次 $B^+$ 离子注入后在硅中得到的杂质分布[10]。可见，通过不同能量的多次注入，在硅中 0.6μm 的深度范围内得到峰值浓度约为 $2.5\times10^{17}\,cm^{-3}$ 的均匀分布。

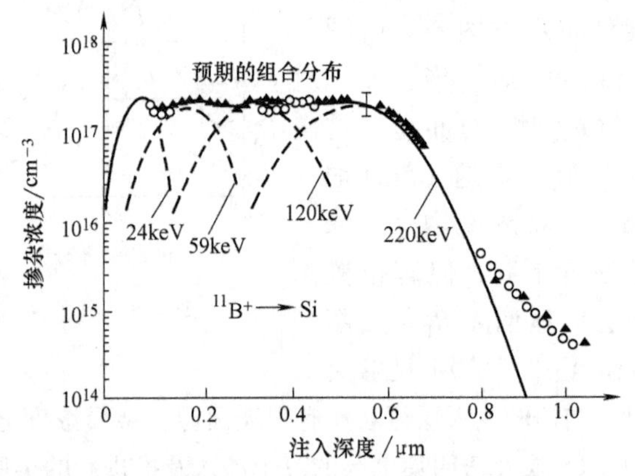


图 4-10　四次 $B^+$ 离子在硅中获得的组合杂质分布

**4. 主要掺杂方法**

（1）终端区掺杂　IGBT 的终端区通常采用场限环结构。p 场限环区的掺杂与 p 阱区的掺杂可以同时进行，采用 $B^+$ 注入后推进兼退火。如图 4-2d，e 所示。

（2）有源区掺杂　IGBT 的 p 基区、$n^+$ 发射区的掺杂通常是利用自对准工艺，在多晶硅栅的掩蔽下进行离子注入，同时也可实现多晶硅栅的掺杂。此外发射极 p++接触区的掺杂也采用离子注入来实现。由于这些区域的浓度较高、结深较浅，故在离子注入后进行适当的退火即可。

（3）背面掺杂　IGBT 背面 nFS 层和 p+透明阳极区也可采用离子注入实现。为了达到所需的结深，离子注入后需要进行一定时间的高温推进，同时兼退火。对于高压 IGBT，当 n FS 层较厚时，也可采用磷低温预沉积加高温扩散来实现；或者在磷离子注入的基础上再注入氢离子，然后在 350~500℃ 的温度范围内退火来形成。

（4）超结掺杂　在超结 IGBT 中，p 柱区和 n 柱区通常采用十多次离子注入与外延交替进行来实现；对于氧化物扩展深槽的 SJ-IGBT 结构，可采用斜角注入，即让晶片相对于离子束流作一定角度的倾斜，来实现沟槽侧壁的掺杂。倾斜角度可以根据沟槽的宽深比来决定。

（5）调整阈值电压　离子注入还可以用来调整 IGBT 的阈值电压，所需的剂量一般约为 $10^{12}cm^{-2}$。根据实际需要，可以在栅氧化层形成之后，再对沟道区注入杂质，来调节沟道区的杂质浓度，从而达到调整阈值电压的目的。

### 4.3.3 光刻

光刻（Lithography）是一种图形复印和化学腐蚀相结合的高精度微细表面加工技术。光刻目的是在晶片上面刻蚀出与掩模版完全对应的几何图形，从而实现定域掺杂或薄膜生长工艺、金属布线和表面钝化等目的。

光刻工艺流程一般可分为七个步骤，即涂胶（Photoresist Coating）、前烘（Pre-Bake 或 Soft Bake）、曝光（Exposure）、显影（Develop）、坚膜（Post-Bake 或 Hard Bake）、腐蚀（Etching）及去胶（Photoresist Strip）。

#### 1. 涂胶

光刻胶（Photoresist）是由抗蚀剂（聚合物或树脂）、感光剂 PAC（感光材料）和溶剂组成。根据抗蚀剂在曝光前后溶解特性的变化来划分，抗蚀剂可分为正性抗蚀剂和负性抗蚀剂，相应的光刻胶也分为负胶和正胶。负性抗蚀剂曝光后不溶于显影液，具有感光度高（分辨能力弱）和稳定性好、针孔少，耐腐蚀和附着性好等特点。正性抗蚀剂曝光后可溶于显影液，具有分辨能力强（感光度或灵敏度低）、对比度较高、线条边沿好、寿命长、不发生热膨胀等优点。所以，当光刻的线宽小于 3μm 时通常采用正胶，线宽大于 3μm 时通常采用负胶。

采用不同性质的光刻胶在晶片表面所得到的光刻图形也不同。采用负胶光刻后，芯片表面图形与光刻版上的图像正好相反，即为掩模图像的负影像。采用正胶光刻后，芯片表面图形与光刻版上的图像相同，即为掩模图像的正影像。在 IGBT 的制作过程中，需要 10 次左右的光刻工艺，可采用正、负胶相结合。

为了提高光刻质量，也可以在涂胶前加一次打底膜。底膜通常采用六甲基乙硅氮烷（HMDS）或三甲基甲硅烷基二乙胺（TMSDEA）。打底膜目的是把晶片表面的水分子系在一起，以增加光刻胶与衬底间的附着力。为了提高分辨率，还可以采用多层光刻胶工艺。

#### 2. 前烘

涂胶以后的硅片，曝光前需要在一定的温度下进行烘烤，故称为前烘。一般前烘温度约为 80℃，恒温时间为 10~15min。通过前烘，可以使溶剂从光刻胶内挥发出来，从而降低灰尘的玷污，同时可减轻因高速旋转形成的薄膜应力，提高光刻胶的附着性。前烘的温度和时间要严格控制，如果温度过高，不仅会使光刻胶层与硅片表面的黏附性变差，曝光的精确度变差，而且会使显影液对曝光区和非曝光区光刻胶的选择性下降，并使光刻胶中的感光剂发生反应，导致光刻胶在曝光时的敏感度变差，图形转移效果不好。

**3. 曝光**

光刻的关键步骤是曝光。曝光就是通过曝光源将掩模图形转移到抗蚀膜上，在晶片抗蚀膜上形成微细的器件图形。曝光光源有紫外光（UV）、电子束、离子束、X 射线及紫外准分子激光。其中离子束曝光的分辨率最高，电子束代表已经成熟的亚微米级曝光，紫外准分子激光曝光比较经济，近几年发展较快，实用性强，已在大批量生产中处于主导地位。不同的曝光光源需要不同的抗蚀剂。

光学曝光方式有接触式（Contact）、接近式（Proximity）、投影式（Projection）及分步重复（Step-repeat）曝光。其中分步重复曝光是通过缩小投影系统成像，可以按比例精缩掩模，故掩模尺寸大，制作方便，分辨率高（1~1.5μm）。由于使用了缩小透镜，原版上的尘埃、缺陷也相应地缩小，可减小原版缺陷的影响。采用逐步对准技术可补偿硅片尺寸的变化，提高对准精度，也可降低对硅片表面平整度的要求。

电子束曝光是利用电子束对微细图形进行直接扫描或投影复印的图形加工，在电子束抗蚀剂薄膜上进行的。主要有两个优点，一是由于电子束的斑点可以聚焦得很小，而且聚焦的很深，可用计算机精确控制，分辨率高；二是改变光刻图形十分简便，只要重新编程，就可以改变计算机设计好的各次曝光图形，不要掩模版。缺点是设备复杂，成本较高，曝光图形存在邻近效应。

影响曝光质量的主要因素包括曝光光线的平行度、光刻掩模版与光刻胶的接触情况、掩膜版的质量和套刻精度等，会直接影响光刻精度。此外，小图形引起的衍射、光刻胶膜厚度和质量的影响、曝光时间、衬底反射及显影和刻蚀等会影响光刻的分辨率。

**4. 显影**

在曝光之后，为了显示出光刻胶膜的图形，需要进行显影。在显影过程中，正胶的曝光区和负胶的非曝光区的光刻胶在显影液中溶解，而正胶的非曝光区和负胶的曝光区的光刻胶则不会溶解。于是曝光后在光刻胶层中形成了潜在图形，显影后便显现出光刻胶的三维图形，可作为后续刻蚀或离子注入的掩膜。严格地说，显影时曝光区与非曝光区的光刻胶都会有不同程度的溶解。光刻胶的溶解速度反差越大，显影后得到的图形对比度越高。

显影方式有多种，目前广泛使用的是喷洒方法。先将硅片放在旋转台上，并在硅片表面喷洒显影液；然后，将硅片在静态下进行显影；显影液在没有完全清除之前，仍然会起作用，所以显影后需要对硅片进行漂洗和甩干。

影响显影效果的主要因素包括曝光时间、前烘的温度和时间、光刻胶的膜厚、显影液的浓度、显影液的温度及其显影液的搅动情况等。

5. 坚膜

坚膜是在一定温度下对显影后的硅片进行烘焙，也称后烘，以除去显影时光刻胶膜所吸收的显影液和残留的水份，改善光刻胶膜对基片的黏附性，增强光刻胶膜的抗蚀能力。坚膜温度一般为140℃，时间约为40min[15]。一般使用的对流炉的坚膜温度从130~200℃，时间为30min[11]，采用不同方法时温度和时间会有所不同。坚膜的温度和时间要选择适当。坚膜不足，则光刻剂胶膜没有烘透，膜与硅片黏附性差，腐蚀时易浮胶；坚膜温度过高，则光刻剂胶膜会因热膨胀而翘曲或剥落，腐蚀时同样会产生钻蚀（即横向腐蚀）或浮胶。要求坚膜的温度稍高于光刻胶的玻璃态转变温度。在此温度下光刻胶软化，可使光刻胶在表面张力的作用下更圆滑、更均匀，以减少光刻胶膜中的缺陷（如针孔），并修正光刻胶图形的边缘轮廓。温度太高（170~180℃以上）时，聚合物会分解，影响黏附性和抗蚀能力。

对坚膜后的硅片进行腐蚀，去除光刻窗口处的氧化层，暴露出硅衬底，以便于进行后续的选择性掺杂或薄膜生长工艺等。对于腐蚀时间较长的厚膜刻蚀，可在腐蚀一半后再进行一次坚膜，以提高光刻胶膜的抗蚀能力。关于刻蚀方法将在4.3.4节中详述。

6. 去胶

去胶包括湿法去胶和干法去胶。湿法去胶又分为有机溶液去胶和无机溶液去胶。有机溶液去胶主要是使光刻胶溶于有机溶液中，从而达到去胶的目的。对$SiO_2$、$Si_3N_4$、多晶硅等非金属衬底上的光刻胶，需采用无机溶液去胶，如采用浓硫酸（$H_2SO_4$）和双氧水（$H_2O_2$）等按3∶1配成混合液，将光刻胶中的碳元素氧化成为二氧化碳，从而把光刻胶从硅片的表面上除去。对Al、Cr金属衬底上的光刻胶，因为无机溶液对金属有较强的腐蚀作用，需采用专门的有机去胶剂。有机溶剂主要有丙酮和芳香族的有机溶剂，但有机去胶溶剂常用三氯乙烯作为涨泡剂，毒性较大且三废处理困难，故实际工艺中较少使用。

干法去胶包括紫外光分解去胶和$O_2$等离子去胶[9]。光刻胶薄膜在强紫外光照射下，分解为可挥发性气体（如$CO_2$、$H_2O$），被侧向空气带走。等离子体去胶是利用氧气产生的等离子进行反应刻蚀，让硅片上的光刻胶在氧等离子体中发生化学反应，生成气态的CO、$CO_2$及$H_2O$，由真空系统抽走。所以，通常用紫外光分解去除表层胶膜，等离子去除底层胶。与湿法去胶相比，干法去胶操作简单、安全，处理过程中引入污染的可能性小，并且能与干法腐蚀在同一台设备内完成，不会损伤光刻胶膜下方衬底表面。但干法去胶存在反应残留物的玷污问题，故干法去胶与湿法去胶经常搭配进行。

以上分析了光刻工艺的几个步骤，在实际的IGBT芯片制作过程中，需要十几次光刻工艺。对超结IGBT的制作，如采用离子注入与外延工艺来形成柱区，则需要更多次光刻。因此，光刻工艺质量关系到IGBT芯片的成品率及工艺成本。相对IC而言，IGBT芯片的线宽尺寸较大，在现有的IC光刻技术水平下，光刻工艺质量是完全可以保证的。

### 4.3.4 刻蚀

曝光后在光刻胶上形成的微图形，只是给出了器件的形貌图，并不是真正的结构图形。通过刻蚀才能将光刻胶膜上的图形转换到晶片表面的各层材料（如 Si、$SiO_2$或金属膜等）上，得到与光刻胶膜图形完全对应的晶片表面图形。

**1. 刻蚀要求**

刻蚀时要求保真度、选择比、均匀性、清洁度等指标达到一定要求。

（1）保真度 $A_f$ 与纵、横向腐蚀速度有关，可用下式来表示[3]：

$$A_f = 1-\frac{v_l}{v_v}(0<A_f<1) \tag{4-5}$$

式中，$v_v$是纵向刻蚀速度；$v_l$是横向刻蚀速度。保真度 $A_f$通常在 0~1 之间。根据刻蚀剖面图形，将刻蚀效果分为各向异性（Anisotropic）和各向同性（Isotropic），如图 4-11 所示。各向异性是指 $v_v$远大于 $v_l$，即 $A_f=1$（理想情况），各向同性是指 $v_v=v_l$，即 $A_f=0$。多数湿法刻蚀和少数干法刻蚀呈现各向同性。实际情况往往是不同程度的各向异性，其保真度满足 $0<A_f<1$。

（2）选择比（Selectivity） 是指不同材料间的刻蚀速率之比，主要度量被刻蚀材料和表面其他材料刻蚀速率的相对大小。比如对 $SiO_2$的刻蚀，要求对掩蔽的光刻胶和硅衬底的刻蚀速率很低，而对 $SiO_2$的刻蚀速率要很高。图 4-11c 所示为过刻蚀的示意图，其中对硅衬底进行刻蚀的同时，光刻胶也被刻蚀掉一部分，说明其选择性较差。

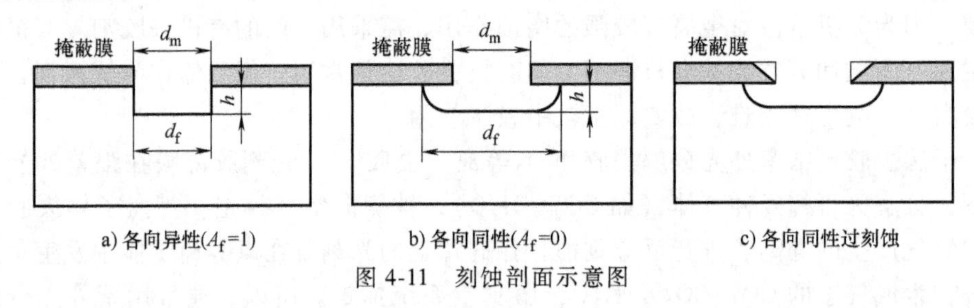


图 4-11 刻蚀剖面示意图

（3）均匀性（uniformity） 是指被刻蚀材料厚度的均匀性，可用平均厚度、平均刻蚀速率和刻蚀时间差来表示。刻蚀时间为刻蚀厚度与刻蚀速率的比值。假设硅片平均厚度为 $h$，各处厚度的变化因子为 $\delta(0\leqslant\delta\leqslant1)$，则硅片最薄处厚度为 $h(1-\delta)$，最厚处厚度为 $h(1+\delta)$；又假设硅片平均刻蚀速率为 $v$，各处刻蚀速率的变化因子为 $\xi(0<\xi<1)$，则硅片最小刻蚀速率为 $v(1-\xi)$，最大刻蚀速率为 $v(1+\xi)$，则刻蚀时间差 $\Delta t$ 可用下式计算[3]：

$$\Delta t = t_{max}-t_{min} = \frac{h(1+\delta)}{v(1-\xi)}-\frac{h(1-\delta)}{v(1+\xi)} \tag{4-6}$$

由于实际硅片不同位置的表面状态不同，导致腐蚀速率也不同，会出现过刻蚀或欠刻蚀。如果刻蚀时间过长、或刻蚀速率和膜层厚度的不均匀，都会引起过刻蚀。

**2. 刻蚀方法**

刻蚀方法有湿法刻蚀（Wet etch）和干法刻蚀（Dry etch）。两种刻蚀方法作用的机理不同，刻蚀的效果也不同。图 4-12 为湿法刻蚀和干法刻蚀的剖面示意图。可见，湿法刻蚀得到的剖面为各向同性，即在各个方向上以同样的速度进行刻蚀；干法刻蚀得到的剖面为各向异性，即仅在一个方向刻蚀，具有垂直刻蚀剖面。

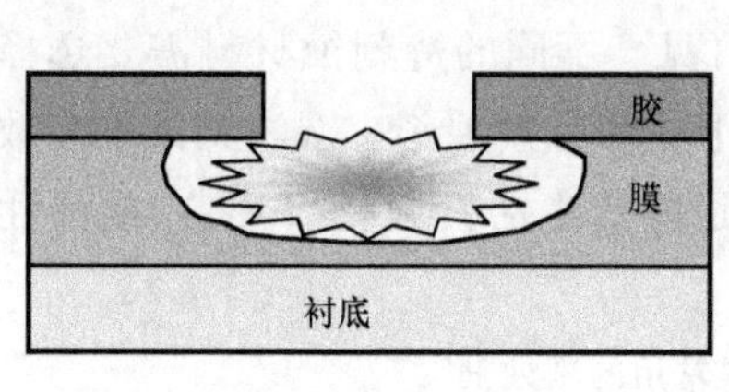


a) 湿法刻蚀($A_f$=0)

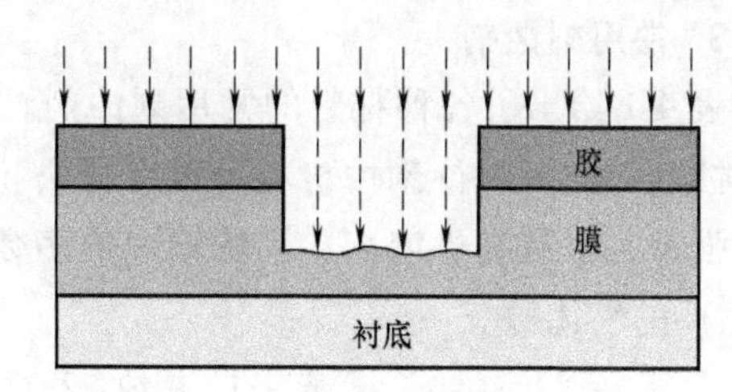


b) 干法刻蚀($A_f$=1)

图 4-12　湿法和干法刻蚀剖面示意图

（1）湿法刻蚀　是接触型刻蚀（也称为腐蚀）。腐蚀过程与一般化学反应相同。湿法刻蚀的主要参数有腐蚀液的浓度，腐蚀时间，反应温度以及溶液的搅拌方式。湿法刻蚀可处理的材料包括 Si、$SiO_2$、$Si_3N_4$及 Al。

（2）干法刻蚀　是利用等离子体激活化学反应或者利用高能离子束轰击完成去除物质的方法。由于刻蚀过程不使用溶液，称之为干法刻蚀。干法刻蚀适合宽度小于 3μm 的窗口刻蚀。

1）干法刻蚀方法：包括溅射刻蚀（Sputter Etching，SE）、等离子体刻蚀（Plasma Etching，PE）和反应离子刻蚀（Reactive Ion Etching，RIE）。溅射刻蚀（SE）是用惰性气体活性离子（$Ar^+$）轰击待刻蚀材料，控制机制为物理过程，刻蚀效果为各向异性；等离子体刻蚀（PE）是利用辉光放电（glow discharge）产生化学活性离子的化学反应来进行刻蚀，是一种选择性刻蚀方法，控制机制为化学反应，刻蚀效果为各向同性；反应离子刻蚀（RIE）是利用具有活性的化学反应离子去轰击待刻蚀材料，控制机制是化学反应与物理溅射相结合，刻蚀效果为各向异性，并具有一定的选择性。

2）沟槽刻蚀：通常用干法刻蚀来实现。设槽深为 $h$，槽宽为 $w$，则沟槽的深度和宽度之比，即深宽比（Aspect Ratio，AR）可用下式来表示：

$$AR=\frac{h}{w} \tag{4-7}$$

沟槽的深宽比 AR 越大，刻蚀难度越大。对深宽比 AR 大的沟槽，需采用深硅刻蚀。

3）深硅刻蚀：通常选用感应耦合等离子刻蚀（Inductively Coupled Plasma RIE，ICP）设备[16]。刻蚀过程包括复杂的物理和化学反应。物理反应是腔体内的离子对样品表面进行轰击，使化学键断裂，以增加表面的黏附性，同时促进表面生成非挥发性的残留物等。化学反应是刻蚀气体通过辉光放电，使腔体内的各种离子、原子及活性游离基等发生化学反应，同时这些粒子也会和基片表面材料反应生成气体，对沟槽进行刻蚀。

**3. 常用刻蚀剂**

表 4-1 给出了各种材料的常用刻蚀剂。可见，不同的待刻蚀材料需要选择不同的刻蚀剂。同一种待刻蚀材料可以有湿法和干法两种刻蚀剂。湿法刻蚀剂多数为强酸或强碱，也有有机溶剂；干法刻蚀剂多数是能产生活性氟基（$F^*$）或活性氯基（$Cl^*$）的气体源。

**表 4-1　刻蚀各种材料常用的刻蚀剂**

| 待刻蚀材料 | 刻蚀方式 | 刻蚀剂 |
|---|---|---|
| 硅(Si) | 湿法 | $HF+HNO_3+CH_3COOH$；$N_2H_4$；$KOH+C_3H_8O$ |
| | 干法 | $CF_4$，$CF_4+O_2$；$CHF_3$；$C_2F_6$；$SF_6$；$C_3F_8$ |
| 多晶硅 | 湿法 | $HF+HNO_3+CH_3COOH$ |
| | 干法 | $CF_4$；$C2F_6+Cl_2$；$CCl_6+Cl_2$ |
| 二氧化硅($SiO_2$) | 湿法 | $HF+H_2O$；$HF+NH_4F$ |
| | 干法 | $CF_4+H_2$；$C_3F_8$ |
| 磷硅玻璃(PSG) | 湿法 | HF |
| 硼硅玻璃(BSG) | 湿法 | $HF+NH_4F+H_2O$；$HF+HNO_3+CH_3COOH$ |
| | 干法 | $CCl_4$ |
| 氮化硅($Si_3N_4$) | 湿法 | HF；$H_3PO_4$ |
| | 干法 | $CF_4$；$CF_4+O_2$；$CF_4+H_2$ |
| 铝(Al) | 湿法 | $H_3PO_4+HNO_3+CH_3COOH$ |
| | 干法 | $BCl_3+Cl_2$；$CCl_4+Cl_2$ |
| 氧化铝($Al_2O_3$) | 湿法 | HCl；$NaOH+H_2O$ |
| 铜(Cu) | 湿法 | $HNO_3$ |
| 银(Ag) | 湿法 | $HNO_3$ |
| 镍(Ni) | 湿法 | $HNO_3$ |
| 金(Au) | 湿法 | 王水($HCl+HNO_3$) |
| 铂(Pt) | 湿法 | 王水($HCl+HNO_3$) |
| 光刻胶 | 湿法 | $H_2O_2+H_2SO_4$；有机去胶剂 |
| | 干法 | $O_2$ |
| 环氧树脂 | 湿法 | $H_2SO_4$ |
| 聚酰亚胺 | 湿法 | 发烟硝酸 |

（1）湿法刻蚀及其反应　硅（Si）的腐蚀液有酸性腐蚀液和碱性腐蚀液。酸性腐蚀液为氢氟酸（HF）、硝酸（$HNO_3$）、醋酸（$CH_3COOH$），用强氧化剂对硅

进行氧化，再用 HF 与 $SiO_2$ 反应去掉氧化层，腐蚀剖面为各向同性。化学反应如下：

$$SiO_2+HNO_3+6HF \longrightarrow H_2SiF_6+HNO_2+H_2O+H_2\uparrow \tag{4-8}$$

碱性腐蚀液为 KOH 水溶液与异丙醇 IPA 相混合。腐蚀剖面为各向同性。腐蚀速度 $v_e$ 依赖于晶向的原子面密度，因不同晶向原子面密度的不同，故各原子面的腐蚀速度顺序为 $v_e(100)>v_e(110)>v_e(111)$。图 4-13 给出了采用 $SiO_2$ 膜掩蔽腐蚀硅时不同晶面腐蚀后的剖面示意图[3]。对（100）晶面，当腐蚀窗口较小时，会形成 V 形槽；当腐蚀窗口较大或时间较短时，会形成 U 形槽；对（111）晶面，不论窗口大小，会形成侧壁陡直的 U 形槽。

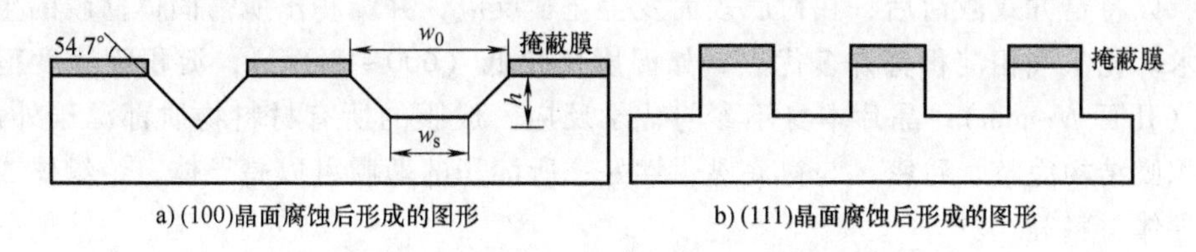


图 4-13　不同晶面腐蚀后的剖面示意图

$SiO_2$ 的腐蚀液通常为氢氟酸（HF），用 HF 与 $SiO_2$ 反应可以很容易去掉氧化层。化学反应如下：

$$SiO_2+4HF \longrightarrow SiF_4\uparrow+2H_2O\uparrow \tag{4-9}$$

$SiO_2$ 的另一腐蚀液为氟化铵（$NH_4F$）与 HF 的混合液，$NH_4F$：HF（40%~49%）为（6~7）：1（体积比），其中氟化铵为缓冲剂，可分解成氨气和 HF，以补充腐蚀过程中 HF 的消耗。化学反应如下：

$$SiO_2+5HF+NH_4F \longrightarrow NH_3\uparrow+SiF_4\uparrow+2H_2O\uparrow+H_2\uparrow \tag{4-10}$$

硼硅玻璃（BSG）也可以用 HF 和氟化铵（$NH_4F$）腐蚀，$NH_4F$ 起缓冲剂的作用，以补充腐蚀过程中 HF 的消耗。但如果硼含量过高，则很难用湿法去除，需采用干法刻蚀、物理喷砂或研磨的方法。

铝（Al）的腐蚀液为热硼酸（$H_3PO_4$）与乙醇的混合液，两者比例为 70：30，温度 80~85℃。化学反应如下：

$$6H_3PO_4+2Al \rightarrow 2Al(H_2PO_4)_3+3H_2\uparrow \tag{4-11}$$

（2）干法刻蚀及其反应　硅、氧化硅、氮化硅干法刻蚀的气体源包括 $CF_4$、$CHF_3$、$C_2F_6$、$SF_6$ 及 $C_3F_8$ 等产生的活性氟基（$F^*$）。多晶硅用 $Cl_2$、HCl 和 $SiCl_4$ 等产生的活性氯基（$Cl^*$）。化学反应如下：

$$Si+4F^* \longrightarrow SiF_4\uparrow \tag{4-12}$$

$$SiO_2+4F^* \longrightarrow SiF_4\uparrow+O_2\uparrow \tag{4-13}$$

$$Si_3N_4+4F^* \longrightarrow 3SiF_4\uparrow+2N_2\uparrow \tag{4-14}$$

$SiO_2/Si$ 的选择性随 C/F 的增加而增大，刻蚀速率与氧化层的生长方法有关。

热生长的 $SiO_2$ 膜刻蚀速率低于 CVD 形成的 $SiO_2$ 膜，PECVD 法形成的 $Si_3N_4$ 的刻蚀速率则高于 LPCVD 法形成的 $Si_3N_4$ 膜。

在沟槽栅 IGBT 制作中，沟槽的刻蚀是利用等离子刻蚀（RIE）来实现，刻蚀剖面呈各项异性。RIE 可以精确控制沟槽深度（约 5μm），保证槽深在设计值的 10%~20%范围内。沟槽宽度越小，元胞密度越大。在沟槽刻蚀过程中，受反应离子和机械应力的影响，在沟槽侧壁会引起损伤，在后续工艺中必须除去这些损伤。

## 4.3.5 化学气相淀积

化学气相淀积（Chemical Vapor Deposition，CVD）指使一种或多种物质的气体，以特定方式激活后，在衬底表面发生化学反应，并淀积出所需固体薄膜的生长技术。化学气相淀积有许多优点，如温度比较低（600~900℃），淀积膜厚度范围广（几百 Å~mm）；晶片本身不参与化学反应，成膜的所有材料物质都源于外部；淀积膜结构完整、致密，与衬底黏附性好；所淀积的薄膜可以是导体、绝缘体或者半导体材料等。

### 1. 化学气相淀积方法

化学气相淀积系统和方法有多种。按淀积时的温度分，有低温 CVD（200~500℃）、中温 CVD（500~900℃）；按淀积系统的压强来分，有常压 APCVD、低压 LPCVD；按淀积系统壁的温度来分，有热壁 CVD、冷壁 CVD；按淀积反应激活方式来分，有热 CVD、等离子增强 CVD、光 CVD 及微波 CVD 等。常用的化学气相淀积方法是 LPCVD 和 PECVD。

（1）低压 CVD（LPCVD） 是在系统压强为 30~250Pa 的反应腔内进行化学气相淀积。由于低压下反应气体的质量传输速度较快，低温下晶片表面解吸与吸附的速度也较快，所以，淀积速率仅由化学反应控制。

采用 LPCVD 工艺可以制备多晶硅、$Si_3N_4$、$SiO_2$、PSG、BPSG 及金属等薄膜。淀积温度为 600~700℃，淀积速率低，制备的薄膜具有均匀性好、纯度高、膜层绝对误差小及成本低等特点。IGBT 的平面多晶硅栅常采用 LPCVD 制作。

（2）等离子增强 CVD（PECVD） 是由气体辉光放电的物理过程与化学反应相结合的薄膜生长技术。在一定压力（13.3~26.6Pa）反应器内加上射频（kHz~1MHz）电源，其中的气体分子发生碰撞电离，产生大量的正、负离子，使反应器处于等离子体状态，这些带电离子会发生辉光放电而成为中性粒子，并放出能量。在这种活跃的等离子场中，化学反应在低温下就可发生，于是在衬底表面淀积成膜。

采用 PECVD 工艺可用来制备 $Si_3N_4$、$SiO_2$、PSG 及 BPSG 等薄膜。淀积膜具有良好的附着性和低针孔密度、较好的台阶覆盖及良好的电学性能等特点，但 PECVD 会引起辐射损伤，需通过适当的淀积条件及低温退火来消除。对高深宽比沟槽或间隙，采用高密度等离子体（HDP）淀积，具有很好的填充能力。如 IGBT

的沟槽多晶硅栅、侧墙氧化层及 SiON、PSG 钝化膜多采用 PECVD 来制作。

$Si_3N_4$膜形成的化学反应

$$SiH_4+NH_3 \xrightarrow{200\sim450℃} Si_xN_yH_z+H_2\uparrow \tag{4-15}$$

SiON 膜的性能介于氮化硅与氧化硅之间。可通过以下反应得到：

$$SiH_4+NH_3+N_2O \xrightarrow{200\sim450℃} SiO_xN_y(H_z) \tag{4-16}$$

由于 $SiO_2$具有压应力（compressive stress），$Si_3N_4$具有张应力（tensile stress），故 $SiO_xN_y(H_z)$ 膜应力接近于零，作为钝化层可用以防潮和防污染。

**2. 台阶覆盖与沟槽填充**

在薄膜淀积过程中，由于芯片表面存在台阶，导致薄膜在芯片表面各处覆盖的厚度均不相同。因此台阶覆盖（step coverage）是薄膜的重要特性。根据表面的覆盖情况分为保形覆盖和非保形覆盖。

（1）台阶覆盖　图 4-14 给出了晶片经 CVD 后表面台阶覆盖剖面的示意图。其中 $a$ 为台阶表面凸起处的纵向薄膜厚度，$c$ 为台阶表面凸起处的横向薄膜厚度，$d$ 为台阶表面凹陷处的纵向薄膜厚度，$b$ 为台阶表面凹陷处的横向薄膜厚度。可见，每一处的厚度均不相同。

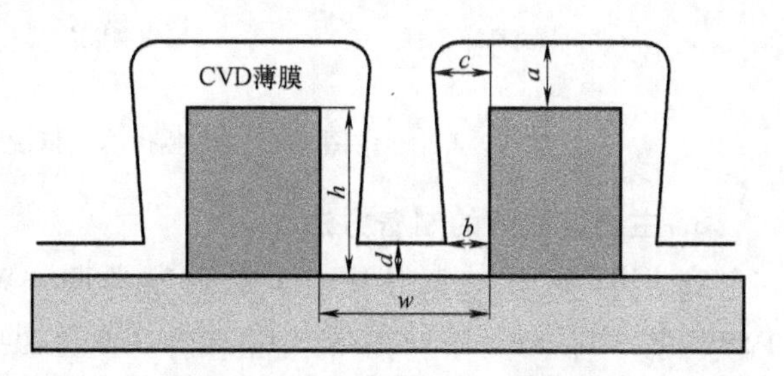


图 4-14　晶片经 CVD 后表面台阶覆盖剖面的示意图

台阶覆盖形状可用侧壁台阶覆盖（用 $b/a$ 表示）、底部台阶覆盖（用 $d/a$ 表示）、共形性（用 $b/c$ 表示）、悬突（用 $(c-b)/b$ 表示）以及深宽比（用 $h/w$ 表示）五个特征量来描述。通常台阶覆盖是指侧壁台阶覆盖，理想的覆盖为保形覆盖，即侧壁台阶覆盖（$b/a$）等于 1。

（2）接触孔填充　覆盖情形取决于反应剂向衬底表面的输运的三种机制：直接入射、再发射及表面迁移。不同覆盖形成的主要原因与反应物或中间产物在晶片表面的迁移、气体分子的平均自由程及反应物入射角度覆盖的范围（由台阶的深宽比决定）等因素有关。

图 4-15 为接触孔填充的三种情况示意图。理想的填充如图 4-15a 所示，这是因为当反应物或中间产物在晶片表面能迅速迁移时，表面处的反应物浓度均匀，并且，与几何尺寸和形貌无关，可得到厚度均匀的保形覆盖。当吸附在表面的反应物不能沿表面明显迁移，并且气体的平均自由程大于台阶线度时，覆盖膜沿台阶侧壁逐渐减薄，在台阶底部会因自遮蔽而发生开裂。若淀积膜在间隙入口处产生夹断现象，会导致在间隙填充中出现空洞，如图 4-15b 所示。当反应物没有表面迁移，平均自由程又较小时，在台阶顶部弯角处产生较厚的淀积，会形成凸包，而底部淀积

的很少甚至没有，如图 4-15c 所示。在表面有较高台阶的晶片上淀积金属膜时，通常会形成如图 4-15c所示的非保形覆盖，造成金属电极或布线在台阶处开路或无法通过较大的工作电流。

为了获得如图 4-15a 所示的保形覆盖，可采用多源蒸发或旋转晶片，或增加校准器等方法；对硅衬底还可以采用等平面工艺，从根本上消除其台阶覆盖问题。另外，采用高密度等离子体淀积（HDP-CVD）或淀积-刻蚀-淀积工艺也可实现保形覆盖。

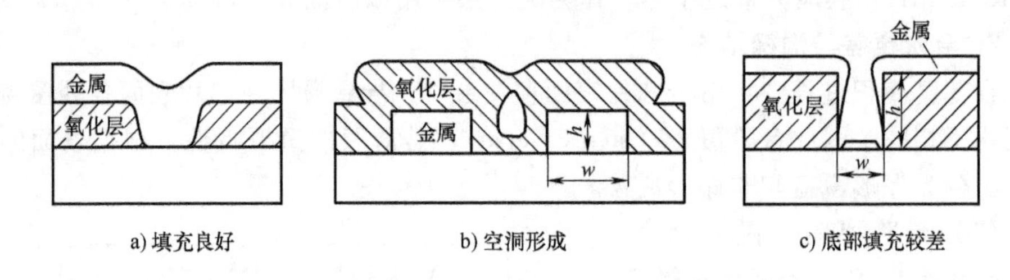


图 4-15　接触孔填充情况示意图

### 3. 主要淀积膜的制备方法

在 IGBT 芯片的制作中，多晶硅栅薄膜、钝化用的氮氧化硅薄膜（Silicon oxynitride，SiON）、磷硅玻璃（Phosphosilicate glass，PSG）薄膜以及侧墙氧化层（Spacer oxide）等，均需采用 CVD 工艺来制作，并形成的保形覆盖，因为这些薄膜与后续工艺紧密相关。

（1）平面多晶硅栅薄膜的淀积与掺杂　多晶硅栅薄膜的淀积通常采用 LPCVD 法，先淀积好多晶硅薄膜，然后采用三氯氧磷液态源进行预沉积并经高温推进，可形成均匀的重掺杂 $n^+$多晶硅层。

（2）沟槽多晶硅栅刻蚀与沟槽填充　沟槽刻蚀后，采用热氧化在沟槽内生长约 100nm 的牺牲氧化层，可除去刻蚀引入的损伤层。然后，采用干氧氧化在沟槽内生长一层结构致密的栅氧化层。接着，在沟槽内采用 CVD 填充多晶硅，填充效果与沟槽的深宽比有关。为了获得良好的填充效果和台阶覆盖采用 HDP-CVD 工艺淀积足够厚的多晶硅填充沟槽后，还可以在氮化硅膜的掩蔽下，对沟槽区的多晶硅进行选择性氧化，以获得更加平坦的表面。

## 4.3.6　物理气相淀积

金属膜通常用物理气相淀积（Physical Vapor Deposition，PVD）工艺来形成。物理气相淀积是指利用物理过程（如蒸发或者溅射）实现物质的转移，使原子或分子由源转移到衬底硅表面上，并淀积成膜。PVD 的控制机理为物理过程控制。

### 1. 工艺方法

物理气相淀积方法包括真空蒸发和溅射两种方法。

（1）真空蒸发 是利用蒸发材料在高温时所具有的饱和蒸气压进行薄膜制备，因此也称为“热蒸发”。在真空条件下加热蒸发源，使原子或分子从蒸发源的表面逸出，形成蒸气流，并入射到衬底表面凝结形成固态薄膜。根据加热源不同，可分为电阻加热、电子束加热、高频感应加热及激光束加热四种源蒸发。目前常用的是电子束加热源蒸发。

电子束加热源蒸发是在电场作用下，电子获得动能，轰击处于阳极的蒸发材料，使其加热气化后，蒸发并凝结在衬底表面上形成薄膜。蒸发源温度高达3000℃，蒸发速率高，可用于制作难熔金属钨（W）、钼（Mo）膜，以及 $SiO_2$ 和 $Al_2O_3$ 薄膜，特别适合制作高熔点、高纯度的薄膜材料制备。由于直接加热蒸发材料表面，故热效率高，但设备成本高。

（2）溅射成膜 是利用带电离子在电场中加速后具有一定动能，将该离子引向欲被溅射的靶电极，在合适的能量下，该离子与靶表面原子发生碰撞，通过动量交换，使靶原子足以克服彼此间的束缚从材料表面飞溅出来。这些被溅射出来的原子将带有一定的动能，并沿一定方向射向衬底，从而实现了在衬底上的薄膜淀积。

溅射方法包括直流溅射、射频（RF）溅射、磁控溅射、反应溅射、离子束（IMP）溅射、偏压溅射及复合方法等。溅射可用于制备金属铝（Al）、铜（Cu）膜，难熔金属钨（W）、钼（Mo）膜，以及合金膜或各种氧化物、碳化物、氮化物、硫化物及各种复合化合物的薄膜。

与蒸发膜相比，溅射膜有以下特点：一是由于溅射过程中入射离子与靶材料之间有很大的能量传递，溅射出的原子可获得足够的能量（10~50eV），提高溅射原子在衬底表面的迁移能力，可以改善台阶覆盖及淀积膜与衬底附着性；二是利用化合物作为靶材料，可很好地控制多元化的组分；三是通过使用高纯靶、高纯气体来提高溅射膜的质量。

**2. 电极金属化**

IGBT电极的金属化包括芯片表面金属化和背面金属化。表面金属化通常采用溅射金属铝（Al）膜的方法，厚度为2~10μm。背面金属化通常为Al/Ti/Ni/Ag四层金属。Ti、Ni、Ag各层的厚度分别为200~300nm、500~700nm、300~500nm。采用多层金属化结构，不仅可以减小芯片的热机械应力，改善其热特性，而且可以获得低的欧姆接触电阻。

图4-16给出了五种不同金属化电极结构的热机械应力分布比较[17]。可见，采用Al/Cr/Ni/Ag四层金属膜的应力最大，Al/Ti/Ni/Ag的应力最小。Ti/Ni/Ag或Cr/Ni/Ag三层金属则略小于Al单层金属。故在实际的IGBT芯片制作中，背面金属化通常选取Al/Ti/Ni/Ag四层金属化膜。

### 4.3.7 减薄与划片工艺

在IGBT芯片制作中，减薄工艺（Grinding Technology）和划片工艺（Dicing

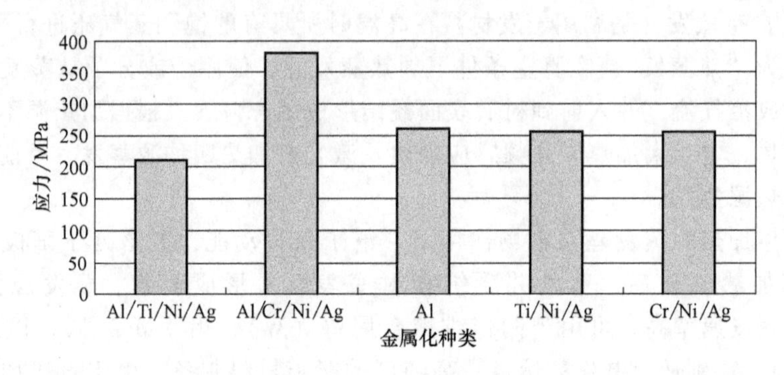


图 4-16　背面采用不同金属化结构时的热机械应力分布比较

Technology）是非常关键的步骤。硅片减薄后更容易划片，并改善散热效果，也有益于在装配中减少热应力。所以，在芯片正面工艺完成后，需要对衬底背面进行减薄，以降低串联电阻和热阻。背面减薄后，再在背面淀积多层金属膜，形成 IGBT 的集电极。对于 PT-IGBT 芯片而言，由于 p 型衬底较厚，导致其串联电阻很大，会增加通态损耗。对于 NPT-IGBT 或 FS-IGBT 芯片而言，由于采用区熔单晶作为衬底，导致 $n^-$ 漂移区较厚，所以，在制作 $p^+$集电区或 n FS 层之前，也需要对 $n^-$漂移区进行减薄。减薄的厚度根据器件特性要求而定。对于 600V 的 IGBT，$n^-$漂移区通常被减到 50~80μm 的厚度；对于 1200V 的 IGBT，$n^-$漂移区通常被减到 100~120μm。

**1. 减薄工艺**

减薄工艺主要包括贴膜、切膜、减薄、揭膜及测厚等步骤。对减薄质量有严格要求，如要求硅片完整性好且无破碎、表面粗糙度和损伤层小、减薄厚度精确且一致性高等。减薄机的减薄速度与主轴转速都会影响减薄质量。

硅片减薄根据垂直切深进给原理[18]，采用粗磨、精磨及抛光三个磨头，如图 4-17 所示。粗磨时先去除较多基体材料（一般为减薄厚度的 90%），然后进行精磨，以较小的进给速度去除剩余的基体材料；最后磨削终止前延时进行抛光。

磨片后硅片背面仍留有一定深度的微损伤及微裂纹，会影响了硅片的强度。因此，需要通过腐蚀来去除硅片表面残留的损伤层，避免硅片因残余应力引起硅片翘曲而碎裂。此外，还需通过清洗去除表面微颗粒及金属污染物。

IGBT 芯片，通常采用大面积减薄和局部减薄两种技术。局部减薄技术是采用直径小于硅片的磨削头进行机械磨片，使得硅片背面实现局部减薄，即硅片圆周处形成台阶、而中央部分很薄，以便于芯片分割。

**2. 划片工艺**

减薄后的硅片被送进划片机进行划片，划片槽的断面往往比较粗糙，通常存在少量微裂纹和凹坑。这些芯片在进行后续引线键合工艺时的瞬时冲击下，或者封装后的热处理过程中，因热膨胀系数（CTE）不匹配会产生热机械应力，使微裂纹扩展而发生碎裂。可见，背面减薄和划片工艺对芯片碎裂有直接的影响。

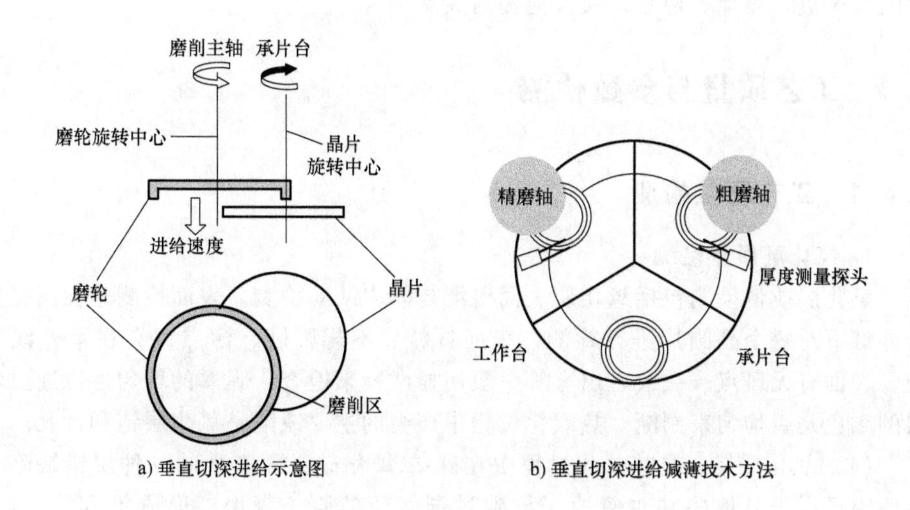


a) 垂直切深进给示意图　　b) 垂直切深进给减薄技术方法

图 4-17　垂直切深进给原理及减薄技术方法

为了减少划片工艺对芯片的损伤，目前已提出了减薄划片新技术，如先划片后减薄（Dicing Before Grinding，DBG）和减薄划片（Dicing By Thinning，DBT）[19]。DBG 是在硅片背面减薄之前，先用磨削或腐蚀方法在正面切割出切口，实现减薄后芯片的自动分离。DBG 工艺流程如图 4-18 所示[20]。在研磨前，先在硅片上划出一定深度的沟槽，然后进行磨片。当研磨到沟槽处时，芯片便自动分离。

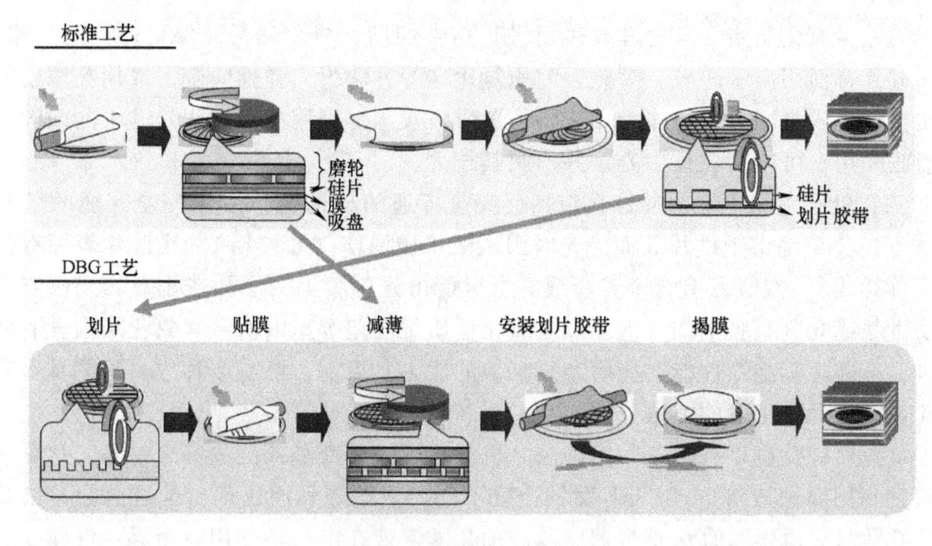


图 4-18　DBG 工艺流程

采用这两种方法可以很好地避免或减少因减薄引起的硅片翘曲及划片引起的芯片边缘崩裂。此外，采用非机械接触加工的激光划片技术也可以避免机械划片所产生的微裂痕、碎片等现象，大大地提高成品率。

## 4.4 工艺质量与参数检测

### 4.4.1 工艺质量检测

#### 1. 氧化层质量检测

氧化层质量检测包括氧化层表面检测与体内缺陷检测。表面检测是在高亮度的紫外灯下对每个晶圆片进行检测，表面颗粒、不规则度、污点都会在紫外线下显现。表面有无斑点、裂纹、白雾等一般用显微镜来检查；膜厚的均匀性可通过氧化层的颜色是否均匀来判断。热氧化过程中产生的主要缺陷是氧化层错和针孔。

（1）氧化层错　是热氧化过程中在硅-二氧化硅界面产生的一种层错缺陷。产生原因是由于晶体中缺少氧原子导致过剩间隙硅原子凝聚，形成了 $SiO_x$（$x=1$，2），从而演变成弗朗克不全位错。氧化层错分为表面型和体内型两类。表面型是由 1/3 弗朗克不全位错围成的非本征层错，体内型是圆形或以<111>为边界的六边形。

氧化层错可用电子显微镜、X 射线形貌等多种方法进行观察和检验，其中以化学腐蚀显示法最为简单、通用。将样品表面的氧化层用氢氟酸去掉后，在适当的腐蚀液中腐蚀 0.5~5min，就在样品表面观察到呈火柴棍形的层错图案，两端颜色较深的为不全位错。

为减少氧化层错，需对硅片表面进行精磨细抛、减少玷污、保留适当的位错；可在硅片背面用离子注入、喷砂、淀积氮化硅等方法引入弹性应变，或用高浓度的杂质扩散引入失配位错等作为点缺陷和杂质吸收源。采用掺氯氧化对硅中的间隙氧有吸收作用，可减少成核中心，并抑制其长大。

（2）针孔　氧化层内的针孔包括已完全穿通的“通孔”和未完全穿通的“盲孔”[16]。主要是由于硅片表面抛光时引入的机械损伤（如位错），或硅片表面有沾污（如尘埃），或表面有合金点所致。也可能由光刻版上的小孔或小岛，光刻胶中杂质微粒或光刻胶膜中的气泡，以及氧化层质量较差等原因所致。氧化层内含有针孔时，会破坏其绝缘性能和掩蔽杂质扩散的能力。目前，已有多种方法检测是否有针孔及测量针孔密度的方法。

氧化层针孔也可利用化学腐蚀法、电学写真法及液晶探测法等来检测。化学腐蚀法是利用腐蚀液对 Si 和 $SiO_2$腐蚀速度不同，根据硅表面出现腐蚀坑的数目来确定针孔数目。电学写真法是根据联苯胺的盐酸溶液在电化学作用后由无色液体变为蓝色产物来指示针孔所在。

#### 2. 离子注入质量检测

离子注入的优点是能够精确地控制杂质的注入量，具有极好的可控性和重复性。缺点是，在离子注入的过程中，对衬底材料晶格结构的损伤是不可避免的。

离子注入产生的缺陷，主要用空位缺陷、二级空位缺陷、高阶空位缺陷及间隙缺陷[8]。前两者是简单的晶体损伤，可采用相同的退火方法。第三类是非晶层损伤，需要采用不同的退火方法。无论是哪一种晶格损伤，移位原子数通常大于注入离子数。重要的是，这些移位原子产生将会降低晶体损伤区中载流子的迁移率，同时在能带间隙中产生缺陷能级和深能级陷阱，这些能级很可能俘获从导带和价带的自由载流子。在实际离子注入中，由于大量移位原子的存在，只有极少的一部分可能占据晶格的位置而成为替位原子，故离子注入区在退火之前将呈现高电阻状态。因此，必须通过退火来消除注入引起的损伤，同时激活杂质。

离子注入层质量可以用退火后晶体损伤层和器件参数的恢复以及杂质的激活率来衡量。

**3. 光刻质量检测**

光刻质量直接影响到器件的性能、成品率和可靠性。光刻后需检测光刻图形的形貌和线条。光刻的质量要求刻蚀的图形完整性好，套刻准确，边缘整齐，线条陡直；图形内无针孔，图形外无小岛，不染色。且硅片表面清洁，无底膜。

常见的光刻缺陷有图形脱落，断条，连条，划痕；针孔，小岛；浮胶；毛刺，钻蚀。

### 4.4.2　工艺参数检测

**1. 氧化层参数检测**

氧化层参数检测包括氧化膜厚度、介电常数及其可动电荷密度、界面态密度等检测。

(1) 氧化层厚度　氧化层厚度的检测方法有比色法（$x_o<1.6\mu m$）、干涉法（包括劈尖干涉法、光干涉显微镜及椭圆偏振光法）及高频 C-V 法。其中干涉法测量是在热生长形成的 $SiO_2$ 膜上用腊形成局部保护层，用 HF 酸腐蚀未保护的 $SiO_2$，然后用有机溶剂去掉腊保护层；再利用干涉显微镜测量干涉条纹的条数，用公式计算。

(2) 氧化层电荷密度　氧化层中可动电荷、界面态密度的高低会影响器件的漏电流和阈值电压，通常用专门的 C-V 测试仪进行测试。

**2. 掺杂区参数检测**

为了表征扩散区的导电性能，需要测量扩散层的结深、方块电阻（也称为薄层电阻）及掺杂浓度分布。

(1) 结深　扩散结深测量采用磨角染色法和磨槽染色法[15]。为了准确测量结深（$\mu m$），必须对结深加以放大。先把扩散片磨成一定的斜角，再通过简单的几何计算可得到结深。图 4-19 为双面扩散后硅片及其磨角示意图。

扩散结深计算公式：

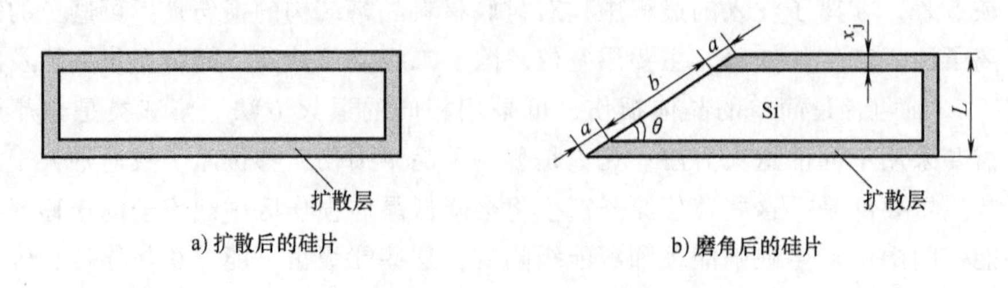


图 4-19　扩散后的硅片及其磨角示意图

$$x_j = a\sin\theta = \frac{aL}{2a+b} \quad (\theta = 3° \sim 5°) \tag{4-17}$$

式中，$L$ 为硅片的厚度，$a$、$b$ 分别为磨角后扩散区和非扩散区在磨角斜面的宽度，$\theta$ 为斜面的角度。

测量时，为了区分 pn 结的结面位置，通常采用硫酸铜溶液对磨过角的斜面进行染色。不同导电类型的区域，经染色后显示不同的颜色。这是因为 N 区硅和 P 区硅的化学势不同，染色速度与化学势有关。这种测试方法简单、方便，缺点是不适合测量浅结。

（2）方块电阻　测量方块电阻通常用四探针测试仪，如图 4-20 所示。根据电流计所测的 $I$ 值和电位差计所测 $U$ 值即可求出方块电阻 $R_{\square}$。

方块电阻 $R_{\square}$ 可用下式计算：

$$R_{\square} = \frac{\pi}{\ln 2} \cdot \frac{U}{I} = 4.53\frac{U}{I} \tag{4-18}$$

用四探针可以快速测试方块电阻，方法简单。但只能提供某层的平均电阻率，测量精度较低。

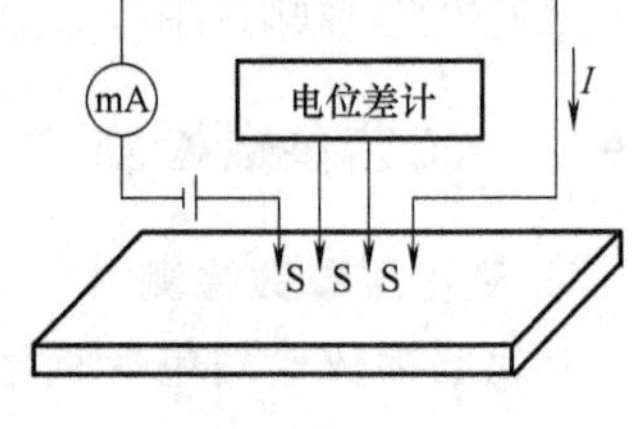


图 4-20　测量方块电阻的四探针测试仪

（3）杂质分布　利用扩展电阻测试仪（Spreading Resistance Profile，SRP）来测试掺杂区的杂质分布。扩展电阻法是利用金属探针与半导体材料相接触，从电流-电压曲线原点附近的特性来定出材料电阻率的一种方法。图 4-21 为扩展电阻与半导体接触的模型。通常有方形和圆形两种模型，测得的扩展电阻可用下式计算：

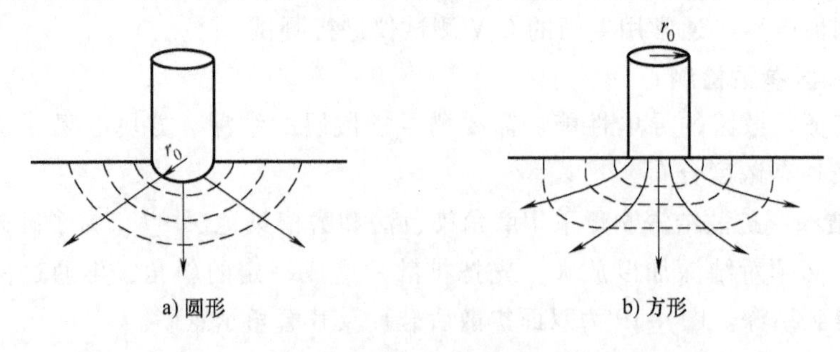


图 4-21　扩展电阻与半导体接触的模型

$$R_{SP}=K\frac{\rho}{4r_0} \tag{4-19}$$

式中，$r_0$为探针的有效半径，$\rho$为局部电阻率，$K$为经验修正因子，它与探针和半导体材料的接触状态、材料的电阻率、导电类型和晶向等因素相关。

在实际应用中，一般是在已知电阻率的试样上，先测出 $R_{SP}$ 值，然后计算出 $r_0$；再根据 $r_0$ 值，测量出未知电阻率样品上的局部电阻率 $\rho$。配合磨角法，可以在斜面上逐点测量扩展电阻，通过计算机系统自动换算成电阻率和杂质浓度的分布。

扩展电阻测试不仅适合测量体材料的微区电阻率均匀性、pn 结的结深和扩散层掺杂浓度或电阻率分布，特别适合测定不同导电类型的多层结构的掺杂浓度及其分布，而且也适合测量外延膜的电阻率、掺杂浓度分布及外延层厚度，其测试结果比染色法更准确。应该注意的是，SRP 测到的仅是离子注入后被激活部分的掺杂浓度，并且需要定期对样片进行校准。

掺杂分布和结深除了用 SRP 可以测量外，还可以用二次离子质谱（Secondary Ion Mass Spectrometry，SIMS）和扫描电容显微镜（Scanning Capacitance Microscopy，SCM）来测量。SIMS 是利用高能物质轰击晶体表面，从表面原子产生二次离子，以探测所测区域的掺杂物。在逐层去除表面甚至整个所测区域的同时进行测量，当掺杂原子从光束中消失时就可经过一定的转换得到结深。扫描电容显微镜测量结深时，其样品的制备与 SRP 样品的制备一样，测量精度可以达到 1nm，远比 SRP 测试结果准确[8]。图 4-22 给出了采用 SCM 测试的 FLYMOSFET 元胞剖面[21]。可见，SCM 可以明确显示 FLYMOSFET 元胞结构中 pn 结所在位置，并给出 2D 和 3D 图像。

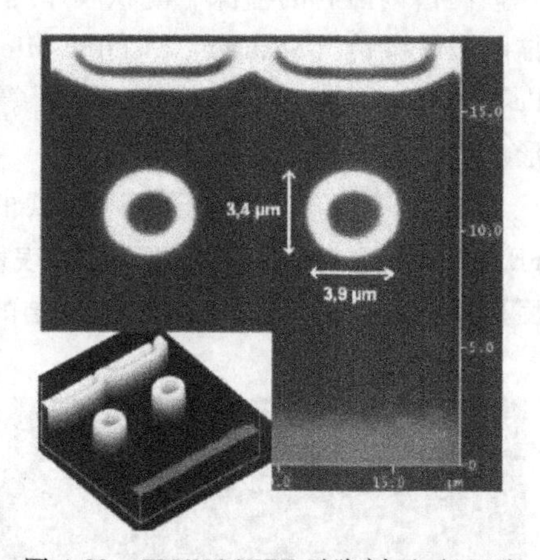

图 4-22　FLYMOSFET 元胞剖面（SCM）

（4）掺杂的均匀性　通过测量整个芯片掺杂后表面方块电阻分布来说明掺杂的均匀性。由于杂质扩散的均匀性较差，表面方块电阻近似为环形分布[22]。如果中心处的方块电阻小，向边缘依次增大，说明中心处的浓度稍高，边缘处的浓度稍低。

对离子注入后掺杂层，可以用 Van Der Pauw 测试图形（见图 4-23a）结构来测定[11]，这种方法能避免四探针测方块电阻时的接触电阻问题。为了检测和控制整个芯片表面的方块电阻，采用计算机进行临近效应和边缘效应矫正后，对用四探针测试的方块电阻进行绘图，得到表面测试图形，如图 4-23b 所示。

离子注入特殊测试技术就是剂量的测定。首先，用剂量检测仪先扫描光刻胶膜，测量膜的吸收率，并将测量信息存入计算机。然后，对晶片与其上面的光刻膜进行离子注入，光刻胶吸收一定量的离子会变黑。离子注入后再次扫描光刻胶膜，用注入后每一点的测试值减去注入前的测试值，然后输出表面的等高线，得到注入剂量的等高线如图 4-23c 所示，相邻等高线之间的间距反映了表面掺杂的均匀性。

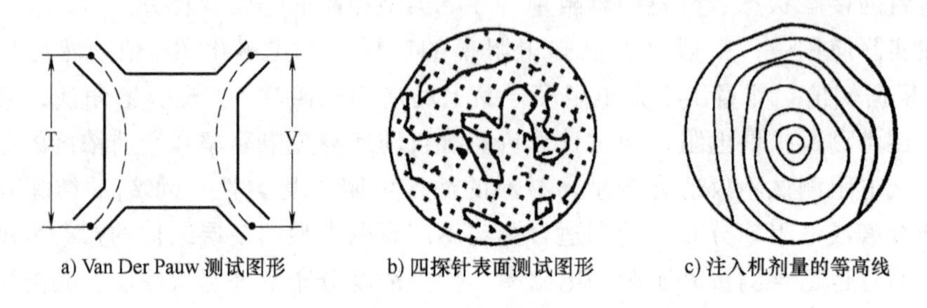


a) Van Der Pauw 测试图形　　b) 四探针表面测试图形　　c) 注入机剂量的等高线

图 4-23　离子注入后芯片表面方块电阻和注入剂量的测试图形

### 3. 形貌参数检测

沟槽刻蚀后的槽深、淀积膜厚度一般可采用台阶仪进行测试。此外，还可用扫描电子显微镜（Scanning Electron Microscope，SEM）、激光共聚焦显微镜（Confocal Laser Scanning Microscope，CLSM）等观察元胞结构、表面图形、沟槽刻蚀的微观形貌以及表面粗糙度。

图 4-24 给出了采用 SEM 测试的高压 IGBT 元胞结构和深沟槽剖面。可见，SEM 图像能清晰地显示 IGBT 芯片表面各层的材料和尺寸，以及深硅刻蚀的沟槽剖面形状，缺点是无法显示硅中 pn 结的位置，测试范围小。

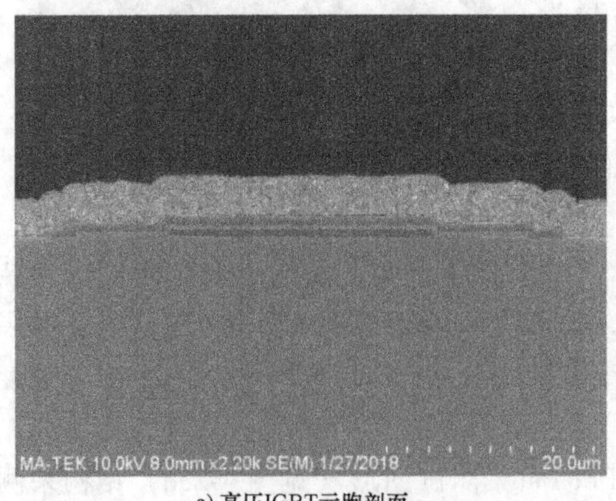


a) 高压IGBT元胞剖面

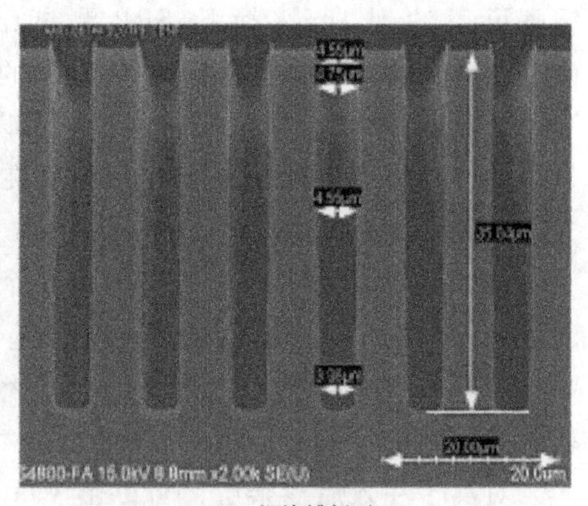


b) 深沟槽剖面

图 4-24　采用 SEM 测试的元胞结构及深硅刻蚀的沟槽剖面图像

图 4-25 给出了采用 CLSM 测试的高压 IGBT 芯片表面栅极图形和刻蚀后的沟槽剖面及其表面状态。由图 4-25a 可知，CLSM 可以测试芯片表面的栅极图形和尺寸。

由图 4-25b 可知，CLSM 也可以用来测试芯片表面形貌和沟槽剖面形状，并且测试范围远大于 SEM 和 SCM。此外，还可以用 CLSM 测试磨角染色后的掺杂区结深，但只适合较深的 pn 结测试。

a) 高压IGBT芯片表面图形

b) 刻蚀后的沟槽剖面及其表面状态

图 4-25 采用 CLSM 测试的高压 IGBT 芯片表面图形和刻蚀后的沟槽剖面及其表面状态

不论是工艺参数的测试，还是芯片表面形貌的测试，相比较而言，激光共聚焦显微镜（CLSM）和扫描电容显微镜（SCM）的用途很广，特别是SCM的出现，使得扫描探针显微镜技术在微区载子浓度分布的分析方面具有极佳的应用潜力。

## 参考文献

[1] OHASHI H. Power devices now and future, strategy of Japan [C]. Proceedings of the ISPSD' 2012: 9-12.

[2] 聂代祚．电力半导体器件 [M]．北京：电子工业出版社，1994.

[3] 关旭东．硅集成电路工艺基础 [M]．北京：北京大学出版社，2005.

[4] VITEZSLAV BENDA, JOHN GOWAR, DUNCAN A GRANT. Power Semiconductor Device Theory and Application [M]. England, Johy willey & Sons, 1999.

[5] Jayant Baliga B. The IGBT Device Physics, Design and Applications of the Insulated Gate Bipolar Transistor [M], Springer, 2015.

[6] US. Patent. Application 2007-0048982 A1.

[7] ONOZAWA Y, TAKAHASHI K, NAKANO H, et al. Development of the 1200V FZ-diode with soft recovery characteristics by the new local lifetime control technique [C]. The 20th International Symposium on ISPSD' 2008: 80 - 83.

[8] 李惠军．现代集成电路制造技术原理与实践 [M]．北京：电子工业出版社，2009.

[9] 李乃平．微电子器件工艺 [M]．武汉：华中理工大学出版社，1995.

[10] Gray S May，施敏．Fundamentals of Semiconductor Fabrication [M]. Wiley, John Wiley &Sons Inc, 2003.

[11] PETER VAN ZANT. 芯片制造—半导体工艺制程实用教程 [M]．赵树武，朱践知，等，译．北京：电子工业出版社，2004.

[12] WANG Y, HEBB J, OWEN D, 等，激光脉冲退火提高先进器件的性能 [J], http://laser.ofweek.com/2009-05/ART-240003-8300-28414557.html.

[13] 许平. IGBT器件和相关制备工艺技术评述［J］. 电力电子，2010（002）：6-13.
[14] MENG X T，KANG A G，BAI S R. Hydrogen-Defect Shallow Donors in Si［J］. Japanese Journal of Applied Physics，2001，40：2123-2126.
[15] 夏海良，张安康. 半导体器件制造工艺［M］. 上海：上海科学技术出版社，1986.
[16] 王蔚，田丽，任明远. 集成电路制造技术-原理与工艺［M］. 北京：电子工业出版社，2010.
[17] 杨鹏飞. IGCT器件热特性的研究［D］. 西安理工大学，2013.
[18] 柳滨. 晶片减薄技术原理概况［J］. 电子工业专用设备. 2005，125（6）：22-26.
[19] 康仁科，郭东明，霍风伟，等. 大尺寸硅片背面磨削技术的应用与发展［J］. 半导体技术，2003，28（9）：33-38.
[20] Sales Engineering Department. Silicon wafer thinning，the singulation process，and die strength DISCO Technical Review Feb. 2016. http：//www. disco. co. jp/eg/solution/technical_ review/index. html.
[21] Weber Y，Morancho F，Reynes J M，et al. A New Optimized 200V Low On-Resistance Power FLYMOSFET［C］. Proceedings of the IEEE ISPSD'2008：149-152.
[22] 王彩琳. 电力半导体新器件及其制造技术［M］. 北京：机械工业出版社，2015.

# 第5章 器件仿真

本章主要介绍半导体计算机仿真基本流程、方法、软件，器件物理模型选取、器件电特性的仿真，最后给出一个1200V/100A IGBT的仿真设计实例，作为IGBT器件仿真的参考。

## 5.1 半导体计算机仿真的基本概念

半导体仿真技术基本流程如图5-1所示。

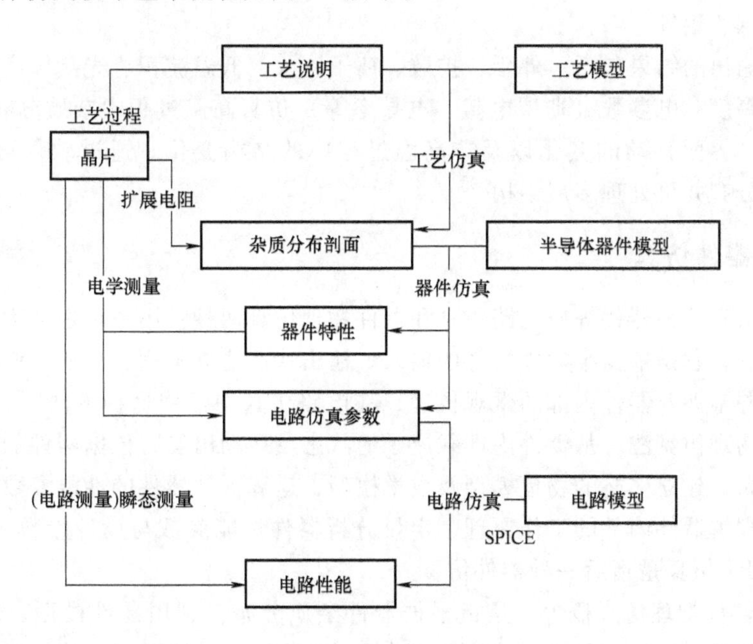


图5-1 半导体仿真技术流程

### 5.1.1 工艺仿真

传统方法（图5-1左边流程）通过实验流片来确定工艺参数，周期长、成本高，开发前期采用仿真软件进行工艺仿真（图5-1右边流程）可改善这一问题[1, 2]。

（1）工艺仿真概念　对工艺过程建立数学模型，在某些已知工艺参数的情况下，对工艺过程进行数值求解，计算经过该工序后的杂质浓度分布、结构特性变化（厚度和宽度变化）或应力变化（氧化、薄膜淀积、热过程等引起）[3]。因此，工艺仿真定义为在给定的工艺条件和工艺模型参数下计算出杂质在半导体中的浓度分布。其中工艺条件指杂质元素的种类；离子注入的能量、剂量，扩散、氧化的温度和时间等；工艺模型指工艺物理量之间以及它们与工艺条件之间函数关系的数学表达式，其中参变量是工艺模型参数[4,5]。

（2）工艺仿真的功能和基本内容　工艺仿真的功能是描述工艺过程，使待仿真的工艺过程变成计算机能够解决的数学问题，其目的是优化工艺流程和工艺条件、预测工艺参数变化对工艺结果的影响、缩短加工周期、提高成品率[6]。

工艺仿真的基本内容包括常见的工艺过程：如离子注入、预淀积、氧化、扩散、外延等，可处理的材料包括单晶硅、多晶硅、二氧化硅、氮化硅、氮氧化硅、钛及钛硅化物、钨及钨硅化物、光刻胶、铝等；可模拟掺杂的杂质有硼、磷、砷、锑、镓、铟、铝等[7,8]。

仿真输出的结果包括：外延、扩散、离子注入、低温淀积、光刻、腐蚀等；杂质分布、厚度、电参数（薄层电阻、电导率等）仿真高温过程中杂质分布；氧化、外延厚度、界面移动的变化以及非高温过程中的结构变化。通过软件可仿真一、二、三维分布并可处理多层结构[9]。

## 5.1.2　器件仿真

器件仿真分为器件等效电路仿真和器件物理仿真两种：第一种定义为器件等效电路仿真法，它是依据半导体器件的输入、输出特性建立模型，分析它们在电路中的作用，并不涉及器件内部的微观机理，在电路仿真中常用这种方法[10]；第二种是指器件物理仿真法，从器件内部载流子的状态及运动出发，依据器件的几何结构及杂质分布，建立严格的物理模型及数学模型，运算得到器件的性能参数，这种方法能深刻理解器件内部的工作原理、定量分析器件性能参数与设计参数[11]。本文讲述的IGBT仿真是指后一种器件仿真。

（1）器件物理仿真概念　是指根据器件杂质分布，利用器件模型，通过计算机仿真计算得到半导体器件器件特性[12,13]。它是很重要的模型，器件的实际特性能利用这种模型从理论上予以仿真，因此它是一种可以在器件研制初期预示器件性能参数的重要技术。

（2）器件仿真的功能和基本内容　器件仿真的功能是给定器件结构和掺杂分布，采用数值方法直接求解器件的半导体基本方程组，得到DC、AC、瞬态特性和某些电学参数[14]。因此它可以在投片前通过仿真，优化器件结构、工艺参数，并对器件性能的影响进行物理机制研究，分析无法或难以测量的器件性能。另外仿真结果还能为 SPICE 电路模拟提供模型参数，与工艺仿真集成可直接分析工艺条件对器件性能的影响[15]。器件仿真可处理的器件类型有二极管、BJT、MOS、多层结构器件、光电器件、可编程器件等，能仿真硅、砷化镓、碳化硅、氮化镓等多种半导体材料[16, 17]，可完成的电学分析包括 DC、AC、瞬态、热载流子、光电等；能得到器件的电学特性和电参数（阈值电压、亚阈斜率、薄层电阻等）、器件 I-U、C-U 等端特性和内部特性如浓度分布、电势电场分布等[18]。

（3）器件物理参数的选取　为了仿真器件内部性能，仿真软件自动通过数值解法对半导体基本方程组进行求解，需要用户确立与基本半导体方程组相关的物理参数[19, 20]（例如迁移率$\mu_p$、$\mu_n$）通过建立物理参数模型，定量确定适用的、精确的迁移率值。实际上，半导体器件任何定量的仿真，都取决于这些参数可适用的模型[21]。因此器件仿真结果的正确与否关键在于器件物理参数的选取。

### 5.1.3 电路仿真

电路仿真目前已成为电路设计主要手段。设计人员根据电路性能要求，初步确定电路结构和元件参数，利用电路仿真软件进行仿真分析并根据仿真结果判断、修改、优化电路设计[22]。最终满足电路性能后确定电路结构和元件参数。

电路仿真定义：根据电路的拓扑结构和元件参数将电路问题转换成适当的数学方程并求解，根据计算结果检验电路设计的正确性[23]。优点：不需实际元件搭电路、可作各种仿真，包括边缘性甚至破坏性仿真。本文不涉及电路仿真，所以不予赘述。

本章讲述的 IGBT 器件仿真是指由自定义或工艺仿真得到的杂质浓度分布输入到器件仿真程序，从电子和空穴的输运方程、连续性方程、泊松方程出发，解出器件中的电势分布和载流子分布，反复调整器件杂质分布和结构参数得到优化的器件 I~U 等电特性结果，再通过工艺模拟由已确定的杂质分布反推可实现的工艺条件，进而确定工艺流程。为了设计分析功率器件，器件仿真除了求解半导体基本方程组外，通常还要仿真热电现象的相互作用，因为在器件内温度及其分布的变化会显著地影响器件的电特性，为此还需解热流方程。因此本章涉及的仿真是器件仿真与工艺仿真的联动过程。器件仿真能对半导体器件的电特性进行虚拟测量。

## 5.2 器件仿真方法、软件及流程

### 5.2.1 器件仿真方法（TCAD）

半导体器件仿真模的概念起源于 1949 年肖克莱（Shockley）发表的论文，这篇论文奠定了结型二级管和晶体管的基础。但这是一种局部分析方法，不能分析大注入情况以及集电结的扩展。1964 年，古默尔（H. K. Gummel）首先用数值方法代替解析方法模拟了一维 H. K. Gummel 双极晶体管，从而使半导体器件仿真向计算机化迈进。1969 年，D. P. Kennedy 和 R. R. O' Brien 首次用二维数值方法研究了 JFET。后来，J. W. Slotboom 用二维数值方法研究了晶体管的 DC 特性。从此以后，大量文章报导了二维数值分析在不同情况和不同器件中的应用。相应地也出现了各种成熟的模拟软件，如 Silvaco 和 Sentaurus 等[24, 25]。

现代半导体制造技术的快速发展，对半导体工艺技术和器件性能提出了新的要求，借助计算机仿真以达到缩短研发周期已成为半导体业界的常用手段。Technology Computer-Aided Design（TCAD）工具使用先进的数值仿真技术求解物理方程式用以进行工艺仿真和器件仿真，已成为半导体器件和工艺研发过程中不可或缺的工具。

TCAD 是指借用计算机仿真来研发和优化半导体工艺技术和器件。TCAD 仿真工具通过数值求解基础物理微分方程，例如几何离散的扩散方程和传输方程，来描述半导体器件中的物理层结构或者系统层结构。TCAD 可以采用更深层次的物理方法，更加精确的对器件特性进行预测。因此研发一个新的半导体器件或者工艺时，TCAD 模拟可以替代昂贵的器件投片和测试，缩短器件研发周期。TCAD 包括两个重要的部分：工艺仿真和器件仿真[26]。

### 5.2.2 器件仿真与工艺仿真软件

目前比较常用的半导体仿真软件主要有：Medici，Tsuprem4，ISE-TCAD，Sentaurus，Silvaco 等。

Medici[27]是先驱（AVANTI）公司的一个用来进行二维器件仿真的软件，它是最经典的半导体器件仿真软件，对势能场和载流子的二维分布建模，通过解泊松方程，电流连续性方程及其他相关方程来获取特定偏置下的电学特性。用该软件可以对双极型、MOS 型等各种类型的晶体管进行模拟，可以获得器件内部的电势分布和载流子二维分布，预测任意偏置下的器件特性。

Tsuprem 4[28]的前身为 Suprem，由美国斯坦福大学研发。迄今已经先后经历了四代。前三个版本是针对硅加工过程的一维工艺模拟软件，几乎可以处理硅集成电路的全部制作工序。而后美国 TMA 公司结合相关技术成果，在前三个版本的一维仿真基础之上历经近 10 年的时间，于 1997 年推出了对集成电路平面制造工艺进行二维仿真的第四代版本 Tsuprem 4（最初由美国 TMA 公司组织开发）。而后美国 TMA 公司又并入 AVANTI 公司，目前最新升级版本是 AVANTI 公司的 Tsuprem 4 版本。Suprem1 和 Suprem 2 仅能处理硅和二氧化硅介质层，仿真两层结构中的杂质分布；Suprem 3 与前两者相比，除了硅和二氧化硅介质层外又增加了多晶硅介质层，并可仿真多层结构中的杂质分布。在功能上 Suprem 2 较 Suprem 1 增强了图形输出功能，Suprem 3 比 Suprem 1、Suprem 2 模型更加完善，主要体现在离子注入、氧化及多晶硅模型上的改进上。Tsuprem 4 系统发展的过程直接浓缩了现代集成电路制造工艺仿真技术的发展历程和趋势；仿真的维数由一维二层结构、一维多层结构至二维多层结构；可仿真的效应由一级效应二级效应扩展到二维状态下的诸多效应，相应的数学物理模型逐步扩展，模型精度明显提高；数值算法更趋完善从而使仿真的结果更为精确。

工艺及器件仿真工具 ISE-TCAD[29] 是瑞士 ISE（Integrated Systems Engineering）公司开发的生产制造用设计（Design For Manufacturing，DFM）软件，是一种建立在物理基础上的数值仿真工具，它既可以进行工艺流程的仿真、器件的描述，也可以进行器件仿真、电路性能仿真以及电缺陷仿真等。该产品包括集成电路工艺仿真和器件仿真。ISE 总部设在瑞士，并在美国硅谷、日本东京、韩国汉城、我国台湾和上海等地先后创立了分支机构。自 1993 年创立以来，ISE 一直专注于 TCAD 领域，已为众多半导体制备商提供工艺仿真和器件仿真产品。ISE TCAD 是一款可用于集成电路工艺仿真和器件仿真的软件，它通过运用计算机求解基本的半导体偏微分方程组达到预测器件特性的目的，这种深层次的物理近似使得 TCAD 能获得更准确的仿真结果，这与传统设计流程中进行新工艺或新型半导体器件结构研究时所要进行的芯片重复测试实验相比，它成本更低并且省时。相对于其他器件和工艺仿真软件，如 Medici 和 Tsuprem4，ISE-TCAD 的图形化界面（GUI）做得更为人性化、算法更优、更容易收敛，其以 excel 作为功能选项，使得初学者很容易上手；并且 ISE TCAD 可以对二维和三维的有限元模型进行定量仿真分析，能更直观地观察到偏压状态下器件内部各种参数的分布；ISE-TCAD 十分适合一些概念性器件的开发，其标准化的实验流程具有更大的预见性，可有效地减少研发成本并加速工艺制程的改进；该产品不仅可以准确快捷地进行半导体工艺流程仿真和器件仿真，对于各种新兴及特殊器件，例如深亚微米器件、高压功率器件、异质结、光电器件、量子器件及纳米器件，也同样可以进行精确有效的仿真模拟。ISE-TCAD 由工艺仿真和器件仿真两个功能模块组成。工艺仿真可以完成从裸片到器件结构生成的整个过程的仿真，半导体集成电路制造过程中的工艺步骤如离子注入、扩散、蚀刻、氧化、生长、淀积以及热退火等均可通过编程输入到仿真器中；器件仿真则可以看作是一个虚拟的半导体器件电特性试验，在仿真过程中，器件结构首先被离散为有限元网格，网格中每个结点的特性与器件的特征参数相关，通过求解各个结点上的泊松方程、载流子连续性方程以及能量平衡方程等来近似估计半导体器件内部的载流子浓度、电流密度、电场分布等，并且可以通过添加电极来改变边界条件，最后综合这些结果，即可从电极上提取整个器件的电特性和电参数。

Synopsys 公司最新发布的 TCAD 工具命名为 Sentaurus TCAD[30]，它是 Synopsys

公司收购瑞士 ISE（Integrated Systems Engineering）公司后发布的产品，Sentaurus TCAD 整合了：①Avanti 公司的 Tsuprem 系列工艺级仿真工具以及 Taurus Process 系列工艺级仿真工具；②ISE Integrated Systems Engineering 公司的 ISE TCAD 工艺级仿真工具 Dios（二维）FLOOPS-ISE（三维）以及 Ligament（工艺流程编辑）系列工具，将一维、二维和三维仿真集成于同一平台，它包含众多的组件，主要由 Sentaurus Device，Sentaurus Process，Device Editor，Workbench 等模块构成。Sentaurus Device 模块作为业界标准器件的仿真工具，可以用来预测半导体器件的电学、温度和光学特性，通过一、二、三维的方式对多种器件进行建模；Sentaurus Process 模块是一个全面的高度灵活的一、二、三维工艺模拟工具，拥有快速准确的刻蚀与掺杂仿真模型，由基于 Crystal-TRIM 的蒙特卡罗（Monte Carlo）离子注入模型和先进的离子注入校准表、离子注入分析和缺陷模型以及先进的扩散模型；Device Editor 模块提供了先进的可视化工具，用户可以清楚地看到创建器件的每个步骤，功能强大的透视功能使得用户可以选择观看特定区域或者透明化某些区域，可以进行二维器件编辑、三维器件编辑和三维工艺流程的仿真；Workbench 模块集成了 Synopsys 的 TCAD 各模块工具的图形前端集成环境，用户可以通过图形界面来进行半导体研究及其制备工艺模拟和器件仿真的设计、组织和运行，使用户可以很容易建立 IC 工艺流程以便 TCAD 进行模拟，还可以绘制器件的各端口电学性能等重要参数。

Silvaco TCAD[31] 软件不仅可以用来仿真半导体器件电学性能，进行半导体工艺流程仿真，还可以与其他 EDA 工具组合起来使用（比如 Spice），进行系统级电学仿真（Sentaurus 和 ISE 也具备这些功能）。Sivaco TCAD 为图形用户界面，直接从界面选择输入程序语句，非常易于操作，其实例教程直接调用装载并运行，是例子库最丰富的 TCAD 软件之一，几乎任何设计基本都能找到相似的实例程序供调用。Silvaco TCAD 平台包括工艺仿真（ATHENA），器件仿真（ATLAS）和快速器件仿真系统（Mercury），尤其适合喜欢在全图形界面操作软件的用户。ATHENA 工艺仿真系统使得工艺工程师能够开发和优化半导体制造工艺流程。ATHENA 提供一个易于使用、模块化的、可扩展的平台，可用于仿真半导体材料离子注入、扩散、蚀刻、淀积、光刻、氧化。ATHENA 通过仿真取代了耗费成本的硅片实验，从而缩短了开发周期并且提高了成品率。ATLAS 器件仿真系统使得器件技术工程师可以仿真半导体器件的电气、光学和热力的行为。ATLAS 提供一个基于物理，使用简便的模块化的可扩展平台，用以分析所有 2D 和 3D 模式下半导体技术的直流，交流和时域响应。Mercury 是专门用于 FET 的仿真，它是基于物理分析的仿真器，因此可用于器件的预测仿真。它的仿真时间短暂，可被用来分析场效应管的设计趋势从而研究其制造成品率。

本章中仿真拟采用的仿真软件为 ISE-TCAD。

### 5.2.3　器件仿真流程

仿真流程如图5-2所示。首先选取需要仿真的结构类型，然后根据设计指标粗略选取结构参数；接下来选取合适的物理模型，并对模型参数进行修正；建立器件结构，优化结构网格；在优化好的结构基础上，进行掺杂特性仿真，得到纵向和横向掺杂分布；根据设计指标的内容，仿真相关的电特性，并进行优化；根据满足设计指标的结构并结合工艺线能力，进行工艺流程仿真，然后优化工艺结构，再次进行掺杂特性仿真和电特性仿真，并与满足设计指标的特性进行对比，修正工艺参数；提取出优化好的工艺参数，交付工艺线，进行器件流片。

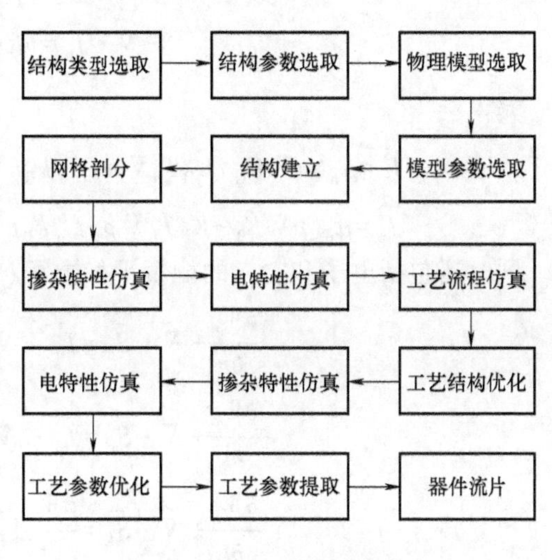


图5-2　器件仿真流程图

## 5.3　器件物理模型选取

对IGBT器件内部性能进行仿真，实际上是通过仿真软件数值求解半导体基本方程组。还要考虑与基本方程组联系的物理参数。本文主要介绍运用器件仿真软件ISE TCAD对IGBT进行编程仿真。该软件采用了更精确的流体力学（Hydrodynamic）能量输运模型。在仿真的过程中，还采用了热力学和量子模型，复合模型（Shockley-Read-Hall recombination，SRH）、Auger和Band2band（Band-to-band tunneling）模型，考虑掺杂浓度、高电场饱和以及PhuMob（Philips unified Mobility model）对迁移率的影响；另外，还计入禁带宽度和有效态密度随温度的变化，重掺杂引起的本征载流子浓度的变化，$SiO_2$绝缘层与半导体界面处界面电荷、氧化层固定电荷以及表面散射的影响，高压下载流子碰撞电离引起的雪崩倍增对器件特性的影响等。这些经过大量实践验证的参数模型选取，保证了半导体器件仿真的准确性。

### 5.3.1　流体力学能量输运模型

流体力学能量输运模型[28]包括泊松方程、电流连续性方程和电子、空穴以及晶格的能量平衡方程，具体表达式如下：

泊松方程：

$$\nabla \varepsilon \cdot \nabla \psi = -q(p-n+N_{D^+}-N_{A^-}) \tag{5-1}$$

电流连续性方程：

$$\nabla \cdot \vec{J}_{n} = qR + q\frac{\partial n}{\partial t}$$
$$-\nabla \cdot \vec{J}_{p} = qR + q\frac{\partial p}{\partial t} \tag{5-2}$$

其中

$$\vec{J}_{n} = \mu_{n}(n\nabla E_{C} + K_{B}T_{n}\nabla n + f_{n}^{td}k_{B}n\nabla T_{n} - 1.5nK_{B}T_{n}\nabla \ln m_{e}) \tag{5-3}$$

$$\vec{J}_{p} = \mu_{p}(p\nabla E_{V} - K_{B}T_{p}\nabla p - f_{p}^{td}k_{B}p\nabla T_{p} - 1.5pK_{B}T_{p}\nabla \ln m_{h}) \tag{5-4}$$

同时还包括电子和空穴的能量平衡方程：

$$\frac{\partial W_{n}}{\partial t} + \nabla \cdot \vec{S}_{n} = \vec{J}_{n} \cdot \nabla E_{C} + \frac{dW_{n}}{dt}\Big|_{coll}$$
$$\frac{\partial W_{p}}{\partial t} + \nabla \cdot \vec{S}_{p} = \vec{J}_{p} \cdot \nabla E_{V} + \frac{dW_{p}}{dt}\Big|_{coll} \tag{5-5}$$
$$\frac{\partial W_{L}}{\partial t} + \nabla \cdot \vec{S}_{L} = \frac{dW_{L}}{dt}\Big|_{coll}$$

其中：

$$\vec{S}_{n} = -\frac{5r_{n}}{2}\left(\frac{K_{B}T_{n}}{q}\vec{J}_{n} + f_{n}^{hf}\hat{K}_{n}\nabla T_{n}\right) \tag{5-6}$$

$$\vec{S}_{p} = -\frac{5r_{p}}{2}\left(\frac{-K_{B}T_{p}}{q}\vec{J}_{p} + f_{p}^{hf}\hat{K}_{p}\nabla T_{p}\right) \tag{5-7}$$

$$\vec{S}_{L} = -\hat{K}_{L}\nabla T_{L} \tag{5-8}$$

$$\hat{K}_{n} = \frac{K_{B}^{2}}{q}n\mu_{n}T_{n} \tag{5-9}$$

$$\hat{K}_{p} = \frac{K_{B}^{2}}{q}p\mu_{p}T_{p} \tag{5-10}$$

$$\frac{dW_{n}}{dt}\Big|_{coll} = -H_{n} - \frac{W_{n} - W_{n0}}{\tau_{en}} \tag{5-11}$$

$$\frac{dW_{p}}{dt}\Big|_{coll} = -H_{p} - \frac{W_{p} - W_{p0}}{\tau_{ep}} \tag{5-12}$$

$$\frac{dW_{L}}{dt}\Big|_{coll} = H_{L} + \frac{W_{n} - W_{n0}}{\tau_{en}} + \frac{W_{p} - W_{p0}}{\tau_{ep}} \tag{5-13}$$

$$W_{n} = nw_{n} = n\left(\frac{3K_{B}T_{n}}{2}\right) \tag{5-14}$$

$$W_{p} = nw_{p} = p\left(\frac{3K_{B}T_{p}}{2}\right) \tag{5-15}$$

$$W_{\mathrm{L}}=C_{\mathrm{L}}T_{\mathrm{L}} \tag{5-16}$$

式中，$\varepsilon$ 为介电常数，$q$ 为电子电荷，$n$、$p$ 分别为电子和空穴浓度，$N_{\mathrm{D}^+}$、$N_{\mathrm{A}^-}$分别为电离施主浓度和电离受主浓度，$R$ 为电子—空穴的净复合率，$E_{\mathrm{C}}$、$E_{\mathrm{V}}$分别为导带和价带能量，$m_{\mathrm{e}}$、$m_{\mathrm{h}}$分别为电子和空穴的有效质量，$H_{\mathrm{n}}$、$H_{\mathrm{p}}$和 $H_{\mathrm{L}}$分别代表由于载流子产生—复合过程带来的能量增益和损失，$W_{\mathrm{n}}$、$W_{\mathrm{p}}$和 $W_{\mathrm{L}}$为能量密度，$r_{\mathrm{n}}$、$r_{\mathrm{p}}$、$f_{\mathrm{n}}{}^{\mathrm{td}}$、$f_{\mathrm{p}}{}^{\mathrm{td}}$、$f_{\mathrm{n}}{}^{\mathrm{hf}}$和 $f_{\mathrm{p}}{}^{\mathrm{hf}}$为描述载流子速度分布和峰值的参数，按照 Blϕtekjær 近似[3]：

$$f_{\mathrm{n}}{}^{\mathrm{td}}=f_{\mathrm{p}}{}^{\mathrm{td}}=f_{\mathrm{n}}{}^{\mathrm{hf}}=f_{\mathrm{p}}{}^{\mathrm{hf}}=1,r_{\mathrm{n}}=r_{\mathrm{p}}=1 \tag{5-17}$$

## 5.3.2　量子学模型

对于目前器件和电路向深亚微米级领域发展的趋势，为了符合等比例缩小原则的要求，IGBT 的栅氧化层越来越薄，沟道掺杂浓度也不断提高，其一些特征尺寸已达到量子级。因此，器件中电子和空穴的波动性就变得明显起来，由量子效应引起的阈值电压漂移和栅电容衰退就不能再被忽视。

本文仿真时采用的量子模型为密度梯度模型（Density Gradient model）[28]，它能给出比较准确的仿真结果以及器件内部的电荷分布，并且对描述 2D 和 3D 的量子效应都适用。在仿真过程中，其主要通过器件内部载流子浓度和场的变化来计算量子效应对器件特性的影响。首先以 n 沟道 IGBT 为例，给出电子浓度的表达式：

$$n=N_{\mathrm{c}}\exp\left(\frac{E_{\mathrm{Fn}}-E_{\mathrm{C}}-\Lambda}{kT}\right) \tag{5-18}$$

式中，$\Lambda$ 为引入的附加电势因子，对于密度梯度模型来说，其表达式如下：

$$\Lambda=-\frac{\hbar\gamma}{12m}[\nabla\cdot(\xi\nabla\beta E_{\mathrm{Fn}}-\nabla\beta\overline{\Phi}+(\eta-1)q\nabla\beta\Psi)+\vartheta(\xi\nabla\beta E_{\mathrm{Fn}}-\nabla\beta\overline{\Phi}+(\eta-1)q\nabla\beta\Psi)^2] \tag{5-19}$$

其中：

$$\beta=\frac{1}{kT} \tag{5-20}$$

$$\Phi=E_{\mathrm{C}}-kT\log\left(\frac{N_{\mathrm{C}}}{N_{\mathrm{ref}}}\right)+\Lambda \tag{5-21}$$

式中，$\xi$、$\eta$、$\vartheta$ 为引入用来修正式（5-18）的参数，在仿真中对于硅材料取 $\xi=\eta=1$，$\vartheta=\frac{1}{2}$，对于 $SiO_2$取 $\xi=\eta=0$，$\vartheta=\frac{1}{2}$；对于欧姆接触、电阻接触以及电流接触，取 $\Lambda=0$，而其他的接触或扩展边界，采用均匀 Neuman 边界条件，具体表达式如下：

$$\vec{n}\cdot(\xi\nabla\beta E_{\mathrm{Fn}}-\nabla\beta\overline{\Phi}+(\eta-1)q\nabla\beta\Psi)=0 \tag{5-22}$$

式中，$\vec{n}$ 为边界上的标准向量。

此外，为了正确描述量子隧穿效应，还需要对迁移率的表达式加以修正，引入附加因子 $\mu_{\text{tunnel}}$。修正后的迁移率表达式如下：

$$\mu=\frac{\mu_{\text{cl}}+\mu_{\text{tunnel}}}{1+r} \tag{5-23}$$

式中，$\mu_{\text{cl}}$为未修正前的迁移率。

$$r=\max\left(0,\frac{n}{n_{\text{cl}}}-1\right) \tag{5-24}$$

## 5.3.3 迁移率模型

IGBT 在仿真时采用的迁移率模型主要分为表面迁移率和体迁移率两大类，其中表面迁移率主要受表面声子散射和表面粗糙度的影响，而体迁移率则分高场和低场两种情况讨论。为了计算这些迁移率模型的共同作用效果，我们采用 Mathiessen 规则将其组合到一起，具体表达式如下：

$$\frac{1}{\mu}=\frac{\exp\left(-\frac{x}{l_{\text{cirt}}}\right)}{\mu_{\text{ac}}}+\frac{\exp\left(-\frac{x}{l_{\text{cirt}}}\right)}{\mu_{\text{sr}}}+\frac{1}{\mu_{\text{PhuMob}}}+\frac{1}{\mu_{\text{F}}} \tag{5-25}$$

上式中前两项为表面迁移率模型，$\mu_{\text{ac}}$为表面声子散射项，$\mu_{\text{sr}}$为表面粗糙度项，$x$ 为到半导体/绝缘体界面处的距离，引入的修正参数 $l_{\text{cirt}}$取 $1\times10^{16}$；后两项为体迁移率模型，$\mu_{\text{PhuMob}}$ 为 PhuMob 模型，而 $\mu_{\text{F}}$为高场饱和迁移率模型。下面给出修正后的各项迁移率表达式。

在 IGBT 的沟道区中，由于高横向电场的作用，载流子和半导体/绝缘体界面间的相互影响变得严重起来。因此在仿真时必须记入表面声子散射和表面粗糙度引起的迁移率衰退。所选用模型为增强的 Lombardi 模型。

$$\mu_{\text{ac}}=\frac{B}{F_{\perp}}+\frac{C\left(\frac{N_{\text{i}}}{N_0}\right)^{\lambda}}{F_{\perp}^{1/3}\left(\frac{T}{T_0}\right)^{k}} \tag{5-26}$$

$$\mu_{\text{sr}}=\left[\frac{\left(\frac{F_{\perp}}{F_{\text{ref}}}\right)^{A^*}}{\delta}+\frac{F_{\perp}^{3}}{\eta}\right]^{-1} \tag{5-27}$$

其中，$N_{\text{i}}$为总的电离杂质浓度，$T_0$为 300K，$F_{\perp}$ 为垂直 $Si/SiO_2$界面的的横向电场。引入的其他参数值见表 5-1。

表 5-1 表面迁移率中各参数值

| 参数 | 电子 | 空穴 | 单位 |
|---|---|---|---|
| $B$ | 4.75e7 | 9.925e6 | cm/s |
| $C$ | 5.80e2 | 2.947e3 | $cm^{(5/3)}/(V^{(2/3)}s)$ |
| $N_0$ | 1 | 1 | $cm^{-3}$ |
| $\lambda$ | 0.125 | 0.0317 | 1 |
| $k$ | 1 | 1 | 1 |
| $\delta$ | $5.82\times10^{14}$ | $2.0546\times10^{14}$ | $cm^2/(V\cdot s)$ |
| $A^*$ | 2 | 2 | 1 |
| $\eta$ | 5.82e30 | 2.0546e30 | $V^2/(cm\cdot s)$ |
| $F_{ref}$ | 1 | 1 | V/cm |

对于低场情况下的体迁移率计算，我们选取的是 PhuMob 模型。它除了能正确描述晶格温度对$\mu$的影响外，还考虑到了电子—空穴散射、杂质电离、杂质聚类的影响。其表达式主要分为两部分，如下式所示，第一项为晶格散射项，第二、三项为其他体散射机制项（如自由载流子、电离施主和受主等）。

$$\mu_{PhuMob}=\mu_{i,max}\left(\frac{T}{T_0}\right)^{-\theta_i}+\mu_{i,N}\left(\frac{N_{i,sc}}{N_{i,sc,eff}}\right)\left(\frac{N_{i,ref}}{N_{i,sc}}\right)^{\alpha_i}+\mu_{i,C}\left(\frac{n+p}{N_{i,sc,eff}}\right) \tag{5-28}$$

其中：

$$\mu_{i,N}=\frac{\mu_{i,max}^2}{\mu_{i,max}-\mu_{i,min}}\left(\frac{T}{T_0}\right)^{3\alpha_i-1.5} \tag{5-29}$$

$$\mu_{i,C}=\frac{\mu_{i,max}\mu_{i,min}}{\mu_{i,max}-\mu_{i,min}}\left(\frac{T}{T_0}\right)^{0.5} \tag{5-30}$$

对于电子：

$$N_{i,sc}=N_{e,sc}=N_D^*+N_A^*+p \tag{5-31}$$

$$N_{i,sc,eff}=N_{e,sc,eff}=N_D^*+G(P_e)N_A^*+\frac{p}{F(P_e)} \tag{5-32}$$

对于空穴：

$$N_{i,sc}=N_{h,sc}=N_D^*+N_A^*+n \tag{5-33}$$

$$N_{i,sc,eff}=N_{h,sc,eff}=N_A^*+G(P_h)N_D^*+\frac{n}{F(P_h)} \tag{5-34}$$

式中，$N_D^*$ 和 $N_A^*$ 为描述施主和受主聚类的参数，$G(P_i)$ 和 $F(P_i)$ 为引入描述少数杂质和电子—空穴散射的解析函数，其他参数由表 5-2 给出。

表 5-2 低场下体迁移率模型中的参数

| 参数 | 电子 | 空穴 | 单位 |
|---|---|---|---|
| $\mu_{max}$ | 1417 | 470.5 | $cm^2/V\cdot s$ |
| $\mu_{min}$ | 52.2 | 44.9 | $cm^2/V\cdot s$ |
| $\theta_i$ | 2.285 | 2.247 | 1 |
| $N_{i,ref}$ | $9.68\times10^{16}$ | $2.23\times10^{17}$ | $cm^{-3}$ |
| $\alpha_i$ | 0.68 | 0.719 | 1 |

而对于高电场情况下，载流子漂移速率不再单一地与电场强度成比例，取而代之的是速率存在一个饱和值 $U_{sat}$。因此在模拟中必须针对高场情况对迁移率的表达式加以修正。

$$\mu_F=\frac{\mu_{low}}{\left[\sqrt{1+\alpha^2(w_c-w_0)^{\beta}+\alpha(w_c-w_0)^{\frac{\beta}{2}}}\right]^{\frac{2}{\beta}}} \tag{5-35}$$

其中：

$$\alpha=\frac{1}{2}\left(\frac{\mu_{low}}{q\tau_{\varepsilon,c}U_{sat}^2}\right)^{\frac{\beta}{2}} \tag{5-36}$$

$$U_{sat}=U_{sat,0}\left(\frac{T}{T_0}\right)^{V_{sat,exp}} \tag{5-37}$$

$$w_c=\frac{3K_BT_C}{2} \tag{5-38}$$

$$w_0=\frac{3K_BT_L}{2} \tag{5-39}$$

式中，$w_c$为平均载流子热能量，$w_0$为平衡热能量，$T_C$为载流子温度，$T_L$为晶格温度；$\tau_{\varepsilon,c}$为能量弛豫时间。其他参数见表 5-3。

表 5-3 高场下体迁移率参数

| 参数 | 电子 | 空穴 | 单位 |
|---|---|---|---|
| $U_{sat,0}$ | 1.07e7 | 8.37e6 | cm/s |
| $U_{sat,exp}$ | 0.87 | 0.52 | 1 |

## 5.3.4 载流子复合模型

在模拟中我们采用的复合模型是修正后的 SRH 模型，该模型能较正确地描述量子效应下的载流子复合机制。具体表达式如下：

$$R_{net}^{SRH}=\frac{np-\gamma_n\gamma_p n_{i,eff}}{\tau_p(n+\gamma_n n_{i,eff})+\tau_n(p+\gamma_p n_{i,eff})} \tag{5-40}$$

其中：

$$\gamma_{\mathrm{n}}=\frac{n}{N_{\mathrm{C}}}\exp\left(-\frac{E_{\mathrm{F_n}}-E_{\mathrm{C}}}{kT_{\mathrm{n}}}\right) \tag{5-41}$$

$$\gamma_{\mathrm{p}}=\frac{p}{N_{\mathrm{V}}}\exp\left(-\frac{E_{\mathrm{V}}-E_{\mathrm{F_p}}}{kT_{\mathrm{p}}}\right) \tag{5-42}$$

而少子寿命 $\tau_{\mathrm{n}}$ 和 $\tau_{\mathrm{p}}$ 则是作为掺杂浓度的函数。

$$\tau_{\mathrm{dop}}(N_{\mathrm{i}})=\tau_{\min}+\frac{\tau_{\max}-\tau_{\min}}{1+\left(\frac{N_{\mathrm{i}}}{N_{\mathrm{ref}}}\right)^{\gamma}} \tag{5-43}$$

模拟过程中各参数取值见表 5-4。

表 5-4　SRH 模型中的参数

| 参数 | 电子 | 空穴 | 单位 |
|---|---|---|---|
| $\tau_{\min}$ | 0 | 0 | S |
| $\tau_{\max}$ | 1e-5 | 3e-6 | S |
| $N_{\mathrm{ref}}$ | $1\times10^{16}$ | $1\times10^{16}$ | $\mathrm{cm}^{-3}$ |
| $\gamma$ | 1 | 1 | 1 |

此外，由于高电场情况下缺陷辅助隧穿（Trap-assisted Tunneling）会使得 SRH 复合寿命降低，尤其是反偏 pn 结对此效应最为敏感。因此在仿真中我们针对陷阱辅助隧穿效应对复合模型进行了进一步的修正，以电子为例，将电子浓度表达式换成由电场强度驱动的表达形式，如式（5-44）所示。

$$\widetilde{n}=n\exp\left[-\frac{|\nabla E_{\mathrm{F_n}}|(E_{\mathrm{t}}-E_0)}{k_{\mathrm{B}}TF}\right] \tag{5-44}$$

同样在突变结处能带间隧穿效应也不能忽略，为此我们考虑了能带间隧穿模型（Band-to-band Tunneling Models）。其针对量子效应的修正表达式如下：

$$R_{\mathrm{net}}^{\mathrm{bb}}=AF^{7/2}\frac{\widetilde{n}p-\gamma_{\mathrm{n}}\gamma_{\mathrm{p}}n_{\mathrm{i,eff}}^{2}}{(\widetilde{n}+\gamma_{\mathrm{n}}n_{\mathrm{i,eff}})(p+\gamma_{\mathrm{p}}n_{\mathrm{i,eff}})}\times\left[\frac{(F_{\mathrm{c}}^{\mp})^{-3/2}\mathrm{e}^{-\frac{F_{\mathrm{c}}^{\mp}}{F}}}{\mathrm{e}^{\frac{\hbar\omega}{k_{\mathrm{B}}T}}-1}+\frac{(F_{\mathrm{c}}^{\pm})^{-3/2}\mathrm{e}^{-\frac{F_{\mathrm{c}}^{\pm}}{F}}}{1-\mathrm{e}^{\frac{\hbar\omega}{k_{\mathrm{B}}T}}}\right] \tag{5-45}$$

其中临界电场强度 $F_{\mathrm{c}}^{\mp}$ 为

$$F_{\mathrm{c}}^{\mp}=B(E_{\mathrm{g,eff}}\pm\hbar\omega)^{3/2} \tag{5-46}$$

式中各参数取值见表 5-5。

表 5-5　能带间隧穿模型中的参数取值

| 参数 | 取值 | 单位 |
|---|---|---|
| $A$ | 8.977e20 | $(\mathrm{cm\ s})^{-1}\mathrm{V}^{-2}$ |
| $B$ | 2.14667e7 | $(\mathrm{eV})^{-3/2}\mathrm{V}\cdot\mathrm{cm}^{-1}$ |
| $\hbar\omega$ | 18.6 | $\mathrm{m}\cdot\mathrm{eV}$ |

功率器件仿真中必须要考虑的另一种复合模型为 Auger 复合，这是因为在高载流子浓度下，Auger 复合变得相对明显起来。

$$R^{\mathrm{Auger}}=(C_{\mathrm{n}}n+C_{\mathrm{p}}p)(np-n_{\mathrm{i,eff}}^{2}) \tag{5-47}$$

其中，Auger 系数受温度的影响情况如下：

$$C_{\mathrm{n}}(T)=\left[A_{\mathrm{A,n}}+B_{\mathrm{A,n}}\left(\frac{T}{T_0}\right)+C_{\mathrm{A,n}}\left(\frac{T}{T_0}\right)^2\right]\cdot\left(1+H_{\mathrm{n}}\mathrm{e}^{-\frac{n}{N_{0,n}}}\right) \tag{5-48}$$

$$C_{\mathrm{p}}(T)=\left[A_{\mathrm{A,p}}+B_{\mathrm{A,p}}\left(\frac{T}{T_0}\right)+C_{\mathrm{A,p}}\left(\frac{T}{T_0}\right)^2\right]\cdot\left(1+H_{\mathrm{p}}\mathrm{e}^{-\frac{p}{N_{0,p}}}\right) \tag{5-49}$$

各引入参数在模拟中的取值见表 5-6。

**表 5-6　Auger 复合中的参数**

| 参数 | 电子 | 空穴 | 单位 |
|---|---|---|---|
| $A_{\mathrm{A}}$ | 0.67e-31 | 0.72e-31 | $\mathrm{cm}^6/\mathrm{s}$ |
| $B_{\mathrm{A}}$ | 2.45e-31 | 4.50e-31 | $\mathrm{cm}^6/\mathrm{s}$ |
| $C_{\mathrm{A}}$ | -2,2e-32 | 2.63e-32 | $\mathrm{cm}^6/\mathrm{s}$ |
| $H$ | 3.46667 | 8.25688 | 1 |
| $N_0$ | $1\times10^{18}$ | $1\times10^{18}$ | $\mathrm{cm}^{-3}$ |

## 5.3.5　雪崩产生模型

随着器件尺寸的逐渐减小，当 $U_{\mathrm{GE}}$ 增加时，器件内部的电场强度会不断增加，倘若空间电荷区大于两个电离碰撞间平均自由程的话，就会发生电荷倍增，从而导致电击穿。为了能在仿真过程中正确描述这种现象，需要采用雪崩产生模型（Avalanche Generation Models）。在这需要引入一个电离因子 $\alpha$，它是平均自由程的倒数。产生率的表达式如下：

$$G^{\mathrm{Avalanche}}=\alpha_{\mathrm{n}}nv_{\mathrm{n}}+\alpha_{\mathrm{p}}pv_{\mathrm{p}} \tag{5-50}$$

其中：

$$\alpha=\gamma a\mathrm{e}^{-\frac{\gamma b}{F}} \tag{5-51}$$

$$\gamma=\frac{\tanh\left(\frac{h\omega_{\mathrm{op}}}{2kT_0}\right)}{\tanh\left(\frac{h\omega_{\mathrm{op}}}{2kT}\right)} \tag{5-52}$$

式中各参数取值见表 5-7。

表 5-7　雪崩产生模型中各参数取值

| 参数 | 电子 | 空穴 | 适用范围 | 单位 |
|---|---|---|---|---|
| $a$ | 7.03e5 | 1.52e6 | $1.75e5 \sim e_0$ | $cm^{-1}$ |
|  | 7.03e5 | 5.71e5 | $e_0 \sim 6e5$ |  |
| $b$ | 1.231e6 | 2.036e6 | $1.75e5 \sim e_0$ | V/cm |
|  | 1.231e6 | 1.693e6 | $e_0 \sim 6e5$ |  |
| $e_0$ | 4e5 | 4e5 |  | V/cm |
| $h\omega_{op}$ | 0.063 | 0.063 |  | eV |

## 5.4　器件物理结构与网格划分

首先根据设计指标选取的初始器件结构参数建立 IGBT 基本物理结构，然后作为离散数值解法的对象进行网格划分。

网格的划分主要有有限差分法和有限元法两种，其中差分法简单易行，适合一些规则的边界。有限元法由于它对不规则边界划分更有优势，得到了广泛应用。另外还有边界元等网格划分方法。目前大多半导体仿真软件采用有限元方法，网格划分的基本单元为三角形或平行四边形。

无论对任何一个器件结构，网格划分都包括以下两个步骤：一是将仿真的几何定义域分割成有限数的子区域，在子区域内易得所需的精确解；二是每一个子域内的微分方程得用代数方程来近似。

网格的划分可分为自动剖分和人为地经验剖分。常用的网格划分标准是：在整个仿真区域内平均各网点离散时的局部截断误差，并且使其满足给定的精度要求。上述的网格划分标准已用到了网格自动剖分上。在自动剖分中还用到这两个划分规则：

1）如果两个相邻节点之间电势差$>u$（例如取 $u=10$），则继续细分这两点的网格。

2）在两次迭代之间差值最大的点周围继续细分。

至于经验剖分，一般原则是在掺杂浓度梯度变化比较陡的区域，网格划分的更细一些。

目前半导体器件模拟软件中都有很好的自动网格剖分功能，但有时需要网格剖分的人工干预。总之，网格划分的好坏，直接影响方程求解的稳定性、求解结果的准确性、收敛性以及收敛速度。

在器件物理结构建立过程中，还要注意一个重要问题，即器件定义域和边界条件的建立，如果进行瞬态分析，还要有初始条件的设置。这些条件的建立需要符合器件的实际物理状态和电特性初态。下面举一个基本实例加以说明。

器件结构的建立用到软件中的“MDraw”模块，如图 5-3 ISE 模块选择界面中的黑框所示。

在建立好的“MDraw”模块上右键，添加“Boundary”和“Commands”文件，如图 5-4 所示。“Boundary”文件是 ISE-TCAD 中定义边界结构、材料、电极等内容的文件，它可以通过线段、三角形、矩形等单元构成所需的结构，可以更改材料类型，以及不同区域电极的定义。在“Commands”文件中可以定义结构中掺杂的类型和分布，以及网格划分等。“Boundary”和“Commands”文件都可以用命令代码的格式进行编写，也可以在图形化界面下进行编辑，具体的操作请查看 ISE-TCAD Manual[26]。

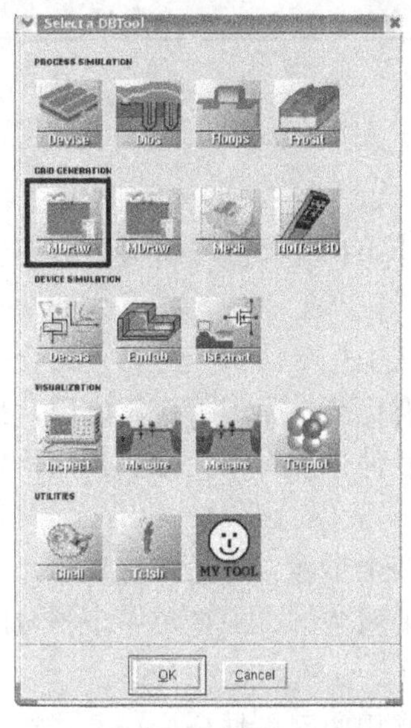

图 5-3　ISE 模块选择界面

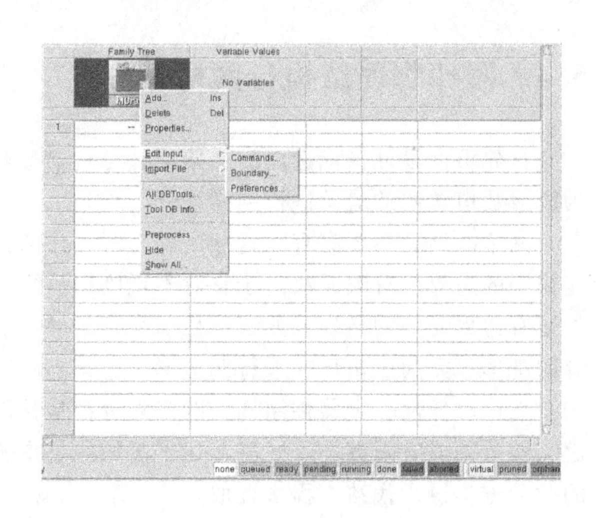

图 5-4　ISE-TCAD 工作窗口界面

根据设计方案，添加完 Boundary 和 Commands 文件后，运行 MDraw，即得到图 5-5 所示的 IGBT 器件结构。

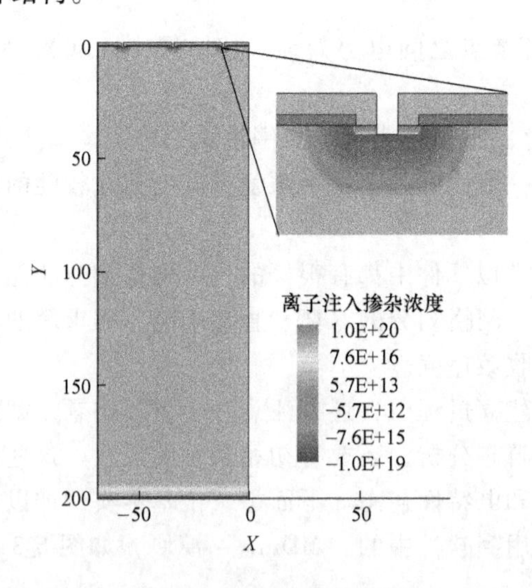


图 5-5　IGBT 仿真结构图

图 5-5 结构的仿真结果如图 5-6 所示，从图中可以看出该结构中包含了 3564 个节点，7765 条边，4512 个单元，其中线段有 310 条，三角形有 1566 个，矩形有 2636 个，仿真耗时 0.16s。

```
> Number of elements to check: 3
> done. Time: 0.02 secs.
> Building final elements ... Number of elements to check: 3137
> Number of elements to check: 1567
> done. Time: 0 secs.
> Testing elements ... Number of elements to check: 4202
> done. Time: 0.02 secs.
> Preparing data for output... Number of final elements 4202
> Statistics from Qtree/Oc-tree:
> 3564 vertices, 7765 edges, 4512 elements (310 segments) (1566 triangles) (2636
rectangles)
>       310 1D elements
>       4202 2D elements
> Average edge length (std): 1.01208 (215.308)
> Min edge length (5566): 0.00200195
>
> Average area (std): 3.12663 (899.423)
> Min. element area (1976): 0.000136107
>
> Min. element angle (3455): 0.0229407 degrees.
> Max. element angle (0): 90 degrees.
> Average connectivity: 4.35746
> Max. connectivity (602): 8
>
> done. Time: 0.01 secs.
>
> Total time : 0.16 secs.
```

图 5-6　IGBT 结构的仿真结果

## 5.5　器件电特性仿真

建立 IGBT 的电特性仿真文件，需要用到软件中的“Dessis”模块，如图 5-7 ISE 模块选择界面中的黑框所示。

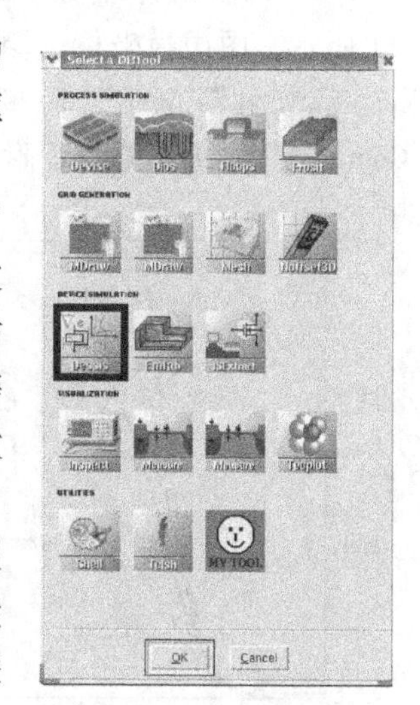

图 5-7　ISE 模块选择界面

建立好“Dessis”模块后，需要添加“Commands”和“Parameter”文件，如图 5-8 所示。“Commands”文件可以在前期建立好的结构基础上，对其电特性进行仿真，加入物理模型、仿真算法、求解方程、偏置电压等多个单元。“Parameter”文件可以对结构中的材料参数进行修改，优化电特性。

IGBT 的电特性仿真主要有转移特性仿真、正向通态特性仿真、阻断特性仿真、开通特性仿真和关断特性仿真等，通过编写不同的“Dessis”模块文件，可以进行不同的电特性仿真。

IGBT 的转移特性仿真曲线如图 5-9 所示，图中横坐标为栅极电压，纵坐标为集电极电流。转移特性的“Commands”文件见本章附

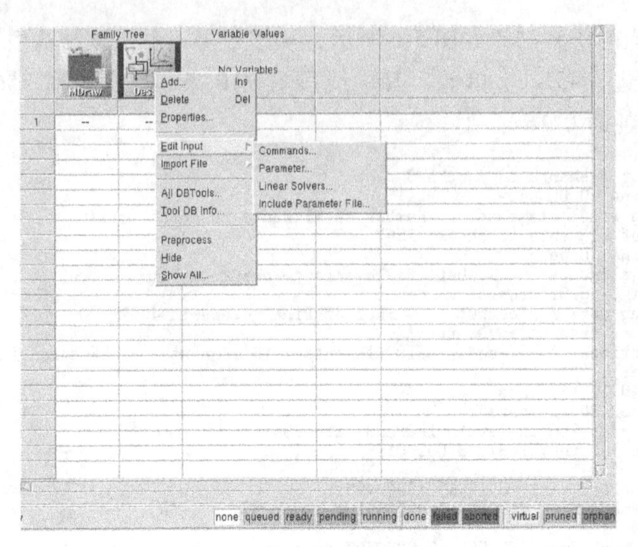


图 5-8　ISE 模块操作界面

件 1。

IGBT 的通态特性仿真曲线如图 5-10 所示，图中横坐标为集电极-发射极电压，纵坐标为集电极电流。通态特性的“Commands”文件见本章附件 2。

IGBT 的阻断特性仿真曲线如图 5-11 所示，图中横坐标为阻断电压，纵坐标为阻断电流。阻断特性的“Commands”文件见本章附件 3。

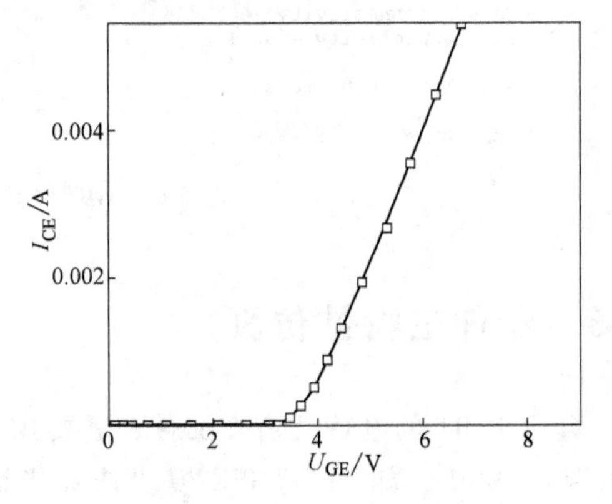


图 5-9　IGBT 的转移特性仿真曲线

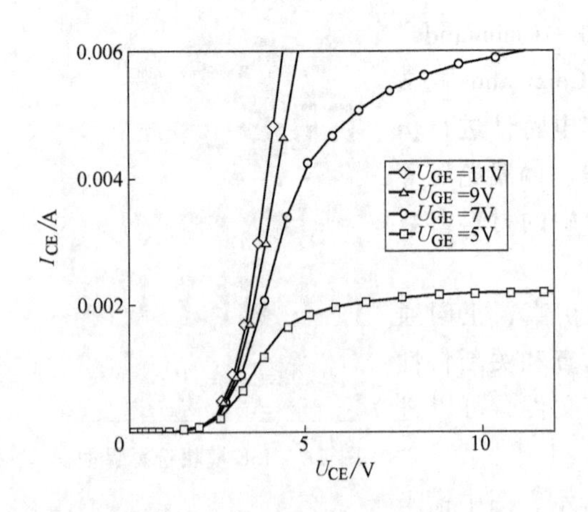


图 5-10　IGBT 的通态特性仿真曲线

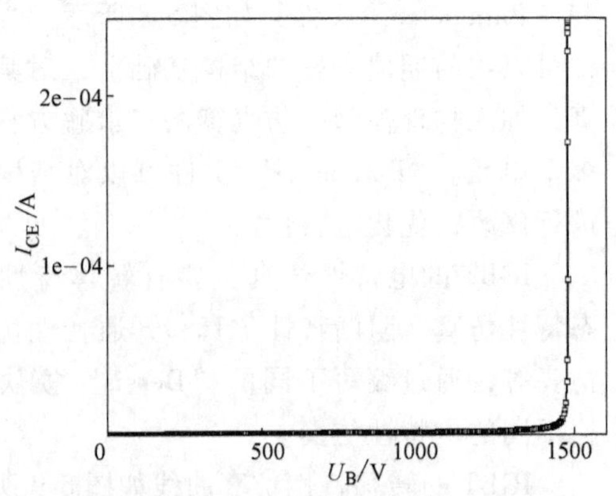


图 5-11　IGBT 的阻断特性仿真曲线

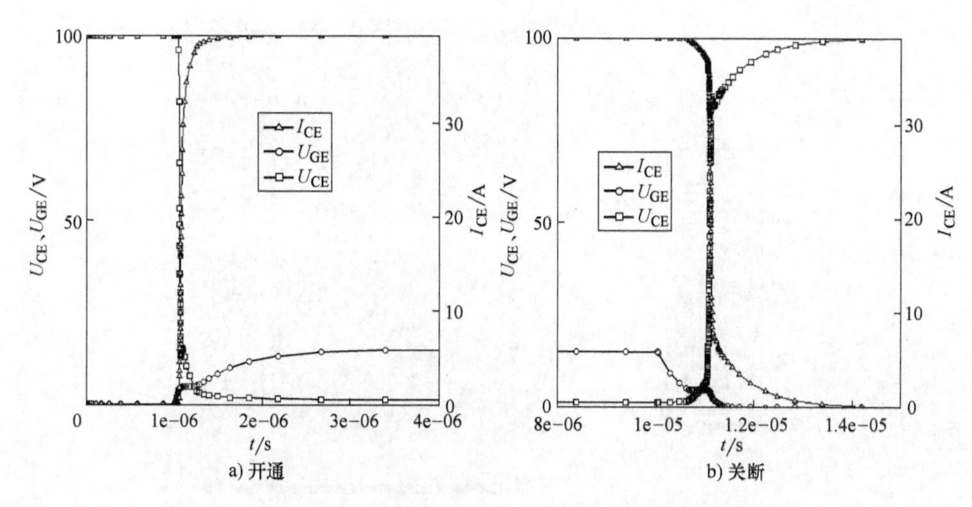


a) 开通

b) 关断

图 5-12 IGBT 器件的开通特性和关断特性仿真曲线

IGBT 的开关特性仿真曲线如图 5-12 所示，图中横坐标为时间，左右纵坐标分别为集电极-发射极、栅极-发射极电压和集电极电流。开关特性的“Commands”文件见本章附件 4。

# 5.6 1200V/100A IGBT 设计实例

## 5.6.1 元胞设计

首先选取 IGBT 结构，这里选择 PT-IGBT 作为基本元胞单元。然后根据设计指标选取合适的结构参数。假设 1200V/100A IGBT 的设计指标见表 5-8 所示。

表 5-8 1200V/100A IGBT 设计指标

| 规格 | 电流 | 反向阻断电压 | 通态压降 | 开通时间 | 关断时间 |
| --- | --- | --- | --- | --- | --- |
| 100A/1200V | 100A | 1200V | 1.8~3.5V | 200~350ns | 400~650ns |
| 测试条件：静态参数测试温度为 25℃，动态参数测试为 125℃额定电流下。 | | | | | |

根据上述设计指标，初步选取结构及掺杂为：单个元胞横向尺寸为 24μm，器件厚度 200μm，$n^-$漂移区浓度 $8\times10^{13}cm^{-3}$，$n^+$缓冲层厚度 10μm，浓度 $1\times10^{17}cm^{-3}$，有源区 $n^+$发射区浓度 $1\times10^{20}cm^{-3}$，结深 0.4μm，p 基区浓度为 $5\times10^{17}cm^{-3}$，结深为 3μm。$p^+$集电区浓度为 $1\times10^{19}cm^{-3}$，结深为 1μm。

根据上述参数选择，建立 IGBT 基本元胞结构，如图 5-13 所示。该图为三个元胞的并联结构。在 pn 结处由于浓度的梯度较大，需要进行网格的细化，沟道处同样需要细化网格。

基本结构建好之后，根据工艺及应用场合的不同，需要选择和修改相应的物理

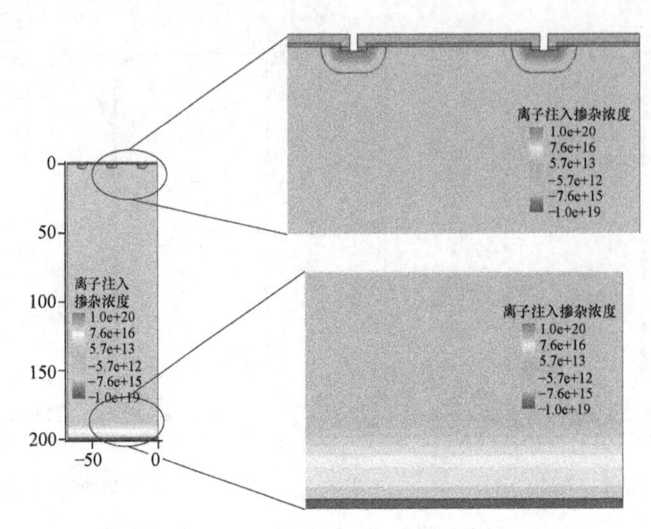


图 5-13　IGBT 基本元胞结构

模型。根据 5.3 节，可选择的物理模型有流体力学能量输运模型，量子学模型，迁移率模型，载流子复合模型，载流子产生模型等。选择好模型之后还需要对这些模型进行修改，来满足现有的工艺条件。

该实例选择的物理模型如下：

```
Physics {
        Mobility ( DopingDependence
        HighFieldSaturation
        NormalElectricField
        CarrierCarrierScattering (BrooksHerring)
                )
        EffectiveIntrinsicDensity( Slotboom )
        Recombination (
        SRH(Doping Dependence Tempdep)
        Auger
        Avalanche (Eparallel)
                )
        AnalTep
        Thermodynamic
        }
```

接下来进行相应的特性仿真。首先仿真 IGBT 的阻断特性，当阻断电压仿真达到要求后，器件的纵向结构尺寸也基本确定，其他特性的仿真，只需要通过对顶层 MOS 结构和纵向尺寸的微调来实现。根据设计指标可知，该实例的阻断电压要求是 1200V，在仿真设计时，仿真值必须高于设计指标值，为工艺流片留有一定的设计容差。阻断电压的仿真曲线如图 5-14 所示，阻断特性仿真求解过程如下：

```
Solve {
    * Inital Solution
    coupled (Iterations = 30) { poisson   }
    coupled (Iterations = 30) { poisson electron hole }

    * Quasistat the anode to 2000 Volt
    Quasistationary (
    InitialStep = 1e-6 MaxStep = 0.05 MinStep = 1e-8
    Increment = 2 Decrement = 3
    Goal {name = C   value = 2000}
                  )
    { coupled { poisson electron hole } }
    }
```

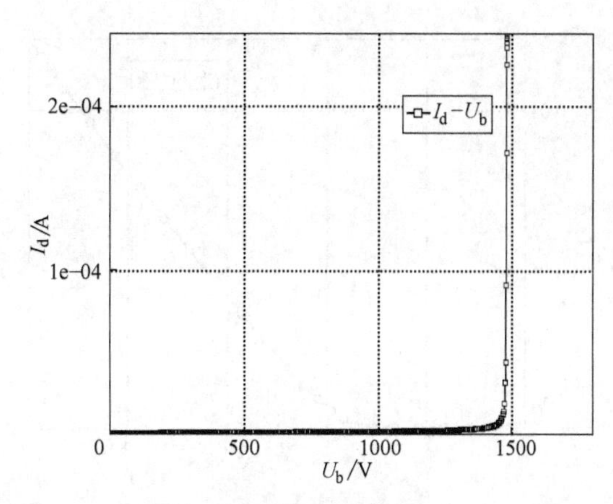


图 5-14 阻断特性仿真曲线

转移特性的仿真如图 5-15 所示，仿真求解过程如下：

```
Solve {
    * Inital Solution
    poisson
    coupled { poisson electron hole contact }

    * Quasistat the anode to 10 Volt
    Quasistationary (
    InitialStep = 1e-6 MaxStep = 0.1 MinStep = 1e-8
```

```
Increment = 2 Decrement = 3
Goal {name = C    value = 10}
              )
{ coupled { poisson electron hole contact } }
save( FilePrefix = "vd" )

load( FilePrefix = "vd" )
NewCurrent = "vg_"
Quasistationary (
InitialStep = 1e-6 MaxStep = 0.1 MinStep = 1e-8
Increment = 2 Decrement = 3
Goal {name = G    value = 10}
                    )
{ coupled { poisson electron hole contact } }
}
```

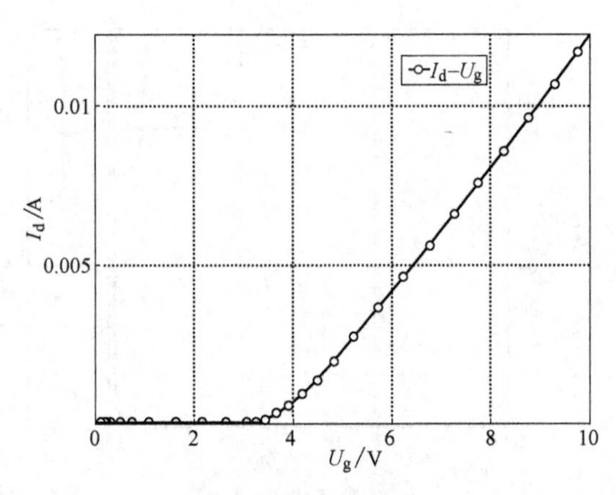


图 5-15　阈值特性仿真曲线

通态特性的仿真如图 5-16 所示，仿真求解过程如下：

```
Solve {
    * Inital Solution
    poisson
    coupled { poisson electron hole contact }

    * Quasistat the gate to 5 Volt
    Quasistationary (
    InitialStep = 1e-6 MaxStep = 0.1 MinStep = 1e-8
```

```
Increment = 2 Decrement = 3
Goal {name = G   value = 5}
            )
{ coupled { poisson electron hole contact } }
save( FilePrefix = " vg" )

load( FilePrefix = " vg" )
NewCurrent = " vd_"
Quasistationary (
InitialStep = 1e-6 MaxStep = 0. 1 MinStep = 1e-8
Increment = 2 Decrement = 3
Goal {name = C   value = 20}
            )
{ coupled { poisson electron hole contact } }
}
```

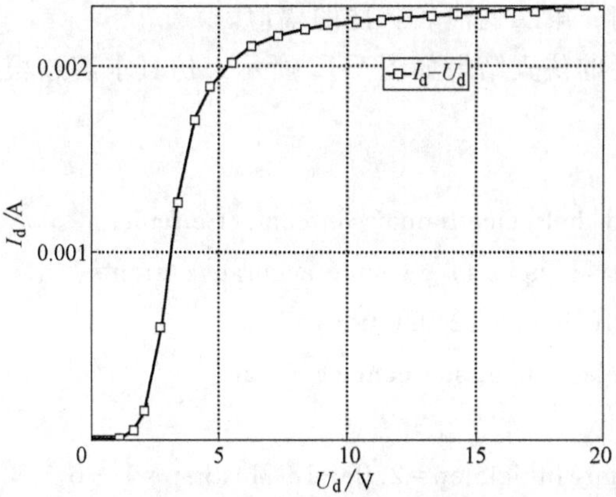

图 5-16 通态特性仿真曲线

动态特性仿真主要是开通和关断特性的仿真。在动态特性仿真过程中，模拟器件的开关状态，需要搭建一个如图 5-17 所示的开关测试电路，程序如下所示：

```
System{
    igbt ig1( C = node1 G = node2)


    r    r1    (node1 node5)    {r = 2}
    l    l1    (node4 node5)    {l0 = 5. 0e-8}                * 50nH
    r    r2    (node1 node4)    {r = 0. 01}                   * 10 mOhm
    v    v1    (node5 0)        {type = " dc"  dc = 100. 0}   * Battery
    r    r3    (node2 node3)    {r = 5}                       * 5. 0 Ohm
```

```
    v    v2    (node3 0) {type="pwl" pwlfile="short.pwl"}

    plot "n@node@_circ.plt" (
        time() node1 node2 node3 node4 node5 i(l1 node5)
    )

    initialize (node5=100 node2=0)
  }
```

开关电路中 pwlfile=" short.pwl" 这个指的是一个栅极脉冲，可以表示为

```
0          0
3e-6       0
3.01e-6    5
13e-6      5
13.01e-6   0
20e-6      0
```

第一列代表时间，第二列代表脉冲的幅值。

开通和关断特性的仿真结果如图 5-12 所示，仿真求解过程如下：

```
Solve{
     poisson
     coupled{hole electronpoisson contact circuit}
     # increase Digits to get more accurate currents
     coupled(Digits=12 Iterations=20)
     {hole electronpoisson contact circuit}

     Transient(InitialStep=2.0e-13 MaxStep=1e-6
     InitialTime=0 FinalTime=2e-5
     Increment=1.5 Decrement=2.0
               )
     {
     coupled{hole electronpoisson contact circuit}
     }
  }
```

## 5.6.2 终端设计

通过前面 IGBT 元胞的设计，可以得到 IGBT 的基本特性。对于 IGBT 的阻断电压，不仅要纵向结构上满足设计指标，而且横向上也必须满足耐压的要求，否则会

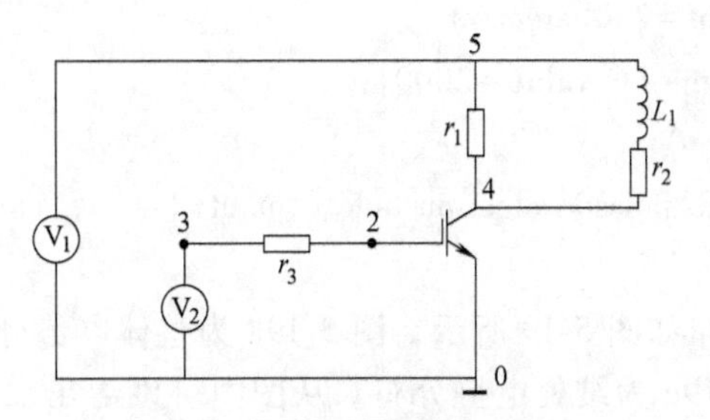


图 5-17　IGBT 开关测试电路

出现表面击穿的现象，因此需要对 IGBT 的终端进行设计。这里选取场限环和场板相结合的结构进行 IGBT 终端设计，所设计的 IGBT 终端结构如图 5-18 所示。

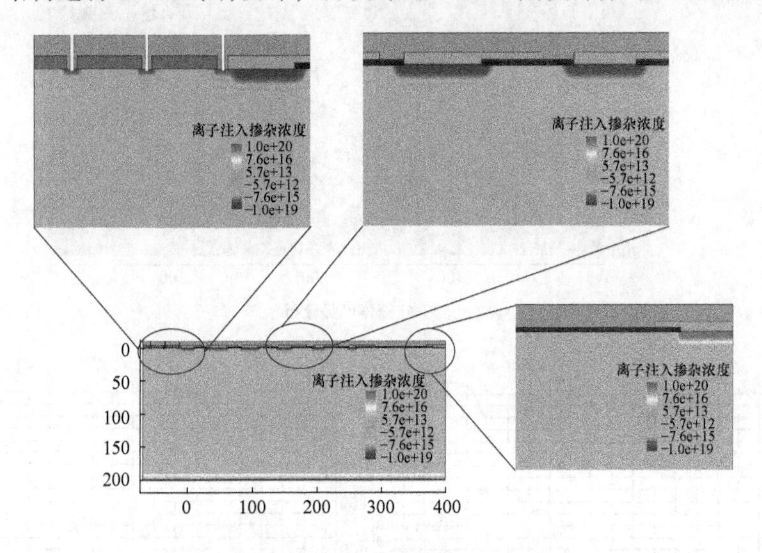


图 5-18　IGBT 终端结构

IGBT 终端阻断电压的仿真求解过程如下：

```
Solve{

     * Inital Solution
     coupled(Iterations=30){poisson}
     coupled(Iterations=30){poisson electron hole contact}

     * Quasistat the anode to 2000 Volt

     Quasistationary(
     InitialStep=1e-8 MaxStep=1e-2 MinStep=1e-8
```

```
        Increment = 2 Decrement = 3
        Goal{ name = C value = 2000}
                )
        {coupled{poisson electron hole contact} }
}
```

仿真后的电势分布如图 5-19 所示，图 5-19a 为整体电势分布，图 5-19b 为器件表面电势分布，图 5-19c 为结处电势分布。从图中可以看出，从有源区到外侧场限环和场板，器件表面和结处的电势都在逐渐增大，大部分的电压加在了场限环和场板上，从而对器件有源区进行了有效的保护。

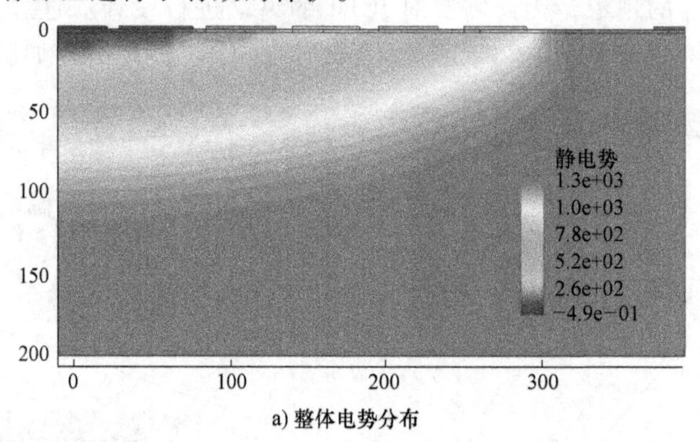


a) 整体电势分布

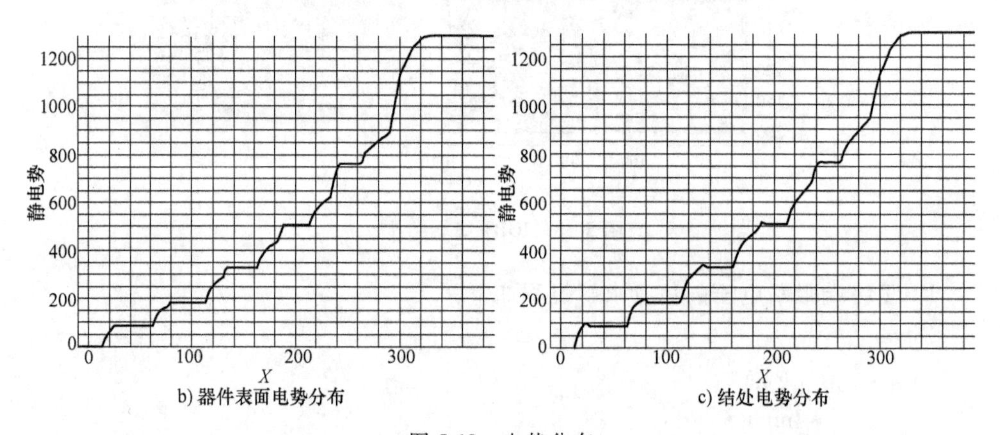


b) 器件表面电势分布　　c) 结处电势分布

图 5-19　电势分布

仿真后的电场强度分布如图 5-20 所示，图 5-20a 为整体电场强度分布，图 5-20b为器件表面电场强度分布，图 5-20c 为结处电场强度分布。从图中可以看出，从有源区到外侧场限环和场板，器件表面电场比较均匀，结处电场最外一环较低，其余电场也比较均匀，不会因为某一环结电场明显增大而导致击穿的风险。

采用此终端设计，最终的阻断电压如图 5-21 所示，对比图 5-14 的阻断特性可

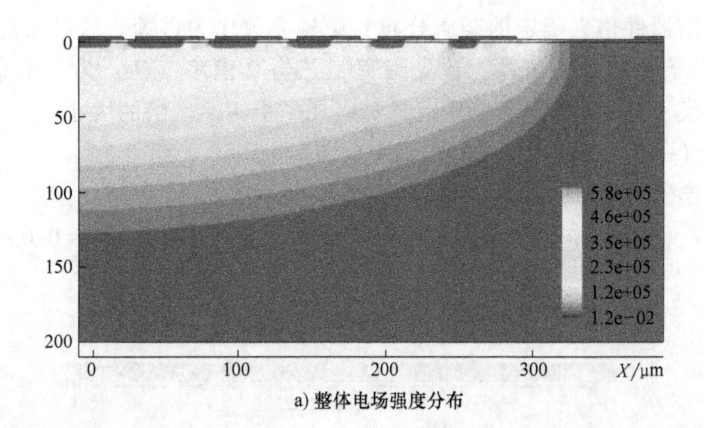

a) 整体电场强度分布

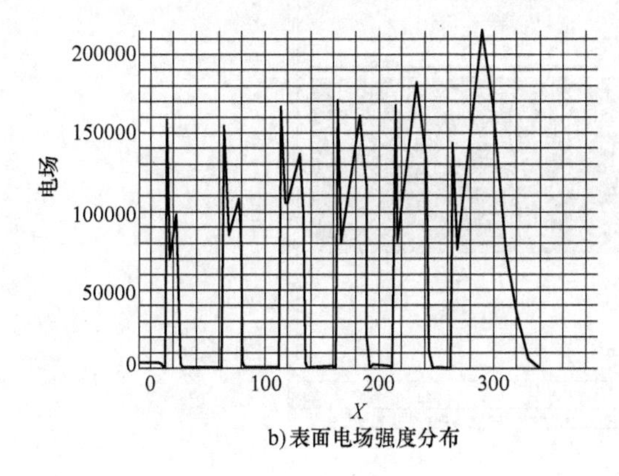

b) 表面电场强度分布

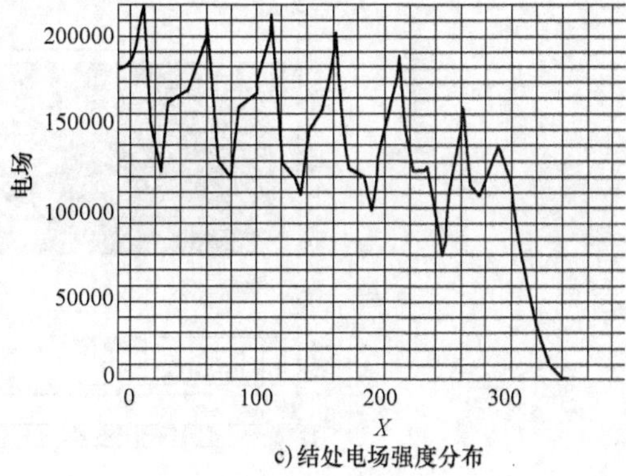

c) 结处电场强度分布

图 5-20　电场分布

以发现，加上终端后，阻断电压有所降低，这是由于终端的击穿电压小于有源区击穿电压，若想进一步提高终端击穿电压，可以继续增加场限环和场板的数目，具体理论分析参照3.3节。

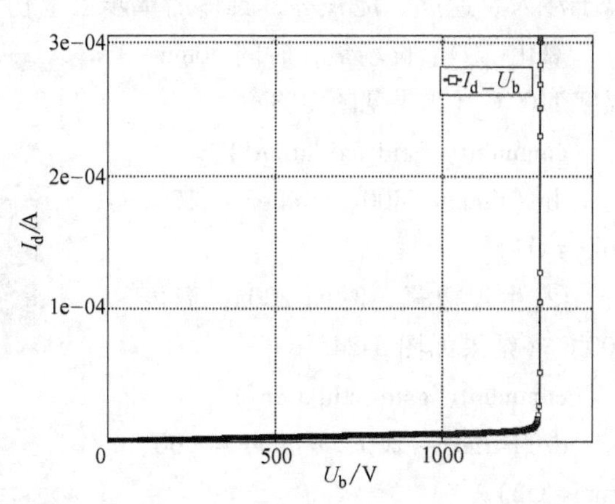

图 5-21　带终端的阻断特性仿真曲线

## 5.6.3　器件工艺设计

在进行完元胞设计和终端设计后，还需要对 IGBT 的工艺进行仿真设计。IGBT 的工艺设计，必须将设计思路与已有工艺条件相结合，通过工艺仿真可以在现有的工艺平台上实现器件的最终制作。

首先依据器件仿真确定的杂质分布和结构参数作为目标，通过工艺仿真反推制定 IGBT 工艺流程和工艺条件。首先编写工艺仿真程序（注：为了示意顶层图形，缩短了纵向尺寸）。仿真程序中开始需要定义一个初始网格的大小：

grid( x = ( -25, 25)　y = ( -200, 0.0), nx = 2)

接下来定义衬底：

substrate（orientation = 100，elem = P，conc = 8.0E13，ysubs = 0.0），如图 5-22 所示：

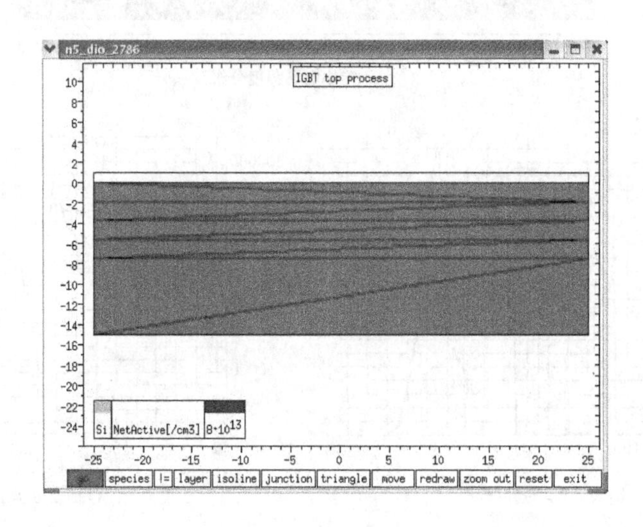


图 5-22　衬底定义

然后就可以进行具体的工艺仿真。工艺仿真中常用的几种工艺有氧化、刻蚀、离子注入、退火、淀积等，具体的单步工艺仿真如下：

氧化：①生长场氧，时间 30min，温度 1100℃（结果见图 5-23）

comment('field oxidation')

diff( time = 1800, temper = 1100, atmo = O2)

② 生长栅氧，时间 200s，温度 900℃（结果如图 5-24）

comment('gate oxidation')

diff ( time = 200, temper = 900, atmo = O2)

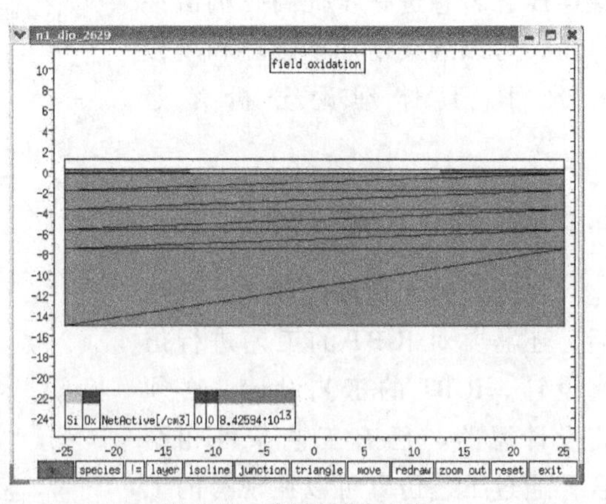


图 5-23　场氧氧化工艺

刻蚀：刻蚀栅氧，刻蚀材料为

$SiO_2$，刻蚀到 Si 材料停止，刻蚀速率 10nm/min（结果见图 5-25）。

```
comment('gate etch')
etching(material=ox, stop=sigas, rate(aniso=10))
```

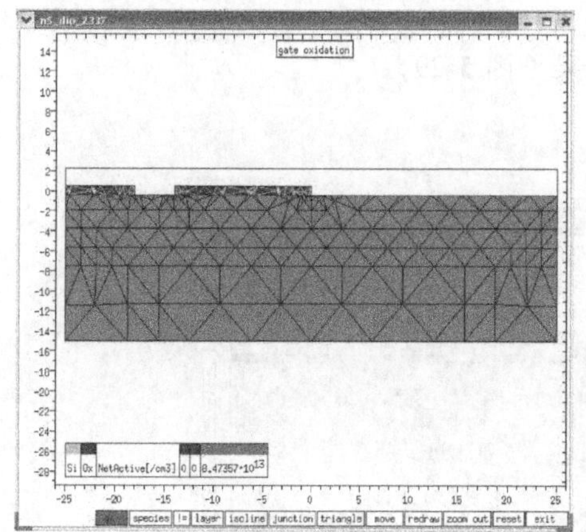


图 5-24　栅氧氧化工艺

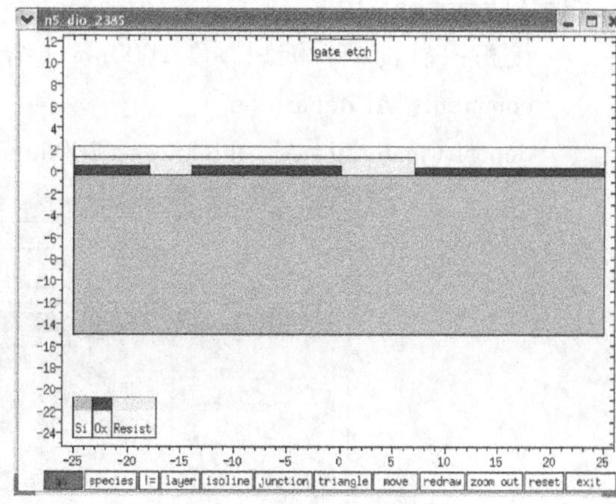


图 5-25　刻蚀工艺

离子注入：多晶硅离子注入，注入离子为 As，剂量 5e15，能量 60keV，垂直注入（结果见图 5-26）。

```
comment('poly implantation')
impl(element=As, dose=5E15, energy=60keV, tilt=0)
```

有源区离子注入，注入离子为 As，剂量 5e15，能量 80keV，垂直注入（结果见图 5-27）。

```
comment('N+ implantation')
impl(element=As, dose=5E15, energy=80keV, tilt=0)
```

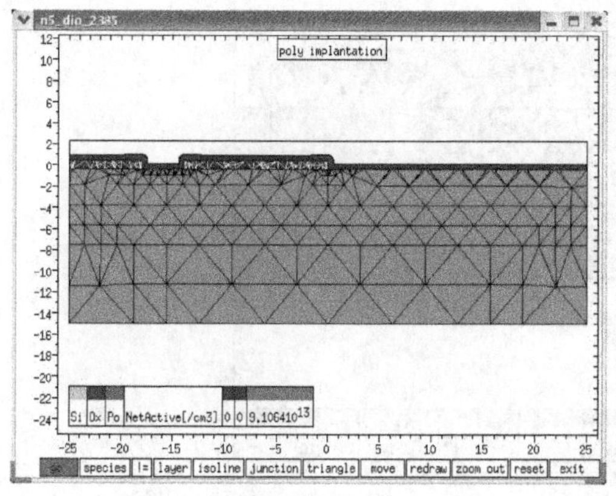


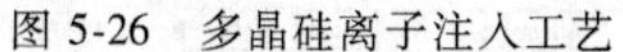

图 5-26　多晶硅离子注入工艺

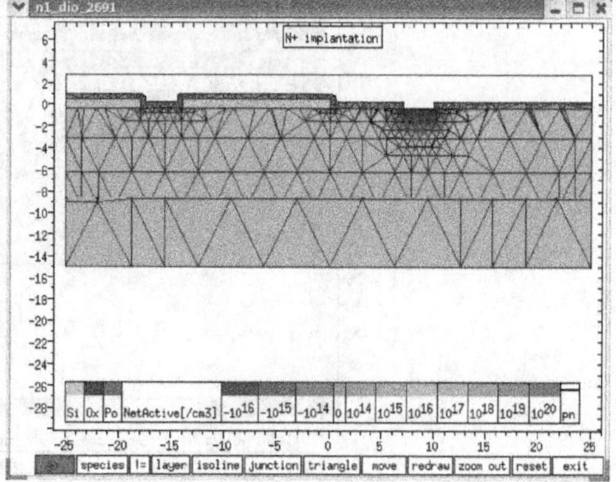


图 5-27　有源区离子注入工艺

退火：P 阱退火，时间 30s，温度 1180℃，混合气体，$H_2$：0.5L/min，$N_2$：

3L/min，1 个标准大气压（结果见图 5-28）。

comment('P well anneal')

Diffusion(Time = 30, Temperature = 1180, Atmosphere = Mixture Flow (H2 = 0.5 N2 = 3) Pressure = 1)

淀积：Al 淀积，淀积厚度 1000nm（结果见图 5-29）

comment('Al deposition')

deposit(material = Al, thickness = 1000nm)

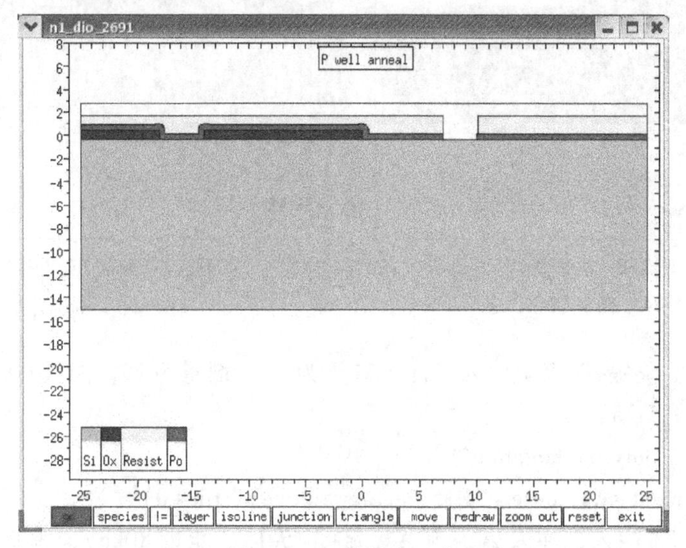


图 5-28　P 阱退火工艺

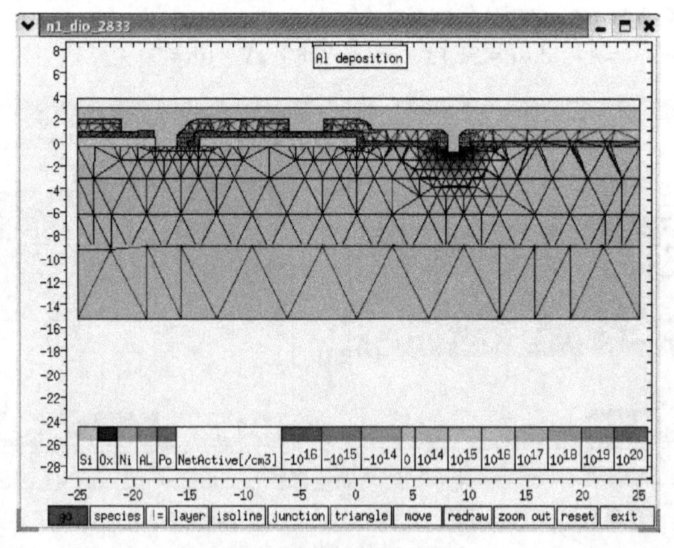


图 5-29　Al 淀积工艺

除此之外还有光刻版的定义：

```
comment('M')
mask(material=re, thickness=800nm,xleft=-25, xright=-18)
mask(material=re, thickness=800nm,xleft=-14, xright=0)
mask(material=re, thickness=800nm,xleft=7, xright=25)
```

整体工艺程序完成后，在程序末尾加上保存命令，可以进行后期结构的调用。

```
comment('save final structure for device simulation')
save(file='IGBT', type=mdraw)
```

仿真后的工艺结构导入 mdraw 模块后，如图 5-30 所示，由于只进行了正面工艺的仿真，背面图形需要在此加入，最终的结构如图 5-31 所示。然后参照 5.5 节的仿真步骤进行器件特性仿真，再与 5.5 节中的器件特性曲线做对比是否一致，若一致，说明所仿真的工艺流程和工艺参数能够实现所设计的器件结构及杂质分布，进而能得到所设计的器件特性，工艺仿真结束；若不一致，反复修改器件结构参数及工艺参数，直至满足设计要求。

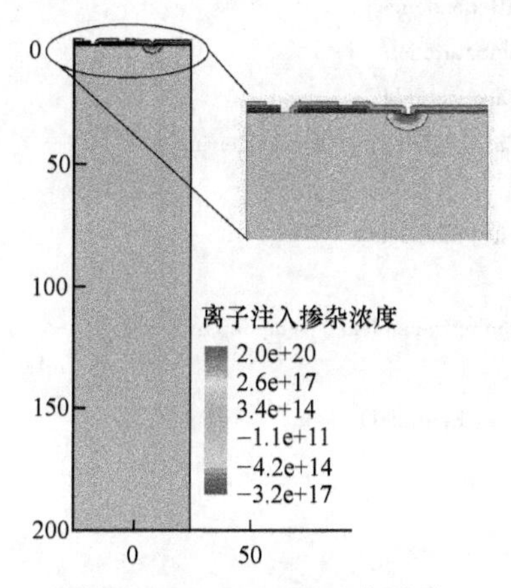


图 5-30　IGBT 正面工艺图形

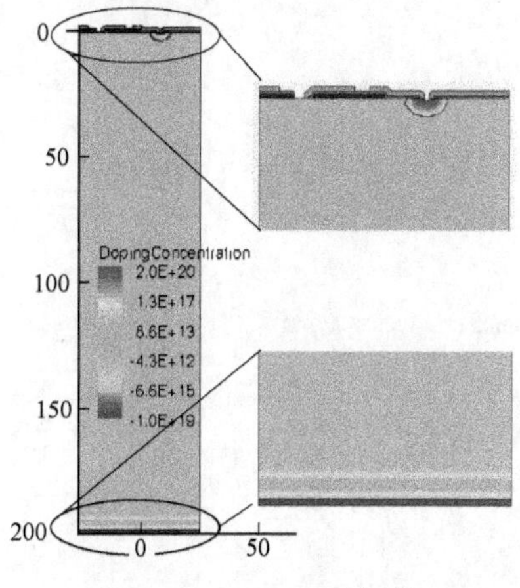


图 5-31　IGBT 工艺结构

通过器件模拟和工艺模拟反复联动仿真，最终可得到优化的器件结构参数和拟实现的工艺流程和参数。

**附件 1**

转移特性的“Commands”文件如下所示：

```
Plot{
        eCurrent/Vector hCurrent/Vector
        eDensity hDensity
        ElectricField
        eQuasiFermi hQuasiFermi
        eParallel hEparallel
        Potential SpaceCharge
        SRH Auger
}

Physics{
                Mobility( DopingDependence
                        HighFieldSaturation
                        NormalElectricField
                        CarrierCarrierScattering( BrooksHerring)
                        )
          EffectiveIntrinsicDensity( Slotboom)
          Recombination(
                        SRH( DopingDependence Tempdep)
                        Auger
                        Avalanche( Eparallel)
                        )
      AnalTep
      Thermodynamic
}

Math{
          RelErrcontrol
          Digits=5
          Iterations=8
          Derivatives
          AvalDerivatives
          NoAutomaticCircuitContact
          NewDiscretization
      DirectCurrentComp
}

Electrode{
```

```
        {name=Anode     voltage=0}
        {name=Cathode voltage=0}
        {name=Gate      voltage=0 barrier=-0.55}
}

File{
        grid     ="@grid@"
        doping   ="@doping@"
        current="@plot@"
        output   ="@log@"
        plot     ="@dat@"
        save     ="@save@"
        param    ="@parameter@"
}

Solve{

        * Inital Solution
        coupled(Iterations=30){poisson   }
        coupled(Iterations=30){poisson electron hole}

          Quasistationary(
                InitialStep=1e-6 MaxStep=0.05 MinStep=1e-8
                Increment=2 Decrement=3
                Goal{name=Anode value=10}
                )
        {coupled{poisson electron hole}}
        save(FilePrefix="vd")

        load(FilePrefix="vd")
NewCurrent="vg_"
Quasistationary(
                InitialStep=1e-6 MaxStep=0.05 MinStep=1e-8
                Increment=2 Decrement=3
                Goal{name=Gate value=10}
                )
        {coupled{poisson electron hole}}
}
```

**附件2**

通态特性的“Commands”文件如下所示：

```
Plot{
      eCurrent/Vector hCurrent/Vector
      eDensity hDensity
```

```
        ElectricField
        eQuasiFermi hQuasiFermi
        eEparallel hEparallel
        Potential SpaceCharge
        SRH Auger
}

Physics{
        Mobility( DopingDependence
                  HighFieldSaturation
                  NormalElectricField
                  CarrierCarrierScattering( BrooksHerring)
                  )
        EffectiveIntrinsicDensity( Slotboom)
        Recombination(
                  SRH( DopingDependence Tempdep)
                  Auger
                  Avalanche( Eparallel)
                  )
        AnalTep
        Thermodynamic
}

Math{
        RelErrcontrol
        Digits=5
        Iterations=8
        Derivatives
        AvalDerivatives
        NoAutomaticCircuitContact
        NewDiscretization
      DirectCurrentComp
}

Electrode{

        {name=Anode     voltage=0}
        {name=Cathode voltage=0}
        {name=Gate      voltage=0 barrier=-0.55}
}

File{
        grid     ="@grid@"
```

```
        doping   ="@doping@"
        current="@plot@"
        output   ="@log@"
        plot     ="@dat@"
        save     ="@save@"
        param   ="@parameter@"
}

Solve{

        * Inital Solution
        coupled(Iterations=30){poisson    }
        coupled(Iterations=30){poisson electron hole}

        Quasistationary(
                InitialStep=1e-6 MaxStep=0.05 MinStep=1e-8
                Increment=2 Decrement=3
                Goal{name=Gate value=5}
                )
        {coupled{poisson electron hole}}
        save(FilePrefix="vg")

        load(FilePrefix="vg")
    NewCurrent="vd_"
    Quasistationary(
                InitialStep=1e-6 MaxStep=0.05 MinStep=1e-8
                Increment=2 Decrement=3
                Goal{name=Anode value=20}
                )
        {coupled{poisson electron hole}}
}
```

**附件3**

阻断特性的"Commands"文件如下所示：

```
Plot{
      eCurrent/Vector hCurrent/Vector
      eDensity hDensity
      ElectricField
      eQuasiFermi hQuasiFermi
      eEparallel hEparallel
      Potential SpaceCharge
      SRH Auger
}
```

```
Physics{
        Mobility( DopingDependence
               HighFieldSaturation
               NormalElectricField
               CarrierCarrierScattering( BrooksHerring)
               )
        EffectiveIntrinsicDensity( Slotboom)
        Recombination(
                    SRH( DopingDependence Tempdep)
                    Auger
                    Avalanche( Eparallel)
                    )
    AnalTep
    Thermodynamic
}

Math{
        RelErrcontrol
        Digits=5
        Iterations=8
        Derivatives
        AvalDerivatives
        NoAutomaticCircuitContact
        NewDiscretization
    DirectCurrentComp
}

Electrode{

        {name=Anode    voltage=0}
        {name=Cathode voltage=0}
        {name=Gate     voltage=0 barrier=-0.55}
}

File{
        grid     ="@grid@"
        doping   ="@doping@"
        current="@plot@"
        output   ="@log@"
        plot     ="@dat@"
        save     ="@save@"
        param    ="@parameter@"
}
```

```
Solve{

        * Inital Solution
        coupled(Iterations=30){poisson    }
        coupled(Iterations=30){poisson electron hole}

        Quasistationary(
                InitialStep=1e-6 MaxStep=0.05 MinStep=1e-8
                Increment=2 Decrement=3
                Goal{name=Anode value=2000}
                )
        {coupled{poisson electron hole}}
}
```

**附件 4**

开关特性的“Commands”文件如下所示：

```
Plot{
        eCurrent/Vector hCurrent/Vector
        eDensity hDensity
        ElectricField
        eQuasiFermi hQuasiFermi
        eEparallel hEparallel
        Potential SpaceCharge
        SRH Auger
        #eIonIntegral hIonIntegral MeanIonIntegral
}

Physics{
      EffectiveIntrinsicDensity(oldSlotboom)
      Mobility(DopingDependence HighFieldSaturation Enormal)
      Recombination(SRH(DopingDependence TempDependence)Avalanche(Eparalell))
      #ComputeIonizationIntegrals(WriteAll)
      Thermodynamic
      AnalyticTEP
}

Math{
        RelErrcontrol
        Digits=5
        Iterations=10
        Derivatives
        AvalDerivatives
        NoAutomaticCircuitContact
```

```
        NewDiscretization
DirectCurrentComp
BreakAtIonIntegral
}

#if @ SHORT_CIRCUIT@ = =0

Electrode{

        {name=Anode    voltage=0}
        {name=Cathode voltage=0}
        {name=Gate     voltage=0 barrier=-0. 55}
}

File{
        grid     =" @ grid@ "
        doping   =" @ doping@ "
        lifetime  =" @ doping@ "
        current=" @ plot@ "
        output   =" @ log@ "
        plot     =" @ dat@ "
        save     =" @ save@ "
        param    =" @ parameter@ "
}

Solve{

        * Inital Solution
        poisson
        coupled{poisson electron hole contact}

        * Quasistat the anode to100 Volt
        Quasistationary(
                InitialStep=1e-6 MaxStep=0. 1 MinStep=1e-6
                Increment=2 Decrement=3
                Goal{name=Anode value=100}
                )
        {coupled{poisson electron hole contact}}
}
#else
********************************************
*****************************
* Transient turn-on under inductive load.
```

```
* The save file from the previous simulation is loaded.
* In this simulation Dessis is used in mixed-mode.
*****************************************************
******************************

File      {
      output    = "@log@"
}

Dessis igbt{
  Electrode{
      { name = Anode     voltage = 100}
      { name = Cathode voltage =    0}
      { name = Gate      voltage =    0 barrier = -0.55}
  }

  File{
      grid       = "@grid@"
      doping     = "@doping@"
      lifetime   = "@doping@"
      param      = "@parameter@"
  }
}

System          {
      igbt ig1(Anode = node1 Gate = node2){
              File{
                  plot       = "@dat@"
                  current = "@plot@"
                  load       = "@save:-1@"
              }
      }
      r r1      (node1 node5)    {r = 2}
      l l1      (node4 node5)    {l0 = 5.0e-8}                * 50nH
r r2      (node1 node4)    {r = 0.01}                * 10 mOhm
      v v1      (node5 0)          {type = "dc" dc = 100.0} * Battery
      r r3      (node2 node3)    {r = 5}                   * 5.0 Ohm
      v v2      (node3 0){type = "pwl" pwlfile = "short.pwl"}

      plot "n@node@_circ.plt"(
          time()node1 node2 node3 node4 node5 i(l5 node3)
      )
```

```
        initialize( node5 = 100 node2 = 0)
    }

Solve{
        coupled{hole electron poisson contact}
        coupled{hole electron poisson contact circuit}
        # increase Digits to get more accurate currents
        coupled(Digits = 12 Iterations = 20)
                {hole electron poisson contact circuit}

        Transient(InitialStep = 2.0e-13 MaxStep = 1e-6
                    InitialTime = 0 FinalTime = 2e-5
                    Increment = 1.5 Decrement = 2.0
                )
        {
        coupled{hole electron poisson contact circuit}
        }
}
#endif
```

## 参考文献


[1] PICHLER, RYSSEL. Simulation of silicon semiconductor processing [J]. European transactions on telecommunications and related technologies, 1990, 1 (3): 293-299.

[2] GALPERIN. Application of experimental and numerical simulation methods for studies of the dry groove silicon etching process [J]. Russian Microelectronics, 2012, 41 (7): 370-375.

[3] SHUR J W, KANG, B K, MOON, S J, et al. rowth of multi-crystalline silicon ingot by improved directional solidification process based on numerical simulation [J]. Solar Energy Materials and Solar Cells, 2011, 95 (12): 3159-3164.

[4] KOH JOON HO, WOO, SEONG IHI. Computer simulation study on atmospheric pressure CVD process for amorphous silicon carbide [J]. Journal of the Electrochemical Society, 1990, 137 (7): 2215-2222.

[5] LIAN, K L, LIAN S S, TSAO S. Numerical simulation of the effects of different coatings on graphite susceptor for the induction process of polycrystalline silicon [J]. Materials Science Forum, 2012, 704: 948-953.

[6] HASHMI S M, AHMED S. Process simulation and characterization of substrate engineered silicon thin film transistor for display sensors and large area electronics [J]. 2013, Materials Science and Engineering, 2013, 51 (1): 2013.

[7] SEO MINKYO, OH HYUN-JUNG, JUNG JAE HAK, et al. A simulation study for optimal pull-speed schedule of ingot growing process for crystalline silicon solar cell [C]. Conference Record of the 2006 IEEE 4th World Conference on Photovoltaic Energy Conversion. 2007, 1: 1167-1170.

[8] ABDELNABY A H, POTIRNICHE G P, Elshabini A, et al. Numerical simulation of heat generation during the back grinding process of silicon wafers [C]. 2012 IEEE Workshop on Microelectronics and Electron Devices. 2012: 5-8.

[9] MüLLER M BIRKMANN B, MOSEL F, et al. Silicon EFG process development by multiscale modeling [J]. Journal of Crystal Growth. 2010, 312 (8): 1397-1401.

[10] KOGANEMARU MASAAKI, Yoshida Keisuke, Ikeda Toru. Device simulation for evaluating effects of inplane biaxial mechanical stress on n-type silicon semiconductor devices [J]. IEEE Transactions on Electron Devices. 2011, 58 (8): 2525-2536.

[11] PIEMONTE CLAUDIO, RASHEVSKY ALEXANDER, VACCHI ANDREA. Device simulation of the ALICE silicon drift detector [J]. Microelectronics Journal, 2006, 37 (12): 1629-1638.

[12] BREGLIO GIOVANNI, CUTOLO ANTONELLO, IODICE MARIO, et al. Simulation and analysis of silicon electro-optic modulator utilizing a three-terminal active device and integrated in a silicon-on-insulator low-loss single-mode waveguide [J]. Proceedings of SPIE, 1997, 3007: 40-47.

[13] WHITING NICHOLAS, HU JINGZHE, CONSTANTINOU PAMELA, et al. Developing hyperpolarized silicon particles for advanced biomedical imaging applications [J]. Progress in Biomedical Optics and Imaging, 2015, 9417.

[14] PIEMONTE CLAUDIO, RASHEVSKY ALEXANDER, VACCHI ANDREA. Device simulation of the ALICE silicon drift detector [J]. Microelectronics Journal, 2006, 37 (12): 1629-1638.

[15] BREED ANIKET, ROENKER KENNETH P. Device simulation study of silicon P-channel FinFETs [C]. 2005 IEEE International 48th Midwest Symposium on Circuits and Systems, 2005, 2005: 1275-1278.

[16] SHAULY EITAN N, PARAG ALLON, KRISPIL URI, et al. Device performances analysis of standard-cells transistors using silicon simulation and build-in device simulation [J]. Proceedings of SPIE, 2010, 7641.

[17] AI BIN, ZHANG YONGHUI, DENG YOUJUN, et al. Study on device simulation and performance optimization of the epitaxial crystalline silicon thin film solar cell [J]. Science China Technological Sciences, 2012, 55 (11): 3187-3199.

[18] SENAPATI B. Modelling of strained Silicon-Germanium material parameters for device simulation [J]. IETE Journal of Research, 2007, 53 (3): 215-236.

[19] OSTERTAG JULIA P, KLEIN STEFAN, SCHMIDT OLIVER, et al. Parameter determination for device simulations of thin film silicon solar cells by inverse modeling based on temperature and spectrally dependent measurements [J]. Journal of Applied Physics, 2013, 113 (12).

[20] BILBAO ARGENIS, BAYNE STEPHEN. PSPICE modeling of Silicon Carbide MOSFETS and device parameter extraction [C]. Proceedings of the 2012 IEEE International Power Modulator and High Voltage Conference, 2012: 776-779.

[21] BUDHRAJA VINAY, MISRA DURGAMADHAB, RAVINDRA NUGGEHALLI M. Simulation of device parameters of high efficiency multicrystalline silicon solar cells [J]. Emerging Materials Research, 2012, 1 (1): 25-32.

[22] MIYAMA MIKAKO, KAMOHARA SHIRO. Circuit performance oriented device optimization using BSIM3 pre-silicon model parameters [C]. Proceedings of the 2000 Asia and South Pacific Design Automation Conference, 2000: 371-374.

[23] KUMARI VANDANA, SAXENA MANOJ, GUPTA RADHEY SHAYAM, et al. Circuit level implementation for insulated shallow extension silicon on nothing (ISE-SON) MOSFET: A novel device architecture [J]. IETE Journal of Research, 2013, 59 (4): 404-409.

[24] ELLAKANY ABDELHADY, SHAKER AHMED, ABOUELATTA MOHAMED, et al. Modeling and simulation of a hybrid 3D silicon detector system using SILVACO and Simulink/MATLAB framework [C]. Proceedings of the International Conference on Microelectronics, 2017: 377-380.

[25] PASSERI D, MOSCATELLI F, MOROZZI A, et al. Modeling of radiation damage effects in silicon detectors at high fluences HL-LHC with Sentaurus TCAD [J]. Nuclear Instruments and Methods in Physics Research, 2016, 284: 443-445.

[26] ISE Group. ISE TCAD Training10_ 0 [P]. 2005.

[27] Avant! TCAD Business Unit. Medici 4. 0 User Manual [P]. 1998.

[28] Avant! TCAD Business Unit. TSUPREM4 User Manual [P]. 2001.

[29] Synops Corporation. ISE TCAD Release 9. 5 User Manual [P]. 2003.

[30] Synops Corporation. Sentaurus User Manual [P]. 2010.

[31] Silvaco Corporation. Silvaco 2012 User Manual [P]. 2012.

# 第6章 器件封装

本章主要从IGBT典型封装的基本结构，材料及其关键性能，封装设计，封装工艺流程及封装新技术等方面探讨IGBT的封装技术。

## 6.1 封装技术概述

IGBT封装是一个多学科交叉的综合技术，往往是以功率模块的方式应用的。功率模块是将多个功率半导体芯片如IGBT芯片、FRD芯片按照一定的拓扑功能封装在一起的集合体。在一个功率模块里，功率半导体芯片底面被焊接于绝缘基板的金属化层上。该绝缘基板使得芯片底部能够实现电气连接，同时还拥有良好的散热性能以及与散热底板实现相对的电气绝缘。芯片的上表面可以用铝丝或铜丝通过超声键合等工艺实现电气连接。在焊接和键合后用硅凝胶充分覆盖，使得元件被充分绝缘、避免环境损害。此外，无源元件如栅极电阻、温度传感器（如NTC热敏电阻等）也可以被集成到模块中。在智能功率模块（IPM）中，驱动和保护电路也被集成到模块里。

功率模块具有结构紧凑，可靠性高和安装方便等优点，有助于大功率应用实现高可靠性的集成化布局。智能功率模块将功率半导体芯片和驱动器集成在一个封装内，保证其整机产品拥有更高的可靠性，并大大降低了装备的体积。但是，同一模块内能封装的芯片数量有限，在封装设计中必须尽可能地减小内部电气互联带来的寄生参数差异。另外，为获得更高的电流处理能力而增加芯片的并联数量，器件工作时产生的热损耗将过于集中，这会增加散热难度。因而，更大电流的获得只能通过模块级并联来解决。

因此，必须有适当的措施来抑制功率半导体器件在工作时的热积累，这种需要催生了功率半导体领域的一门新技术——散热技术。而从功率器件封装角度，需要找到一种合适的材料将产生的热量及时高效地传送出去。其中具有高热导率的材料极为重要。

在电力变换领域中，应用的功率半导体模块产品在绝大部分应用场合下是需要电气绝缘的，即要实现各个电气端子与底板之间的电气绝缘。然而，绝缘功能的实现和散热的实现是相互矛盾的。因为绝缘的介质材料不可避免地将减小热量耗散的能力，即增加热阻。因此必须寻找一种具有高绝缘指数同时又具有高热导率的材料，目前被业界广泛选用的是陶瓷材料。

利用 IGBT 的快速开关特点将电源的能量按照应用中的需求实现开通和关断，从而实现对能量进行控制的目的。这种快速开关的行为产生极高的瞬态电压变化率和电流变化率，成为传导干扰和辐射干扰的主要干扰源，这些干扰信号足以危及装备自身及其附近其他电单元的正常工作。因此，器件应用者们对器件制造者提出了两项重要的要求：一是减少自身的干扰产生；二是提高抵抗干扰的能力。

和所有功率半导体器件一样，IGBT 封装需要达到的另两项重要任务是抗环境应力和可靠性的获得。美国空军总部对某沿海基地使用的电子产品故障调查分析[1]结果显示：故障产品中，52%是由于环境因素引起的，因此，对于功率半导体器件制造者而言，环境应力及其与可靠性的关系是必须要考虑的因素。图 6-1 为各种环境因素引起故障的分布情况。

从图中可以看到：温度（热效应）、振动、湿度这三个因素引起的故障加在一起占到了环境因素引发故障的 86%，这些情况为我们研究和解决封装方案提供了某些明确的方向。因为任何电子产品的故障机理都与产品的材料、结构、制造工艺、生产环境、工作应力及使用环境等息息相关，失效的分布情况也与这些因素之间存在必然联系。研究表明，温度循环诱发的故障模式有：参数漂移、开路、短路、密封失效、连线伸张或松脱、接触不良、缺陷增大或产生、断裂等；而振动诱发的故障模式有：开路、短路、连线松脱、断裂、异物、虚焊或焊接不良、结构设计不良等。

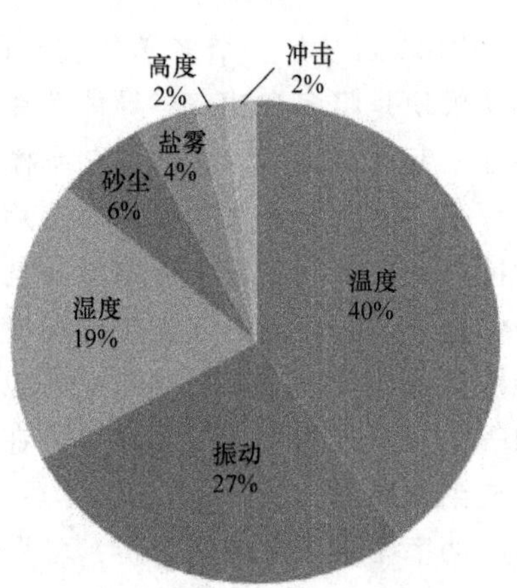


图 6-1　环境因素引起的故障分布

温度循环对产品的机械影响取决于不同的材料，在热应力作用下，由于其膨胀系数的差异会产生机械应力；在承受高低温双向变化的热应力时，应力差的变化会对焊接和键合产生影响，使缺陷得到暴露。多次温度循环，加速了缺陷的出现和放大。另外，产品中的密封胶和塑料材料在低温时变硬发脆，高温时软化、松弛，超出使用温度范围时，其机械性能和抗减振特性均会恶化，导致产品失效。

模块产品的可靠性设计基于良好的设计经验，一般来讲，模块经过了早期失效和长期可靠性的筛选。这种筛选是通过高加速应力筛选试验（HASS）技术来完成的。寿命试验是基于对数时间的概念，高加速寿命测试（HALT）用以确定产品在设计阶段的可靠性目标是否满足长期可靠性要求。实施失效分析和纠正措施是为了保持产品的高可靠性。

## 6.2 封装基本结构和类型

IGBT 芯片所用硅材料厚度较薄，硅本身质地很脆，很小的机械应力就能使之破碎，这要求在芯片应用前先采取适当的措施确保它能承受一定的机械应力，通常将芯片直接紧贴（焊接或压接）或者将它与绝缘基板黏结后再紧贴于具有良好散热能力和一定厚度（如 2~5mm）的金属材料（如铜、铝或合金材料等）上，增加芯片的机械支撑强度，同时还要满足功耗和散热的要求。图 6-2 为单管封装的 IGBT 器件，将 IGBT 芯片直接焊接到约 2mm 厚的铜板上；图 6-3 为模块封装的 IGBT 器件，将 IGBT 芯片焊接到 DBC（Direct Bonded Copper）板上再连同 DBC 板焊接到约 3mm 厚的铜基板上形成功率模块。

图 6-2 IGBT 单管封装

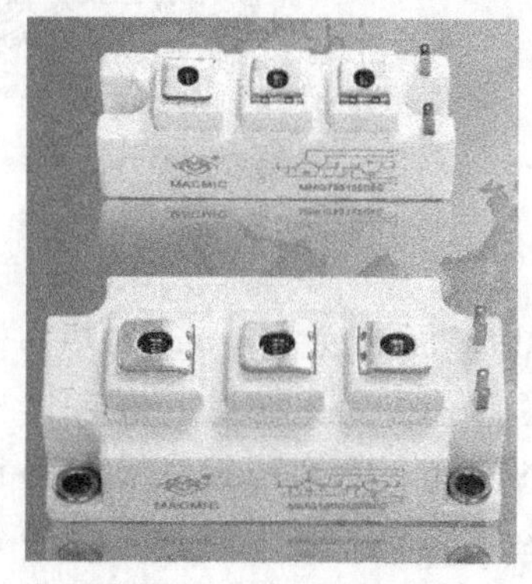

图 6-3 IGBT 模块封装

IGBT 器件的基本封装分成三大类：注塑封装，如单管、单列或双列直插式封装；灌封封装，如芯片模块封装、混合集成封装；及其他特殊封装，如平板压接封装、全压接封装。图 6-4 所示的封装外形均为目前市场上 IGBT 模块的典型封装类型。

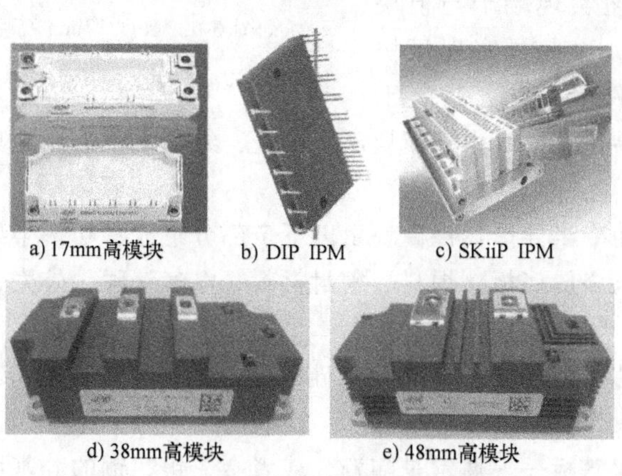


图 6-4 IGBT 模块几种典型的封装类型

由于模块结构相对复杂，其制造工艺也各有特点，因此，目前模块的封装结构还没有像分立器件那样形成统一的封装标准。

图 6-5 是高度为 30mm 的功率模块示意图，主要由芯片、主端子、绝缘基板、灌封保护胶、金属底板、键合丝、焊料等材料构成。主要特点是主端子焊接在绝缘基板金属表面上，实现内部电气连接；产品应用时使用螺钉将汇流排与主端子连接；信号端子为金属引线或者直接注塑在外壳腔体内的铜电极。绝缘基板一般使用 DBC 板，具有较低的热阻和较高的绝缘强度。

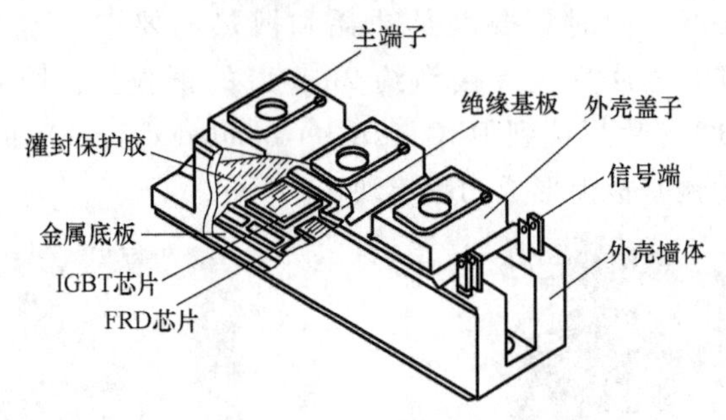


图 6-5　典型 30mm 高度模块

图 6-6 是高度为 17mm 的功率模块示意图，主要由芯片、嵌入电极端子的外壳、绝缘基板、灌封保护胶、金属底板、键合丝、焊料等材料构成。主要特点是不需要用焊锡焊接的方式使得端子与绝缘基板连接，而是采用电极端子底部平板面和绝缘基板表面金属作为键合区域，用铝丝键合的工艺实现端子与模块内部的电气连接，由此可实现模块结构薄型化、部件轻量化、封装工艺和组装模具简易化，同时由于模块高度较低，缩短端子通流距离，使得封装电感减小。

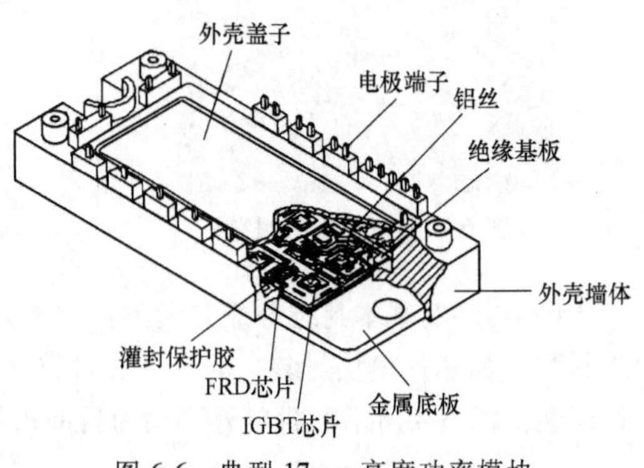


图 6-6　典型 17mm 高度功率模块

一个基本的功率半导体器件模块由以下 7 部分组成：功率半导体芯片、用于绝缘的金属化基板、金属底板、焊料、密封材料、电气互联、外壳，每部分由不同的材料构成：

功率半导体芯片——硅器件或碳化硅器件，如 IGBT、FRED、MOSFET、SCR、Diode 等；

绝缘用金属化基板——通常是陶瓷，或者金、银、铜的硅基底板上单面或双面金属化镀层；

底板——铜金属、铜合金、碳加固合金、铝碳化硅等；

焊料——铅基焊料或无铅焊料等；

密封材料——硅橡胶、硅凝胶或环氧等；

电气互联——铝线（带）、铜线（带）、金线，或铜质连接桥、铜电极，薄膜电极等；

外壳——热固性塑料和热塑性塑料。

合理的选材对于一个模块产品的性能和可靠性至关重要，选材是基于材料的热、电、机械和化学性质来考量，此外还有材料的成本及其技术成熟度，这些因素将作为选取一项材料的决定因素。

IGBT 功率模块的种类主要有标准封装，如单开关模块，半桥模块及全桥模块；PIM（Power Integrated Module）封装，如内部芯片电路结构可以由六管逆变单元（通称六单元模块）组成，也可以由六管逆变单元+制动单元+输入整流单元（通称七单元模块或 CBI 模块）组成以及单相逆变（H 桥）单元（见图 6-7）组成；IPM（Intelligent Power Module）封装，典型的 IPM 包含了功率电路部分、驱动电路和控制电路部分，如短路保护、过电流保护、输入欠电压保护、过热保护等。

当额定电流较低（例如 100A 以下）时，将多个开关器件或者多种功能的器件集成到一个模块内封装，至少有以下好处：实现了功率电路的紧凑化进而实现了应用装置的紧凑化；便于应用设计与安装；综合成本降低；可靠性更高。

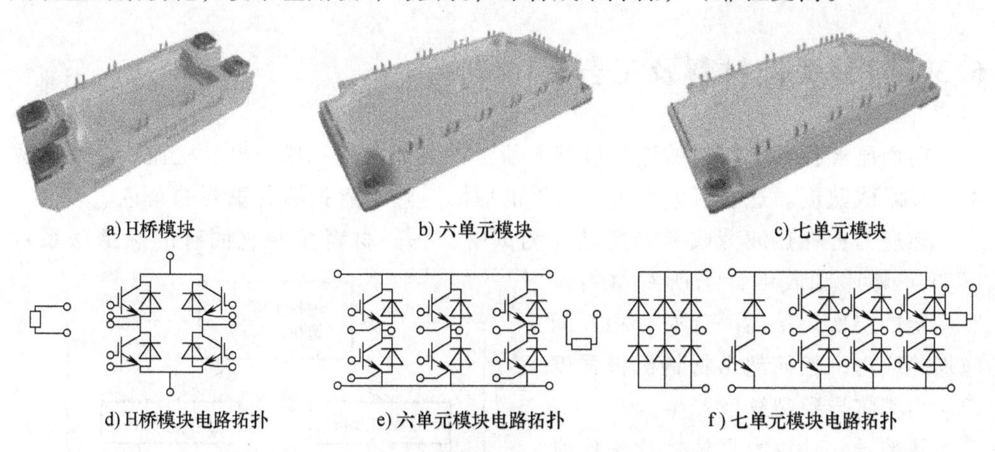


图 6-7　IGBT 功率集成模块及其电路拓扑

在基本的功率模块基础上加上控制电路即成为智能功率电路 IPM（Intelligent Power Module），因此，典型的 IPM 包含了功率部分和控制部分，其中功率部分为给负载提供高压大电流开关能量的 IGBT 和 FRED 器件；控制部分通常为低压、小功率的特定用途集成电路元件，提供门极驱动控制及保护。

功率单元利用了多种微电子技术，将其装配在易于热耗散的金属化陶瓷基板和金属基板上；为了减小成本并避免热量的产生，控制单元通常安装在另一分立的基板上（例如低成本的 PCB），使用标准的表面贴装技术。功率单元具有标准的电路结构和一系列的电流电压额定值，功率模块的价格主要取决于功率单元部分。

IPM 主要分双管 IPM、四管 IPM、六管 IPM 与七管 IPM，除相应 IGBT 逆变单元外，还内置了驱动和多种保护电路，如短路保护、过电流保护、输入欠压保护、过热保护。当然，IGBT 的栅极电阻也封装在内，正因为如此，在某些场合（如需要高频谐振驱动或者并联应用时），IPM 显得不那么合适。实际上 IPM 的出现可以说是帮 IGBT 应用工程师们解决了应用上的主要设计问题，诸如均流、EMI/EMC、过热和过电流保护等。图 6-4中所示的 SKiiP IPM 系由 Semikron 公司生产的双管 IPM，最大电流处理能力能达到热 3600A。

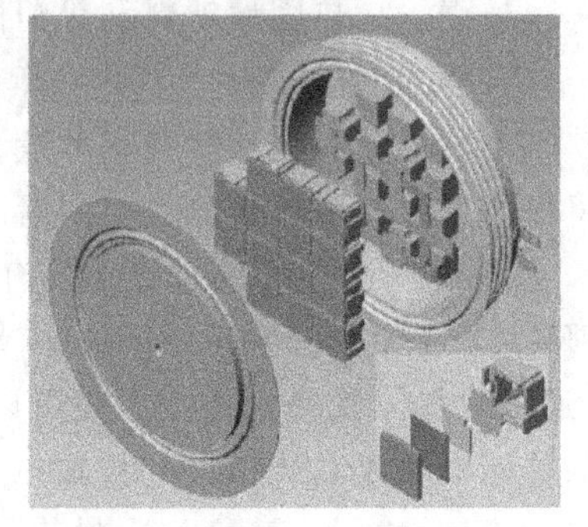

图 6-8　平板压接封装 IGBT 器件

平板压接封装具有如下特点：方便地实现双面散热；非绝缘封装；获得相对较大的电流容量；易于串联，这在高压直流输电换流阀中的应用带来较大方便。平板压接封装的管壳和模块封装的管壳完全不一样（见图 6-8），它的外形和陶瓷金属封装的平板型晶闸管一样，只是内部结构的设计不一致而已。

本节后续内容仅以基本功率模块（功率单元）的设计和制造展开讨论。

## 6.3　封装关键材料及工艺

前面已经提到，材料的选择过程必须考虑以下因素：热、电、机械、化学、成本、技术成熟度。这些因素中由于以下的原因，热因素扮演着重要的角色。

热应力：在热疲劳或者温度循环测试中，每一材料按照它固有的热膨胀系数（CTE）膨胀和收缩，当所有材料按照一定的层次焊接在一起时，相互间施加热应力，任何超出材料机械强度的应力都将导致裂缝的产生。

热传导：功率半导体芯片工作时产生热量，这些热量必须及时地通过基片和基板耗散出去，从而使得功率芯片的工作结温保持在预期的水平，结温越低，产品可靠性越高。随着温度的升高，则产品的失效会加速，温度每上升 9℃，芯片的失效率就上升一倍。

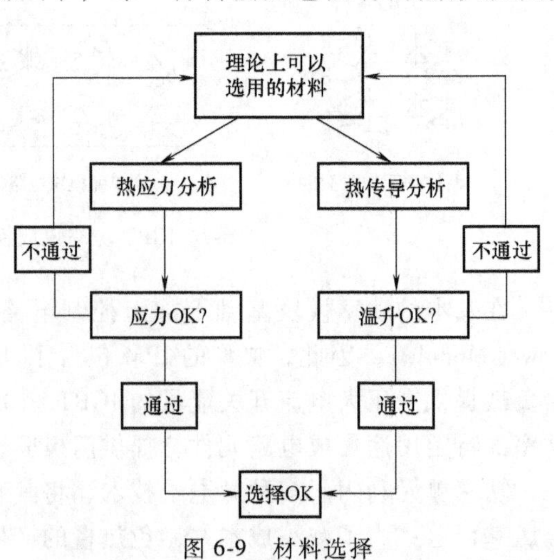


图 6-9　材料选择

图 6-9 给出了对材料进行热应力和热传导分析的原则，在选料方面将依据计算的应力和温升在既定的范围之内来进行调整，在设计技术一节中讨论的不同设计思路也是基于这一方法来进行的。

选择材料是一个相互影响的过程，本章后续讨论将尽量给出各种通用材料型号以及它们的热、电、机械和化学性能、技术成熟度及成本等信息，从而可以选择一组或多组材料来满足或者至少是部分满足既定的需求或目标。

### 6.3.1　绝缘基板及其金属化

绝缘陶瓷基板扮演着支撑功率模块电路结构的角色，是所有元件的机械支撑体，必须要有足够的强度来经受不同的环境应力（温度、电压、应力等）。电气上它必须充当各种导电体之间的绝缘体，以额定电压为 1200V 模块产品为例，工程上一般要求能承受加载于任意端子和底板之间至少 2500V（50~60Hz）的交流有效值电压，并能够持续 1min 时间。它还应具备足够的热传导能力来耗散所有元件产生的热能。

此外，绝缘基板还需要较高的表面光洁度来附着金属化薄膜，不平整的表面会使金属层附着力变差，导致潜在的微缺陷和局部导热不良，加速芯片使用过程中的失效。

#### 1. 绝缘基板的基本性能要求

适用于功率电子领域应用的绝缘基板应具备以下电、热、机械和化学等性能要求：

电性能：高的电阻率或者绝缘性能（$>10^{12}\Omega cm$）；
　　高的静电强度（>8000V/mm）；
　　低介电常数（<15）。

热性能：高导热系数（>30W/mK）；
　　与功率半导体芯片相匹配的热膨胀系数（$2\sim6\times10^{-6}/℃$，Si：$2.86\times10^{-6}/℃$）。
　　高的热稳定性（>1000℃）。

机械性能：高抗拉强度（>200MPa）。
　　高弯曲强度（>200MPa）。
　　外形稳定性——高硬度。
　　可加工性——能容易成型、抛光、切割和钻孔。
　　良好的光洁度（<1um）。
　　金属化能力——与通用的金属化技术兼容：薄膜、厚膜、镀铜、铜直接键合（DBC）、活性钎铜焊（ABC）、常规钎铜焊（RBC）。

化学性能：高耐酸耐碱和抗污染能力。
　　低潮气吸附率。
　　低毒性。

等离子清洗过程呈化学惰性。

此外，它还应具有低的密度和重量以减小机械冲击力，具有成熟的制造技术和尽可能低的成本。

**2. 绝缘基板的种类**

工业领域里已知的绝缘基板材料有 7 类之多：即陶瓷基板（氧化铝、氮化铝、氧化铍、氮化硼、堇青石、镁橄榄石、刚玉、皂石和钛酸盐）；玻璃基板；青玉基板；石英基板；硅基基板（碳化硅、氧化硅、氮化硅）；绝缘金属基板（IMS）以及钻石基板（CVD 多晶）。

通过对上述绝缘基板的机械、热、电、化学和其他性能的仔细比对，大致可以选取其中的 4 种绝缘材料应用于功率半导体模块封装，即陶瓷基板中的氧化铝（$Al_2O_3$：96%、99%）、氮化铝（AlN）、氧化铍（BeO）和硅基基板中的氮化硅（$Si_3N_4$）。如果足够厚的铜金属化能被实现并且成本能够降下来的话，CVD 多晶钻石基板也极具潜力。

表 6-1 列出了上述几款绝缘材料的性能，同时列出了 IMS 和 CVD 金刚石材料供对比参考[2]。

（1）氧化铝（$Al_2O_3$；96%、99%）

优势：最为通用的陶瓷基板材料也是最为成熟的技术；低成本；机械、热、电和化学等方面的性能较为平均，但可以接受；易于金属化（薄膜、厚膜、镀铜、DBC、ABC、RBC 等均可）；易于机加工；无毒；无气体溢出；零潮气吸收率；弯曲度 0.003/1；成熟的加工工艺；外形稳定。

劣势：热导率 30W/K · m 在中小功率应用中是可接受的，但在高功率段导热性显得弱了些，例如 0.63mm 的基板双面附上 0.25mm 的铜，焊接上 10mm×10mm 的 IGBT 芯片时具有 0.3W/k · m 的热阻，这意味着对于可接受的 30℃ 的结温升而言，该 IGBT 芯片只能有约 50A 的工作电流，而这一芯片的额定电流值为 75A（因而选用氧化铝时并不能充分发挥芯片的通流能力）；热膨胀系数与硅不太匹配（氧化铝 $6.0\sim7.2\times10^{-6}$/℃、硅 $2.8\times10^{-6}$/℃）；高介电常数；较一般的抗酸能力。

**表 6-1 几款绝缘材料性能**

| 类 | 性能 | 单位 | 材料 | | | | | | |
|---|---|---|---|---|---|---|---|---|---|
| | | | $Al_2O_3$96% | $Al_2O_3$99% | AlN | $Si_3N_4$ | BeO | IMS | CVD 金刚石 |
| 机械性能 | 拉伸强度 | MPa | 127.4 | 206.9 | 310 | 96 | 230 | 392 | |
| | 弯曲强度 | MPa | 317 | 345 | 360 | 932 | 250 | 6 | 1000 |
| | 弹性模量 | Gpa | 310.3 | 345 | 310 | 314 | 345 | | 1180 |
| | 硬度* | K 或 H | 2000K | 9MH | 1200K | | 100K | | 7500K |
| | 光洁度 | um | 1 | 1 | 1 | | 15 | | <1 |
| | 密度 | kg/m³ | 3970 | 3970 | 3260 | 2400 | 3000 | 2700 | 3500 |

（续）

| 类 | 性能 | 单位 | 材料 | | | | | | |
|---|---|---|---|---|---|---|---|---|---|
| | | | $Al_2O_3$96% | $Al_2O_3$99% | AlN | $Si_3N_4$ | BeO | IMS | CVD 金刚石 |
| 电性能 | 电阻率 | Ω·cm | $>10^{14}$ | $>10^{14}$ | $>10^{14}$ | $>10^{10}$ | $>10^{14}$ | $>10^{13}$ | $>10^{11}$ |
| | 静电强度 | kV/mm | 12 | 12 | 15 | 10 | 12 | | >100 |
| | 介电常数 | 在 1MHz | 9.2 | 9.9 | 8.9 | 6~10 | 6.7 | | 5.7 |
| 热性能 | 热导率 | W/(m·K) | 24 | 33 | 150~180 | 70 | 270 | 4 | 2000(Z)<br>1400(XY) |
| | CTE | $\times10^{-6}$/℃ | 6 | 7.2 | 4.6 | 3 | 7 | 25 | 1 |
| | 热容 | J/kg·℃ | 765 | 765 | 745 | 691 | 1047 | | 509 |
| | 使用温度 | ℃(Max) | 1600 | 1600 | >1000 | >1000 | | | 600<br>（抗氧化温度） |
| | 熔点 | ℃ | 2323 | 2323 | 2677 | 2173 | 2725 | | |
| 化学性能 | 吸潮率 | % | 0 | 0 | 0 | 0 | 0 | 0 | 0 |
| | 耐硝酸 | mg/cm·天 | | 0.05 | | 1 | | | 0 |
| | 耐硫酸 | mg/cm·天 | | 0.22 | | 0.4 | | | 0 |
| | 耐苛性碱 | mg/cm·天 | | 0.04 | | 0.36 | | | 0 |
| | 毒性 | | No | No | No | No | Yes | No | No |
| 金属化能力 | | | 除薄膜 | 均可 | 除厚膜 | 均可 | 均可 | 厚膜薄膜 | 厚膜薄膜 |
| 可加工性 | | | 良好 | 良好 | 良好 | 良好 | 良好 | 良好 | 良好 |
| 相对成本 | | | 1× | 2× | 4× | 2.5× | 5× | 低 | 最高 |

小结：较适合于中低功率应用；量大而且低成本的应用；就功率级应用而言，选择99%氧化铝是比选择96%氧化铝在性能和价格方面的较好折中；如果在高功率段应用中成本是必须考虑的因素，作为一种变通，可以考虑使用很薄（0.38mm）的氧化铝双面加0.2mm铜，这样，薄的厚度能补偿氧化铝的低热导率，但需要同时兼顾的是绝缘电压和机械强度。

（2）氮化铝（AlN）

优势：较高的热导率，6倍于氧化铝的，更适用于大功率半导体的封装；热膨胀系数（$4.6\times10^{-6}$/℃）与硅接近；机械性能、热性能和其他电气性能与氧化铝比较是可以接受的；易于机加工；无毒；无气体溢出；零潮气吸收率；对大部分试剂显示惰性；外形尺寸稳定。

劣势：氮化铝陶瓷的DBC金属化相对困难些，因此热疲劳失效成为氮化铝基板的主要问题；厚膜金属化的重复性和可靠性不如氧化铝；价格高于氧化铝；较差的抗碱性环境性能，因而需要特殊的清洗溶剂；在高温高湿环境下稳定性差，有可能分解出氢氧化铝。

小结：大功率半导体应用中最好的基板材料之一；鉴于它平均的机械结构强度，被优先考虑连接于金属基板上，如果希望直接接触于外部环境（没有铜底板），则基板的厚度应达到2mm；热疲劳能力非常依赖于到氮化铝基板的铜薄焊接技术、铜薄的设计以及基板厚度。

（3）氧化铍（BeO）

优势：极好的热导率，8倍于氧化铝，非常适用于高功率半导体封装；技术成熟；相对于氧化铝而言可以接受的热、电和其他的化学性能；易于金属化、薄膜、厚膜、镀铜、DBC、ABC、RBC等均可；无气体溢出；零潮气吸收率；成熟的生产工艺；外形稳定。

劣势：粉末和蒸汽状态下有毒；诸如锯、钻、成型等机加工要求特殊；废弃材料处理是重要的环保问题；热膨胀系数（$7.0\times10^{-6}$）与硅不太匹配；机械性能低于平均值，而且强度只有氧化铝的60%；价格较高。

（4）氮化硅（$Si_3N_4$）

优势：热膨胀系数$3.0\times10^{-6}/℃$与硅有极好的匹配性；极强的机械性能；机械断裂韧度高两倍于氧化铝或氧化铍；好的热导率（2.5倍于氧化铝）；非常适合于高功率半导体器件封装；电性能平均，但相对于氧化铝而言尚可接受；易于金属化，薄膜、厚膜、镀铜、DBC、ABC、RBC等均可；易于机加工；无毒；无气体溢出；零潮气吸收率；抗爬电；好的高温强度；好的抗热冲击性能；外形稳定。

劣势：弱的抗酸性环境性能；2~2.5倍于氧化铝的价格。

特点：氮化硅可能是最好的高功率半导体应用领域单一基板（无金属基板）材料，将功率半导体芯片直接焊接在基板上表面也是可以想象的，而下侧有用于热耗散的鳍状结构形状，这样散热器能与基板直接集成，不需要机械（安装）力和热交换材料；较适合用于希望热疲劳能力较高的场合，价格随用量的增加将有下降。

**3. 绝缘基板金属化**

就功率半导体封装而言，绝缘基板上的金属化应该具有以下性能：

热性能要求：高的热导率（>200W/(K·m)）；与绝缘基板匹配的热膨胀系数；高热疲劳能力（40~125℃大于1000个循环时界面没有失效点）；高的热稳定性（1000℃或以上稳定）。

电性能要求：能传导高电流密度；低的电阻（典型的欧姆接触压降不超过IGBT通态压降的1/10）。

机械性能要求：强的对基板附着力（高剥离强度）；能进行铝线或铜丝键合；可以进行一般的焊接操作（如95%Pb/5%Sn焊料）；能适用于上面提到的4种绝缘材料（氧化铝、氮化铝、氧化铍以及氮化硅）；能与标准的工艺设备兼容。

化学性能要求：可光刻（设计出来的图形容易成型）；对传统的清洗溶剂体有

高的化学稳定性；无毒；高的抗腐蚀性能；具有化学惰性。

绝缘基板的金属化分厚膜金属化，薄膜金属化以及铜金属化三种类型。厚膜和薄膜技术两者都存在厚度的限制，通常小于25μm，这自然限制了其通过大电流的能力，因此在大功率半导体封装中应用最广的是铜金属化技术（如 DBC 板）。

（1）厚膜金属化

厚膜金属化即在厚膜电路中用到的金属化技术，典型做法是在基板上印制一层特殊的“膏”（可以是导体、电阻、电容、电感、熔断器、变阻器、瞬态电压抑制器或热敏电阻），经干燥后在高温下烧结。典型的膜厚为12μm 左右。

厚膜电路有 3 种基本类型：聚合物、合金陶瓷和耐火膜。

聚合物厚膜（PTF）是一种混有导电体、电阻体或者绝缘体（颗粒物）的聚合物树脂，在 85~300℃的温度范围内烧结而成，典型的温度范围是从 120~165℃，这一技术在成本上较为低廉，但其局限性在于仅应用在塑料或有机基板中，且需在低温下工作。

合金陶瓷是一种最为通用的材料，并且可应用在陶瓷和硅基基板，它是除了包含产生膜功能的主要成分外还包含以下成分的混合体：黏附成分（提供黏附到基板的功能），有机黏合剂（产生适当的流体功能以便印制），溶剂或者稀释剂（调节黏度）。该混合体在 850~1000℃温度范围内烧制，该厚膜到基板的附着尚好，而且额定的热疲劳能力也可接受。

通用的厚膜材料主要成分有 6 种：金、银、铜、钯银、钯金、铂金。

应用中每种材料允许的最大电流能从以下两个因素中计算出：金属化的横断面积、每种材料允许的最大耗散功率，例如氧化铝基板的最大功率密度为$4W/cm^2$、氧化铍基板则为$80W/cm^2$、氮化铝和氮化硅则介于这两者之间，故对于12μm 的典型膜厚，其允许通过的最大电流的几个安培。

耐火膜则是一种特殊的合金陶瓷厚膜，能耐受高温工作，一般在高温（1500~1600℃）低压状态下烧制，膜到基板的附着力较强，热疲劳能力特好，典型的耐火膜材料为钨和钼。该类材料的最大电流通过为 1~2A。

（2）薄膜金属化

薄膜金属化即薄膜电路，一般通过溅射或蒸镀覆盖基板的整个表面，然后用光刻方法刻蚀成需要的图形。薄膜可以做成相对于厚膜更清晰和更窄的线条，更适合于高密度（元件）和高频应用中，薄膜对基板的附着力强从而具有极好的热疲劳性能，键合能力也优于厚膜。

但由于人工和需要特殊的设备原因，薄膜电路的价格比厚膜电路高，此外，多层薄膜结构极难形成，而且费用极高。一般的薄膜材料有：金、银、铜、铝。

薄膜的典型厚度为 2. 5μm 或更小，载流能力限制在几个安培。

（3）铜金属化

厚膜和薄膜技术两者都存在厚度的限制，通常小于25μm，这自然限制了其通过大电流的能力，而铜金属化技术至少具有以下3方面特性：可增加金属化厚度；改善通流能力；改善热耗散。

铜金属化技术有4种基本工艺：镀铜、直接键合铜（DBC）、活性钎焊铜（ABC）、常规钎焊铜（RBC）。

但是，随着铜金属化厚度增加，其与基板间的热膨胀不匹配性变得越来越显著，表6-2列出了铜与几种绝缘材料的CTE差异，这种不匹配将在热疲劳试验中显示出来，并导致模块在工作过程中应力增加并最终出现微裂纹，如何减少由于CTE差异在热疲劳过程中导致的裂纹是工程师们一直需要研究的课题。

**表6-2 几种绝缘材料的CTE值**

| 材料 | $Si_3N_4$ | AlN | $Al_2O_3$(96%) | BeO | $Al_2O_3$(99%) | Cu |
|---|---|---|---|---|---|---|
| CTE($\times10^{-6}$/℃) | 3.0 | 4.6 | 6.0 | 7.0 | 7.2 | 17.0 |

铜材料表面具有相对强的化学活性，铜原子容易附着在其他材料上，因此，使用铜材料作为金属化材料时，其表面必须有一层合适的保护层，比如镍或金的镀层。

镀铜工艺是利用电镀过程来增加铜材料的厚度，首先通过薄膜方法（溅射或蒸发）或者厚膜工艺（印制）在表面分配一层膜，典型的方法是将钼或锰用作薄膜材料，而将铜用作厚膜材料，必要时可将一层化学铜镀于其上，然后再以一层电解铜来增加其厚度。镀铜层将在有氮气保护的高温环境中烧制以增加其附着力，镀铜的热疲劳强度也经高温烧制得到改善，比如100um厚的镀铜层能经受住-55~150℃的1000次循环而无失效。

电镀铜能达到的最大厚度为125~200μm，而其密度可达到一般铜材的70%，精细的图案一般可以通过照相印制后刻蚀而得到，其载流能力可达到50A。但过厚的铜会导致刻蚀困难和分辨率丧失，因此，镀铜技术在通流能力和厚度之间必须进行折中考虑。

直接键合铜（DBC）工艺是利用高温过程来实现铜和陶瓷间的紧密结合，在铜和陶瓷之间不添加任何焊料或催化剂材料，整个过程在氮气环境下进行，加热温度通常略低于铜的熔点温度（约1070℃），在这一温度下铜氧化生成低共熔混合物，冷却下来后即在铜和陶瓷间形成较强的结合。铜层厚度可在200~500μm之间，可以通过光刻的方式得到所需的图案，但由于刻蚀难以获得较高的分辨率，最小的线宽和分隔尺寸约为0.5mm。实际应用中通常会将铜键合到基板的双面，以使热膨胀产生的影响得到一定的平衡。

因为直接键合工艺中需要铜的氧化层，因此使用氮化铝和氮化硅陶瓷时必须进行预处理以满足这一工艺需求，例如敷加上一层氧化物。但是，敷加的氧会沿着界面扩散降低氮化铝或氮化硅陶瓷的热导率，这在实际作业时必须多加注意。

DBC基板具有以下好处：一是铜和陶瓷作用结合成类似一个具有单一热膨胀

系数的整体，该系数低于铜而更接近于陶瓷，使得对较大面积的芯片焊接应力损坏的风险大大降低；二是所使用的铜是高纯高电导率的无氧铜，通过适当的厚度和线宽设计可以获得很低的体电阻，从而其通过电流的能力可在100A以上。此外，较厚的铜层还能帮助散热。

DBC基板已被广泛用于功率模块的封装，特别是大功率IGBT模块中，图6-10中给出了一个DBC基板的结构示意图，上下表面铜箔直接覆合在中间层陶瓷上。根据需要，可以在铜箔表面上再经过镀镍加工得到高性能防氧化的DBC板。

图6-11是DBC基板的实物照片，可见DBC基板起初是做在一张母板（上面矩阵式排列了相同的图案）上，然后通过分割实现一片片需要的DBC基板，就像半导体行业中晶圆与芯片的关系一样。

DBC基板上表面一般要焊接芯片和键合铝丝或铜丝，下表面与模块金属底板（通常是厚度为3mm的镀镍铜底板）通过焊接黏接在一起。

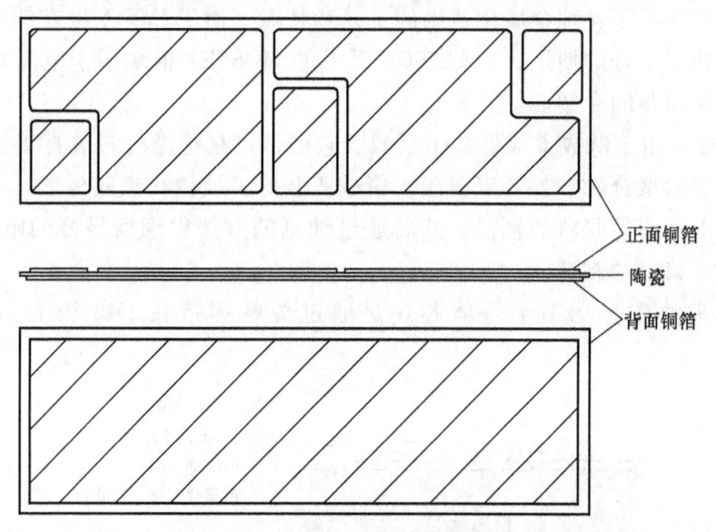


图6-10　DBC基板结构示意图

图6-11　DBC基板实物照片

活性钎焊铜（ABC）使用钎焊合金形成铜和陶瓷间的结合层，例如使用银、铜、钛、锌的合金（$Ag : Cu : TiH_2 : Zn = 72 : 28 : 3 : 3$）。该技术通常用于焊膏并采用印制工艺，由钛合金钎焊提供超强的附着力从而产生非常好的热循环性能。活性钎焊铜首先被广泛地应用于在DBC工艺遭遇困难的氮化铝基板，随后被用于氮化硅基板，在BDC工艺过程中要求有氧填充到所有界面区域，前面已经提到附加的氧会有可能降低陶瓷的热导率，而且，在DBC工艺过程中由于气体的释放可能需要一种带孔的铜薄设计，这导致了导流区域的减小。在氮化铝和氮化硅陶瓷上用ABC工艺比照DBC工艺有3个方面的好处：更好的附着力、更高的通过电流能力和更佳的热疲劳能力。

常规钎焊铜工艺（RBC）类似于活性钎焊铜工艺，不同的只是它在真空条件下进行。一般先将一薄层银溅射到陶瓷表面上，然后再附上一层焊膏形式的银钎焊料，薄铜片则附于顶层，然后加热到钎焊料的熔点，焊接后即可进行光刻形成所需图形。

经验表明，钛基钎焊料具有过度的活性，可能潜在地导致焊接不一致情况，而银基钎焊料则相对可控，因而具有更好的一致性和更强的附着力。

计算表明，在高功率半导体模块中，较为适用的首选基板材料是DBC、其次是ABC、再其次是RBC，可能被应用到的基板材料是镀铜工艺形成的基板材料。比如在氧化铝基板上1mm宽0.3mm厚的导体上通过电流100A时的温升为17℃。

以上我们介绍了4种金属化技术的工艺和特点。由于IMS基板在低压大电流功率模块中得到了较好的使用，比如200V以下的MOSFET模块用于电瓶车驱动，也有必要对此作简要的介绍。

IMS主要被用于低成本或低功率领域，它的特点是绝缘材料被直接置于底板之上。绝缘体多为聚合物，如环氧树脂，聚酰亚胺等，被做在铝底板上。在绝缘体的上表面黏接上一层薄膜状的铜箔，然后通过蚀刻的方法得到所需要的电气布局图，类似于印制电路板的制造。

在功率模块中，功率半导体芯片是通过焊料焊接在IMS板上，如图6-12所示。

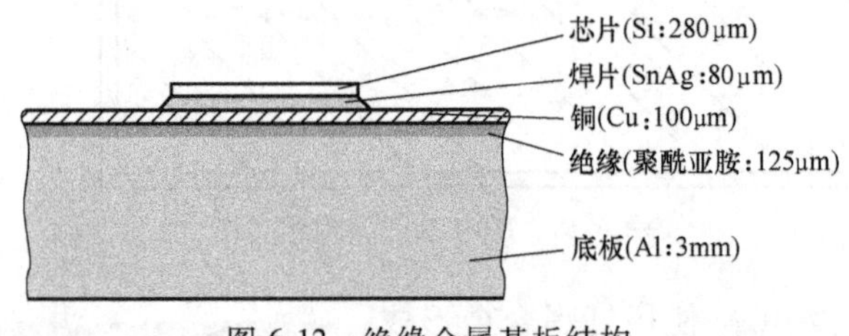


图6-12　绝缘金属基板结构

## 6.3.2　底板材料

底板材料通常是作为绝缘基板的支撑材料，它在功率器件工作的各个开关周期内起到吸收热量并将其传递到外部散热器的作用，因而必须具有良好的导热性能，足以耗散掉功率器件工作时产生的热量。此外，还应具有较好的表面光洁度以减少它和散热器之间的接触热阻。底板上表面应保持较好的洁净状态，以便减少焊接空洞的产生，空洞的存在增加了热阻，将导致微裂纹的出现并最终导致器件可靠性的降低。其外形还应具备有一定的弧度，这种弧度也必须是可控的并确保其重复性和一致性较好。

## 1. 底板材料的基本性能要求

适用于功率电子领域的底板材料要满足以下热、机械、化学、物理方面的要求：

热性能要求：热导率大于150W/(m·K)，热膨胀系数与绝缘基板匹配；

机械性能要求：拉伸强度大于200MPa，弯曲强度高，易于成型，较好的表面光洁度；

化学性能要求：高抗溶解能力，低吸潮率，低毒性；

密度/重量要求：尽可能低的密度和重量以减少震动过程的机械损伤。

## 2. 底板材料的种类及其性能

功率电子领域使用的底板材料种类众多，例如，仅高纯高电导率的无氧铜就有约50多种。大部分其他高性能底板材料则由混合材料制成，材料合成比例、混合料颗粒尺寸大小、合金成分等各有不同，总的来讲，其主要成分是聚合物、金属、碳基（增强型）材料，其中碳基材料又分纤维和颗粒或两者的混合体。但是，并不是所有的底板材料均适用于功率半导体领域，就已知的铜、铝或其他材料中，往往需要由镍或者镍金镀层以确保可焊性和耐腐蚀，这样下来可供选用的材料大致有9个大类：铜、铝、铜钼铜薄片、铜钨合金、铜钼合金、铝碳化硅、铜石墨、铜金刚石（Ⅰ型金刚石与Cu20/Ag80合金构成的混合材料）、铝石墨。表6-3为上述9种材料的热性能及可成型信息[2]。

表6-3　几种材料的热性能比较

| 材料 | 密度 | CTE | 热导率 | 可能的形状 |
|---|---|---|---|---|
| | $g/cm^3$ | $10^{-6}/℃$ | W/m·K(25℃) | |
| Cu* | 8.96 | 17.8 | 398 | 薄板 |
| Al | 2.7 | 23.6 | 238 | 薄板 |
| Cu /Mo /Cu | 9.36~10.02 | 5.1~8.6 | 166~311 | 薄板 |
| ALSiC | 2.97~3.04 | 6.5~13.8 | 170~200 | 薄板或网格状 |
| Cu/Mo | 9.3~10 | 6.8~13 | 165~275 | 薄板 |
| Cu/W | 14.8~17 | 5.6~9 | 130~205 | 薄板或网格状 |
| Gr/Cu | 6.86 | 7.4 | 200~300 | 薄板 |
| Gr/Al | 2.52 | 6.7 | 200 | 薄板 |
| Cu/Di | 5.9 | 5.5 | 420 | 薄板 |

* C10100. C10200-1/2H，无氧铜（$O_2<10\times10^{-6}$）。

表6-3中值得一提的是由于可通过一定的方法获得网格状结构，这使得基板的底部可以制作成鳍状或块状的突出（网格状纹理）成为可能，这样实际上是增加了导热面积，在液态冷却（比如汽车驱动器）中这是一种较为理想的选择。

更值得一提的是铝石墨混合料，它的比重最低，CTE值也比铜或铝材料更接近于氧化铝、氮化铝和氮化硅材料，因而可以最大限度地减小热应力，实际上单就CTE值而言，除了铜和铝之外的其他七种材料都表现出较小而且更接近于陶瓷材料的数值。

表6-3没有呈现可达到的表面光洁度信息，但基本都可保持在2μm以下。另外，上述材料均具有低的吸潮性和抗溶性，但均有必要电镀2~5μm厚的镍层以确保焊接的黏润性能。

**3. 绝缘基板和底板之间的最佳组合**

基于上述两节的讨论，表6-4给出了绝缘基板和底板之间的最佳组合列表。

**表6-4 绝缘基板和底板的最佳组合**

| 绝缘基板 | CTE | 底板 |
|---|---|---|
| 96%氧化铝 | 6 | 铜钼混合料、铝碳化硅、铜 |
| 99%氧化铝 | 7.2 | 铜钼混合料、铝碳化硅、铜 |
| 氮化铝 | 4.6 | 铜钼混合料、铝碳化硅、铜 |
| 氮化硅 | 3 | 不需要 |

表6-4中将铜列为备选材料。目前在功率半导体领域，特别是在中小功率段，常用的底板材料还是铜，主要原因是铜最容易获得、制造工艺极为成熟、易于锻压成型、成本相对较低、完美的导热性能。但是铜的CTE值却很高，因此，应用中要以适当的方式对这种劣势进行抑制，比如，使用对应力释放有贡献的焊接材料。

## 6.3.3 黏结材料

毫无疑问，黏结材料在功率半导体模块中担负着重要且关键的作用。除了机械和热方面的作用外，在电气连接方面它也是所有功率半导体芯片、电极端子、绝缘基板、金属底板之间的连接材料。黏结材料的使用必须确保功率IGBT模块等器件具有高的机械可靠度和高的热耗散效率。现实中有两种工艺来实现这种相互之间的电气连接，即压接连接和黏结连接。压接连接的好处是具有极高的耐热疲劳性能并容易实现双面冷却，但电和热的接触相对不甚恒定，而且需要复杂的机械结构来提供所需的安装压力，制造成本也较高。另外，对大而薄的IGBT等功率芯片而言，在压接式装配过程中会遇到极大的挑战。因此，目前市售的IGBT功率模块中更多的是内部采用黏结连接方式，这也是本节要讨论的重点。

黏结材料大致可分为3种类型：即有机材料（环氧类、聚酰胺类），冶金材料（焊料），银填充料（银浆焊料）。表6-5为3种材料的部分性能：

有机材料具有较低的弹性模量因而具有较好的应力吸收作用，但它的热导率很低。银填充料具有良好的发展趋势，但在应用的最初阶段因为其过程温度较高（450℃）而得到限制。最近的纳米银焊膏已经突破了温度障碍，因而在业界已有成功的应用实例，比如已应用到 Semikron 公司的最新一代 SKiiP 模块产品，但成本较高、所需的工艺设备相对复杂。故冶金焊料仍然是当今功率模块的首选焊料，ROHS 标准要求使得无铅焊料在冶金焊料中占据了主导地位。

表 6-5　黏结材料性能

| 类型 | 热导率 | CTE | 弹性强度 | 过程温度 | 电阻率 |
|---|---|---|---|---|---|
| | W/m·K(25℃) | $10^{-6}$/℃ | MPa | ℃ | uΩ·cm |
| 有机材料 | 1~2 | 50~200 | 3~5 | 100~150 | 100 |
| 冶金材料 | 30~65 | 20~30 | | 200~350 | 15 |
| 银填充料 | 70~80 | 11 | 3 | 400~500 | 20 |

冶金焊料一般为两种或两种以上的金属材料合金。当几种单质金属熔解在一起形成合金时，它的熔点将大大低于任何一种单质材料。焊接时将焊料置于两个待连接的界面之间，当焊料溶化时，也同时“溶化”（实际上是形成一层共溶晶体）焊接界面的一部分，冷却后就形成了黏结，焊接过程形成的黏结是 3 种黏结料中最强的。为了实现不同的工艺过程中所用焊料的相互兼容，在 IGBT 功率模块中使用的焊料被制作成不同焊接温度，即通常我们所说的高温焊料和低温焊料。

**1. 合金焊料的基本性能要求**

首先是熔化温度要尽可能的低，以减小因 CTE 值不匹配而引起的应力。由于芯片、绝缘基板、金属底板之间的 CTE 值的不匹配性，所有焊接过程的理想上限处理温度应不超过 350℃，而所用焊料的溶解温度应低于此温度约 20~40℃。

通常，功率半导体模块的生产都采用多重焊接过程，即先使用高温焊料将芯片焊接到绝缘基板上，再使用温度稍低的焊料将绝缘基板焊接到金属底板上，这样可以避免首层焊料的二次熔化，两种焊料的溶解温度相差至少应有 40℃。

焊料既可制作成片状也可成为膏状，一般首次焊料多采用片状，片状焊料不含溶剂，厚度和吃锡面也易于控制，可较好地减少焊接空洞的出现。而二次焊料多用于端子到绝缘基板、基板到底板之间的焊接，通常多制成膏状焊料，二次焊料的覆盖面会比首层焊料覆盖面大得多。这一过程还要重点考虑底板弧度、应力、以及成本等因素，焊膏会比焊片便宜，焊膏可以依据需要印制的较厚，而厚的焊接层对应力吸收有积极的作用。但是要注意，过厚的焊接层又会使热阻加大。焊膏通常有 3 种主要类型：洁净（免清洗）型、水溶型和松香型，基于焊接过程对裸芯片的处理，一般不推荐使用非洁净型焊料，除非有适当的措施确保该过程及其清洗流程不对芯片的性能构成任何威胁。

要实现与芯片、绝缘基板、金属底板之间的兼容性，必须能在焊接过程中和焊接表面形成共熔合金，要使得界面的润湿面积大于 85%，应尽量减少金属析出物，特别是应限制对芯片表面金属化层的侵蚀，以免形成焊接空洞，过多析出物的产生将对功率半导体模块的可靠性造成伤害。基于这些考虑，以下金属化层的组合已被证明是安全的：

芯片金属化层：钛/镍/银、铬/镍/银、铝/钛/镍/银；

绝缘基板金属化：铜加镍镀层（镍镀层被公认为可提升可焊性和焊接效果）；

金属底板金属化：镍（含铜底板、铜/钼合金底板、铝碳化硅底板）；

其他的物理性能要求：具有较高的弹性强度（>20MPa）和屈服强度；具有较低的弹性模量（<20GPa），这有利于吸收热应力；高的抗蠕变和抗疲劳能力（$10^4$s 时间内引起失效的应力大于 3.45MPa）；热导率应高于 20~30W/(m·K)；CTE 值应小于 $29\times10^{-6}$/℃；电导率应小于 $10^{-4}\Omega\cdot$cm。

另一项重要要求是化学成分应满足 ROHS 指令要求，这也包括工艺过程用到的所有辅料。

表 6-6、表 6-7、表 6-8、表 6-9、表 6-10 分别列出在半导体领域中可能用到的部分铅基焊料和无铅焊料，部分焊料的温度范围、热电性能、机械性能、耐疲劳性能及其与金属基板金属化的可匹配关系等信息[2]。

**表 6-6　铅基焊料和无铅焊料**

| 铅基焊料 | | 无铅焊料 | |
|---|---|---|---|
| 43Sn/37Pb/14Bi | 62Sn/36Pb/2Ag | 42Sn/58Bi | 88Au/20Ge |
| 30In/70Pb | 15Sn/82.5Pb/2.5Ag | 71Sn/25Bi/4Ag | 97Au/Si3 |
| 60In/40Pb | 10Sn/88Pb/2Ag | 81Sn/15Bi/4Ag | 95.5Sn/3.8Ag/0.7Cu |
| 80Sn/20Pb | 5Sn/93.5Pb/1.5Ag | 30In/70Sn | 96.3Sn/3Ag/0.7Cu |
| 63Sn/37Pb | 5Sn/92.5Pb/2.5Ag | 60In/40Sn | 96.2Sn/2.5Ag/0.8Cu/0.5Sb |
| 60Sn/40Pb | 1Sn/97.5Pb/1.5Ag | 96.5Sn/3.5Ag | 99.3Sn/0.7Cu |
| 25Sn/75Pb | 85Sn/10Pb/5Sb | 95Sn/5Ag | 91.7Sn/3.5Ag/4.8Bi |
| 10Sn/90Pb | 95Pb/5Sb | 95Sn/5Sb | 93.5Sn/3Sb/2Bi/1.5Cu |
| 5Sn/95Pb | 95Pb/5In | 80Au/20Sn | Sn/Zn/Al(日本 190℃) |

**表 6-7　部分合金焊料热电性能**

| 焊料成分 | 液态温度/℃ | 固态温度/℃ | 弹性范围/℃ | 热导率 W/m·K | CTE℃/($10^{-6}$/℃) | 电阻率/uΩ·cm |
|---|---|---|---|---|---|---|
| 63Sn/37Pb | 183 | 183 | 0 | 51 | 24 | 14.5 |
| 10Sn/90Pb | 302 | 268 | 34 | 36 | 28 | |
| 5Sn/95Pb | 312 | 308 | 4 | 32 | 28 | |
| 81Sn/15Bi/4Ag | 200 | 200 | 0 | | | |
| 90Sn/3Bi/3.3Ag/3.7In | 211 | 206 | 5 | | | |
| 96.5Sn/3.5Ag | 221 | 221 | 0 | 64 | 30 | 12.7 |
| 95Sn/5Ag | 240 | 221 | 19 | 27 | 23 | |
| 95Sn/5Sb | 240 | 235 | 5 | | | |

（续）

| 焊料成分 | 液态温度/℃ | 固态温度/℃ | 弹性范围/℃ | 热导率 W/m·K | CTE℃ /($10^{-6}$/℃) | 电阻率 /uΩ·cm |
|---|---|---|---|---|---|---|
| 80Au/20Sn | 198 | 198 | 0 | 57 | 14 | 17 |
| 88Au/12Ge | 233 | 233 | 0 | 88 | 11 | 30 |
| 97Au/3Si | 304 | 255 | 49 | 94 | 12 | 117 |
| 95.5Sn/3.8Ag/0.7Cu | 218 | 218 | 0 | | | |
| 96.3Sn/3Ag/0.7Cu | 218 | 217 | 1 | | | |
| 96.2Sn/2.5Ag/0.8Cu/0.5Sb | 219 | 213 | 6 | | | |
| 99.3Sn/0.7Cu | 227 | 227 | 0 | | | |
| 91.7Sn/3.5Ag/4.8Bi | 210 | 205 | 5 | | | |
| 93.5Sn/3sB/2Bi/1.5Cu | 218 | 218 | 0 | | | |

**表 6-8 部分合金焊料的力学性能**

| 焊料成分 | 基本弹性强度 | 0.2%屈服强度 | 0.01 屈服强度 | 拉伸系数 | 杨氏模量 |
|---|---|---|---|---|---|
| | $10^3$lb/in²① | $10^3$lb/in²① | $10^3$lb/in²① | % | GPa |
| 63Sn/37Pb | 5.13 | 2.34 | 1.91 | 1.38 | 18-25 |
| 10Sn/90Pb | 3.53 | 2.02 | 1.98 | 18.3 | 19 |
| 5Sn/95Pb | 3.37 | 1.93 | 1.83 | 26 | 7.4 |
| 96.5Sn/3.5Ag | 8.36 | 7.08 | 5.39 | 0.69 | 5.5 |
| 95Sn/5Ag | 8.09 | 5.86 | 3.95 | 0.84 | |
| 95Sn/5Sb | 8.15 | 5.53 | 3.47 | 1.06 | |
| 80Au/20Sn | 26.56 | 26.56 | | | 59 |
| 88Au/12Ge | 22.57 | 22.57 | | | |
| 97Au/3Si | 28.84 | 24.22 | | | 83 |
| 95.5Sn/3.8Ag/0.7Cu | 10.2 | 7.08 | | | |

①1lb/in² = 0.006895MPa。

**表 6-9 部分合金焊料的耐疲劳性能**

| 焊料成分 | 熔点温度/℃ | 耐循环次数 |
|---|---|---|
| 63Sn/37Pb | 183 | 3650 |
| 62Sn/36Pb/2Bi | 180~183 | 5623 |
| 96.5Sn/3.5Ag | 221 | 4186 |
| 99.3Sn/0.7Cu | 227 | 1125 |
| 93.5Sn/3Ag/3BI/0.5Cu | 209~212 | 6000~9000 |
| 95.4Sn/3.1Ag/1.5Cu | 216~217 | 6000~9000 |
| 96.2Sn/2.5Ag/0.8Cu/0.5Sb | 216~219 | 6000~9000 |
| 91.5Sn/3.5Ag/1Bi/4In | 208~213 | 10000~12000 |
| 85.2Sn/4.1Ag/2.2BI/0.5Cu/8In | 193~199 | 10000~12000 |
| 92.8Sn/0.7Cu/6In/0.5Ga | 210~215 | 10800 |
| 88.5Sn/3Ag/0.5Cu/8In | 195~012 | >19000 |

**表 6-10　基板金属化和合金焊料之间的可匹配关系**

| 金属化类型 | | 匹配的合金焊料 |
|---|---|---|
| 厚膜 | 钯银 | 铅/锡、铅/锡/银、铅/铟、锡/银 |
| | 铂钯银 | |
| | 金 | 铅/铟、锡/银 |
| 镀铜 | 无镀层 | 铅/锡、铅/锡/银、铅/铟、锡/银、锡/银/铜、锡/银/铋、锡/铜 |
| | 镍镀层 | |
| DBC | 无镀层 | 铅/锡、铅/锡/银、铅/铟、锡/银、锡/银/铜、锡/银/铋、锡/铜 |
| ABC | | |
| RBC | 镍镀层 | |
| 薄板铜 | 镍镀层 | 铅/锡、铅/锡/银 |

## 2. 几种合金焊料的综合性能比较

基于以上的讨论，表 6-11 的选择可以作为参考。

**表 6-11　几种焊料的优点和弱点信息**

| 焊料类型 | | 优　点 | 弱　点 |
|---|---|---|---|
| 首选铅基焊料 | 5Sn/95Pb | 好的应力吸收能力和抗蠕变能力、成熟的技术、成本低 | 高的熔点温度 308~312℃ |
| | 5Sn/92.5Pb/2.5Ag | 好的应力吸收能力和成熟的技术 | 高的熔点温度 287~296℃、适中的成本 |
| | 5Sn/85Pb/10Sb | 熔点温度 245~255℃、好的抗蠕变能力、成熟的技术、成本低 | 弹性温度 10℃ |
| 次选铅基焊料 | 63Sn/37Pb | 熔点温度 183℃、好的热导率、成熟的技术、成本低 | 一般的应力吸收能力 |
| | 62Sn/36Pb/2Ag | 熔点温度 179℃、好的热导率和抗蠕变能力、高弹性强度、银的存在可约束界面间的金属化合物产生、成熟的技术 | 一般的应力吸收能力、成本中等 |
| 首选无铅焊料 | 96.5Sn/3.5Ag | 熔点温度 221℃、极好的热导率和应力吸收能力、高抗蠕变能力、高抗疲劳强度、高弹性强度、银的存在可约束界面间金属化合物产生、成熟的技术、使用它后用纯铜基板取代昂贵的铝碳化硅基板或铜钼基板成为可能 | 高成本 |
| | 95.5Sn/3.8Ag/0.7Cu 或 96.3Sn/3Ag/0.7Cu | 熔点温度 218℃、极好的热导率和应力吸收能力、高抗蠕变能力、高弹性强度、银和铜的存在可约束界面间的金属化合物产生、可用于纯铜基板 | 新型焊料、高成本 |
| | 95Sn/5Ag | 熔点温度 240℃、极好的应力吸收能力、高抗疲劳强度、高弹性强度、界面间低的金属化合物、成熟的技术 | 弹性温度 19℃、高成本 |

（续）

| 焊料类型 | | 优 点 | 弱 点 |
|---|---|---|---|
| 首选无铅焊料 | 99.3Sn/0.7Cu | 熔点温度 227℃、高抗蠕变能力、低成本 | 新型焊料、耐疲劳能力差、可能存在润湿问题 |
| | 93.5Sn/3Pb/2Bi/1.5Cu | 熔点温度 218℃、高抗疲劳能力、高强度 | 新型焊料、多组分、含铋、可能的润湿问题 |
| 次选无铅焊料 | 93Sn/6In/0.5Cu/0.5Ag | 熔点温度 180℃ | 新型焊料、多组分、成本高 |
| | 81Sn/15Bi/4Ag | 熔点温度 190℃ | 新型焊料、铋稀少、易脆、可能的润湿问题 |

本章最后一节内容里还将对纳米银焊膏及其焊接的技术进行简介。

## 6.3.4 电气互联材料

### 1. 金属丝材料

常用的内部电气互联方法是用金属丝键合方法，功率半导体模块通常使用铝丝或铜丝。当今市场上 IGBT 模块中 IGBT 和 FRD 芯片的铝金属化表面和 DBC 板表面之间的大量铝丝连接是采用超声键合方法实现的。采用铝丝键合主要有以下 3 点优点：①铝丝电阻率低（$2.65\times10^{-10}\Omega\cdot cm$）；②成本比金丝低得多；③功率器件工作时的高温会加速金属原子之间的化合物形成，采用铝丝与铝金属化的表面键合能规避这一问题，铝丝与镍金属化的绝缘基板键合能获得相对好的可靠性。

（纯）铝丝的两种替代材料是 Al/1%Mg 和 Al/1%Si，这两种替代材料中，前者比后者有更好的耐疲劳性能和耐高温性能。表 6-12 列出各种直径的铝丝通流能力，实际使用中往往在表中所示数据的基础上按 50%降额使用。

**表 6-12 铝丝通流能力**

| Al/1%Mg 铝丝直径/mil[①] | | 1 | 2 | 5 | 8 | 12 | 15 | 22 |
|---|---|---|---|---|---|---|---|---|
| 最大通流能力/A | 长度小于 10mm | 0.7 | 2.0 | 7.8 | 15.7 | 29 | 40.4 | 71.8 |
| | 长度大于 10mm | 0.5 | 1.4 | 5.4 | 10.9 | 20 | 27.9 | 49.6 |

① $1mil=25.4\times10^{-6}m$。

### 2. 金属端子材料

金属端子在 IGBT 模块中的作用是将大电流通导到芯片并实现尽可能小的电阻、杂散电感和电容，一般采用焊接或者直接键合的方式连接到绝缘基板上。

焊接连接方式：用于焊接连接的理想金属端子材料要求首先是低电阻率，其次是高机械强度和弹性模量，高的耐蠕变、耐磨、耐氧化、耐腐蚀能力，低成本。在这方面，铜基材料和镍基材料是两种最具有优势的材料，比如铍铜、镍 200、镍 270 等。纯铜具有极好的电导率和耐腐蚀能力，虽然它的弹性强度仅有铍铜的 1/10，但仍被大量用作通导大电流的功率端子，表 6-13 给出了几种铜基合金的性能参数。

表 6-13　铜基合金性能

| 性能 | | 黄铜 260 | 铍铜 172 | 青铜 510 | 合金 638 | 合金 725 | 合金 762 |
|---|---|---|---|---|---|---|---|
| 标称比例 | | Cu70 Zn30 | Cu98.1 Be1.9 | Cu94.81 Sn5.0 | Cu95 Al2.8 Si1.8Co0.4 | Cu88.2 Ni9.5 Sn2.3 | Cu59.25 Zn28.75 Ni12 |
| 电导率 | μΩ·cm | 0.163 | 0.128 | 0.087 | 0.058 | 0.064 | |
| 热导率 | W/m·K | 121 | 109~130 | 68.6 | 40.6 | 54.4 | 41.8 |
| 比重 20℃ | g/cm³ | 8.54 | 8.26 | 8.86 | 8.29 | 8.89 | 8.70 |
| 弹性模量 | GPa | 112 | 130 | 112 | 117 | 135 | 127 |
| 屈服强度（0.2%补偿） | | | | | | | |
| 退火的 | MPa | 70~220 | 109 | 150 | 410~470 | 180 | 200 |
| 1/2 硬度的 | | 290~410 | 123 | 330~480 | 530~630 | 400~510 | 410~580 |
| 硬的 | | 460~530 | 127 | 520~620 | 640~720 | 520~560 | 580~680 |
| 有弹性的 | | 580~630 | NA | 650~760 | 700~790 | 550~650 | 710~770 |
| 特有弹性的 | | 600~690 | NA | 690~770 | 750(min) | 630~720 | 720(min) |

直接键合方式：将金属端子直接键合到绝缘基板边缘部分，结合部位可采用天鹅颈方式以释放应力，IGBT 模块封装中通常是使用厚度不小于 0.3mm、长度不大于 30mm、1/2 硬度的无氧铜材料。

### 6.3.5　密封材料

在功率 IGBT 模块封装中用到的密封材料主要有以下几方面的作用：保护芯片使其免受外部环境的破坏；加强电气绝缘；作为热耗散的媒介；保持键合丝和芯片之间的支撑力；对芯片表面和铝丝表面残留物的“固化”作用。

**1. 密封材料的基本性能要求**

高的纯度要求，以便直接与芯片接触；极低的吸潮率和气体渗透率；好的温度性能（好的热导率和 CTE 值、使用温度-50~175℃）；高电气绝缘性能，静电强度 $>10^4$V/mm；高机械强度；强化学惰性；无毒；便于生产操作和低成本。

大致有以下 5 种材料部分具备或不完全具备以上要求：硅氮化物、丙烯酸、聚氨酯、环氧和聚对二甲苯。部分密封材料供应商推荐使用复合（双层）密封的方法，以便利用各单质材料的优点而规避其不足的部分。表 6-14 为几种材料的一些性能比较。

**2. 硅凝胶密封、环氧密封及硅橡胶密封**

硅凝胶是一种热固化的弹性胶，以其高纯、低温性能好、气密和化学稳定性高、毒性低等出色的性能成为直接与半导体芯片、铝丝、基板材料等直接接触的首选保护材料。它具有弹性故而能吸收来自它周围的材料因热膨胀产生的应力。硅凝

表 6-14 几种密封材料性能

| 材料 | 弹性强度 | 弹性模量 | 热导率 | CTE | 电阻率 | 介电常数 (1MHz) |
|---|---|---|---|---|---|---|
| | MPa | GPa | W/m·K | $10^{-6}$/℃ | Ω·cm | |
| 硅凝胶 | — | — | 0.16 | — | $2\times10^{15}$ | 2.7(60Hz) |
| 硅树脂 | 10.3 | 2.21 | 0.15~0.31 | 70 | $10^{15}\sim10^{17}$ | 2.9~4.0 |
| 聚对二甲苯 | 45~76 | — | 0.08~0.12 | 35~69 | — | — |
| 丙烯酸 | 12.4~13.8 | 0.69~10.34 | 0.12~0.2 | 50~90 | $7\times10^{13}$ | — |
| 聚酯 | 5.5~55 | 0.172~34.5 | 0.07~0.3 | 100~200 | $3\times10^{8}$ | 5.9~85 |
| 环氧 | 55~82 | 2.76~3.45 | 0.17~0.2 | 45~65 | $10^{13}\sim10^{16}$ | 3.2~3.8 |

胶单组份或者双组分的胶可以是二甲基、苯基或者氟基的，其中二甲基硅凝胶成本最低，苯基和氟基硅凝胶稍贵，苯基硅凝胶适用于较低的温度下使用，而氟基硅凝胶则特别适用于有耐刺激性物质和耐溶解能力需求的场合。硅凝胶混合时会有残留的气泡，这要求有适当的措施将空气排出，通常是用抽真空的办法。

环氧胶具有最好的抗潮气保护、高耐磨和化学稳定性能，和聚酯一样表现出极好的机械强度。功率半导体模块封装中需要先用某种缓冲材料，如硅凝胶，来避免因环氧胶聚合过程产生的收缩力而损坏芯片和键合点。环氧胶的固化可以先在常温固化后再升高温度固化，环氧固化过程需要真空脱氧。

硅橡胶是一种合成橡胶，具有不怕高温和抵御严寒的特点，在-90~300℃范围内能保持原有的强度和弹性，具有良好的电绝缘性、抗老化性以及防霉性、化学稳定性等。在功率模块封装中，广泛使用高温硅橡胶，用于外壳与模块底板的黏接和密封。也有部分公司用硅橡胶作为非铝丝键合模块的灌封保护材料，具有简化生产工艺和降低成本的优点。表 6-15 列出几种密封材料成型后的优缺点（A 为最好、D 为最差）。

表 6-15 密封材料的性能比较

| 项目 | 硅凝胶 | 硅橡胶 | 聚对二甲苯 | 氮化硅 | 丙烯酸 | 聚酯 | 环氧 |
|---|---|---|---|---|---|---|---|
| 可应用性 | B | C | D | D | A | B | B |
| (化学)可去除性 | C | D | — | D | A | B | D |
| (灼烧)可去除性 | — | D | D | — | A | B | C |
| 耐磨性能 | B | B | B | D | D | A | A |
| 机械强度 | D | C | B | B | D | A | A |
| 耐温度性能 | B | A | A | A | D | D | B |
| 耐湿性能 | B | A | A | A | B | A | C |
| 罐装时间 | C | D | — | — | A | B | D |
| 室温固化时间 | C | C | — | — | A | B | B |

### 6.3.6 塑料外壳材料

塑料外壳在功率半导体模块封装中的作用：提供对整个模块及其内部元件和结构，特别是芯片的机械保护、环境保护；确保功率端子间的电气间距和爬电距离满足标准要求；对所有端子起到机械支撑的作用；实现电气和机械界面之间的标准化，比如高度、端子要求、连接方式等。因此可以归纳出用作塑料外壳的材料要求如下：高机械强度；能与模块其他材料有弹性方面的匹配性；具有外形和热的稳定性（-50℃~+175℃稳定）；低吸水性、低气体释放率和低模具收缩率；化学稳定性；高而稳定的电气强度；高起痕指数；高体电阻和表面电阻率；阻燃性满足 UL 要求；无毒及成本低廉。

应用中有较多的材料可用作外壳封装材料，这些材料大致上可分为两类，即热固性塑料和热塑性塑料。热固性塑料有：醇酸树脂、烯丙基塑料、环氧化合物类塑料、二聚氰胺塑料、酚类、聚酰亚胺、硅树脂；热塑性塑料有：ABS、缩醛、丙烯酸类、纤维类、氟塑料、液晶聚合物类、尼龙、聚对二甲苯、聚碳酸脂、聚酯类、聚醚酰亚胺、聚苯醚砜、聚丙烯塑料。表 6-16 列出了三种使用较多的材料性能。实际上，这些性能是可以通过添加玻璃填充料来进行改变或调节，填充料包含：玻璃纤维、矿物质、金属、纤维、有机物等。

表 6-16　三种典型塑料的性能

| 性能 | 烯丙基热固性塑料 | 环氧型热固性塑料 | 聚酯类热塑性塑料 |
|---|---|---|---|
| | DAP | Epoxy | PBT |
| 静电强度/(V/mil)① | 350 | 360 | 420 |
| 体电阻率/(Ω·cm) | $10^{13}$ | $3.8\times10^{15}$ | $1.4\times10^{15}$ |
| 抗电弧/s | 130 | 140 | 190 |
| 吸水率(%24h) | <0.2 | 0.2 | 0.09 |
| 弹性强度/(kg/m²) | 12.1 | 42.7 | 12.1 |
| 比重/(g/cm³) | 1.84~1.91 | 1.8 | 1.31 |
| 冲击强度/(ft·lb/in)② | 0.85 | 10 | 1.0 |
| 加热转变温度/℃ | 260 | 204 | 54 |
| 健康风险 | 无 | 皮肤问题 | 无 |
| 成本 | 中 | 低 | 低 |

① 1V/mil=0.03937kV/mm。
② 1ft·lb/in=53.35J/m=5.45kg·cm/cm。

### 6.3.7 功率半导体芯片

IGBT 模块中最重要的元件是 IGBT 芯片和 FRD 芯片。模块封装中芯片的选择除了要考虑其电气性能和可靠性要求外，还应该重点关注以下信息：键合区域分布、与识别有关的信息说明、参考点定义、厚度与平面尺寸及公差、双面金属化材料、操作温度范围以及过程中的其他限制信息，比如耐溶剂情况说明等。由于应用的需要，在IGBT模块封装中往往需要在IGBT的集电极和发射极之间反并联一颗与IGBT同等或略小电流容量的快恢复二极管芯片，作为续流二极管使用。

随着宽禁带半导体技术的不断进步，目前使用碳化硅材料制作的碳化硅二极管、碳化硅MOSFET等器件在不断地被开发成功并得到应用，特别是碳化硅二极管，由于其优秀的反向恢复特性，已经在很多对效率要求较高的场合中与硅IGBT器件混合封装成模块应用。该混合封装模块的功耗比传统的硅基二极管模块减少了三分之一。表6-17给出了硅材料和碳化硅材料的重要性能比较。

**表6-17 硅材料和碳化硅材料的重要性能比较**

| 管芯材料 | CTE/($10^{-6}$/℃) | 热导率/(W/m·K) | 密度/($g/cm^3$) | 弹性模量/GPa |
|---|---|---|---|---|
| 硅 | 4.1 | 148 | 2.34 | 187 |
| 碳化硅 | 2.6 | 270 | 3.02 | 330 |

本节主要描述了功率半导体器件封装中可能用到的主要材料，给出了这些材料的部分机械、物理和化学性能参数。本章后面各节的讨论内容也将会部分参考这些数据，以便做出最佳的结构设计和工艺设计。

## 6.4 IGBT模块封装设计

本章6.1节概述中已经提到了IGBT模块封装需要解决的一些主要问题，而这些问题的解决都需要进行合理的设计来实现。IGBT模块是一个由不同材料紧密结合在一起的多层结构，如图6-13所示，各层之间的热相互作用是IGBT模块可靠性的核心问题之一，因此IGBT模块的热设计就必然成为模块设计的主要工作。另外，高频器件工作时的电、磁相互作用也必须加以分析和抑制。

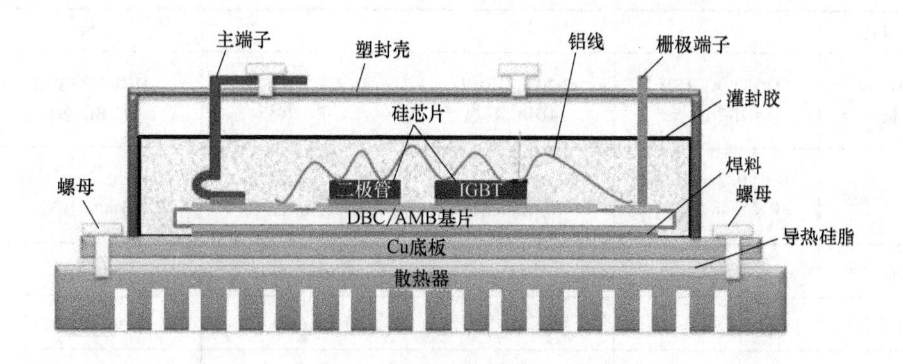


图6-13 IGBT模块结构示意图

对模块而言，一个完整的设计需要包含以下三个步骤和主要内容：

热管理：重点解决好热传导和热应力问题，可以利用仿真工具，通过不断修正使某一结构的温升和应力减到最小，这一过程还需要参考环境条件和模块的功耗情况。

功能单元：为了实现功能、性能、可靠性及综合成本等方面的优化，我们可以将一个完整的电路分割成不同的功能单元。要考虑各功能芯片产生的热损耗能在整个热传导面产生大致均匀的温度场，这种均匀程度越高越好，理想的情况是热传导面的各个点具有相同的温度场或温度梯度。但是这只是理想的情况，基于几乎所有的热耗散都来自芯片这一事实，另外，实际中因为电和磁的相互作用也会破坏我们期望的均匀，比如将多个芯片并联使用时可能因为设计布局的不合理而使本来就已经存在的电流分布不均匀现象得到放大，不均匀的电流分布又导致热和应力的不均匀性。因此在考虑各功能单元的设计时应考虑整个系统内的温度场、应力场、电磁场等相互作用，并进行合理的协调。

设计原则与综合考量：有关材料的一般原则，如陶瓷基板及其上表面印制图、金属底板、端子、塑料外壳等；来自材料供应商的特殊说明；制造过程设计原则，如清洁、焊料印刷、键合、在线检测等；通用工业标准原则，如器件通用标准、安全标准等。

目前，业界已有多种专业软件适合于模块产品的热-电和热-机械性能 CAD 仿真，可以帮助我们完成模块产品设计的主要分析工作。

## 6.4.1 热设计

设计时在已知的材料中找出几种组合，通过计算来比较，以获得最低的结温升和最小的应力。以 200A/1200V 双管半桥模块的设计为例，按 4 种材料组合，见表 6-18 所示，进行计算比较。由此可以得出这 4 种组合的热阻值、结壳温升、应力及温度循环性能等信息，见表 6-19。

表 6-18 四种材料组合

| 组合 | 1 | 2 | 3 | 4 |
|---|---|---|---|---|
| 芯片/绝缘基板组合 | 4IGBT、4FRED、4DBC 基板 | 4IGBT、4FRED、4DBC 基板 | 4IGBT、4FRED、4DBC 基板 | 4IGBT、4FRED、1DBC 基板 |
| 绝缘基板 | DBC 0.2mmCu×2 0.25mm $Al_2O_3$ | ABC 0.2mm Cu×2 0.75mmAlN | ABC 0.2mm Cu×2 0.75mmAlN | DBC 0.2mm Cu×2 1mm$Al_3N_4$ |
| 底板金属 | 3mmCu | 3mmCu | 3mmAlSiC | 不需要 |
| IGBT 芯片 | 13*13*0.19 | 13*13*0.19 | 13*13*0.19 | 13*13*0.19 |
| FRED 芯片 | 9*9*0.075 | 9*9*0.075 | 9*9*0.075 | 9*9*0.075 |

（续）

| 组合 | 1 | 2 | 3 | 4 |
|---|---|---|---|---|
| 焊料 1 | 95Pb/5Sn<br>0.05mm 焊片 | 95Pb/5Sn<br>0.05mm 焊片 | 95Pb/5Sn<br>0.05mm 焊片 | 95Pb/5Sn<br>0.05mm 焊片 |
| 焊料 2 | 96.5Sn/3.5Ag<br>0.07~0.12mm 焊膏 | 96.5Sn/3.5Ag<br>0.07~0.12mm 焊膏 | 96.5Sn/3.5Ag<br>0.07~0.12mm 焊膏 | |

**表 6-19　四种材料性能**

| 组合 | 热阻/(℃/W) | 结壳温升/℃ | IGBT 最大应力/psi① | DBC 基板最大应力/psi① |
|---|---|---|---|---|
| 1 | 0.138 | 70 | $3.87\times10^4$ | $2.6\times10^4$ |
| 2 | 0.113 | 57.5 | $5.36\times10^4$ | $4.44\times10^4$ |
| 3 | 0.140 | 71 | $1.89\times10^4$ | $9.75\times10^3$ |
| 4 | 0.102 | 52 | $5.97\times10^2$ | / |

① 1psi = 6.895kPa。

表中结温升是按照单臂 IGBT 总损耗为 500W 计算，并假定陶瓷基板双面铜薄的温升总和为 1℃。

如果忽略陶瓷基板双面铜薄层，我们看到当所有材料焊接一起后的 IGBT 模块构成一个 5 层结构，即芯片→焊料 1→DBC 板→焊料 2→铜底板。这些结构之间在焊接温度冷却到常温过程中已产生了应力，由于硅材料的易碎性，它所承受的应力应该是这一结构中最值得关注的点。通常我们定义 IGBT 的工作温度在−40~150℃之间，由于工作温度的上限低于焊接温度，应力最大的温度就落在了低温端。表 6-20 给出了几种材料的临界应力情况。

**表 6-20　几种材料的临界应力**

| 材料 | 硅（可观察到 3μm 裂纹） | 氧化铝 | 氮化铝 | 氮化硅 |
|---|---|---|---|---|
| 临界应力/psi | $5.36\times10^4$ | $4.98\times10^4$ | $4.44\times10^4$ | $1.4\times10^5$ |

请留意，上表中硅的临界应力是以已存在 3μm 裂纹来定义的，如此大小的裂纹在硅片的加工过程（切割、研磨、减薄等）是可能产生的；而其他三种材料的临界应力是以材料能承受的最大强度以致于快要被拉断的应力点来定义的。硅材料的临界应力计算由式（6-1）给出。

$$S = Y\frac{K}{\sqrt{\alpha\pi}} \tag{6-1}$$

式中，$K$ 为材料的断裂韧度（$\mathrm{MPa\cdot m^{1/2}}$）、硅材料取 0.7~0.8，$\alpha$ 为裂纹长度，$Y$ 为常数（边缘裂纹取 1.3、表面裂纹取 1.4、嵌入式裂纹取 1.56）。如果芯片的裂纹长度增加到 12μm，则其临界应力将减小至 $2.7\times10^4$psi（$1.86165\times10^5$kPa），两

种裂纹长度条件下的TC循环能力比较情况见表6-21（注：表中只作横向比较、两种裂纹长度之间的能力好坏没有绝对可比性）：

表6-21 不同裂纹长度下的TC循环能力

| 组合(表6-18) | 1 | 2 | 3 | 4 |
|---|---|---|---|---|
| 3μmIGBT 裂纹 -40~85℃ | 好 | 一般 | 很好 | 最好 |
| 12μmIGBT 裂纹 -40~85℃ | 一般 | 差 | 好 | 最好 |

一般地，我们利用式（6-2）和式（6-3）来计算出各材料的最大应力值[2]

$$S_M=\frac{(CTE_s-CTE_D)(T_P-T_A)\cdot L\cdot G\cdot \tanh(\beta)}{\beta\times t_B} \tag{6-2}$$

$$\beta=\sqrt{\frac{G}{t_s}\left(\frac{1}{E_D t_D}+\frac{1}{E_s t_s}\right)} \tag{6-3}$$

式中，$S_M$为角落处的最大应力点，$CTE_s$为陶瓷的CTE值，$CTE_D$为芯片的CTE值，$T_P$为焊接温度，$T_A$为环境温度，$L$为最大芯片尺寸，$G$为焊料的剪切模量，$t_B$为焊料厚度，$t_s$为陶瓷厚度，$E_D$为芯片的弹性模量，$E_s$为DBC的弹性模量，$t_D$为芯片厚度。

## 6.4.2 功能单元

以200A的半桥双管IGBT模块为例，两个串联单元各有一个200A IGBT单元和200A FRED单元，每个芯片单元可有3种芯片组合，即1×200A、2×100A、4×50A，至少有4个因素需要考虑以便确定何种芯片组合属于最佳选择，即芯片与芯片、芯片与绝缘基板之间的热应力，绝缘基板尺寸，IGBT芯片的并联及成本（材料与制造）。

IGBT和FRED芯片上的热应力大小来自于以下6个方面的相互作用：芯片与基板之间的CTE不匹配度；绝缘材料与厚度；芯片尺寸与厚度；焊接过程温度；焊料厚度；焊料弹性模量。由于CTE值的不匹配性，芯片尺寸越大则受到的应力越大，因而，对特定的绝缘基板而言存在一个可接受的最大芯片尺寸。

因为在同等电流容量下IGBT芯片的尺寸应大于FRED的尺寸，因而在讨论以上提到的最大芯片尺寸概念时，最先被关注的应该是IGBT的尺寸，图6-14、图6-15是以相同的芯片厚度（0.015in）、陶瓷基板厚度（0.05in）、焊片厚度（0.002in）以及最低的环境温度（-40℃）等条件下选用两种不同焊料（95Pb5Sn、96.5Sn3.5Ag）与3种陶瓷基板（$Al_2O_3$、AlN、$Si_3N_4$）计算所得到的应力大小。图6-14对应于95Pb5Sn焊料，图6-15对应于96.5Sn3.5Ag焊料。

再来看看陶瓷基板尺寸的情况，它的面积应包含了所有芯片的面积、金属端子焊接面积、铝丝键合面积、电流传导面积以及隔离区与间隔面积等的总和。在不作精细的研磨情况下，氧化铝、氮化铝、氮化硅等陶瓷基板的标准翘曲度在3~3.5μm/mm之间，这样的话，对于最大面积为50mm×75mm的陶瓷基板而言，它自中心到边缘的最大翘曲量可达0.25mm，如果考虑焊膏的厚度在75~125μm之间，这一翘曲量已经不可接受，因而在这种大小的陶瓷基板设计中应考虑将这一面积一分为二，比如两个50mm×37mm的形状或其他组合，以便获得较小的翘曲形变。

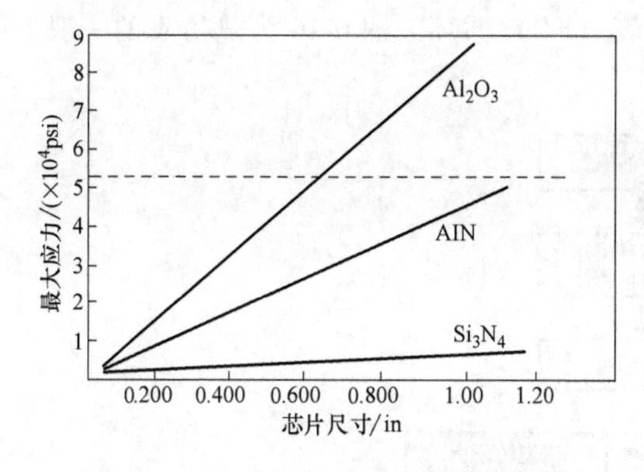


图6-14 最大应力与芯片尺寸关系1

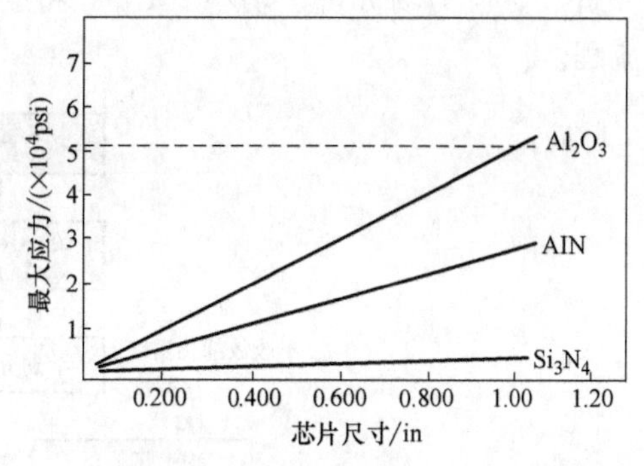


图6-15 最大应力与芯片尺寸关系2

在设计功能单元时可能遇到的一种情况是将同一DBC板或相邻DBC板上的IGBT和FRED芯片分别实现并联以获得更大的电流处理能力，这时需要考虑各芯片之间的电气参数一致性和热耦合问题。应考虑的电气参数按影响程度依次为饱和电压一致性、阈值电压一致性，开关时间一致性，各芯片分布在DBC板上时的铝丝键合长度和导流金属长度也应尽量保持一致性。另外，还要确保各焊接层厚度的均匀一致，并综合考虑各种材料的热传导率因素来确保各芯片之间存在较好的热耦合。

### 6.4.3 仿真技术应用

在讨论IGBT封装的热设计时需要对整个系统的热分布和热损耗进行计算，以便判断所设计的产品能否满足既定的要求。对于焊接方式制造的IGBT产品，器件工作时系统内部的热应力场是跟随温度场的变化而产生的，应力场的存在是讨论产品使用寿命时需要关心的关键问题。此外，IGBT器件的工作频率可以从几kHz到几十kHz甚至上百kHz，频率的增加使得器件的电和磁相互作用变得不可忽略，甚至造成模块失效。仿真软件的开发和应用成为探讨这些问题的便捷工具，但是任何仿真过程和结果将直接依赖于模型的建立，而模型的建立则来自于经验的积累。

下面以实例来说明针对电力半导体模块产品的仿真流程，将借助 Maxwell 软件平台进行电、磁分布仿真，用 Ansys 软件进行温度场和应力场仿真。

**1. 热仿真**

热仿真的目的是根据产品几何结构、性能参数，结合热学物理属性来仿真模型内部的温度场分布，通过热力双向耦合或单向顺序耦合来分析热应力，从芯片布局、材料组成和厚度的选取来优化产品结构，同时得出应力最高点信息，推算产品的理论寿命。热仿真的主要内容包括稳态及瞬态的温度分析、模块设计优化分析、热应力场分析、功率（PC）和温度（TC）循环。图 6-16 为热仿真的一般流程。

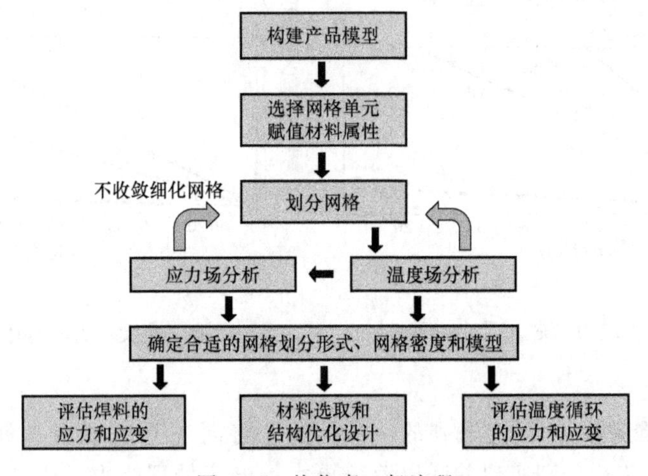


图 6-16 热仿真一般流程

基于图 6-17 所示的二维模型来进行材料的赋值和划分网格单元。以此模型来完成模块的稳态热分布、热应力、瞬态热分布、功率循环及温度循环仿真，其中稳态热分布、瞬态热分布和热应力仿真主要用于指导产品的优化设计，而功率循环仿真、温度循环仿真则用于和实际产品的可靠性实验结果进行比对，进而对设计产品的长期可靠性寿命进行预测，为模块结构设计、原材料选用等优化提供依据。模型中所用材料的性能列于表 6-22。

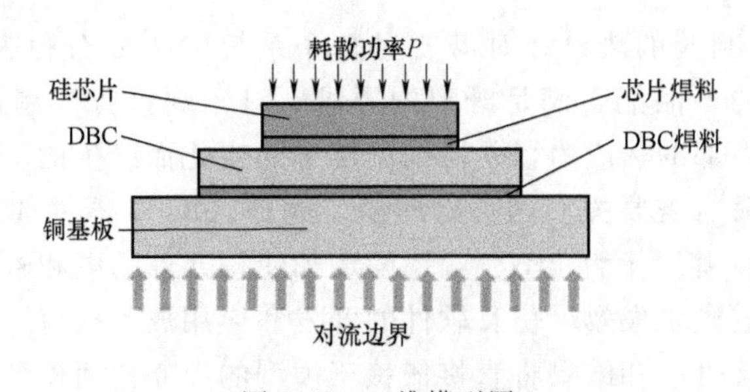


图 6-17 二维模型图

（1）稳态和瞬态的温度分析

模型构建：仿真建模非常关键，一个好的模型可以大大减少软件的运算量，缩短计算时间。建模可以从实体建模，也可以从绘图软件（如 Solidworks、Pro-E）直接导入。

**表 6-22　所用材料性能**

| 材料 | 厚度 | 密度 | 比热 | 热导率 | 弹性模量 | 泊松比 | CTE |
|---|---|---|---|---|---|---|---|
| | mm | $kg/m^3$ | J/kg · K | W/m · K | GPa | / | $\times 10^{-6}$ |
| 硅芯片 | 0.22 | 2330 | 712 | 119 | 112.4 | 0.28 | 3.5 |
| 63Sn37Pb | 0.2 | 8400 | 167 | 50 | 30 | 0.24 | 25 |
| 陶瓷 | 0.38 | 3800 | 880 | 25 | 26.5 | 0.23 | 6.9 |
| MOS 焊料 SAC305 | 0.12 | 7370 | 232 | 64 | 50 | 0.24 | 21.9 |
| 铜基板 | 3 | 8960 | 400 | 390 | 110.3 | 0.36 | 16.5 |

网格划分：网格划分的好坏直接影响仿真的结果，对应力仿真的影响尤为显著。因而优化划分网格在 Ansys 软件的应用中十分重要。网格的划分方式主要分为自由网格（见图 6-18）、映射网格（见图 6-19）和扫略，在 Ansys 软件中自由网格多用于温度场分析，映射网格则多用于应力场分析，两者都需要计算结果收敛才能结束仿真。

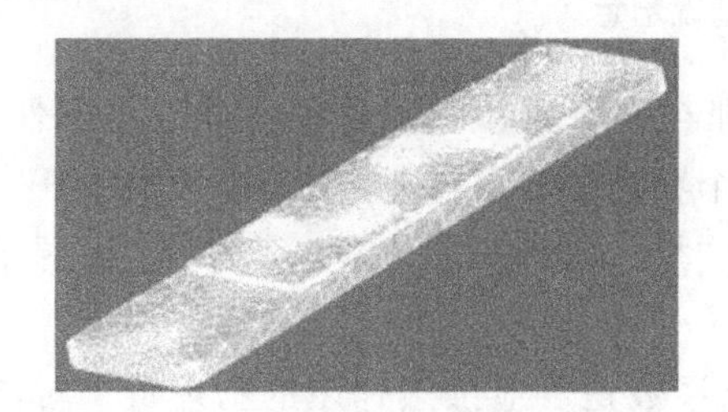

图 6-18　自由网格

图 6-19　映射网格

稳态仿真：Ansys 的稳态仿真结果的作用是分析器件内部的稳态温度分布情况。假设芯片的加热总功耗为 55W，作用于铜基板上的散热对流系数为 170000W/($m^2$ · K)，仿真得到的结果如图 6-20 所示，芯片最高点的温度为 74.9℃。

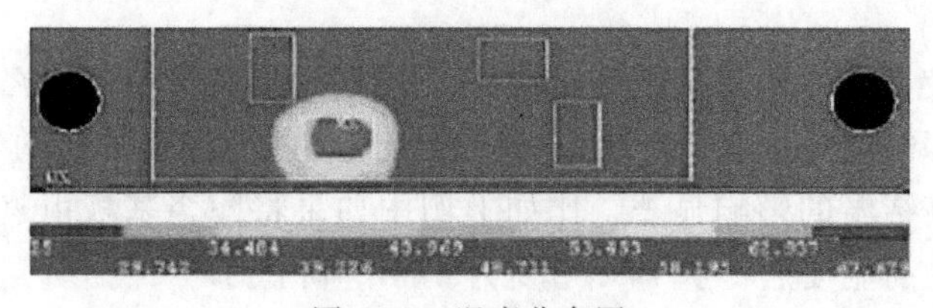

图 6-20　温度分布图

瞬态仿真：瞬态仿真以时间为步长，可以分析模块结温、壳温和瞬态热阻随时间的变化曲线，如图6-21所示，这些曲线与材料的热导率、热容及密度有直接的关联。

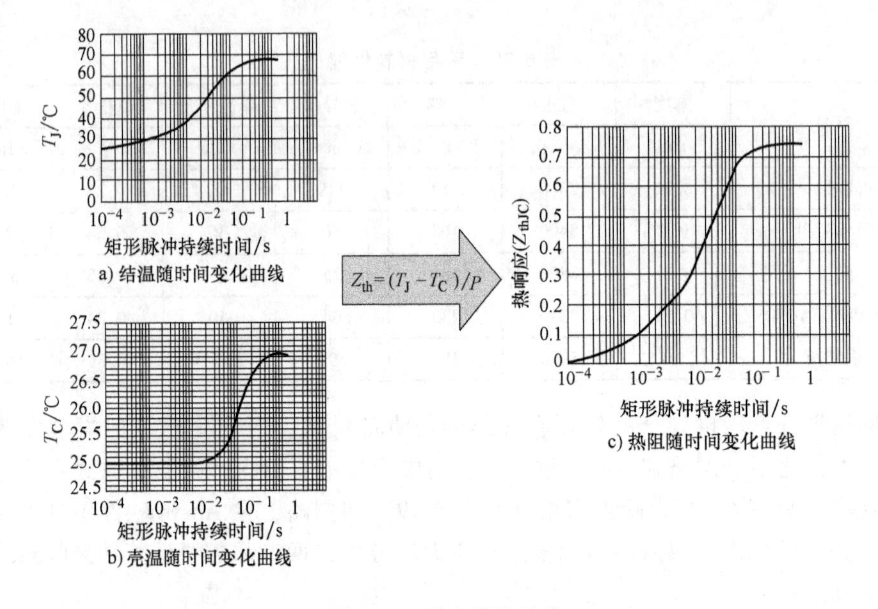


图6-21　瞬态情况示意

（2）优化设计与分析　设计方案的合理与否将直接影响产品性能、可靠性、开发成本、开发周期等。因为仿真是基于一个特定的方案来进行计算，方案中任一材料的性能或参数发生变化都将产生不同的结果。因此一个具体方案的确定来源于分析和优化的过程。

（3）对流系数对温度分布的影响　对流系数是反应散热速率的物理量，对流系数越高，温度场梯度越小，芯片最高温度点就会越低。例如，上例中若将对流系数由2000变为10000，则芯片最高温度点将由74.9℃变为72.4℃，而将对流系数继续升高到50000时，芯片温度最高点将降为69.6℃。

（4）铜基板厚度对温度分布的影响　由于铜基板是模块的散热体，起到向外扩散热量的作用，所以不同的厚度对芯片内部的热扩散影响很大，上例中若将铜基板厚度由3mm分别变为1mm和5mm，则芯片的最高温度点将分别变为84.5℃和71.5℃。

（5）不同绝缘基板对温度分布的影响　不同材质的导热系数各不相同，直接会影响器件内部的散热，事实上绝缘基板的导热性能对温度分布的影响是最大的，尤其对芯片最高结温的影响显著，比如上例中如果将陶瓷基板由氧化铝变为氮化铝，则芯片的最高温度点将从74.9℃变为67℃，降低了7.9℃。

（6）芯片位置不同对温度分布的影响　芯片在陶瓷基板上的位置变化将会对

模块的热阻以及器件的温度产生一定的影响，比如并联的两个芯片的水平间距不一样，经仿真分析后我们将得到不同的温度场结果。上例中，如果将两颗芯片按下图6-22方式放置，芯片边缘最短间距从1mm变为2mm、3mm、4mm时，仿真后我们将得到的温度变化情况见表6-23所示，而热阻变化情况如图6-23所示。

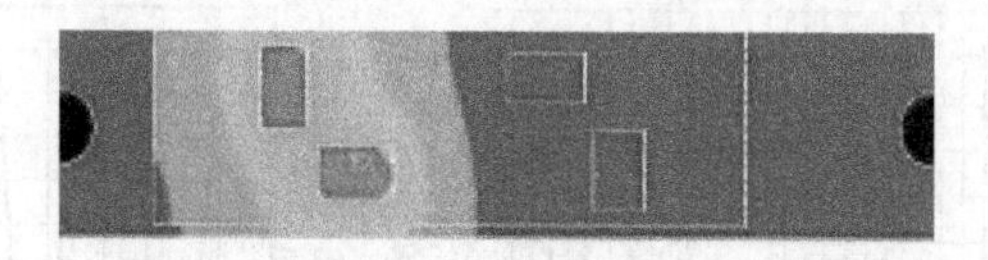

图6-22　芯片间距

表6-23　芯片最高点温度随芯片间距而减小

| 芯片间距 | 1mm | 2mm | 3mm | 4mm |
| --- | --- | --- | --- | --- |
| 最高温度点 | 79.5℃ | 76.7℃ | 73.3℃ | 71.2℃ |

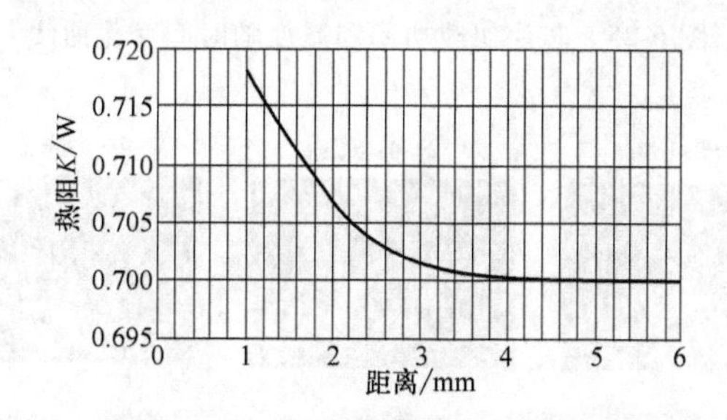


图6-23　模块热阻芯片间距的变化曲线

通过上述仿真分析，可以得出的结论是：对流系数越大，散热越好，结温越低，但对流系数对模块热阻影响很小。随着铜底板厚度的增加，模块热阻值随之增加，但芯片表面的温度会相应降低。AlN DBC模块比 $Al_2O_3$ DBC模块热阻小，使得芯片的温度会明显降低。随着芯片间距的增加，模块内的热阻逐渐减小，并趋于稳定，直至相互之间没有热干涉。因此在有限封装空间内，希望尽可能地增加芯片间距离以减小热阻。实际设计时需要综合考虑具体使用条件、热阻需求、成本要求和封装空间限制，力求达到各项指标的均衡。

**2. 应力仿真**

应力仿真的一般流程是先针对局部进行应力分析，观察其最易失效点和最大应力值，确定无误后再进行整体模型仿真。其流程如图6-24所示。我们仍以热分布仿真里的实例来分别简述PC循环和TC循环的情况。

图6-24　应力仿真流程图

PC 循环：功率循环仿真是对器件性能的一种评估手段，根据试验的条件进行仿真计算，然后观察其最终的温度分布情况，图 6-25 为对模块进行功率循环仿真后输出的结果。

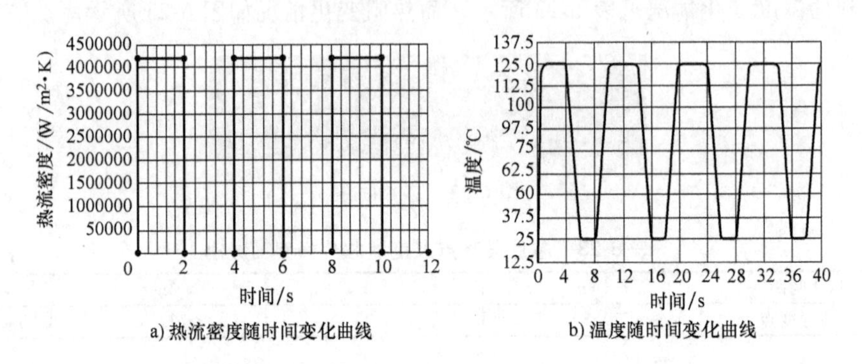


图 6-25　芯片加载功率和温度随时间变化曲线

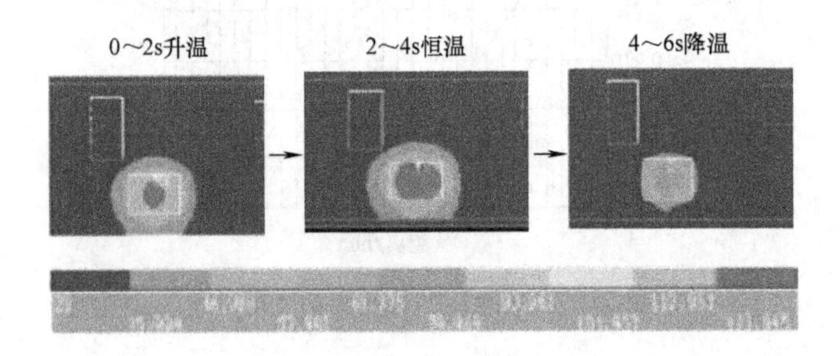


图 6-26　芯片最高温度点随时间变化情况

TC 循环：TC 循环仿真目的是通过加载周期性温度载荷得出应力或应变随时间的变化情况，如图 6-26 所示，然后结合相应的基于应力或应变的数学寿命预估模型来评估理论失效时间。图 6-27 是分析芯片下焊料层应力应变曲线。

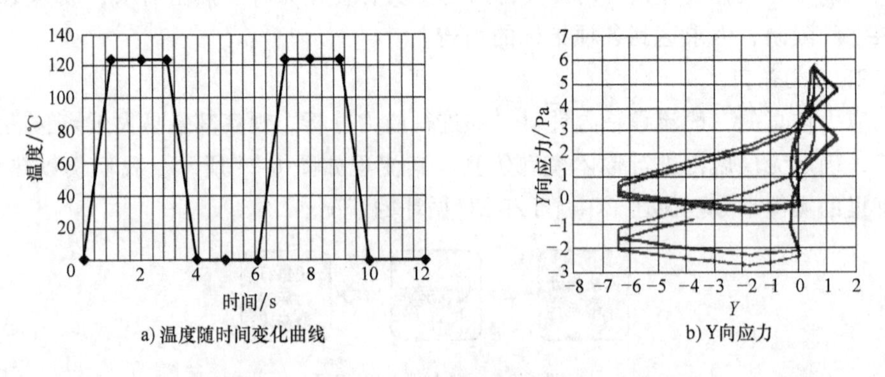


图 6-27　焊料层 Y 向应力-对应温度变化曲线关系

图 6-28 是芯片下焊料层在 Y 方向上的应力值随时间变化的曲线及彩云图。

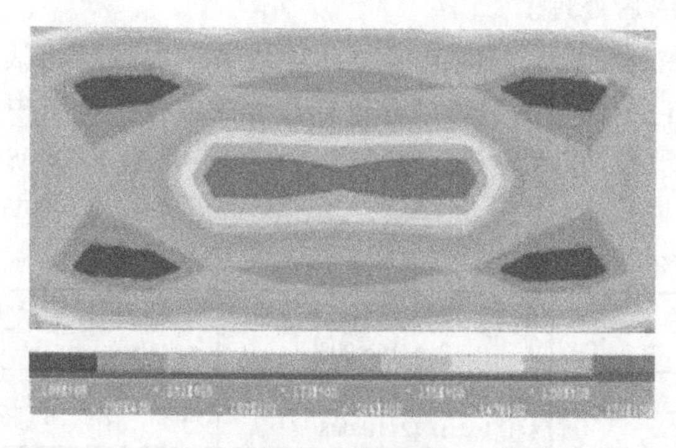

a) 焊料层应力分布图

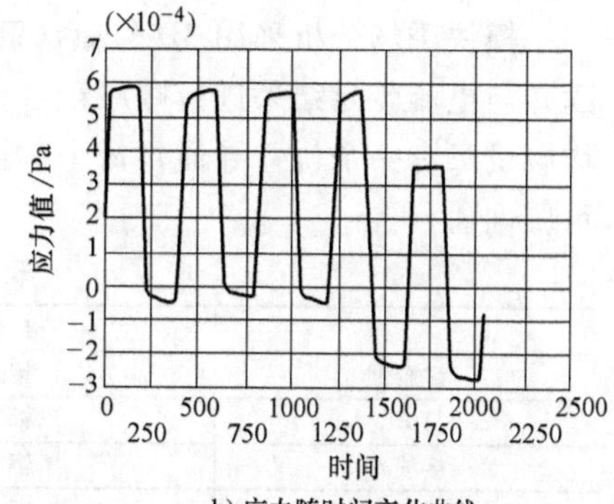


b) 应力随时间变化曲线

图 6-28　焊料层的应力分布及应力随时间变化曲线

图 6-29 是芯片下焊料层在 Y 方向上的应变值随时间变化的曲线及彩云图。

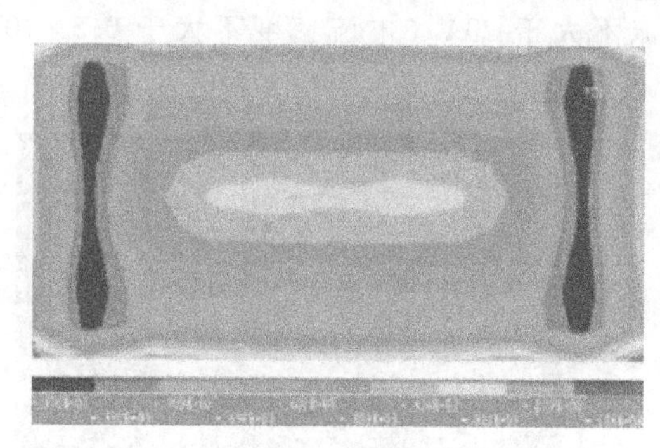

a) 焊料层应力分布图

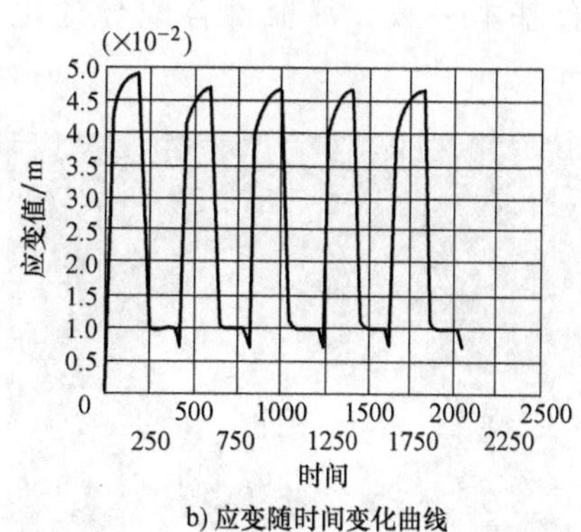


b) 应变随时间变化曲线

图 6-29　焊料层的应力分布图和焊料层的应变随时间变化变线

### 3. 电磁场分布仿真

以额定值为 600V、400A 的 IGBT 功率模块为例，采用 Ansys 仿真平台进行模块均流与电磁仿真来说明电磁场分布情况，其外形图和内部布局布线方式如图 6-30 所示。

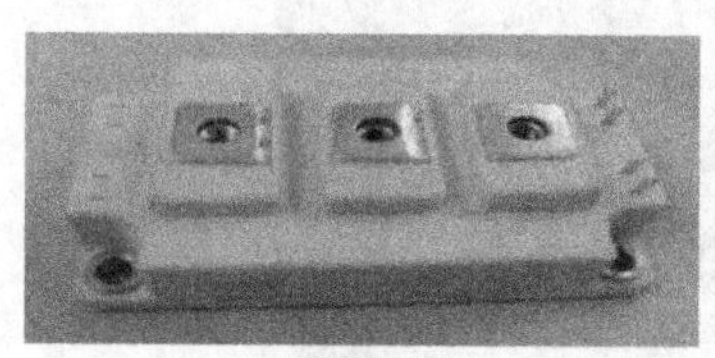

a) 模块外形图

b) 模块内部布线图

图 6-30　400A/600VI GBT 模块外形图和内部布线图

进行电磁场仿真的主要流程：指定类型→分析类型→导入模型→定义材料属性→附加激励源→划分网格→分析步→后处理。

模块磁场分析采用3D矢量法静磁场分析，以电流传导计算结果作为磁场的激励并与电流传导结果进行顺序耦合，包围器件的解算域介质均假设为大气，分析中均假设只有一个桥臂导通且每个键桥承担200A电流，仿真中各材料采用表6-24所示属性。

**表6-24 材料属性**

| | 材料 | 电阻率/Ω·m | 相对磁导率 |
|---|---|---|---|
| 键合线 | 铝 | 2.6316e-008 | 1 |
| DBC | 铜 | 1.7241e-008 | 1 |
| 接线端 | 铜 | 1.7241e-008 | 1 |
| 焊料 | 银 | 1.6393e-008 | 1 |
| 芯片 | 硅 | 1.2e-006 | 1 |

仿真结果如图6-31～图6-36所示，400A额定电流在器件内通过电流传导的电流分布结果如图6-31～图6-33所示（图中电流密度单位为$A/m^2$）键合线之间电流分布基本一致，每根键合线导通电流不大于20A（电流密度不大于$0.5\times10^9$ $A/m^2$）。

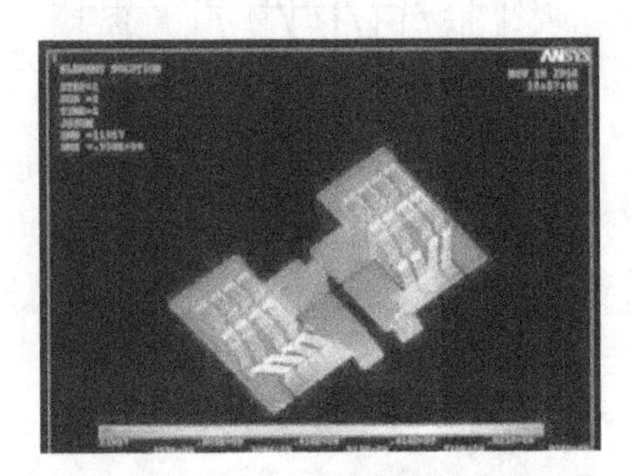


图6-31 电流分布侧视图

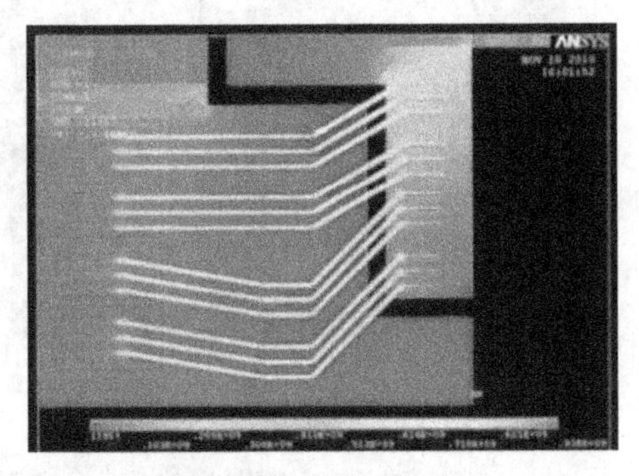


图6-32 键合线电流分布

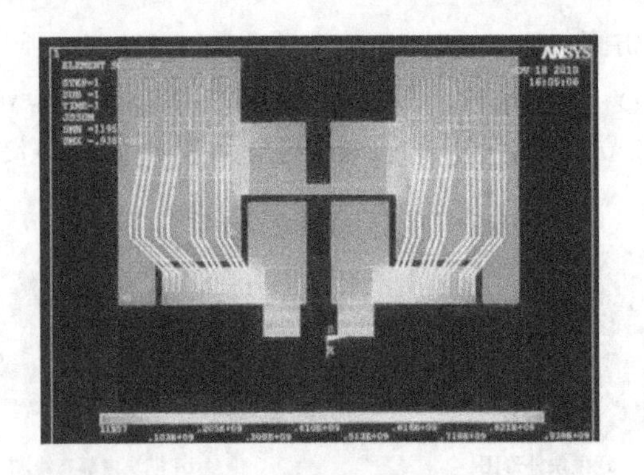


图6-33 键合线电流分布电流分布正视图

根据式（6-4）可计算在距离键桥1mm处电磁密度近似值，该值与仿真结果接近。随着距离电流流入端与流出端距离的增加，模块外侧电磁密度迅速减小，但模块内电流的变化对外部磁场影响较小，外围磁密度分布如图6-34所示，由于在器件中不存在导磁材料，磁路中磁阻大，在电流激励下，磁密度值分布于电流集中区域，最大磁密度小于0.045T，位于键桥位置。

$$B=\frac{\mu_{0}I}{2\pi r}=\frac{200\mu_{0}}{\frac{2\pi}{1000}}=0.4T \tag{6-4}$$

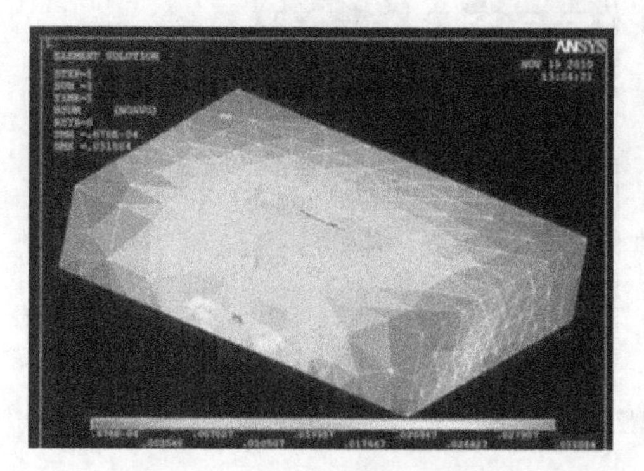

图6-34　器件外侧电磁分布1

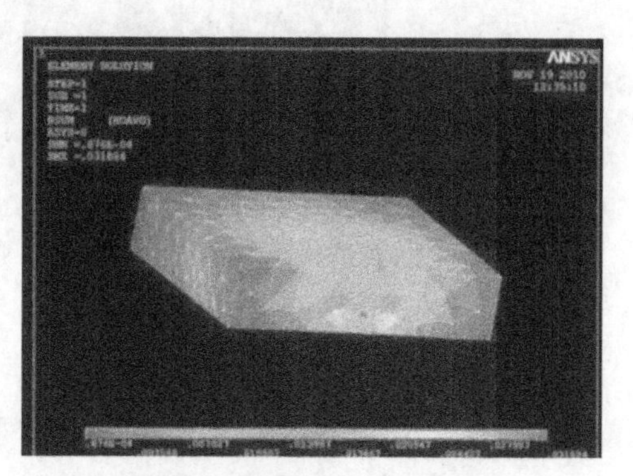

图6-35　器件外侧电磁分布2

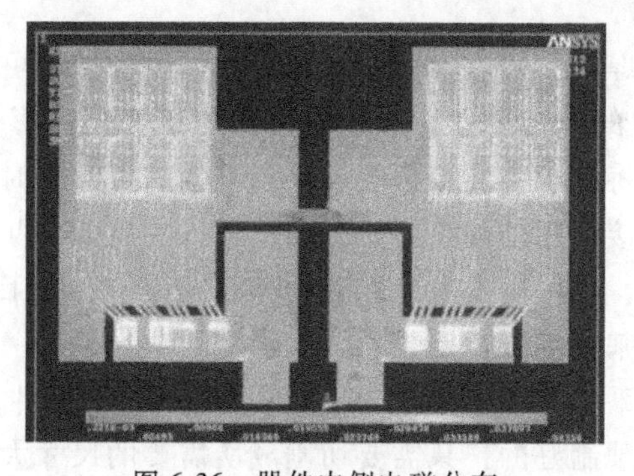

图6-36　器件内侧电磁分布

## 6.5　典型封装技术与工艺

生产中会有多种不同的工艺方法来实现IGBT模块的封装，工艺方法的选择取决于对产品性能与可靠性要求、产能、成本、生产周期、环境要求等诸多方面的考量。IGBT模块的封装大致都包含了以下工艺过程：焊片的装配或焊膏印刷、将IGBT和FRED芯片等装配到陶瓷基板上、真空焊接、清洗、铝丝或铜丝键合、将陶瓷基板焊接到底板上、将电极焊接到陶瓷基板上、外壳装配和密封、硅凝胶灌封、电极成型、测试、激光打印（二维码和产品标示）等（见图6-37）。上述过程均应在洁净度、温度、湿度受控的环境中进行，一般要求是10000级洁净，部分（如电极成型、测试和激光打印）过程可以在100000级环境中进行，温度（25±1）℃，湿度（40~60）%RH。以下分别对各重要过程工艺及过程控制进行简介。

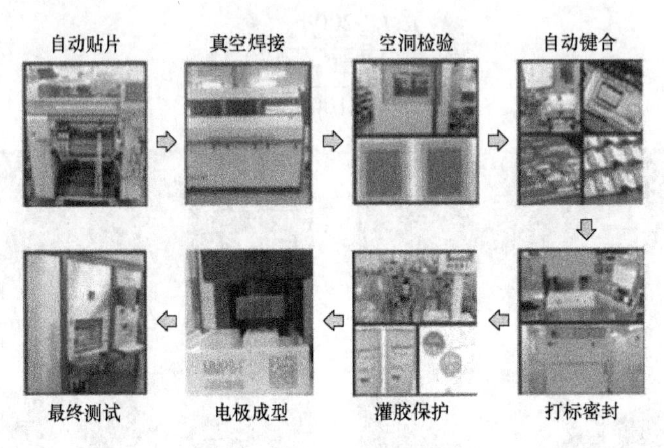


图6-37　典型工艺流程图

## 6.5.1　焊接过程

焊接过程使用的焊料一般为铅锡焊料和锡银铜焊料，均可制作成焊片或者焊膏两种形式。IGBT模块的焊接过程一般采用两次焊接工艺，第一次是将芯片焊接到陶瓷基板上，第二次将端子、连接桥等焊接到陶瓷基板，同时将陶瓷基板焊接到金属底板上，第一次焊接使用的焊料熔解温度比第二次高25~40℃。整个装配过程可以是自动的、人工的，也可以是人工加自动一起完成的。人工装配过程需采用适当的夹具对电极、陶瓷基板等进行定位。

焊料的选用与所采用的工艺和设备直接相关。一般来讲，焊片的使用较为简单，因为它的厚度是预制好的，只需要切割成所需要的尺寸大小然后装配即可，切割的过程可以由焊片供应商来完成，目前最为先进的自动贴片机也已具有焊片的自动切割功能。焊膏的使用相对复杂些，在使用前甚至使用过程中需要搅拌以便充分混合并去除气体。焊膏的涂覆通常由专用的焊膏印刷机来完成，焊膏的点阵密度、厚度和平面尺寸等均由焊膏印刷机专用的金属丝网来控制。因为焊膏的溶剂容易挥发，焊膏自开罐取出后容易干枯，这在使用中需要适当的时间控制。另外，焊膏的焊接质量及焊接效率与丝网选择有着直接的关系。

焊接的原理是将元件和焊料加热到焊料熔化，利用液态焊料润湿母材，填充界面间隙并与母材相互溶解和扩散，随后，液态焊料结晶凝固，从而实现元件的连接。焊接时，只有熔化的液体焊料很好地润湿母材表面才能形成较好的焊接质量。

目前业界普遍采用的较为先进的焊接工艺是真空焊接工艺。

真空焊接工艺指在真空环境下完成焊接过程，是一种很好的获得低空洞率焊接层的工艺，比照传统的热风回流焊工艺具有明显的优势。真空焊接能提供较好的还原性环境，这使得在焊接时能获得很好的焊料润湿效果，甚至可以使用不含助焊剂成分的焊片，从而免除了因需要清除常规焊料中的助焊剂而必须使用的清洗工艺。还原环境同时也使得 DBC 表面和芯片表面无污染和氧化层，有利于后续铝丝键合工艺的可靠性。

真空焊接的还原性材料，通常使用氮氢（$N_2/H_2$ 95/5）混合气体，$H_2$与空气中的$O_2$反应从而产生还原环境，如图 6-38 所示。原理方程式为 $2H_2+O_2=O_2+4H^+=2H_2O$。

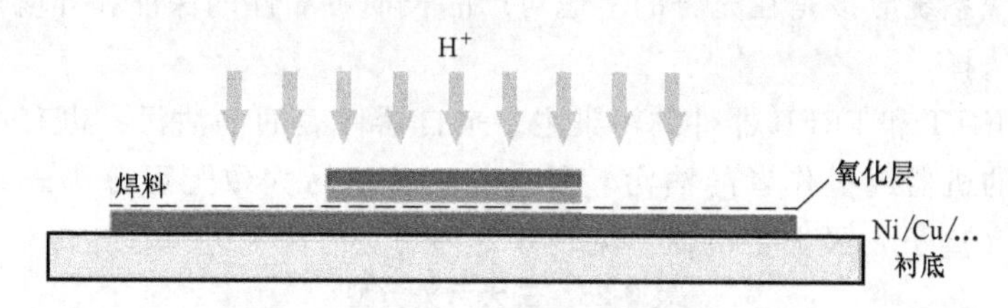


图 6-38　真空焊接原理图

近年来发展起来的甲酸（Formic acid）作为还原材料逐渐成为一种成熟的工艺而备受青睐，它的还原原理是：$2HCOOH+O_2=2CO_2+2H_2O$。与 $H_2$比，使用甲酸具有如下优点：在焊接温度低于 300℃ 时比 $H^+$有更好的活性；不需要配备 $H_2$管道，更安全；成本更低廉；工艺易于管控；对焊接表面具有很好的清洗和除氧化物作用。

真空焊接工艺的真空环境使得焊料中的空气泡容易溢出，从而获得很低空洞率的焊接层，使得焊接连通面积大，降低界面热阻。低的空洞率对芯片与 DBC 基板之间的连接非常重要，如果存在较多和较大的焊接层空洞，界面热阻变大，器件长期在温度应力的作用下工作容易失效。因为温度应力产生的界面裂纹最早都是从空洞出现并开始延伸，因此，要最大限度地减少焊接层空洞的存在。

无铅焊料的使用需要用到超纯氮气，因为无铅焊料比有铅焊料润湿性差，氮气的存在可以减少氧化锡的含量进而改善焊料的润湿性。此外，一般情况下氮气的使用还能减少焊球的形成并给清洗带来更多的便捷。

焊接层空洞率通常采用 X-ray 扫描或超声扫描，它的质量要求是单孔空洞率和总体空洞率都小于规范值，例如 5%。X-ray 扫描图像如图 6-39 所示。

## 6.5.2　清洗

为了确保 IGBT 模块的电气质量和工作的可靠性，对焊接后的芯片和陶瓷基板进行适当的清洁是必须的，整个过程通常由合适的溶剂和专用清洗机器来完成，这

图 6-39　真空焊接后焊接层的 X-ray 扫描图

样的一个清洗系统应该是在充分的考虑对产品长期可靠性的保证和环境保护的需求之后做出的选择。

通常对 IGBT 和 FRED 器件的污染主要来自器件表面的沾污，也有可能来自焊接过程用到的机器或操作者的沾污。所有的这些沾污大致上可分为三大类：微粒物、带电体（离子）及非带电体，见表 6-25 所示。

表 6-25　三大污染类型

| 微粒物 | 带电体/离子物 | 非带电体/非离子物 |
| --- | --- | --- |
| 金属或塑料屑片 | 焊料溶剂中的活性物质或残留物 | 焊料溶剂中的松香 |
| 尘埃 | 焊接形成的盐类 | 树脂合成物 |
| 纤维质 | 来自人手的钠或钾的氯化物 | 油或者油脂 |
| 污迹 | 中和剂 | 焊接或操作中留下的污迹 |
| 绝缘物 | 带电表面活化剂 | 化妆品或护手霜等 |
| 头发/皮肤 | 印刷和清洗过程的残留物 | 硅树脂 |
| 焊球 | / | 洗洁剂或表面活化剂 |
| 空气中污染物 | // | 有机物 |

微粒物的去除一般需要机械能量，如使用超声、喷雾、离心等清洗方法，其中超声清洗被认为是最有效的方法，可以将小至 0.05μm 的表面颗粒物移除，此外超声清洗能作用于任何复杂的几何表面。但是，对于金属表面而言，超声能量产生的气穴在足够长的时间内可能对金属化表面产生侵蚀，因而实际应用中应有以下几点注意事项：

1）频率选择在 40kHz，气穴现象随着频率升高而减缓，高频率对清洗小颗粒有益，低频率对清洗大颗粒有益，需要时可以在一定范围内不断改变频率直达 300kHz，或者使用 3 或 4 个不同的频率进行清洗；

2）控制好使用的功率，一般在 30W/L。可通过声波表探针或者铝膜侵蚀测试方法来判断能量水平；

3）将溶剂加热至 45℃以减小其表面张力；

4）使用溶剂与表面活化剂比例为9∶1，含氟的表面活化剂往往比含碳氢化合物型或硅树脂型活化剂更有效。

带电体和非带电体的去除一般也采用湿法清洗。湿法清洗通常是用水或有一定成分的添加剂，水对离子或带电体的去除有效，添加剂是为了同时去除非带电体粒子。很显然，水具有不易燃、对环境和操作者无损害等优点，但是它对小于10mil[⊖]的细小空间的渗透能力有限，这对于无铅焊料的清洗是一种挑战，因为无铅焊料需要用到比传统含铅焊料更有浸润能力的稀释剂，经高温加热后将变黑或变得更有活性，以致难以去除，因而需要调整水溶液的化学成分。

IGBT模块制作过程的三个关键清洗步骤：元件的焊接前预清洗、焊接后清洗以及键合前清洗。

焊接前的预清洗包含以下内容：去污清洗、漂洗、烘干、UV清洗、真空烘烤等。事实上，任何清洗过程的确定都应基于需要去除的成分来考量，大多数情况下，含有皂化剂的超声清洗会成为首选方法。对于陶瓷基板而言，需要使用UV清洗或者$CO_2$干法来清洗。

UV清洗是将待洗物置于有臭氧的紫外灯（如汞灯或氙灯）源下1min可获得近似洁净表面，臭氧具有强的电离能力，对大多数的污物有效。

高温真空烘烤一般作为焊接前清洗的最后一步进行，在50μm汞柱的真空环境150℃烘烤5h左右可确保获得干燥的表面，烘烤后必须充以超干燥的氮气，这一过程是获得超低焊接空洞率的保障。

需要指出的是由于功率IGBT和FRED芯片晶圆的制造、切割、装模等都是在超净环境中进行，然后包装于抗静电袋中，以充氮密封袋保存于洁净度1000级的受控防静电储物箱中直至使用，因此它们在使用前是不需要任何清洗的。

焊接后清洗一般选用溶剂方法清洗，共沸物（当两种或多种不同成分的均相溶液，以一个特定的比例混合时，在固定的压力下，仅具有一个沸点，此时这个混合物即称为共沸物）对处理松香、低固态、多活性的焊料添加物残留有较好效果。但是对于键合后的半成品进行清洗时必须适当进行能量的控制，以免对键合点造成损伤，某些情况下并不需要进行超声清洗，只需将待洗工件浸泡于加热的溶剂即可。

等离子清洗被设计在键合前进行，等离子清洗和上面提到的$CO_2$清洗一样是干法清洗的方法之一，通常是在流量为2~5cc/min的氩气环境中进行，使用50~75W的射频能量，清洗时间约5min。

干法清洗中的$CO_2$喷射清洗是去除机械污物和无极性成分的有效方法，具有如下特点：不需要溶剂和水；能去除超细颗粒；能去除油脂类薄膜；清洗速度快；能用于IGBT模块生产中焊接后的清洗；易于装备；也特适合对小批量工件如返工件

⊖ $1\text{mil}=25.4\times10^{-6}\text{m}$。

的清洗。该方法应该在干燥的惰性气体环境下进行，以免潮气凝结于工件或芯片表面。

不充分的清洗将导致器件失效，但是清洗过程使生产变得复杂而且伴随成本的增加，因而对清洗的实施应该有个度的把握，这里的度是指洁净程度满足相关标准要求即可。洁净度的检测有两种方法：即粗略测试法和分析测试法。

粗略测试法不测试表面洁净度或区分污染成分，只提供表面洁净度的一般指示来用于生产线的监控，粗略测试法通常包含了以下方法之一：粒子技术法，即用溶剂冲洗待测表面，然后将溶剂在激光粒子计数器上进行分析；放大观察法；水膜破坏测试；接触角测量；溶剂萃取电导率测量。

分析测试法能提供详细的数量和成分信息，但耗时多而且昂贵，一般只推荐作为失效分析的手段。

### 6.5.3 键合

IGBT 模块封装中大多采用超声键合的方式将铝丝连接于芯片表面的金属化层和 DBC 基板之间实现两者间的电气互联，同样的方法也用到 DBC 基板到功率端子间的电气互联，该方法已被成熟且可靠地应用于模块封装中。

与铜丝、金丝相比，铝丝较软、应力较小，成本低，导电性良好，因而在模块封装电极互联技术中得到广泛应用。键合铝丝的标准直径有 0.25mm、0.3mm、0.375mm、0.15mm、0.5mm 等规格。铝丝直径越大，通流能力越大，但是键合的工艺参数值也越大，会对芯片带来一定的损害危险。因而铝丝直径的选择需要考虑所要键合的芯片表面金属化的情况。铝丝键合的键合界面可以是芯片铝表面，DBC 铜箔或者 DBC 铜箔镀镍表面，也可在铜材镀镍面或者直接是铝材的电极端子表面上键合，例如用在 17mm 高 PIM 模块封装中。

铝丝键合的质量要求：铝丝键合点的表面应当光亮、平滑，形变的横向尺寸（键合点宽度）应控制在铝丝直径的 3/2～5/3，相邻键合点之间需要保留一定的距离。对铝丝键合工艺的可靠性通常进行破坏性的抽测，测试项目有拉力和剪切力测试。拉力测试是将拉钩从铝丝下面中间位置以一定速度向上拉动直至铝丝被破坏。传感器会感知和保留拉钩承受的最大拉力值即拉力测试数值，如图 6-40 所示。拉力测试的合格标准是被拉铝丝中间断开，拉力值大于规范值。若铝丝键合点脱落或拉力值偏小等都应被判为不合格。剪切力测试是将推刀沿着键合表面以一定速度推铝丝键合点直至脱落，传感器会感知和保留推刀承受的最大阻力值即剪切力测试数值，如图 6-41 所示。剪切力测试的合格标准是剪切力值大于规范值。

影响铝丝键合质量的因素主要有压力、功率、时间和界面状态。

压力：理想的键合压力应是使劈刀的横向振动最大限度地传递到焊接界面。当超声波输出功率及键合时间一定时，压力过小，铝丝与键合面之间的摩擦不够，塑性变形不够从而焊接不牢；压力过大，铝丝键合点形变太大会使得根部损伤严重，键合强度降低，且存在损伤敏感芯片的危险。

功率：超声波输出能量决定劈刀水平方向震动的频率和幅度。当键合压力和时

图 6-40 铝丝键合拉力测试

图 6-41 铝丝键合剪切力测试

间一定时，功率过小，劈刀振动幅度较小，为键合提供的能量小，键合强度低；功率过大，铝丝损伤严重，降低铝丝与键合点之间的强度，也存在损伤敏感芯片的危险。

时间：键合时间过长，铝丝过分摩擦，会造成键合不牢；键合时间过短，提供的键合能量又不足。键合时间的设定部分取决于功率，通常认为高功率短时间的键合质量要比低功率长时间的要好。

总之，压力、功率、时间是超声波键合的关键控制参数，相互关联。此外还有其他一些因素影响键合质量，如铝丝和键合区表面需保持清洁和无氧化状态。超声键合只能排除一些轻微的污染物和氧化物，如果存在较为严重的污染和氧化，键合质量将会受到很大影响，即使能键合也是虚焊或者可靠性低。

### 6.5.4 灌胶保护

以硅凝胶举例说明灌胶保护的工艺过程。

功率模块封装采用双组分（A 组份、B 组份）高温固化方式的硅凝胶，两种组份按 1∶1 配比，经充分混合搅拌后，才可以作为模块的灌封材料，此时这种材料还是液体状态，具有一定的流动性和黏性，硅凝胶灌注到模块外壳后，需要将模块放置于真空环境下并经过足够长的时间，以充分去除硅凝胶混合时产生的气泡。这点非常重要，否则硅凝胶固化后，模块部分电路器件或铝丝裸露在气泡中，得不到必要保护或者导致被保护的器件性能恶化而经过长期环境变化造成失效。为了规避这一问题，有的设备制造商已制造在真空环境下的灌胶设备，经该设备灌注硅凝胶后的模块可以直接进行高温固化。

待去除硅凝胶气泡后，需要将模块放入烘箱进行高温固化，在一定的温度下放置一定的时间后，硅凝胶会由于化学变化产生固化，黏性增加，变成透明而柔软的固体。它覆盖于模块电路的各个器件和互连铝丝，此时模块已得到充分保护，水分和灰尘不能进入内部器件表面，氯、钠或者其他化学污染物也都不能渗入。

硅凝胶固化的质量要求是：硅凝胶充分固化，不能有液态状的未固化物质；半

导体芯片，铝丝或其他元器件需要被充分覆盖；胶体不能有较大的气泡或者其他杂质；固化后的胶体不能产生缝隙等。

为了增加密封性能和机械强度，有些制造商会在灌注硅凝胶的基础上再灌注一层环氧胶，也有在灌注硅橡胶的基础上再加注一层环氧胶的保护工艺。环氧树脂或硅橡胶有着类似的工艺流程，不同的是硅橡胶通常是单组份，不需要配比混合。

### 6.5.5 测试

对于一个可靠的应用系统而言，它的核心执行元件是IGBT模块等功率开关器件，因此对IGBT模块有必要进行精确的制程控制和进行全面测试。为了对测试数据进行统计分析，以便优化制程或保持尽可能完美的产出率，需要保留模块的所有测试数据。通用的方法是给每个模块分配一个条形码或者二维码，它将包含与该模块有关的所有材料信息、工艺过程参数以及模块测试数据。假如模块在后续的应用中出现了失效，我们只要按照对应的编码就可查找相关记录，然后进行分析并采取相应的改进措施。一般来讲，有4个过程需要进行必要的测试：工程评估、进货检验、在线测试、成品测试。

通常意义上的工程评估和预生产测试中至少用到三个方面的测试数据，即模块内部各开关器件的开关波形、短路能力、各个芯片的热阻曲线，将这些数据和芯片的具体参数一起进行分析和计算，即可获得相对准确的评估结论。

进货检验，IGBT芯片的电特性通常应包含了漏电、击穿电压、阈值电压和饱和电压；而FRED则包含击穿电压、恢复时间和通态压降。随着装配的进行，一些与过程有关的性能变异可能发生，比如机械损伤、ESD、污染等，这些都应该有适当的检验措施，另外在键合完成后除了执行进货检验的各项参数测试外，栅极漏电测试成为必要。最终测试的项目应该是最多的，除了在之前测试的静态参数外，部分动态参数、短路、安全工作区等也应包含在最终测试中，一般的测试顺序是静态→动态→短路→SOA。

## 6.6 IGBT模块封装技术的新进展

本节主要介绍IGBT模块封装的新技术、新工艺和新发展，主要包含以下内容：低温烧结技术、压接技术、双面散热技术、引线技术（铜丝、薄膜、DBC）、端子连接技术、SiC器件的混合封装。

### 6.6.1 低温烧结技术

在本章前面讨论的焊接技术中，焊料必须在熔点温度下溶化来实现焊接，然而，焊料的熔点温度越高，模块内各个部件受到的应力越大，这是我们不愿见到的情况。这种矛盾加速了对低温烧结技术的开发，这里的低温是指黏结材料的烧结温度远低于烧结后的熔点温度，这一技术应用于IGBT模块的封装，能使IGBT模块产品的温度循环能力和功率循环能力同步得到提升。

低温烧结技术经历了两个发展阶段，即微米级银焊膏和纳米级银焊膏。到目前为止，仍处在不断的改进之中。最初的微米银焊膏需要在230~250℃温度下加压至40MPa的氧气环境中完成烧结，如此高的压力对功率半导体芯片而言自然是极大的挑战，这限制了它在功率半导体封装领域的应用。最近研制成功的纳米银焊膏可以在不用加压的状态下烧结而同样具有优异的电学、热学和力学性能。

研究表明，在无压力条件下烧结的纳米银焊膏工作在115℃以下时不会有裂纹和分层现象，但是，当工作温度提高到125℃或以上时烧结层会出现明显的裂纹和分层现象，其可能的原因与纳米焊膏中的有机物散逸的气体流动行为、焊料的收缩与张力的平衡过程以及过程温度曲线等有关，这对IGBT模块的应用可靠性造成了威胁。最新的解决的方法有二：一是加压至3~5MPa，加速挥发物的散逸过程并增加烧结层的致密性；二是在焊膏中添加润滑剂改善材料的流动性。

纳米银烧结层比照焊接层的一些性能比较列表见表6-26。

表6-26　纳米Ag烧结与SnAg焊接性能比较

| 黏结方式 | 熔点温度 | 热导率 | 电导率 | 厚度 | CTE | 弹性强度 |
|---|---|---|---|---|---|---|
| | ℃ | W/m·K | MS/m | μm | $10^{-6}$/K | MPa |
| SnAg焊接 | 220 | 70 | 7.8 | 90 | 28 | 30 |
| 纳米Ag烧结 | 960 | 240 | 41 | 20 | 19 | 55 |

## 6.6.2　压接技术

平板压接封装是压接技术的一种，但只在特定应用场合显示出它的优势或者独到之处，比如串联应用。另一种压接技术如图6-42和图6-43所示，它可以像其他传统焊接式模块产品一样使用，因为它也实现了绝缘封装，并且方便内部芯片的并联从而获得更大的电流。这种技术的特点是电极端子用压接方式接触DBC板、DBC板直接压接到散热器，没有焊料层，也省去了金属底板，只有芯片到DBC板之间的连接采用焊接方式。这种封装的最大热应力主要来自于芯片到DBC之间的连接层，为了将这一层的应力降到最小，可以采用最新的纳米银焊接技术，这种压接式模块的温度循环能力要比全焊接结构的提高了5倍，功率循环能力也提高了2~3倍。

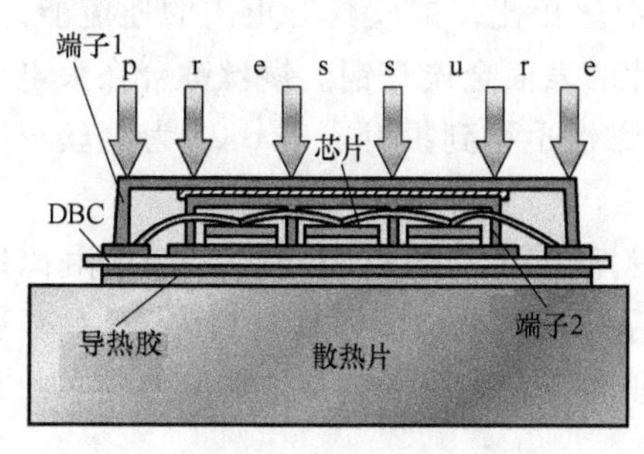


图6-42　压接系统示意图

图6-43　由Semikron公司制造的压接模块

压接技术的难点是如何将较大的压力均匀地分配到DBC基板上使之与散热器实现良好的接触，为此需要设计特殊的压力结构，此外，压接技术对散热器和DBC板的表面光洁度要求也比较高。

## 6.6.3 双面散热技术

IGBT的封装最初是部分地借鉴了IC的技术特点，采用单面散热方式，这确实给封装的实现提供了不少方便。然而，当需要更高的散热效率时，人们又在寻求双面散热的解决方案。图6-44所示的双面散热方案比单面散热方式效率提高了30%以上。

图6-44 双面散热方案

双面散热方式之所以仍处在方案阶段，这说明其实用阶段的实现并不容易，就目前情况而言，它只在要求高功率密度的的场合显示出综合优势。

## 6.6.4 引线技术

这里主要介绍三种不同的引线方式，即铜丝键合、薄膜电极和DBC板电极。

铜丝键合：IGBT的功率循环次数随着结壳温升的升高而呈现指数衰减，近几年IGBT模块的最高工作结温从150℃上升到175℃后，英飞凌的最新一代IGBT模块的工作结温设计目标将达到200℃。这种高结温的封装，对模块内部的电气连接技术提出了更高的要求。常用的铝丝键合已经显示出PC能力的不足。

铜丝键合是以铜-铜键合取代原来的铝-铜键合，如图6-45所示，同质材料间的键合就避免了CTE值不一样的问题，同时与铝丝相比，铜丝具有更高的通流能力。当然对芯片表面金属化也有了新的要求，芯片的表面金属是铜。铜丝键合在大电流IGBT模块生产中显示出优势，产品寿命和可靠性也得到提升。表6-27为铜丝与铝丝的各项性能比较。

改善高温下的功率循环寿命的另一项发明是薄膜电极的实现，它是由德国Semikron公司发明的专利技术，如图6-46所示，薄膜电极除了具有高的PC循环次数之外还兼有工艺简单、低热阻、高电流浪涌能力。可用于更高工作结温的芯片封装，缺点是需要全新的生产工艺。

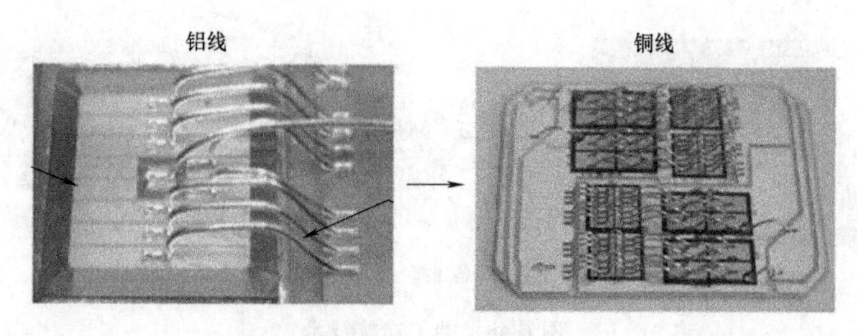


图 6-45　键合技术

表 6-27　铜丝和铝丝的性能比较

| 性能 | 导电率 | 热导率 | CTE | 屈服强度 | 弹性模量 | 熔点温度 |
|---|---|---|---|---|---|---|
| | /uΩ · cm | W/m · K | $10^{-6}$ | MPa | GPa | ℃ |
| 铜丝 | 1.7 | 400 | 16.5 | 140 | 110~140 | 1083 |
| 铝丝 | 2.7 | 220 | 25 | 29 | 50 | 660 |

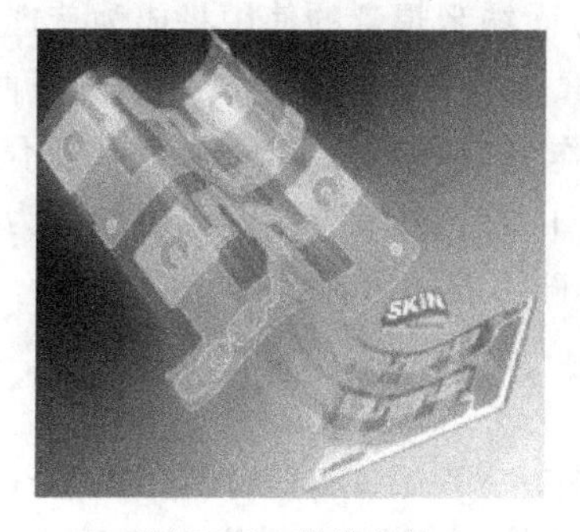

图 6-46　薄膜电极

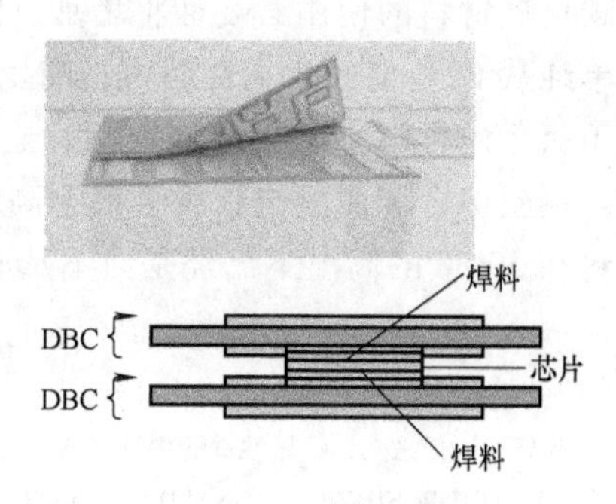


图 6-47　DBC 板电极

与铜丝焊接和薄膜电极的设计思路不一样的是 DBC 板电极，如图 6-47 所示。铜丝焊接和薄膜电极都是通过提高绝对工作温度来实现更高的功率循环寿命，从而获得更高的可靠性，DBC 板电极则是采用双面散热的设计，通过提高散热效率来降低同等耗散功率下的器件工作结温，进而获得 PC 循环次数的提高。

## 6.6.5　端子连接技术

这里讨论的是电流容量相对较小（100A 以内）的主端子和信号端子的两种较便捷的连接方式，即弹簧连接（Spring Contact）和压接连接（Press Fit），如图6-48所示。

传统的端子连接方式缺陷是工艺复杂，需要波峰焊接或者手工烙铁焊接，焊点在经过震动或长时间工作后会有焊接疲劳产生。弹簧压接方式和压接连接方式两者都具有低的端子接触电阻、高的 TC 循环次数、避免了焊接疲劳、极易实现 PCB 板压接安装等特点。

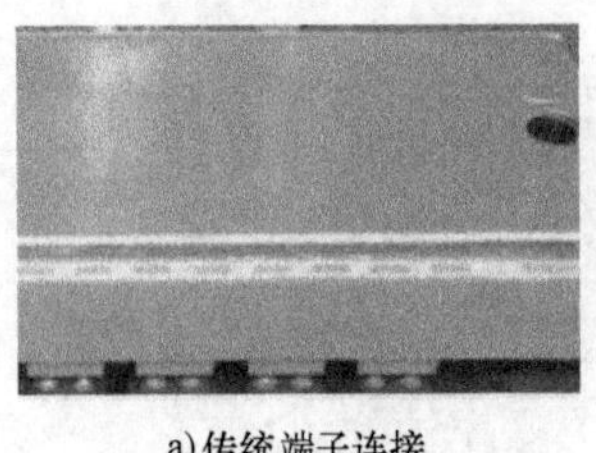

a) 传统端子连接

b) 弹簧压接

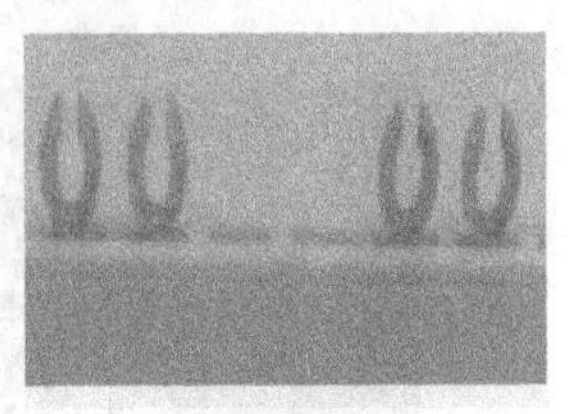

c) 压接连接

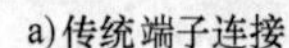

图 6-48　端子连接技术

## 6.6.6　SiC 器件封装

SiC 二极管和 SiC MOSFET 目前均已进入量产阶段。SiC 器件的一个突出的优点就是能够实现高结温，结温可高达 400℃以上。为了适合于高结温应用，整个封装系统都要从热管理角度进行重新设计。

在这里，铜材料用作底板材料在 CTE 值的匹配方面将显示出明显的劣势，而铝碳化硅材料的使用必要性将增加。黏结材料方面纳米焊膏的使用将成为首选。如果单纯从 CTE 值的匹配性而言，陶瓷基板的首选材料当然是氮化硅和金刚石两种，由于氮化硅材料不需要金属底板，它还可以制作成散热器形状，这会带来不少方便。铜丝键合和薄膜电极将会成为高结温场合下的首选互联技术。硅凝胶作为灌封材料在 300℃的高温下已经是力不从心了，此时硅橡胶的表现会更好。

### 参 考 文 献


[1]　章新瑞，任占勇. 可靠性试验中环境应力与产品故障机理间关系研究 [J]. 环境技术，2000 (5). 5.

[2]　WILLIAM W SHENG，RONALD P COLINO. Power Electronic Module：Design and Manufacture [M]. CRC Press，2004.

[3]　Beckedahl P，Semikron. Power Electronics Module Packaging Revolution—Module Packaging Revolution—Module Without Bond Wires，Solder and Thermal Paste [J]. World of Power Supply，2011.

# 第 7 章 器件测试

本章以 n 沟道 IGBT 来介绍电性能参数测试方法，其参数定义参考 IEC 60747-9 标准，主要从静态参数、动态参数、安全工作区、机械和热参数，介绍了 IGBT 测试方法及注意事项。

## 7.1 静态参数[1]

静态参数是指器件工作在稳定状态下的参数。IGBT 主要静态参数见表 7-1。

表 7-1 IGBT 主要静态参数

| 参数名称 | 符号 | 单位 | 定义 |
| --- | --- | --- | --- |
| 集电极-发射极电压 | $U_{CES}$ | V | 栅极-发射极短路且在集电极电流为规定的低值(绝对值)时,集电极-发射极承受的最大电压 |
| 栅极-发射极电压 | $U_{GES}$ | V | 集电极-发射极短路时栅极-发射极所能承受的最大电压 |
| 集电极连续电流 | $I_C$ | A | 器件工作状态下能够连续承受的最大直流电流,与壳温直接相关 |
| 集电极峰值电流 | $I_{CM}$ | A | 在规定的脉冲持续时间和占空比条件下,多个矩形脉冲的最大值,也可以是单脉冲 |
| 集电极截止电流 | $I_{CES}$ | A | 栅极-发射极短路,集电极的截止电流 |
| 栅极漏电流 | $I_{GES}$ | A | 在最高额定栅极-发射极电压条件下,栅极电流的最大值 |
| 集电极-发射极饱和电压 | $U_{CEsat}$ | V | 在规定的栅极电压和集电极电流条件下集电极-发射极两端电压的最大值 |
| 栅极-发射极阈值电压 | $U_{GE(th)}$ | V | 在规定的集电极-发射极电压和集电极电流条件下,栅极-发射极之间电压的最大值 |

### 7.1.1 集电极-发射极电压 $U_{CES}$

集电极-发射极电压 $U_{CES}$ 定义：栅极-发射极短路且在集电极电流为规定的低值

（绝对值）时，集电极-发射极承受的最大电压。测试规程如下：

**1. 测试目的**

栅极-发射极短路下，检验 IGBT 所能承受的额定集电极-发射极电压 $U_{CES}$。

**2. 测试电路**

测试电路图如图 7-1 所示，$U_{CC}$和 $U_{GG}$是电压源，$R_1$是电路保护电阻器，DUT 为被测 IGBT。图 7-1 给出了分别在直流和交流条件下测试集电极-发射极电压。$U_{CC}$为给定加载值，同时需关注环境温度 $T_a$、管壳温度 $T_c$ 或结温 $T_j$。

**3. 注意事项**

所有针对器件的操作过程都要做好防静电保护，在施加集电极-发射极电压前，确保栅极和发射极之间有可靠的电气连接。

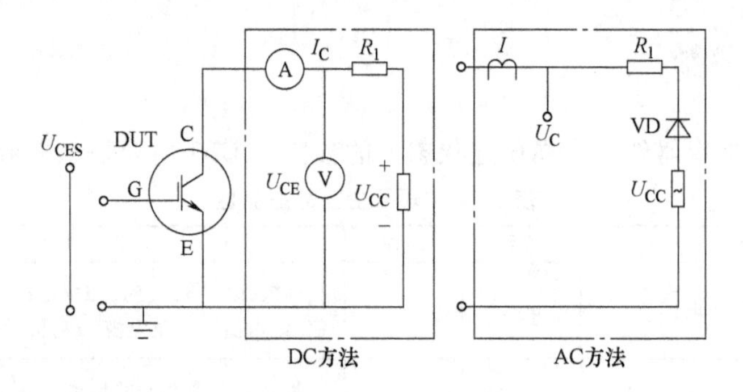


图 7-1　IGBT $U_{CES}$测试电路

## 7.1.2　栅极-发射极电压 $U_{GES}$

栅极-发射极电压 $U_{GES}$定义：集电极-发射极短路时栅极-发射极所能承受的最大电压。测试规程如下：

**1. 测试目的**

在规定条件下，检验 IGBT 在集电极-发射极短路时栅极-发射极之间所能承受的额定电压 $U_{GES}$。

**2. 测试电路**

测试电路图见图 7-2，$U_{GG}$ 为电压源，由于栅极-发射极可在一定范围内的正、反向电压下工作，故 $U_{GES}$、$-U_{GES}$ 均需要测试。DUT 为被测 IGBT，$R$ 是电路保护用低值电阻器。测试时，集电极-发射极短路，栅极加固定值$\pm U_{GG}$，在一定 $I_G$ 下 $U_{GE}$ 即为所测试$\pm U_{GES}$。测试时同样需关注环境温度

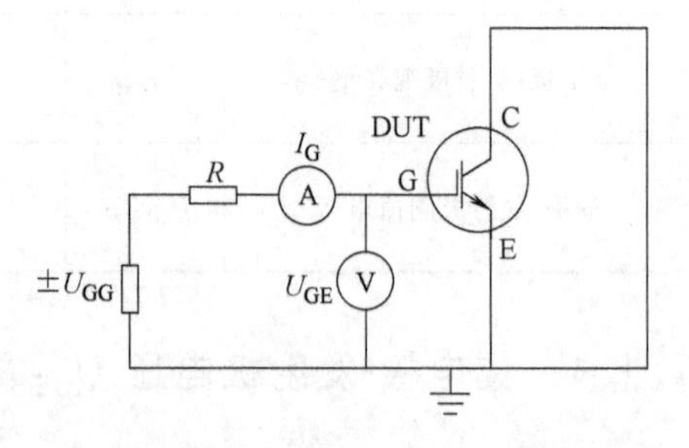


图 7-2　栅极-发射极电压 $U_{GES}$测试电路

$T_a$、管壳温度 $T_c$ 和结温 $T_j$。

**3. 注意事项**

当所加的栅极-发射极间电压过高时极易出现击穿而损坏器件，因此，一般不建议施加的电压超过额定值。除非测试目的就是要考核栅极-发射极击穿电压值。

## 7.1.3 最大集电极连续电流 $I_C$

集电极连续电流 $I_C$ 定义：器件工作状态下能够连续承受的最大直流电流，它与管壳温度直接相关。测试规程如下：

**1. 测试目的**

在规定条件下，检验 IGBT 的集电极电流能力不低于最大额定值 $I_C$。

**2. 测试电路**

测试电路如图 7-3 所示，$U_{CC}$ 和 $U_{GG}$ 是电压源，$R_1$ 是电路保护电阻，设定环境温度、管壳温度和栅极-发射极电压为规定值，增加电源电压 $U_{CC}$，使得器件芯片温度在连续电流 $I_C$ 作用下被提升到最高工作结温，测定此时的 $I_C$。

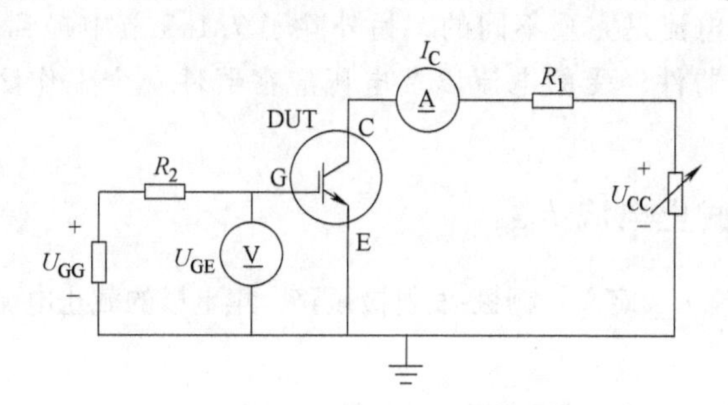


图 7-3 集电极电流测试电路

**3. 注意事项**

测试过程应有可靠的措施确保器件的结温在任一时刻都不超过最高工作结温额定值；另外，在关断测试电流时应充分考虑电流突变带来的集电极电压过冲的影响，以免损坏 IGBT 器件。

## 7.1.4 最大集电极峰值电流 $I_{CM}$

集电极峰值电流 $I_{CM}$ 定义：在规定的脉冲持续时间和占空比条件下，多个矩形脉冲的最大值，也可以是单脉冲。测试规程如下：

**1. 测试目的**

在规定条件下，检验 IGBT 的集电极电流能力不低于最大额定值 $I_{CM}$。

**2. 测试电路**

测试电路如图 7-4 所示，图中 $U_{CC}$ 是电压源，$U_{GG}$ 是栅极脉冲发生器。$R_1$ 是电路保护电阻。测试时设定环境温度 $T_a$、管壳温度 $T_c$ 或结温 $T_j$、栅极-发射极电压为规定的脉冲宽度及占空比并保持在该值。增加电源电压 $U_{CC}$ 至 $I_C$ 达到规定值。

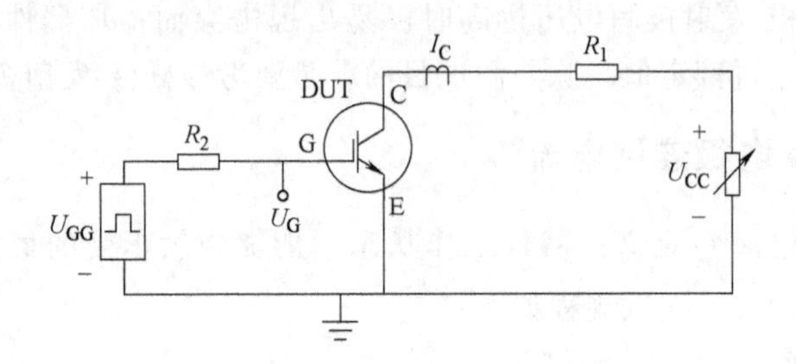


图 7-4　集电极峰值电流测试电路

**3. 注意事项**

注意栅极脉冲不同时，集电极电流对应两种集电极峰值电流，在规定的脉冲持续时间和占空比条件下，多个矩形脉冲的最大值定义为集电极重复峰值电流 $I_{CRM}$，而在规定的脉冲持续时间条件下，一个脉冲的最大值电流定义为集电极不重复峰值电流 $I_{CSM}$，这两个电流是完全不同的。另外除了 7.1.3 节中提到的注意事项之外，该测试过程应确保器件经受的电流以及电压应在器件安全工作区范围以内，不能超过。

## 7.1.5　集电极截止电流 $I_{CES}$

集电极截止电流 $I_{CES}$定义：栅极-发射极短路，集电极的截止电流。测试规程如下：

**1. 测试目的**

在规定条件下，测量 IGBT 的集电极截止电流。

**2. 测试电路**

测试电路图如图 7-5 所示。

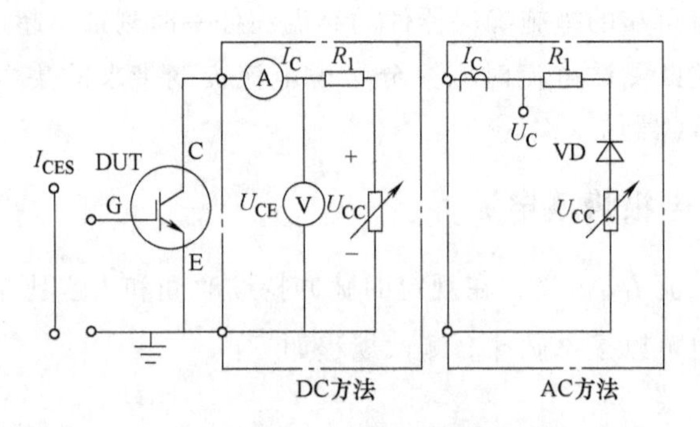


图 7-5　集电极截止电流测试电路

其中，$U_{CC}$和 $U_{GG}$是电压源。$R_1$是电路保护电阻器。设定温度为规定值。增加电压 $U_{CE}$至达到其规定值。通过电流表或电流探头读出截止电流 $I_{CES}$。测试方法同样有两种：直流法和交流法，其中交流法，频率50Hz或60Hz（另有规定除外）电压源 $U_{CC}$。

## 7.1.6 栅极漏电流 $I_{GES}$

栅极漏电流 $I_{GES}$定义：在最高额定栅极-发射极电压条件下，栅极电流的最大值。测试规程如下：

**1. 测试目的**

在集电极-发射极短路条件下，测量IGBT的栅极-发射极漏电流。

**2. 测试电路**

测试电路图如图7-6所示。

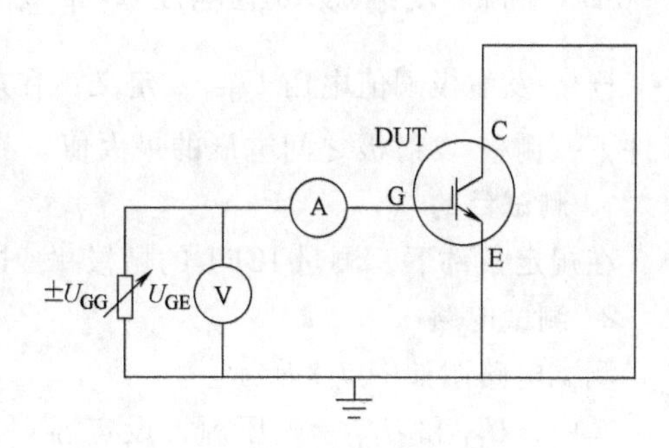


图7-6 栅极漏电流测试电路

其中，$U_{GG}$是电压源。将集电极端与发射极端短路。设定栅极-发射极电压为规定值。测量栅极-发射极漏电流。

**3. 注意事项**

环境温度 $T_a$、管壳温度 $T_c$ 或结温 $T_j$；栅极-发射极电压 $U_{GE}$。

## 7.1.7 集电极-发射极饱和电压 $U_{CEsat}$

集电极-发射极饱和电压 $U_{CEsat}$定义：在规定的栅极电压和集电极电流条件下集电极-发射极两端电压的最大值。测试规程如下：

**1. 测试目的**

在规定条件下，测量IGBT的集电极-发射极饱和电压。

**2. 测试电路**

图7-7为测试电路图。

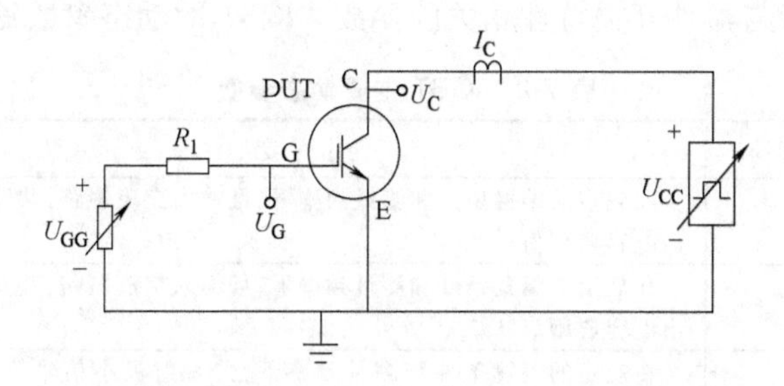


图7-7 集电极-发射极饱和电压 $U_{CEsat}$测试电路

其中，$U_{GG}$是电压源。$U_{CC}$提供不产生显著热量的窄脉冲集电极电流。测量期间，DUT中不应产生显著的热耗散。

设定温度为规定值，该值与栅极-发射极电压和集电极电流规定值对应。测量集电极-发射极饱和电压 $U_{CE}=U_{CEsat}$。

**3. 注意事项**

测试时应保持环境温度 $T_a$、管壳温度 $T_c$ 和结温 $T_j$；规定栅极-发射极电压 $U_{GE,}$不同的 $U_{GE}$ 下测试的 $U_{CEsat}$ 不同。

### 7.1.8 栅极-发射极阈值电压 $U_{GE(th)}$

栅极-发射极阈值电压 $U_{GE(th)}$ 定义：在规定的集电极-发射极电压和集电极电流条件下，栅极-发射极之间电压的最大值。测试规程如下：

**1. 测试目的**

在规定条件下，测量 IGBT 的栅极-发射极阈值电压。

**2. 测试电路**

测试电路图如图 7-8 所示。

其中，$U_{CC}$ 和 $U_{GG}$ 是电压源，设定温度和集电极-发射极电压 $U_{CE}$ 为规定值。增加栅极-发射极电压 $U_{GE}$ 至集电极电流 $I_C$ 达到规定值。测量该电流下的栅极-发射极电压。

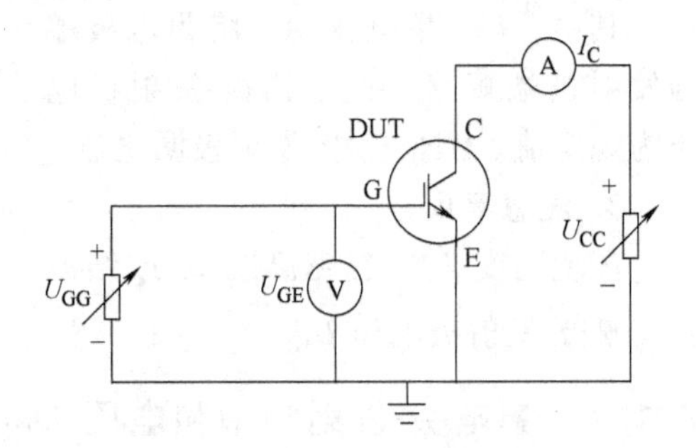


图 7-8 栅极-发射极阈值电压基本测试电路

**3. 注意事项**

测试时保持环境温度 $T_a$、管壳温度 $T_c$ 和结温 $T_j$；固定集电极-发射极电压 $U_{CE}$。

## 7.2 动态参数[1]

动态参数是指与器件开关特性相关的参数。IGBT 的动态参数见表 7-2。

表 7-2 IGBT 主要动态参数

| 参数 | 符号 | 定 义 |
|---|---|---|
| 输入电容 | $C_{ies}$ | 在规定的偏置条件和测量频率下，且输出交流短路，共发射极小信号下的输入电容典型值 |
| 输出电容 | $C_{oes}$ | 在规定的偏置条件和测量频率下，且输入交流短路，共发射极小信号下的输出电容典型值 |
| 反向传输电容 | $C_{res}$ | 在规定的偏置条件和测量频率下，共发射极小信号下的反向传输电容典型值 |
| 栅极电荷 | $Q_G$ | 栅极-发射极电压从规定的低值上升到规定的高值所需要的电荷，在规定的栅极-发射极电压、开通前集电极-发射极电压和开通后集电极电流条件下的典型值 |

（续）

| 参数 | 符号 | 定 义 |
|---|---|---|
| 栅极内阻 | $r_g$ | 内部串联电阻，在规定的栅极-发射极电压、集电极-发射极电压和频率下，集电极端对发射极端交流短路时的最大值和（或）典型值 |
| 开通能量 | $E_{on}$ | 单脉冲集电极电流开通期间，IGBT内部耗散的能量，规定条件下的每脉冲最大值 |
| 关断能量 | $E_{off}$ | 单脉冲集电极电流关断时间和拖尾时间期间，IGBT内部耗散的能量，规定条件下的每脉冲最大值 |
| 开通延迟时间 | $t_{d(on)}$ | IGBT从断态向通态转换期间，输入端电压脉冲起始点与集电极电流上升起始点之间的时间间隔 |
| 上升时间 | $t_r$ | IGBT从断态向通态转换期间，集电极电流上升分别达到规定的下限值瞬间和上限值瞬间之间的时间间隔 |
| 关断延迟时间 | $t_{d(off)}$ | IGBT从通态向断态转换时，维持IGBT处于通态的输入端电压脉冲终点与集电极电流下降起始点之间的时间间隔，在具有续流二极管和规定条件下的最大值 |
| 下降时间 | $t_f$ | IGBT从通态向断态转换期间，集电极电流下降分别达到规定的上限值瞬间和下限值瞬间之间的时间间隔，在具有续流二极管和规定条件下的最大值 |
| 拖尾时间 | $t_z$ | 从关断时间终点到集电极电流已经下降至其2%或更低的规定值瞬间的时间间隔，在具有续流二极管和规定条件下的最大值 |

### 7.2.1 输入电容 $C_{ies}$

输入电容 $C_{ies}$ 定义：在规定的偏置条件和测量频率下，且输出交流短路，共发射极小信号下的输入电容典型值。测试规程如下：

**1. 测试目的**

在规定条件下，测量IGBT的输入电容。

**2. 测试电路**

测试电路图如图7-9所示。

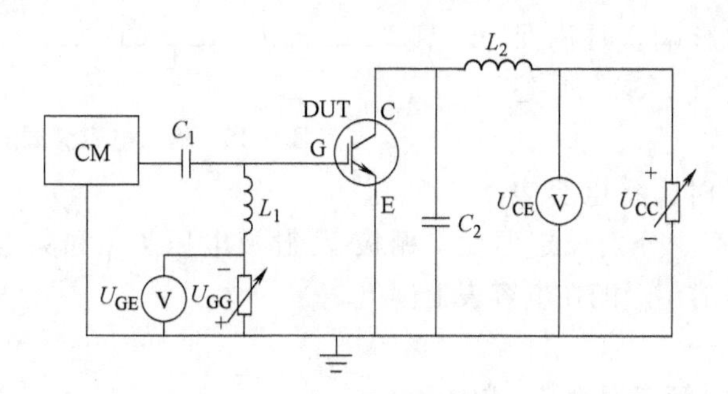


图7-9 输入电容测试电路

其中，CM是电容表。$U_{CC}$ 和 $U_{GG}$ 是可调直流电源。电容器 $C_1$、$C_2$ 对测量频率呈现短路，电感器 $L_1$、$L_2$ 用于消除直流电源对测量信号的影响，且满足下列条件：

$$1/\omega L_1 << |\mathrm{yie}| \text{ 和 } \omega C_1 >> |\mathrm{yie}| \tag{7-1}$$

$$1/\omega L_2 << |\mathrm{yoe}| \text{ 和 } \omega C_2 >> |\mathrm{yoe}| \tag{7-2}$$

其中，yie 为小信号共发射极短路输入导纳；yoe 为小信号共发射极短路输出导纳。

未接入 DUT 时，将电容表设定为规定的频率。分别设定温度、栅极-发射极电压 $U_{GE}$ 和集电极-发射极电压 $U_{CE}$ 为规定值。电容 $C_{ies}$ 能在电容表上读出。

**3. 测试条件**

环境温度 $T_a$、管壳温度 $T_c$ 或结温 $T_j$；

集电极-发射极电压 $U_{CE}$；

栅极-发射极电压 $U_{GE}$；

测量频率 $f$。

## 7.2.2 输出电容 $C_{oes}$

输出电容 $C_{oes}$ 定义：在规定的偏置条件和测量频率下，且输入交流短路，共发射极小信号下的输出电容典型值。测试规程如下：

**1. 测试目的**

在规定条件下，测量 IGBT 的输出电容。

**2. 测试电路**

测试电路图如图 7-10 所示。其中，CM 是电容表。$U_{CC}$ 和 $U_{GG}$ 是可调直流电源。电容器 $C_1$、$C_2$ 对测量频率呈现短路，电感器 $L_1$、$L_2$ 用于消除直流电源对测量信号的影响，且满足式（7-2）及式（7-3）所述条件。

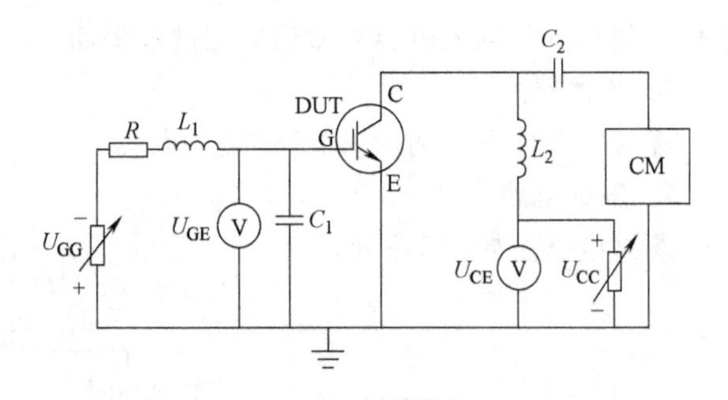


图 7-10　输出电容测试电路

未接入 DUT 时，将电容表设定为规定的频率。分别设定温度、栅极-发射极电压 $U_{GE}$ 和集电极-发射极电压 $U_{CE}$ 为规定值。电容 $C_{oes}$ 能在电容表上读出。

**3. 测试条件**

环境温度 $T_a$、管壳温度 $T_c$ 或结温 $T_j$；

集电极-发射极电压 $U_{CE}$；

栅极-发射极电压 $U_{GE}$；

测量频率$f$。

### 7.2.3　反向传输电容 $C_{res}$

反向传输电容$C_{res}$定义：在规定的偏置条件和测量频率下，共发射极小信号下的反向传输电容典型值。测试规程如下：

**1. 测试目的**

在规定条件下，测量IGBT的反向传输电容。

**2. 测试电路**

测试电路图如图7-11所示。

CM是电容表。$U_{CC}$和$U_{GG}$是可调直流电源。电容器$C_1$、$C_2$对测量频率构成充分的短路。$R$不应太大。电感器$L_1$和$L_2$用于消除直流电源对测量信号的影响。

未接入DUT时，将电容表设定为规定的频率。分别设定温度、栅极-发射极电压$U_{GE}$和集电极-发射极电压$U_{CE}$为规定值。电容$C_{res}$能在电容表上读出。

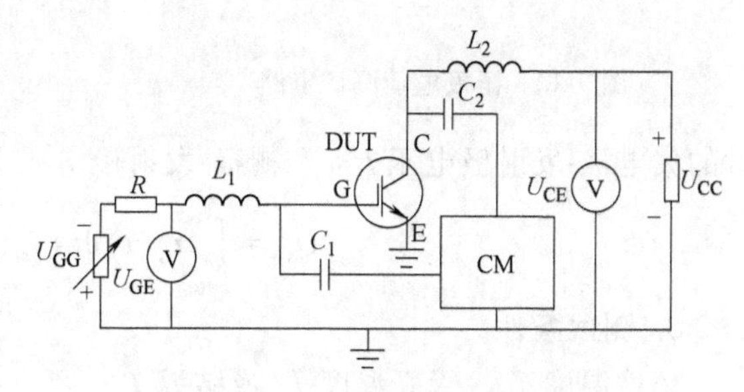


图7-11　反向传输电容测试电路

**3. 测试条件**

环境温度$T_a$、管壳温度$T_c$或结温$T_j$；

集电极-发射极电压$U_{CE}$；

栅极-发射极电压$U_{GE}$；

测量频率$f$。

### 7.2.4　栅极电荷 $Q_G$

栅极电荷$Q_G$定义：栅极-发射极电压从规定的低值上升到规定的高值所需要的电荷，在规定的栅极-发射极电压、开通前集电极-发射极电压和开通后集电极电流条件下的典型值。测试规程如下：

**1. 测试目的**

在规定条件下，测量IGBT的栅极电荷。

**2. 测试电路**

测试电路图如图7-12、图7-13所示是栅极电荷基本波形。

其中，$U_{CC}$是电压源。$R_1$是电路保护电阻器。

在栅极施加恒定电流$I_G$至栅极-发射极电压$U_{GE}$达到其规定值。监测零点$t_0 \sim t_1$

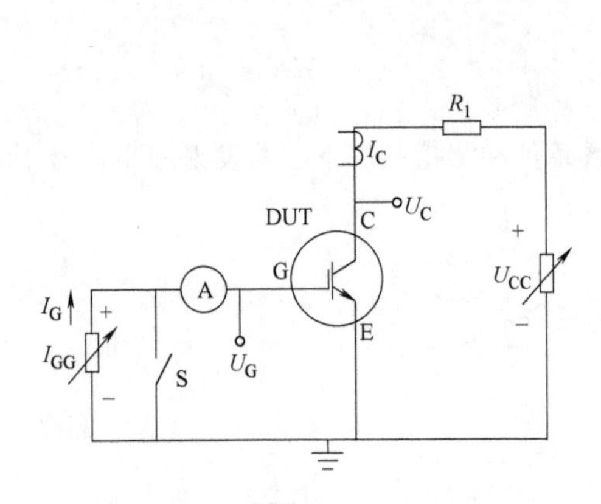

图 7-12　栅极电荷测试电路

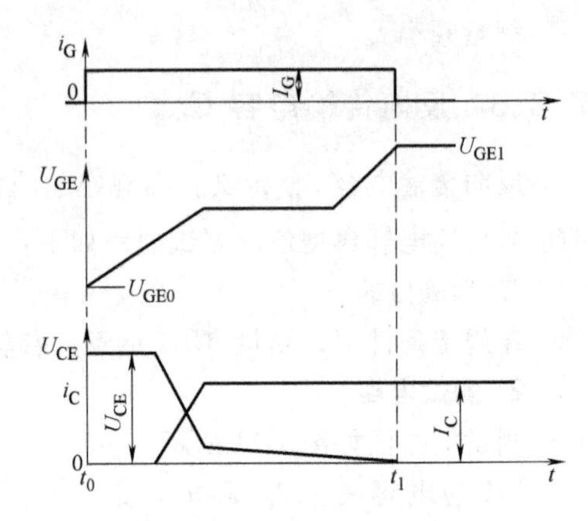

图 7-13　栅极电荷基本波形

时的集电极-发射极电压 $U_{CE}$和栅极-发射极电压 $U_{GE}$。栅极总电荷由下式计算：

$$Q_G = \int_{t_0}^{t_1} i_G(t)\,dt = I_G(t_1 - t_0) \tag{7-3}$$

**3. 测试条件**

环境温度 $T_a$、管壳温度 $T_c$ 或结温 $T_j$；

集电极电流 $I_C$；

集电极-发射极电压 $U_{CE}$；

$t_0$时的栅极-发射极电压 $U_{GE0}$和 $t_1$时的 $U_{GE1}$。

## 7.2.5　栅极内阻 $r_g$

栅极内阻 $r_g$定义：内部串联电阻，在规定的栅极-发射极电压、集电极-发射极电压和频率下，集电极端对发射极端交流短路时的最大值和（或）典型值。测试规程如下：

**1. 测试目的**

在规定条件下，测量 IGBT 的栅极内阻。

**2. 测试电路**

测试电路图如图 7-14 所示。

为实现零位法，使用 LCR 表。在测量频率下，$C_2$应远大于 $C_{oes}$，$\omega C_1$远大于｜yie｜。$L_1$、$L_2$的阻抗应足够高，以便调整电桥进行补偿。

设定集电极-发射极电压 $U_{CE}$

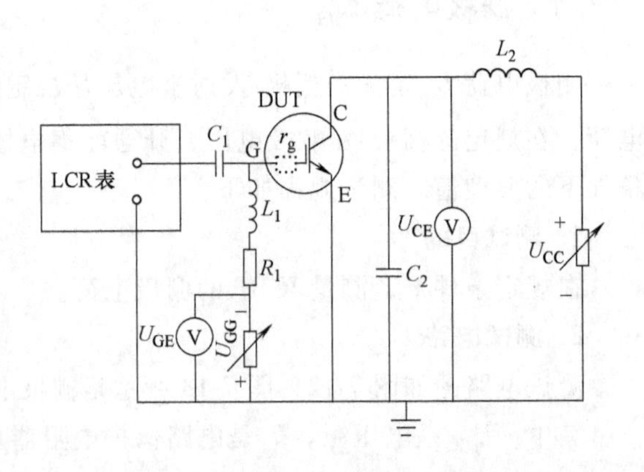

图 7-14　短路栅极内阻测试电路

和栅极-发射极电压 $U_{GE}$ 为规定值。用 LCR 表的串联电容/电阻模式测量栅极内阻 $r_g$。

**3. 测定条件**

环境温度 $T_a$、管壳温度 $T_c$ 或结温 $T_j$；

集电极-发射极电压 $U_{CE}$；

栅极-发射极电压 $U_{GE}$；

测量频率 $f$。

### 7.2.6　开通期间的各时间间隔和开通能量

开通延迟时间 $t_{d(on)}$ 定义：IGBT 从断态向通态转换期间，输入端电压脉冲起始点与集电极电流上升起始点之间的时间间隔；上升时间 $t_r$ 定义：IGBT 从断态向通态转换期间，集电极电流上升分别达到规定的下限值瞬间和上限值瞬间之间的时间间隔；开通能量 $E_{on}$ 定义：单脉冲集电极电流开通期间，IGBT 内部耗散的能量，规定条件下的每脉冲最大值。测试规程如下：

**1. 测试目的**

在电感性负载和规定条件下，测量 IGBT 的开通期间的各时间间隔 $t_{d(on)}$、$t_r$、$t_{on}$（开通时间，$t_{d(on)}$ 与 $t_r$ 之和）和开通能量 $E_{on}$。

**2. 测试电路**

测试电路图如图 7-15 所示，开通时的栅极电压波形及集电极-发射极电压电流波形如图 7-16 所示。

其中，VD 是电感器 $L$ 钳位的续流二极管。

设定电源 $U_{GG1}$、$U_{GG2}$ 和 $U_{CC}$ 为规定值。

开通和关断 DUT 两次，观测其第二次开通。在第一个脉冲期间，集电极电流 $I_C$ 达到其规定值。电感 $L$ 应足够大，以保证集电极电流 $I_C$ 在续流期间保持恒定。同时监测集电极电流 $I_C$、栅极电压 $U_{GE}$ 和集电极-发射极电压 $U_{CE}$。

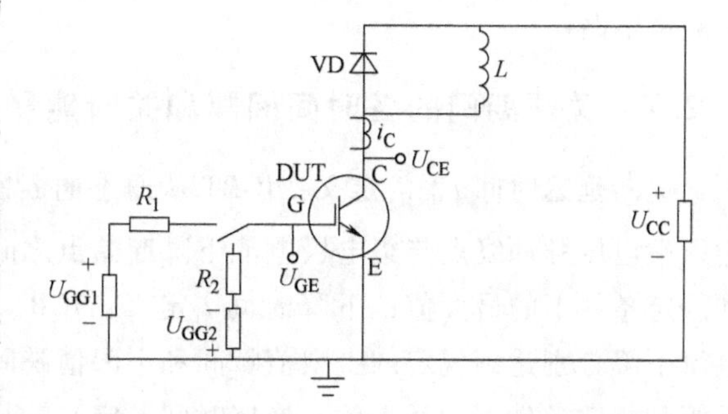


图 7-15　开通期间的各时间间隔和开通能量测试电路

开通能量 $E_{on}$ 为 $U_{CE} \times I_C \times dt$ 的积分。积分时间 $t_i$ 自栅极电压 $U_{GE}$ 上升至其 10% 的时刻起，至规定的集电极-发射极电压 $U_{CE}$ 低值（电源电压 $U_{CC}$ 的 2%）的时刻止。

开通耗散功率为开关频率与由积分确定的每脉冲开通能量的乘积。

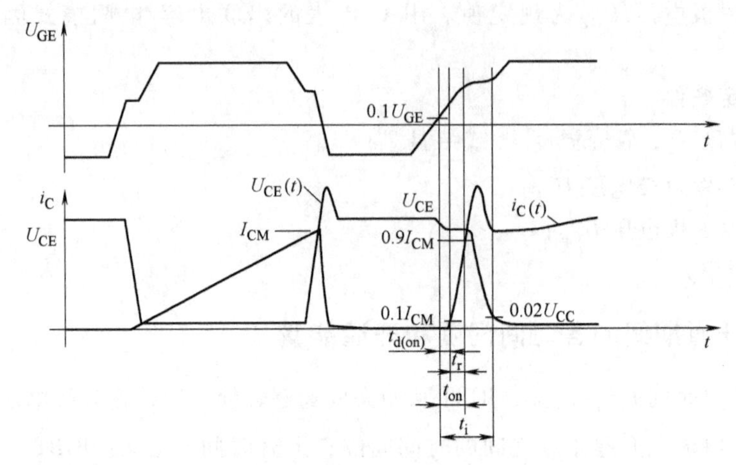


图 7-16　开通期间的电流、电压波形

**3. 测试条件**

DUT 和 D 的环境温度 $T_a$、管壳温度 $T_c$ 或结温 $T_j$；

电源电压 $U_{CC}$；

临近第一次关断前的集电极电流 $I_{CM}$；

开通前栅极电压-$U_{GE}$和开通后栅极电压+$U_{GE}$；

栅极电阻器 $R_1$（$R_{G(on)}$）；

VD 的特性。

如果续流二极管与 IGBT 封装在同一个外壳中，则应选择相同的续流二极管用于测量电路。

## 7.2.7　关断期间的各时间间隔和关断能量

关断延迟时间 $t_{d(off)}$ 定义：IGBT 从通态向断态转换时，维持 IGBT 处于通态的输入端电压脉冲终点与集电极电流下降起始点之间的时间间隔，在具有续流二极管和规定条件下的最大值；下降时间 $t_f$ 定义：IGBT 从通态向断态转换期间，集电极电流下降分别达到规定的上限值瞬间和下限值瞬间之间的时间间隔，在具有续流二极管和规定条件下的最大值；拖尾时间 $t_Z$ 定义：从关断时间终点到集电极电流已经下降至其 2%或更低的规定值瞬间的时间间隔，在具有续流二极管和规定条件下的最大值。关断能量 $E_{off}$ 定义：单脉冲集电极电流关断时间和拖尾时间期间，IGBT 内部耗散的能量，规定条件下的每脉冲最大值。测试规程如下：

**1. 测试目的**

在电感性负载和规定条件下，测量 IGBT 关断期间的各时间间隔 $t_{d(off)}$、$t_f$、$t_{off}$（关断时间时间，$t_{d(off)}$ 与 $t_f$之和）、$t_z$和关断能量 $E_{off}$。

### 2. 测试电路

测试电路图如图 7-17 所示，关断时的栅极电压波形及集电极-发射极电压电流波形如图 7-18 所示。

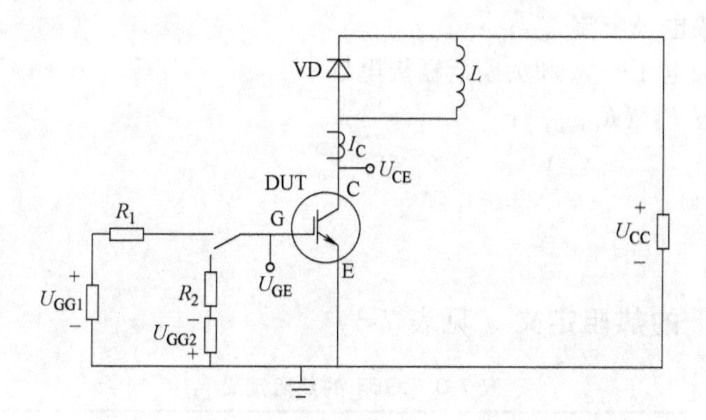


图 7-17 关断期间的各时间间隔和关断能量测试电路

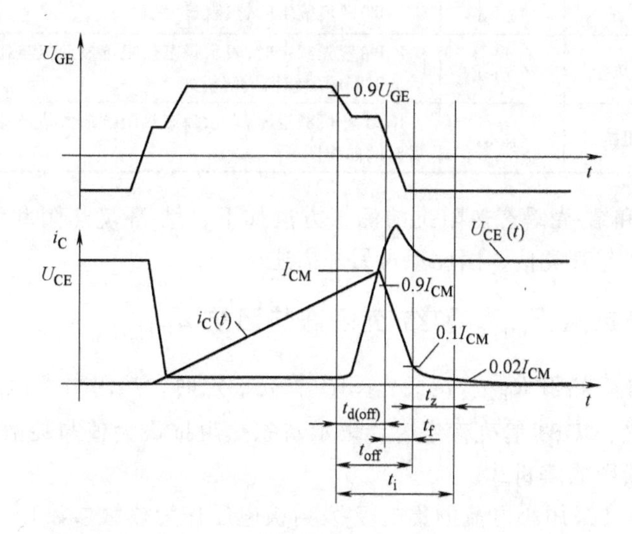


图 7-18 关断期间的电流、电压波形

其中，VD 是电感器 $L$ 钳位的续流二极管。

设定电源 $U_{GG1}$、$U_{GG2}$ 和 $U_{CC}$ 为规定值。

DUT 最短开通脉冲持续时间必须保证 DUT 完全饱和。同时监测集电极电流 $I_C$、栅极电压 $U_{GE}$ 和集电极-发射极电压 $U_{CE}$。

关断能量 $E_{off}$ 为 $U_{CE}\times I_C\times dt$ 的积分。积分时间 $t_i$ 自栅极电压 $U_{GE}$ 下降至其 90% 的时刻起，至规定的集电极电流 $I_C$ 低值（关断前 $I_C$ 的 2%）的时刻止。

关断耗散功率为开关频率与由积分确定的每脉冲关断能量的乘积。

3. 测试条件

DUT 和 VD 的环境温度 $T_a$、管壳温度 $T_c$ 或结温 $T_j$；

电源电压 $U_{CC}$；

关断前的集电极电流 $I_{CM}$；

关断前栅极电压 $+U_{GE}$ 和关断后栅极电压 $-U_{GE}$；

栅极电阻器 $R_2$（$R_{G(off)}$）；

## 7.3 热阻[1]

### 7.3.1 IGBT 的热阻定义（见表 7-3）

表 7-3 IGBT 的热阻定义

| 参　数 | 符号 | 定　　义 |
|---|---|---|
| 结-壳热阻 | $R_{th(j-c)}$ | IGBT 管壳额定时，热阻最大值 |
| 结-环境热阻 | $R_{th(j-a)}$ | IGBT 环境额定时，热阻最大值 |
| 结-壳瞬态热阻抗 | $Z_{th(j-c)}$ | IGBT 管壳额定时，表示瞬态热阻抗最大值与耗散功率阶跃变化后的时间的曲线图或解析式 |
| 结-环境瞬态热阻抗 | $Z_{th(j-a)}$ | IGBT 环境额定时，表示瞬态热阻抗最大值与耗散功率阶跃变化后时间曲线图 |

结-壳热阻和结-壳瞬态热阻抗的测试方法如下，结-环境热阻和结-环境瞬态热阻抗的测试方法与其类似，因此不再另外描述。

### 7.3.2 结-壳热阻 $R_{th(j-c)}$ 和结-壳瞬态热阻抗 $Z_{th(j-c)}$

器件结与外壳热阻 $R_{th(j-c)}$ 定义：IGBT 管壳额定时，热阻最大值。结-壳瞬态热阻抗 $Z_{th(j-c)}$ 定义：IGBT 管壳额定时，表示瞬态热阻抗最大值与耗散功率阶跃变化后的时间的曲线图或解析式。

测试方法 1（采用小电流的集电极-发射极电压作为热敏参数）

1. 测试目的

测量 IGBT 的结-壳热阻和（或）结-壳瞬态热阻抗。

2. 测试电路

测试电路图如图 7-19 所示。

电流源 $I_{CC1}$ 提供集电极直流小电流 $I_{C1}$，$I_{C1}$ 恰好足以使集电极-发射极电压 $U_{CE}$ 超过其饱和值。电子功率开关 S 提供叠加在 $I_{C1}$ 之上的高值集电极电流 $I_{C2}$。切断 $I_{C2}$ 后，DUT 返回到 $I_{C1}$ 流通状态。

$R_2$ 是测量电流的电阻器，可采用其他任何适当的电流探头替代。

测试首先确定测量小电流下的集电极-发射极电压温度系数，然后测量 DUT 对

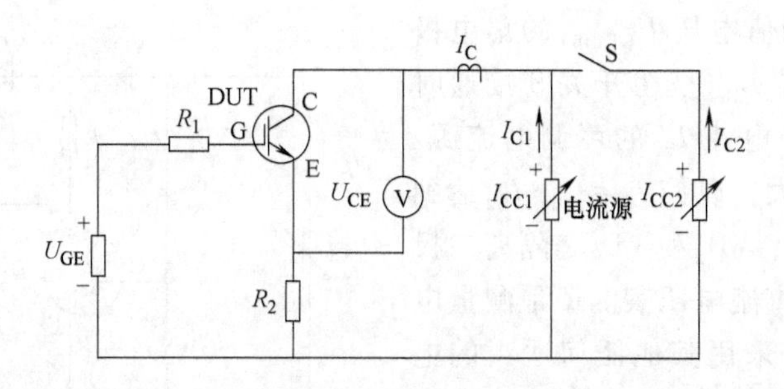


图 7-19 测量小电流 $I_{C1}$ 下 $U_{CE}$ 随温度变化和大电流 $I_{C2}$ 加热 DUT 的测试电路

内部耗散功率阶跃变化的响应特性。

（1）确定测量小电流 $I_{C1}$ 下的集电极-发射极电压 $U_{CE}$ 温度系数 $\alpha U_{CE}$（见图7-20） 将被测 DUT 置于加热箱或惰性液体中，依次加热至温度 $T_1$ 和 $T_2$。测量前必须达到热平衡。在温度 $T_1$ 时，对应测量电流 $I_{C1}$ 的集电极-发射极电压为 $U_{CE1}$。在较高温度 $T_2$ 时，则为 $U_{CE2}$。温度系数 $\alpha U_{CE}$ 为

$$\alpha U_{CE}=(U_{CE1}-U_{CE2})/(T_2-T_1) \tag{7-4}$$

（2）测量 DUT 对内部耗散功率阶跃变化的响应特性 将被测 DUT 固定在适当的散热器上。测量管壳温度 $T_{c1}$。在温度 $T_{c1}$，测量电流 $I_{C1}$ 产生的集电极-发射极电压 $U_{CE3}$。接通功率开关 S，高值集电极电流 $I_{C2}$ 流通。当建立起热平衡时，测量 $T_c$ = 恒定值 = $T_{c2}$ 和 $U_{CE}=U_{CE4}$。这时，切断 $I_{C2}$，且紧接着测量对应 $I_{C1}$ 的集电极-发射极电压 $U_{CE5}$。则在该瞬间有：

$$T_j=T_{c1}+(U_{CE3}-U_{CE5})/\alpha U_{CE} \tag{7-5}$$

$$R_{th(j-c)}=(T_j-T_{c2})/(U_{CE4}\times I_{C2}) \tag{7-6}$$

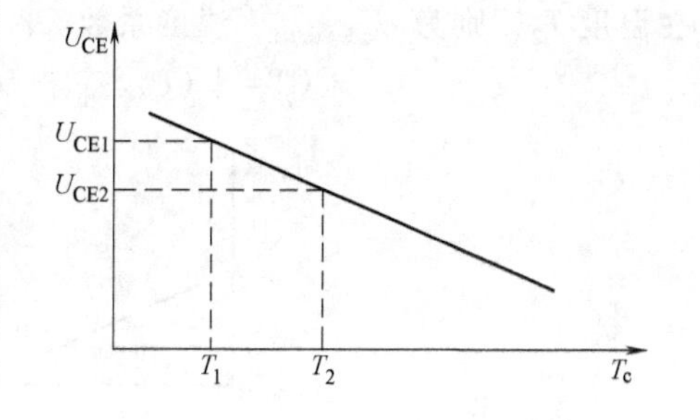


图 7-20 测量小电流 $I_{C1}$ 下 $U_{CE}$ 随管壳温度 $T_c$（当外加热，即 $T_c=T_j$ 时）的典型变化（测试曲线）

如要测定瞬态热阻抗 $Z_{th(j-c)}$，则记录切断 $I_{C2}$ 后的冷却期间内，在 $I_{C1}$ 下的 $U_{CE}$ 和 $T_c$ 随时间的变化。$Z_{th(j-c)}$ 的值用以上公式逐点计算得到。

测试时需要确定测量管壳温度的基准点。

测试方法 2（采用栅极-发射极阈值电压作为热敏参数）

**1. 测试目的**

测量 IGBT 的结-壳热阻和（或）结-壳瞬态热阻抗（方法 2）。

**2. 测试电路**

测试电路图如图 7-21 所示。

其中 S 是电子功率开关。$I_{CC1}$ 是可调电流源，它在开关 S 断开时提供使栅极-发

射极电压达到阈值电压 $U_{GE(th)}$ 的集电极直流小电流 $I_{C1}$。$I_{CC2}$ 是在开关 S 接通时提供高值集电极电流 $I_{C2}$ 的可调电流源。电流 $I_{C2}$ 应足够大，以使 $I_C=I_{C1}+I_{C2}$ 达到其额定值。$VD_1$、$VD_2$ 和 $VD_3$ 是隔离二极管。$U_1$ 和 $U_2$ 是直流电压表。$R$ 是测量电流的电阻器，可采用其他任何适当的电流探头替代。

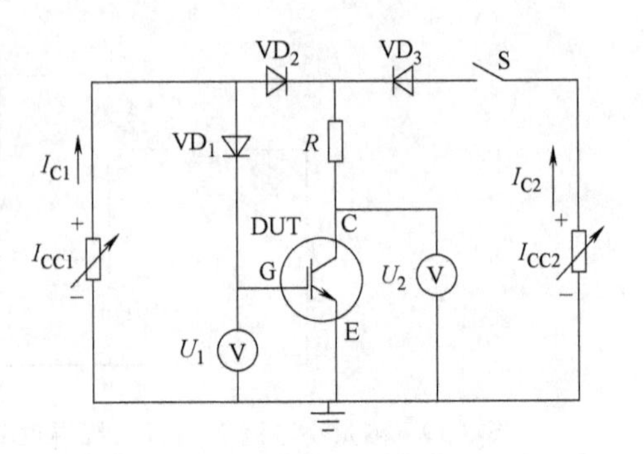


图 7-21　热阻和瞬态热阻抗测量电路（方法 2）

测试也需要确定测量小电流下的栅极-发射极电压温度系数 CT；测量 DUT 对内部耗散功率阶跃变化的响应特性。测量分两步进行：

（1）确定测量小电流 $I_{C1}$ 下的栅极-发射极电压 $U_{GE(th)}$ 温度系数 CT（见图7-22）　将被测 DUT 置于加热箱或惰性液体中，依次加热至温度 $T_1$ 和 $T_2$（$T_2>T_1$）。测量前必须达到热平衡。在温度 $T_1$，测量电流 $I_{C1}$ 下的栅极-发射极阈值电压 $U_{GE(th)1}$。在温度 $T_2$，则为 $U_{GE(th)2}$。温度系数 CT（单位 V/K）为

$$CT=|(U_{GE(th)1}-U_{GE(th)2})/(T_2-T_1)| \tag{7-7}$$

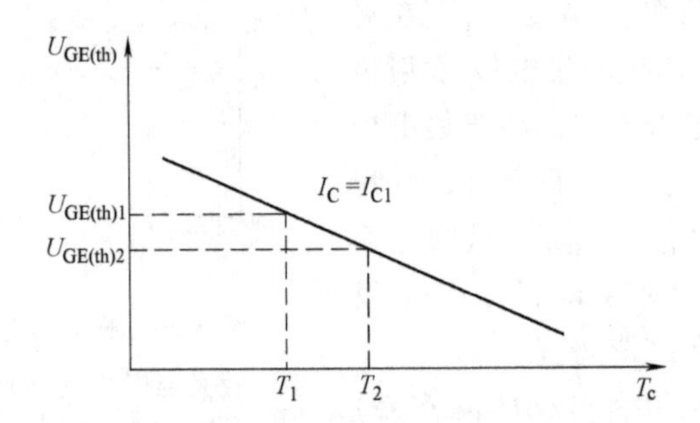


图 7-22　测量小电流 $I_{C1*}$ 下 $U_{GE(th)}$ 随管壳温度 $T_c$（当外加热，即 $T_c=T_j$ 时）的典型变化

（2）测量 DUT 对内部耗散功率阶跃变化的响应特性（见图 7-23）　将被测 DUT 固定在适当的散热器上。测量管壳温度 $T_{c1}$。在温度 $T_{c1}$，测量电流 $I_{C1}$ 产生的栅极-发射极阈值电压 $U_{GE(th)3}$。接通开关 S，高值集电极电流 $I_{C2}$ 流通。当建立起热平衡时，测量 $T_c$ = 恒定值 = $T_{c2}$ 和 $U_{CE}$。这时，切断 $I_{C2}$，且紧接着测量对应 $I_{C1}$ 的栅极-发射极阈值电压 $U_{GE(th)4}$。则有

$$T_j=T_{c1}+(U_{GE(th)3}-U_{GE(th)4})/CT \tag{7-8}$$

$$R_{th(j\text{-}c)}=(T_j-T_{c2})/(U_{CE}\times I_{C2}) \tag{7-9}$$

如要测定瞬态热阻抗 $Z_{th(j\text{-}c)}$，则记录切断 $I_{C2}$ 后的冷却期间内，在 $I_{C1}$ 下的 $U_{CE}$ 和 $T_c$ 随时间的变化。$Z_{th(j\text{-}c)}$ 的值用以上公式逐点计算得到。

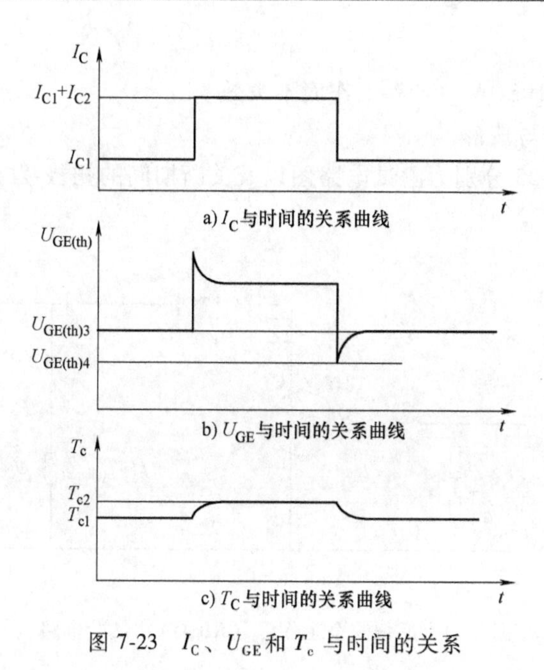


图 7-23　$I_C$、$U_{GE}$和 $T_c$ 与时间的关系

## 7.4　安全工作区[1]

安全工作区的参数定义见表 7-4。

表 7-4　IGBT 的安全工作区定义

| 参数 | 符号 | 定　义 |
| --- | --- | --- |
| 安全工作区 | SOA | 集电极电流与集电极-发射极电压构成的区域，IGBT 在其中能开通和关断而不失效。表示在管壳温度 25℃、直流电流和各种脉冲持续时间条件下，开通后的最大额定集电极电流与开通前和开通期间集电极-发射极电压的关系图（$I_C \sim U_{CE}$）。即使在最佳冷却条件下，也不应超过最大额定集电极电流 $I_C$ |
| 最大反偏安全工作区 | RBSOA | 集电极电流与集电极-发射极电压构成的区域，IGBT 在其中能关断而不失效 |
| 最大短路安全工作区 | SCSOA | 短路持续时间与集电极-发射极电压构成的区域，IGBT 在其中能开通和关断而不失效 |
| 最大正偏安全工作区 | FBSOA | 集电极电流与集电极-发射极电压构成的区域，IGBT 在其中能开通并处于通态而不失效 |

### 7.4.1　最大反偏安全工作区 RBSOA

最大反偏安全工作区 RBSOA 定义：集电极电流与集电极-发射极电压构成的区域，IGBT 在其中能关断而不失效。测试规程如下：

**1. 测试目的**

检验 IGBT 在 RBSOA 中可靠工作而不失效。

**2. 测试电路图与波形**

图 7-24 和图 7-25 分别为测试电路图以及关断期间的栅极-发射极电压 $U_{GE}$和集电极电流 $I_C$波形。

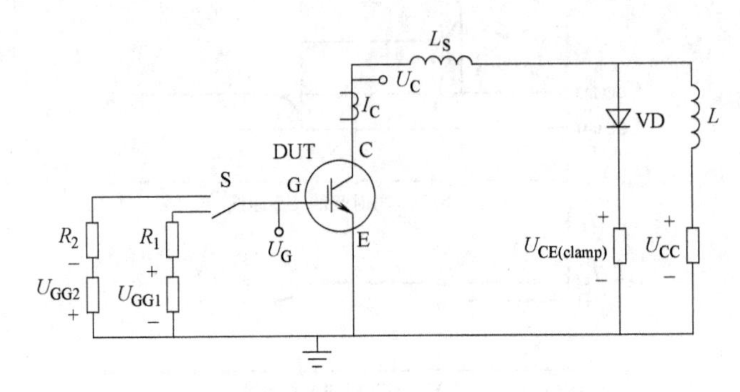


图 7-24 反偏安全工作区（RBSOA）试验电路

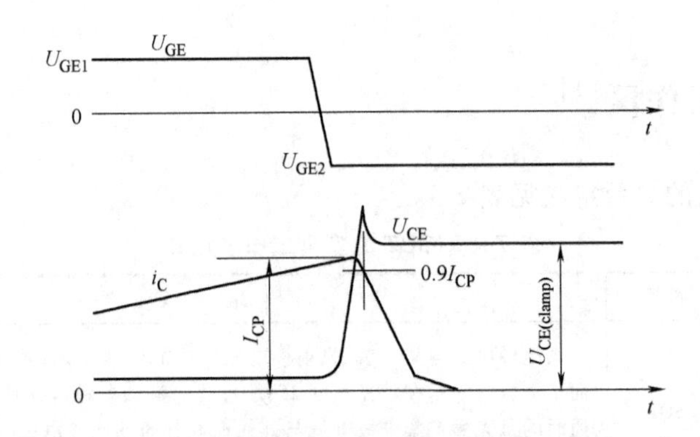


图 7-25 关断期间的栅极-发射极电压 $U_{GE}$和集电极电流 $I_C$ 波形

负载电感 $L$ 应足够大，以保持规定的 $I_C$和 $U_{CE(clamp)}$施加于 DUT（至少在整个下降时间 $t_f$和拖尾时间 $t_z$）。$U_{CC}$是提供通态集电极电流 $I_C$ 的低压电源。$U_{CE(clamp)}$保持规定值时，应能承载等于 $I_C$的反向电流。因而，可采用在规定的 $U_{CE}$时能提供特定 $I_C$且带有与电感器 $L$ 并联的二极管 VD 的单独电源。$R_1$和 $R_2$是电路保护电阻器。$L_S$ 是表征允许的最大无钳位杂散电感的电感器。

DUT 在规定的 $I_C$ 关断。监测 $U_{CE}$ 和 $I_C$。DUT 必须能关断 $I_C$ 电流并能承受 $U_{CE}=U_{CE(clamp)}$。

注：集电极-发射极峰值电压 $U_{CEM}<U_{(BR)CE*}$。

**3. 测试条件**

环境温度 $T_a$、管壳温度 $T_c$ 或结温 $T_j$；

集电极电流 $I_C$；

栅极电压 $U_{GE1}$ 和 $U_{GE2}$；

集电极-发射极电压 $U_{CE(clamp)}$；

单脉冲或重复率；

电感 $L$；

无钳位的杂散电感 $L_S$；

栅极电阻器 $R_1$ 和 $R_2$。

## 7.4.2　最大短路安全工作区 SCSOA

短路安全工作区 SCSOA 定义：短路持续时间与集电极-发射极电压构成的区域，IGBT 在其中能开通和关断而不失效。短路现象通常有两种现象：一种是开通 IGBT 时出现负载短路，另一种是 IGBT 处于通态（$U_{CE}=U_{CEsat}$）时出现负载短路。应对两种负载短路分别进行试验，以保证器件在保护响应之前能不失效。

短路安全工作区 1　SCSOA1

**1. 测试电路图与波形**

测试电路及测试波形如图 7-26、图 7-27 所示。

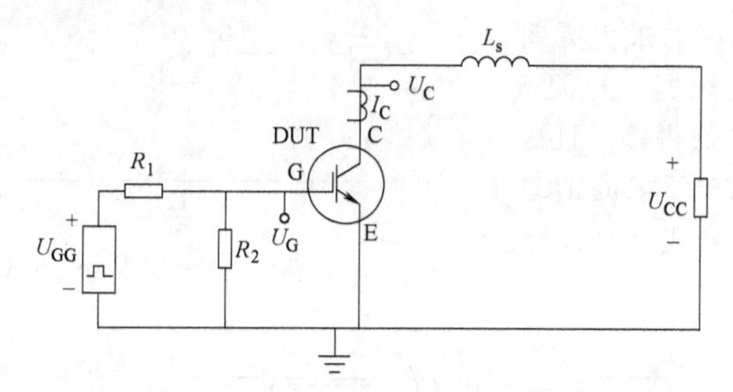


图 7-26　负载短路（SCSOA1）时，安全工作脉冲宽度试验电路

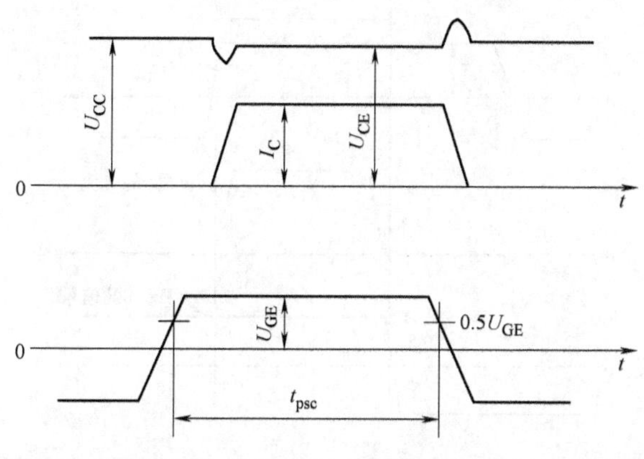


图 7-27　负载短路（SCSOA1）期间的 $U_{GE}$、$I_C$、$U_{CE}$ 波形

$L_S$表征允许的最大杂散电感。它应足够低，以使在栅极脉冲宽度 $t_{psc}$ 的第一个25%内即达到最大短路电流。

设定温度为规定值。施加规定的断态栅极-发射极电压。设定集电极-发射极电压为规定值。施加规定的栅极-发射极通态脉冲。监测 $I_C$、$U_{CE}$和 $U_{GE}$，以观察 DUT 是否正确地开通和关断。

**2. 测试条件**

环境温度 $T_a$、管壳温度 $T_c$ 或结温 $T_j$；

集电极-发射极电压 $U_{CE}=U_{CC}$；

通态和断态时的栅极-发射极电压 $U_{GE}$；

栅极脉冲宽度 $t_{psc}$；

栅极电阻器 $R_1$和 $R_2$；

无钳位的杂散电感 $L_s$。

短路安全工作区 2　SCSOA2。

**1. 测试电路图与波形**

测试电路及测试波形如图7-28、图 7-29 所示。

$L_s$ 是表征允许的最大无钳位杂散电感的电感器。开关 S 的阻抗应比 DUT 低得多，且载流能力应显著大于要求的 DUT 短路电流，其型号或特性应予规定。

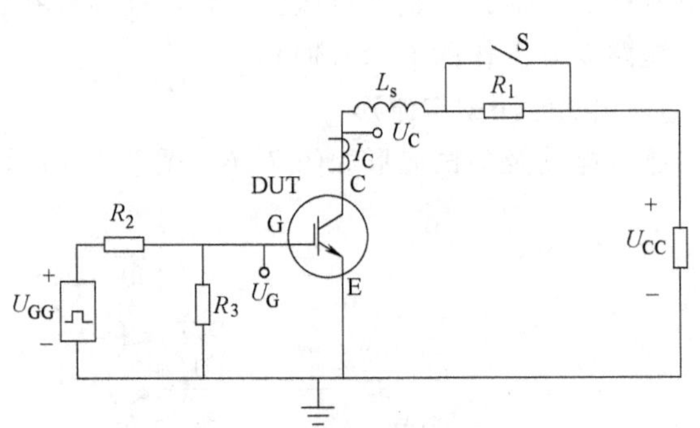


图 7-28　短路安全工作区 2（SCSOA2）试验电路

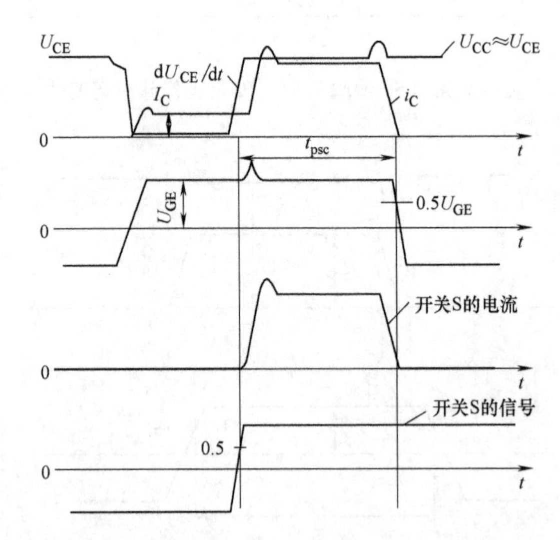


图 7-29　SCSOA2 期间 $U_{CE}$、$U_{GE}$波形及开关 S 的电流、信号波形

设定温度为规定值。施加规定的断态栅极-发射极电压。设定集电极-发射极电压为规定值。施加规定的栅极-发射极通态脉冲。监测 $I_C$、$U_{CE}$、$U_{GE}$和开关 S 的通断信号，以观察 DUT 是否正确地开通和关断。

**2. 测试条件**

环境温度 $T_a$、管壳温度 $T_c$ 或结温 $T_j$；

短路前的集电极电流 $I_C(=U_{CC}/R_1)$；

集电极-发射极电压 $U_{CE}\approx U_{CC}$；

通态和断态时的栅极-发射极电压 $U_{GE}$；

栅极脉冲宽度 $t_{psc}$；

栅极电阻器 $R_2$和 $R_3$；

无钳位的杂散电感 $L_s$；

如有限制，开关 S 的型号或特性。

### 7.4.3　最大正偏安全工作区 FBSOA

正偏安全工作区 FBSOA 定义：集电极电流与集电极-发射极电压构成的区域，IGBT 在其中能开通并处于通态而不失效。在检验线性应用时，IGBT 在 FBSOA 中可靠工作而不失效。仅当器件能用于线性模式时才规定 FBSOA。开关应用时，对 IGBT 的 FBSOA 不要求。测试 FBSOA 有两种方法。

方法一：是通过测量热阻确定 FBSOA（从窄脉冲至直流工作方式），与双极晶体管的方法相同。

**1. 测试电路**

测试电路图如图 7-30 所示。

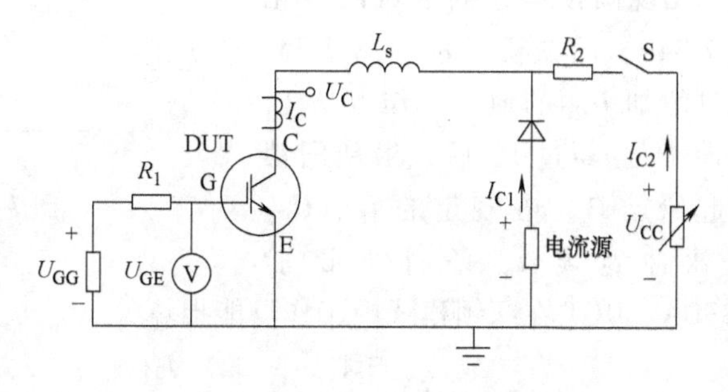


图 7-30　FBSOA 测试电路

对于给定的 $I_{C2}$和脉冲宽度 $t_p$，增加集电极-发射极电压 $U_{CE}$时，其变化量 $\Delta U_{CE}$也增加。在某一 $U_{CE}$值时，$\Delta U_{CE}$快速增加，这就是二次击穿开始的迹象。进一步增加 $\Delta U_{CE}$可使 DUT 发生二次击穿并可使其损坏。这些现象示于图 7-31。FBSOA 按低于 $\Delta U_{CE}$上升点条件的值规定。

对于给定的 $U_{CE}$，改变高值电流 $I_{C2}$的大小也会得到相同结果。图 7-32 表示在规定的 $I_C$和 $U_{CE}$最大值范围内，不同 $t_p$的典型 FBSOA。

**2. 测试条件**

环境温度 $T_a$、管壳温度 $T_c$ 或结温 $T_j$；

集电极电流 $I_C$；

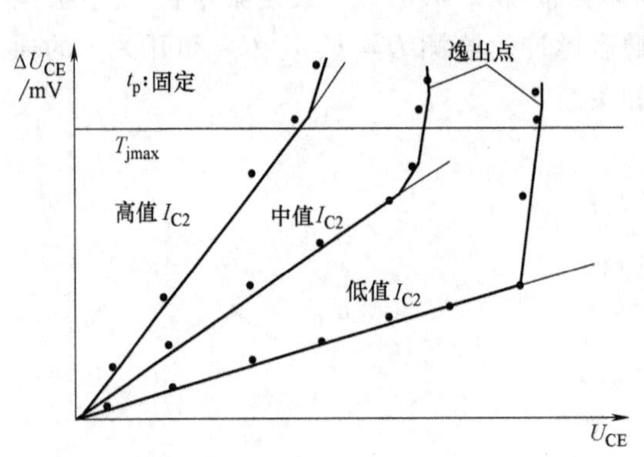


图 7-31 $\Delta U_{CE}$与集电极-发射极电压 $U_{CE}$的典型特性

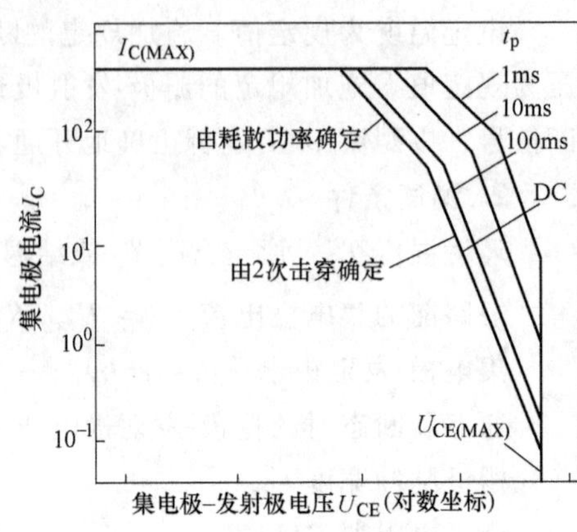


图 7-32 不同 $t_p$ 的典型 FBSOA

集电极-发射极电压 $U_{CE}$；

脉冲宽度 $t_p$；

单脉冲或重复率；

无钳位的杂散电感 $L_s$。

方法二：这种方法是检验刚好低于闩锁工作的工作点。

**1. 测试电路**

测试电路图如图 7-33 所示。

增加 $U_{GG}$的值直至 $I_C$ 达到规定的集电极电流。$U_{CC}$的值应保持在不出现闩锁模式的区域内（见图 7-34），闩锁模式示于图 7-35。通过增加 $U_{CC}$的值，工作点从 $P_1$ 移向 $P_m$。经过 $P_m$后，出现闩锁的起始点 $P_s$。在规定的 $I_C$、$U_{CE}$ 和脉冲宽度 $t_p$ 条件下试验 FBSOA。DUT 在闩锁模式中工作可能损坏。

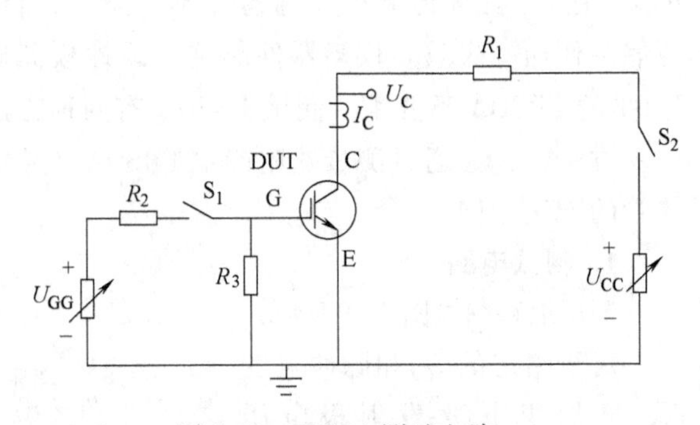


图 7-33 FBSOA 测试电路

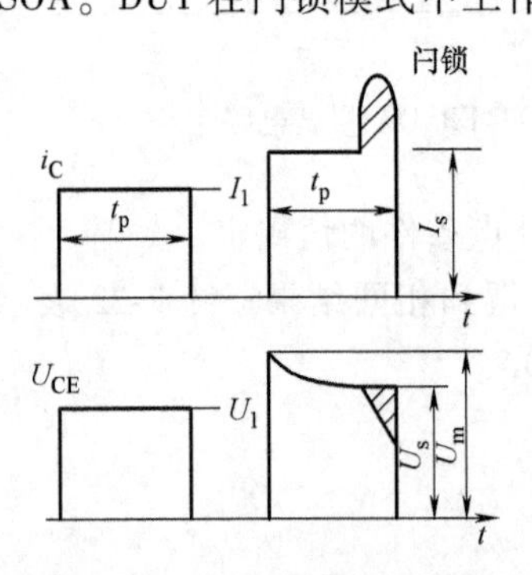


图 7-34 闩锁模式运行波形

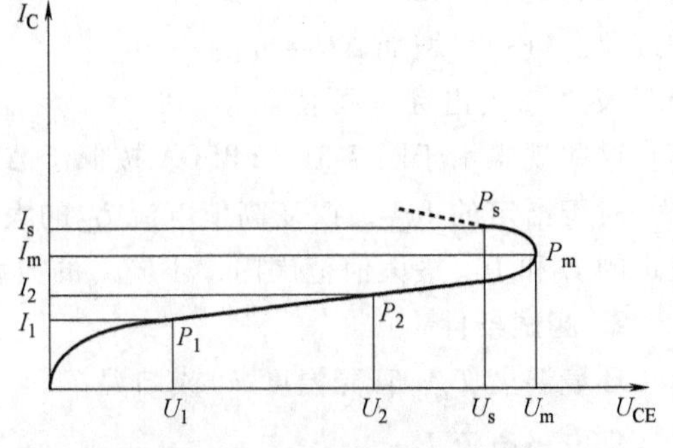


图 7-35 闩锁模式 $I$-$U$ 特性

2. 测试条件

环境温度 $T_a$、管壳温度 $T_c$ 或结温 $T_j$；

集电极电流 $I_C$；

集电极-发射极电压 $U_{CE}$；

脉冲宽度 $t_p$；

单脉冲或重复率。

## 7.5 UIS 测试[1]

IGBT 器件在实际应用中主要是作为开关器件，依据控制的需要来开通或关断电路中的电流，在关断电感负载（比如在电机控制和感应加热中）时，IGBT 将承受关断和电路电感双层作用下的电流和电压峰值，这需要 IGBT 器件具有强大的能力。经验表明，实际应用中，在让器件在定义的电路条件和环境温度下经过雪崩冲击测试后，即可大大减少或消除失效的发生。

1. 测试目的

UIS（Unclamped Inductive Switching）是为了筛选出薄弱器件，它通过一个可控的方法来测试 IGBT 在特定条件下关断非钳位电感负载的雪崩击穿能力。

2. 测试电路

测试电路图如图 7-36 所示，工程师们设计了一个专门的电路（注：下图所示测试电路只针对 n 沟道器件，对极性和符号稍作调整后同样适用于 p 沟道器件）来检验 IGBT 器件的 UIS 能力。在没有电压钳位电路或器件情况下，存储在电感器的能量均消耗于待测器件。

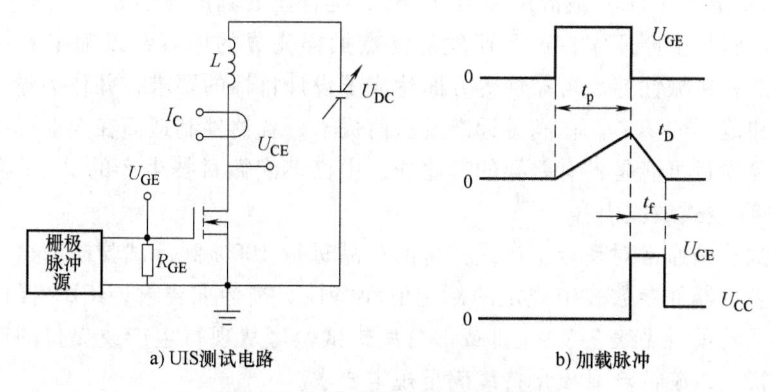


图 7-36　UIS 测试电路及加载脉冲

测试电路中的电压瞬变通常被控制在只有几微秒的时间。测试中一般要求对以下条件做出明确规定：①最小峰值电流（$I_C$）；②门极驱动电压（$U_{GE}$）；③栅源电阻值（一般建议在 15~30Ω）；④指定壳温（$T_C$）条件；⑤电感值 $L$；⑥电源电压

$U_{DC}$。其中栅极驱动脉冲信号按照设定的重复率加到器件。调节栅极驱动脉冲宽度以使电流 $I_C$ 达到指定要求，当出现破坏性的失效时即达到了筛选出薄弱器件的目的。

**3. 注意事项**

在设计和搭建测试电路进行 UIS 测试时要注意：

1）推荐使用空心电感，以避免铁心问题的产生。若使用铁心电感器，须注意铁心饱和不应改变其电感 $L$ 的有效值，以免影响测试结果的重复性；

2）控制电感的直流电阻，因为电阻上的热耗散将减少电感上储存能量 $L_{IC2}/2$ 转移到 DUT 的百分比。一般建议最大的电阻耗散功率应≤2%；

3）栅极驱动电阻应尽可能近地连接到待测器件；栅极电阻应足够低的值，以便不影响器件的开关性能；电流波形则取决于集电极电感；栅极脉冲源的设计必须使得栅极电压上升沿有效；

4）应对测试的重复率和开通持续时间进行控制，以便减小器件的平均结温升，任何情况下器件的最高结温不得超过最大额定值。

## 7.6 可靠性参数测试

现代电力电子技术对电力变换器的寿命要求是 10~20 年、甚至 30 年以上，这对作为其核心器件-IGBT 的要求是可想而知的。因此，在 IGBT 器件的相关标准（MIL-STD-750D 下同）中明确规定了 IGBT 器件在产品发布前必须要进行的型式试验项目，其中也包含了考核器件长期可靠性的试验项目，如高温反向偏置（HTRB）、高温栅极偏置（HTGB）、温度湿度偏置（$H^3$TRB）、间歇工作寿命（PC）、温度循环（TC）或温度冲击（TS）、键合丝的剥离强度等。

型式试验是生产厂家在产品研发的终点抽样完成的内容，以确定器件在电性能、热性能、机械性能、可靠性等方面达成了设计目标的要求，并作为量产后例行试验条件和范围的参考。在满足标准要求前提下，各器件制造商在企业标准中规定的型式试验项目可能是各有差异的，比如，由江苏宏微科技生产的 IGBT 模块产品经过了 43 项型式试验内容。

例行试验是通常对现行生产或交付的产品进行 100% 例行试验或测试，以验证每一样品满足器件参数表中规定的额定值和特性。按标准要求，IGBT 器件厂家最少的例行试验项目见表 7-5，全部或部分型式试验可从现行生产或交付的产品中抽样重复进行，以确认产品质量持续满足规定要求。

IGBT 器件的可靠性试验和其他功率半导体器件一样，在试验前后的接收和判定都应满足标准要求，由于某些失效机理引起的特性变化可完全或部分地被其他测量的影响掩盖，一般以表 7-5 列出的顺序进行特性测量。标准推荐的通用接收和判据见表 7-6。

**表 7-5　例行试验项目**

| 序号 | 项　目 | 型式试验 | 例行试验 |
|---|---|---|---|
| 额定值试验 | | | |
| 1 | 集电极-发射极电压 $U_{CES}$、$U_{CER}$、$U_{CEX}$ | √ | √ |
| 2 | 栅极-发射极电压 $\pm U_{GES}$ | √ | |
| 3 | 集电极电流 $I_C$ | √ | |
| 4 | 集电极峰值电流 $I_{CM}$ | √ | |
| 5 | 反偏安全工作区 RBSOA | √ | |
| 6 | 短路安全工作区 SCSOA | √ | |
| 特性测量 | | | |
| 7 | 集电极-发射极维持电压 $U_{CE*sus}$ | √ | |
| 8 | 集电极-发射极饱和电压 $U_{CEsat}$ | √ | √ |
| 9 | 栅极-发射极阈值电压 $U_{GE(th)}$ | √ | √ |
| 10 | 集电极-发射极截止电流 $I_{CES}$、$I_{CER}$、$I_{CEX}$ | √ | √ |
| 11 | 栅极漏电流 $I_{GES}$ | √ | √ |
| 12 | 输入电容 $C_{ies}$ | √ | |
| 13 | 输出电容 $C_{oes}$ | √ | |
| 14 | 反向传输电容 $C_{res}$ | √ | |
| 15 | 开通时间（$t_{d(on)}$、$t_r$）和开通能量 $E_{on}$ | √ | |
| 16 | 关断时间（$t_{d(off)}$、$t_f$、$t_z$）和关断能量 $E_{off}$ | √ | |
| 17 | 结-壳热阻 $R_{th(j-c)}$ 和结-壳瞬态热阻抗 $Z_{th(j-c)}$ | √ | |
| 可靠性试验 | | | |
| 18 | 高温阻断 HTRB | √ | |
| 19 | 高温栅极偏置 HTGB | √ | |
| 20 | 高温高湿反偏 $H^3$TRB | √ | |
| 21 | 间歇工作寿命（功率循环 PC） | √ | |
| 22 | 温度循环（TC） | √ | |

**表 7-6　测试接受判定特性及接收判据**

| 特性 | 接收判据 | 测量条件 |
|---|---|---|
| $I_{CES}$ | <USL | 规定的 $U_{CE}$ |
| $I_{GES}$ | <USL | 规定的 $U_{GE}$ |
| $U_{GE(th)}$ | >LSL<br><USL | 规定的 $U_{CE}$ 和 $I_C$ |
| $U_{CEsat}$ | <USL | 规定的 $I_C$ |
| $R_{th}$ | <USL | 规定的 $I_C$ |

注：USL——规范上限值；LSL——规范下限值。

我们主要探讨以下可靠性试验项目。

## 7.6.1 高温阻断试验（HTRB）

IGBT 器件在电力变换器中充当电子开关的角色，通过外加驱动来实现开通和关断，当开通时，系统的能量通过 IGBT 传递至下一级，当其关断时需要承受系统的工作电压。系统设计者们就是通过这样的过程来实现调压或调功，比如我们最常见的斩波技术。这一过程中我们注意到 IGBT 器件的集电极承受反向工作电压的能力是系统稳定工作的关键因素之一，用高温阻断试验（High Temperature Reverse Blocking，HTRB）来考核 IGBT 器件长期稳定地承受反向偏置电压的能力。

IGBT 器件和其他电力半导体器件一样，为了达成长期稳定的阻断电压的目标，制造者们需要重点关注以下三个方面：在芯片制造过程中其体内会产生晶格缺陷、这些缺陷一方面成为电荷中心，另一方面又在高温和电场作用下会不断生长，直至形成导电沟道；其终端会残留可移动离子，这些可移动离子也是在电场作用下直接产生漏电流的重要贡献者；在封装过程中难以避免的在终端产生污染甚至工艺残留物（如焊料或助焊剂等），这会使器件在电场作用下的漏电流明显增加，严重的情况是形成短路通道。因此，我们说高温阻断试验是考核器件长期承受阻断电压的能力，其实也就是考核器件制造商的工艺设计水平和能力。

一般地，我们以以下条件和方法来进行高温阻断试验：

试验电压：优选 80% $U_{CESmax}$ 或 80% $U_{CEXmax}$；

试验温度：规定值，优选最高结温 $T_{j(max)}$ 或 $T_c = T_{stg(max)} - 5℃$。

试验电路如图 7-37 所示。

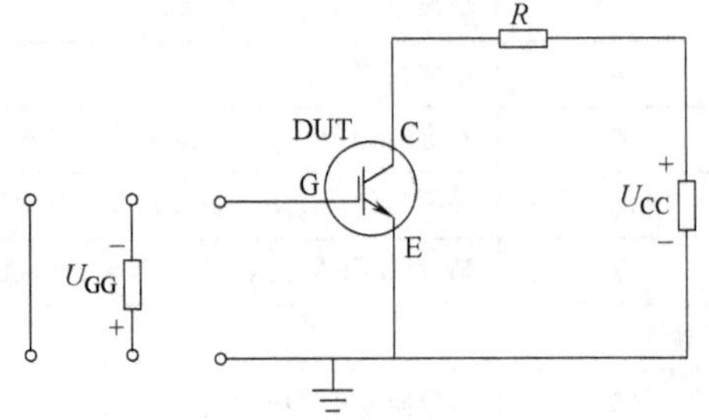


图 7-37 HTRB 试验电路

## 7.6.2 高温栅极偏置（HTGB）

IGBT 器件在工作时借助于加载在栅极的驱动电压来实现开通和关断功能，和承受反向偏置电压的要求一样，IGBT 长期稳定地承受栅压的能力也构成它可靠工作的要素之一，任何栅极漏电流的增加都意味着它对电压阻断能力的降低。用高温栅极偏置试验（High Temperature Gate Blocking，HTGB）来考核 IGBT 器件长期稳定地承受栅极偏置电压的能力。

IGBT 是通过栅氧层来实现栅极电压阻断，栅极额定工作电压一般限制在±20V 以内，由于栅氧层厚度极薄，其电场强度往往达到了 MV/cm 级水平，如此强的电场对栅氧结构的稳定性构成了严重威胁，当在高温和电场作用下产生的漏电流达到一定值时，这种变异将进入失控的过程，栅氧层会在极短时间内遭到破坏而失效。

为了实现栅氧层在电场作用下的长期稳定工作，我们要求栅氧层的生长是没有缺陷并尽可能少的残留有表面电荷，越少的表面电荷意味着越高的栅氧层致密性和洁净度要求。因此，考核栅氧的长期稳定性实际上可以说主要是考核栅氧层的致密性和纯洁程度。

实际应用中，我们通过施加正栅压来实现 IGBT 开通，而以零栅压或以相对正栅压较低的负栅压来实现其关断，然而，在讨论栅极可靠性时我们似乎习惯于讨论栅极正偏压。事实上，在器件结构中栅氧层对于正向偏置电压和反向偏置电压的耐受能力并不一定是对称的。某些特定的设计和工艺中我们会发现忽略了对栅极负偏压的考核将是可靠性工作者们的严重失误。

一般地，我们以以下条件和方法来进行高温栅极偏置试验：

试验电压：优选直流 $U_{GESmax}$ 规定值的 80%；

试验温度：优选最高结温 $T_{j(max)}$ 或 $T_c = T_{stg(max)} - 5℃$；

试验电路如图 7-38 所示。

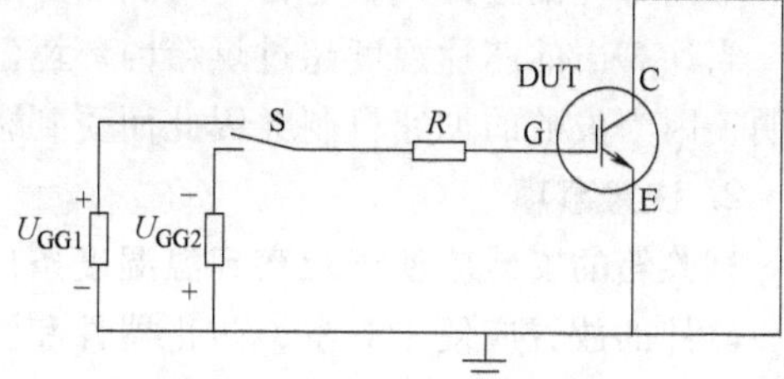

图 7-38　HTGB 试验电路

## 7.6.3　高温高湿反偏（$H^3$TRB）[2]

高温高湿反偏（$H^3$TRB）试验用于评估非气密封器件在潮湿环境中的可靠性。水分子的渗透会通过器件的外部防护材料（外壳和密封胶）或外部防护材料与金属导体之间的界面进行。温度、湿度和偏置条件将加速这种渗透。

高温高湿反偏试验在专用的试验箱中进行，试验箱除了能够提供在整个试验过程内均能满足特定要求的可控的温度和相对湿度条件，以及必要的数据记录功能之外，还可提供被测器件的电气连接以便通过专用电源进行指定的反偏电压配置。

**1. 试验条件**

表 7-7 给出了推荐的温度、相对湿度和持续时间试验条件

**表 7-7　推荐的温度、相对湿度和持续时间试验条件**

| 干球温度/℃ | 湿球温度/℃ | 相对湿度(%) | 蒸汽压/kPa | 持续时间/h |
|---|---|---|---|---|
| 85±2 | 81 | 85±5 | 7.12 | 1000(−24+168) |

注：上表中的公差适用于试验箱内可用的测试区域。

标准推荐的试验电压为 80% $U_{CES}$，最高不超过 100V。但这一条件已得到了来自一些特定应用领域（如车用）需求的挑战，已有 1200V、1700V 级的产品通过了 80%（而不是最高 100V）额定电压的 $H^3$TRB 试验考核。

反偏电压有两种加载方式，即连续偏置和循环偏置。连续偏置：持续加直流反

偏电压；循环偏置：按适当的频率和占空比加载直流反偏电压。两种偏置方法的一般经验和说明如下：

当芯片温度比烘箱温度高出部分小于≤10℃，或者，芯片温度未知情况下，测试器件（DUT）的散热少于200mW时，连续的偏置比周期偏置更为严酷；如果偏置导致芯片温度高于烘箱环境温度、且$\Delta T_{ja}$超过10℃，则循环偏置将比连续偏置更加严酷；

加热的功耗会从芯片赶走水分，使潮气有关的失效机制得到抑制，推荐使用一小时通加一小时断的循环偏置方式；

不论哪种偏置方式，应在尽可能减少功耗前提下选用较高的偏置电压条件；

当计算出的芯片温度超过烘箱内环境温度5℃时，则应在测试结果报告中得到说明，因为失败的加速机制会因此而受到影响。

**2. 注意事项**

试验箱的安装应便于观察到温湿度条件与指定的反偏电压等信息；

器件的放置应便于观察，防止器件和固定的电气端子上产生冷凝，特别是在试验启动和结束过程，同时避免水滴落到器件上；应留意尽可能减少试验箱内温度梯度，使相对湿度梯度最小化，最大化器件之间的气流；

加湿用的水应使用最低室温电阻率1MΩ·cm以上的去离子水；

留意在任何时间内试验箱的（干球温度）高过湿球温度，避免凝露发生；

试验启动阶段达到稳定温度和相对湿度的时间以及结束阶段达到室温环境条件的时间均应少于3h；启动阶段确保在任何时候器件及其连接线路的温度总是高于露点温度；

在试验的启动或结束阶段是否加偏置电压是可选的，但在试验条件稳定开始计时和结束时应确保是加上反偏电压，试验结束时应确保反偏电压已关闭；

电气测试应在结束后48h内结束。断点测试至少在结束前96h进行。

**3. 失效判据**

试验后的测试中，如发现参数超出限制或者功能不能满足要求，则视为稳态温度湿度偏差寿命试验失效。具体参数项可参考相应的产品定义或参数表规定。

### 7.6.4 间歇工作寿命（PC）

IGBT在它被开通时段有正向电流流过器件，其芯片温度将得到迅速提升，而当正向电流被关断后芯片温度随即迅速下降，这样，每一次开关过程中，芯片温度完成一次高温到低温的循环。我们正是通过模拟这种开关过程的试验，并对其关键参数进行实时监控，评价IGBT器件的功率循环寿命。

IGBT技术的发展已实现了更高的功率密度、更高的工作结温，这两点都对IGBT工作寿命的保持构成了挑战。一个封装好的IGBT器件至少包含了芯片、焊料、DBC板、铜基板、键合丝等材料（或其中的组合），由于各材料热膨胀系数的不一致，导致在热循环过程中各材料之间产生应力，这些应力随着热循环次数的进程不断累加，先后在界面产生缺陷、裂纹、分层，直至失效。很显然，随着功率密度和工作温度的双层升高，将加速这种应力累加的过程。我们通过监控这一过程中器件的压降和热阻值来对它的功率循环表现进行评价和判定。

一般地，我们以以下条件和方法来进行功率循环试验：

试验电流：满足规定要求；

试验温度：$\Delta T_j$，指定值；

试验栅极电压 $U_{GE}$：标准规定要求；

管壳温度：方法 1：$T_c$ = 常数；方法 2：$T_c$ 随 $T_j$ 变化；

通电时间 $t_p$ 和断电时间（$t_c - t_p$）：按规定；

试验电路如图 7-39 所示。

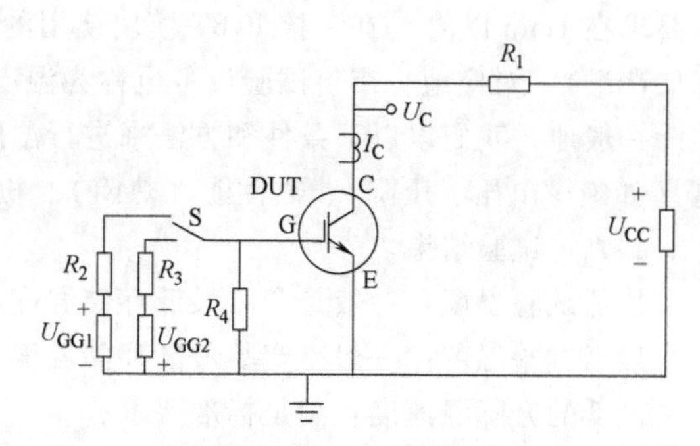


图 7-39　间歇工作寿命试验电路

注：方法 1 对受试器件产生的机械应力集中在模块型器件进行管芯的焊接引线发射极部分，通常进行 PC 秒级试验而方法 2 对受试器件产生的机械应力主要集中在器件管芯的焊接材料或压力接触部分，通常进行 PC 分钟级试验。

图 7-40 给出了循环次数与温升的关系曲线。

在车用 IGBT 领域，已有整车厂提出了按照实际工况来进行 PC 试验的要求，主要的考量点是加速、匀速、遇障碍物（突加载）、爬坡（过载）、下坡（馈能）等过程中 IGBT 和 Diode 的工况是各不一样的。因此，如果要讨论 PC 试验的发展趋势，模拟实际工况设计要求是高可能性的选项。

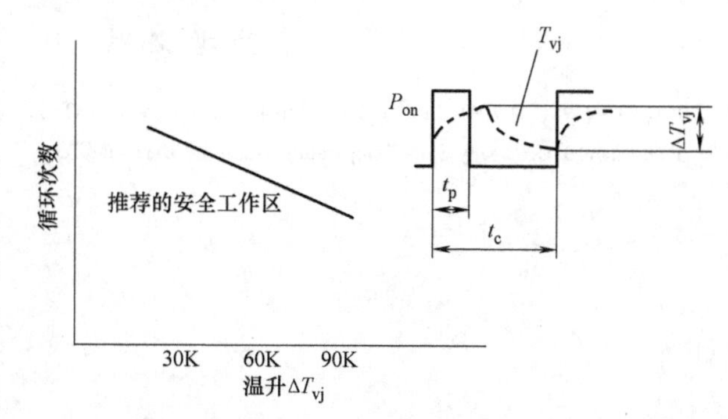


图 7-40　期望循环次数与温升 $\Delta T_j$ 的关系

## 7.6.5　温度循环（TC）

温度循环和功率循环一样在给器件提供的温度变化的影响方向上是一致的，正因为这样，有些文献的作者会将功率循环定义为主动（即自身）加热的温度循环，而将温度循环定义为被动（外部）加热的温度循环。已知的可靠性试验表明：模块封装的 IGBT 器件在功率循环和温度循环试验中分别表现出各自的失效机制和失效模式，这是因为在两种试验的过程中器件内部各个点的温度场和应力场都大不一样（尤其在瞬态过程）。因此，我们有必要对 IGBT 器件分别进行功率循环和温度循环试验和评价。

比温度循环试验条件更严酷的是温度冲击试验，两个过程都是以外部加热再快速冷却的方法实现温度变化，不同的是温度变化率差异，一般地，我们将温度变化率介于 10~40℃/min 的试验称为温度循环试验，而温度冲击试验的温度转换时间则要求在 1min 以内（在考核 IGBT 模块使用的 DBC 板性能时，温度变化要求可能越加严酷），对应地，市售试验设备也称为温度循环试验箱和温度冲击试验箱。

一般地，我们以以下条件和方法来进行温度循环试验，通过对试验前后的电性能（如绝缘电压、压降）、热性能（热阻）、机械性能（拉力、剪切力）来评价其性能并判定试验结果。

最低试验温度：一般是产品最低存储温度或最低工作温度；

最高试验温度：一般是产品最高存储温度、推荐的最高器件工作结温；

最低的升降温速度：满足标准要求；

低温和高温的停留时间：遵标准要求；

试验箱或升降温方法：指定。

实际试验中，在讨论温度变化率的达成能力时应综合考虑设备升降温能力、样品热容量、样品数量、样品放置方式等要素。在相同的规定条件下比较不同品牌 IGBT 产品的性能或试验表现时，忽略了这些因素的影响，其结果可能会相去甚远。

## 参考文献

[1] IEC 60747-9（2007-9）Insulated-gate bipolar transistors（IGBTS）.

[2] JESD22-A101C. Steady State Temperature Humidity Bias Life Test.

# 第8章 器件可靠性和失效分析

本章主要阐述 IGBT 的可靠性问题。重点分析闩锁效应、动态雪崩、短路及辐射对器件可靠性的影响，最后介绍了 IGBT 主要失效模式及其预防措施。

## 8.1 器件可靠性

IGBT 的可靠性可以从固有可靠性和使用可靠性两方面来分析。固有可靠性包括 IGBT 的闩锁效应、动态雪崩、短路及总损耗等引起的可靠性问题，使用可靠性包括 IGBT 的串联分压、并联均流、EMI、热阻过大引发高温特性恶化等可靠性问题。在实际应用中，首先要考虑 IGBT 的安全工作区，在任何工作条件下，流过 IGBT 的电流和两端所承受的电压以及所产生的瞬态功耗等参数均不能超出安全工作区所要求的范围，否则 IGBT 就不安全，甚至会失效。关于安全工作区的介绍已经在第 2.3 章中进行了详细地介绍。

### 8.1.1 闩锁电流

#### 1. 闩锁效应及其失效机理

在 2.3.1 节中，已初步介绍了 IGBT 闩锁效应（Latch-up Effect）的概念。如图 8-1a 所示，在 IGBT 元胞结构中，$n^+$发射区、p 基区及 $n^-$漂移区形成了一个寄生的

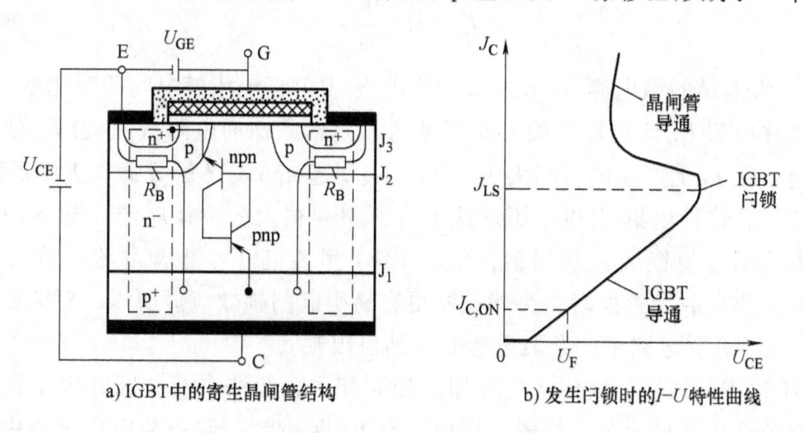


图 8-1　IGBT 中的寄生晶闸管结构及其闩锁时的 I-U 特性曲线

npn 晶体管，同时 $p^+$集电区、$n^-$漂移区及 p 基区形成了一个寄生的 pnp 晶体管。由于该寄生的 pnp 晶体管和 npn 晶体管组成了 pnpn 晶闸管结构，在一定条件下，当 pnp 晶体管和 npn 晶体管的共基极电流放大系数总和达到 1（即 $\alpha_{npn}+\alpha_{pnp}\geqslant 1$）时，寄生的晶闸管就会开通，使 IGBT 的栅极失控，这种现象称为闩锁效应。IGBT 发生闩锁时的 $I$-$U$ 特性曲线如图 8-1b 所示，有明显的负阻特性[1]，这是闩锁效应的明显特征。

（1）静态闩锁　指在 IGBT 开通或通态过程中出现的闩锁。当 IGBT 的栅极-发射极电压高于阈值电压（即 $U_{GE}>U_T$）、集电极相对于发射极加正电压（即 $U_{CE}>0$）时，p 基区表面会形成导电沟道，发射区的电子会经沟道流入 $n^-$漂移区，形成电子电流。该电流相当于 pnp 晶体管的基极电流，驱动 pnp 晶体管导通。当 pnp 晶体管导通后，其集电极的空穴电流会经 $n^+$发射区正下方的 p 基区流入发射极。如果 p 基区的横向电阻 $R_B$较大，则空穴电流会在 $R_B$上产生较大的横向压降 $U_R$，当 $U_R$使发射结（$J_3$结）的正偏压大于其结开启电压 $U_E$（即 $U_R>U_E=0.7V$）时，$n^+$发射区便向 p 基区注入电子，导致 npn 晶体管导通。当 npn 晶体管导通后，其集电极电流会继续驱动 pnp 晶体管进一步导通，最后使 npn 晶体管和 pnp 晶体管两者之间形成正反馈。于是 IGBT 的工作与晶闸管完全相同，改变栅压的大小，集电极电流不会变化；即使撤去栅极电压，IGBT 中仍有很大的电流通过。可认为此时 IGBT 已发生了静态闩锁。并呈现低压大电流状态。

（2）动态闩锁　是指在 IGBT 关断过程中发生的闩锁。当撤走 IGBT 的栅极电压（即 $U_{GE}=0$），导电沟道消失，沟道的电子电流为零（$I_n=0$），也就是说，pnp 晶体管的基极驱动电流为 0，于是 $J_2$结电容开始放电，使 pnp 晶体管的集电极电压上升。当集电极-发射极间的电压变化率 $du_{CE}/dt$ 较高时，$J_2$结的电容放电会产生的很大位移电流 $I_{dis}$，可用下式来表示：

$$I_{dis}=C_{J2}\frac{du_{CE}}{dt} \tag{8-1}$$

式中，$C_{J2}$为 $J_2$结的结电容，$du_{CE}/dt$ 为集电极-发射极电压随时间的变化率。

该位移电流 $I_{dis}$流过寄生的 npn 管基区 p 基区的横向电阻 $R_B$。当 $I_{dis}$值达到一定数值时，在 $R_B$上产生的压降大于 0.7V，会引起 npn 晶体管导通，进而诱发 IGBT 闩锁。所以，这种由集-射极电压迅速上升所引起很大的位移电流而导致的闩锁效应通常称为动态闩锁或关断闩锁，此时 IGBT 呈现高压小电流状态。在开关电路中，尤其是当负载为感性时，突然关断更容易引起闩锁效应。所以，对关断过程中的 $du_{CE}/dt$ 及开关电路中的杂散电感必须加以限制。

IGBT 出现闩锁后，器件会失去栅极控制能力，无法自行关断，由于正反馈形成的大电流会使器件永久性烧毁。所以，在 IGBT 设计、制造和应用过程中，要采取各种措施尽可能地避免闩锁效应的发生。

**2. 触发闩锁的条件**

根据上述分析可知，IGBT 发生闩锁的条件是

$$U_R > 0.7\text{V} \tag{8-2}$$

$U_R$可用下式来表示：

$$U_R = I_p R_B \tag{8-3}$$

其中，$R_B$为 p 基区的横向电阻，$I_p$为通过 p 基区的空穴电流。

又$I_p$与集电极电流$I_c$之间满足如下关系式：

$$I_p = \alpha_{pnp} I_c \tag{8-4}$$

将式（8-4）带入式（8-3），可得

$$U_R = \alpha_{pnp} I_c R_B \tag{8-5}$$

p 基区横向电阻$R_B$可表示为

$$R_B = \rho_p \frac{L_{n^+}}{Z} \tag{8-6}$$

式中，$\rho_p$为 p 基区的薄层电阻（即 p 基区的平均电阻率与 p 基区的厚度的比值），$L_{n^+}$为 $n^+$发射区的长度，$Z$ 为沟道宽度。

闩锁发生的条件：

$$U_R = \alpha_{pnp} I_c R_B \geqslant 0.7\text{V} \tag{8-7}$$

**3. 预防闩锁的措施**

通常用闩锁电流（Latching Current）来表示 IGBT 抗闩锁的能力。闩锁电流（$I_{LS}$）定义为 IGBT 发生闩锁时的集电极电流，它规定了 IGBT 工作的最大电流容量，是一个极限参数。$I_{LS}$越大，表示 IGBT 抗闩锁的能力越强。在实际工作时，要求 IGBT 的集电极电流小于闩锁电流 $I_{LS}$，以免 IGBT 发生闩锁效应。为了获得较宽的安全工作区，要求闩锁电流密度 $J_{LS}$通常至少比通态电流密度 $J_{C,ON}$高 10 倍以上。

闩锁电流 $I_{LS}$可表示为

$$I_{LS} = \frac{0.7}{\alpha_{pnp} \cdot R_B} = \frac{0.7Z}{\alpha_{pnp} \cdot \rho_p \cdot L_{n^+}} \tag{8-8}$$

式中，$\alpha_{pnp}$为 pnp 晶体管的电流放大系数；$\rho_p$为 p 基区的薄层电阻；$L_{n^+}$为 $n^+$发射区的长度，$Z$ 为沟道宽度。

由式（8-8）可知，$I_{LS}$与 $Z$ 成正比，与 $\alpha_{pnp}$、$\rho_p$及 $L_{n^+}$成反比。这说明，增大 $Z$ 或减小 $\alpha_{pnp}$、$\rho_p$及 $L_{n^+}$，均可提高 $I_{LS}$。增大 $Z$，也可以提高 IGBT 的跨导和集电极电流。故 IGBT 通常采用多个元胞并联以增大 $Z$。减小 $L_{n^+}$，有利于增加元胞数目，也提高电流容量。但 $L_{n^+}$受光刻容差的限制，元胞不可能太小。$\rho_p$与沟道长度和阈值电压密切相关，不能轻易变化，且随温度升高而增大。$\alpha_{pnp}$与 $n^-$漂移区和 p 集电区等结构参数、少子寿命、外加电压 $U_{CE}$等有关，也随温度的升高而增大。

静态闩锁电流通常用 $I_{LS}$来表示，动态闩锁电流则用 $I_{LSd}$来表示。动态闩锁与

静态闩锁所处的状态不同，导致这两个电流值不同[2]。$I_{LS}$是指导通时饱和电压$U_{CE(sat)}$所对应的集电极电流，$I_{LSd}$是指关断时高集电极-发射极电压$U_{CE}$所对应的集电极电流。并且，由于两个状态所对应的$\alpha_{pnp}$值不同，且$\alpha_{pnpd}>\alpha_{pnp}$，于是根据式（8-8）可得到

$$\frac{I_{LSd}}{I_{LS}}=\frac{\alpha_{pnp}}{\alpha_{pnpd}}<1 \tag{8-9}$$

可见，动态闩锁电流$I_{LSd}$小于静态闩锁电流$I_{LS}$，这说明动态闩锁更容易发生。

根据上述分析可知，诱发 IGBT 闩锁的因素如下：一是 p 基区横向电阻$R_B$。$R_B$除了与沟道宽度$Z$、p 基区的薄层电阻$\rho_p$及$n^+$发射区长度$L_{n+}$等有关外，还与元胞图形有关。不同的元胞图形对应的$R_B$不同，导致闩锁电流也不同。相比较而言，条形元胞较好，这在第 3 章第 3.2 节一节中已介绍。二是流过$R_B$的空穴电流，空穴电流与 pnp 晶体管的电流放大系数$\alpha_{pnp}$有关。特别是当器件处于短路工作状态或动态雪崩时，空穴电流密度极大，会诱发 IGBT 闩锁。三是使用温度或辐照环境条件，温度升高，pnp 晶体管的电流放大倍数$\alpha_{pnp}$及 p 基区的薄层电阻$\rho_p$增大，发射结的开启电压$U_E$下降，导致$I_{LS}$下降；当光照或其他辐射（如$\gamma$射线）照于硅片表面时，会感生电流。若感生电流很大，也会引起闩锁效应。

为了避免 IGBT 工作时发生闩锁，必须采取一定的预防措施。下面分别从器件结构设计、制作工艺、实际使用等方面来说明。

（1）器件结构　设计 IGBT 元胞时，要注意控制 p 基区横向电阻及其所通过的空穴电流。除了将$n^+$发射区和 p 基区短路，还可采用$p^+$深阱区和$p^{++}$浅基区及少子旁路结构等来实现。

图 8-2 给出了具有$p^+$深阱区、$p^{++}$浅基区的 IGBT 结构示意图[1]。由图 8-2a可见，$p^+$深阱区位于$n^+$发射区下方，在 p 基区之前先形成。$p^+$深阱区将 p 基区分成两部分，$n^+$发射区下方的部分浓度较高，厚度增加，其长度定义为$L_{p1}$；沟道部分保持不变，其长度定义为$L_{p2}$。在$L_{p1}$范围内，$p^+$区浓度较高，保证$R_B$较小，可获得较高的$I_{LS}$；在$L_{p2}$范围内，p 基区浓度较低，保证$U_T$不变。这样既兼顾了$I_{LS}$，又兼顾了$U_T$。但它对光刻精度要求较高。由图 8-2b 可见，$p^{++}$浅基区结构是利用离子注入工艺，在$n^+$发射区的正下方 p 基区内，增加一个很薄的$p^{++}$区，以免与$n^+$发射区的杂质补偿。由于$p^{++}$区浓度较高，可显著降低其的$R_B$，同时$p^{++}$浅基区远离沟道，对$U_T$没有影响。

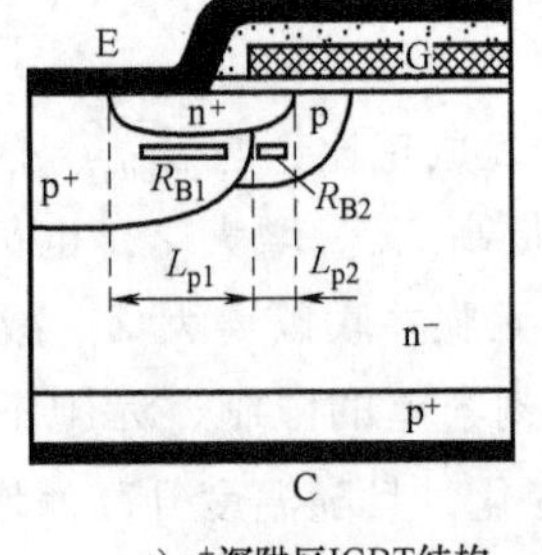

a) p⁺深阱区IGBT结构

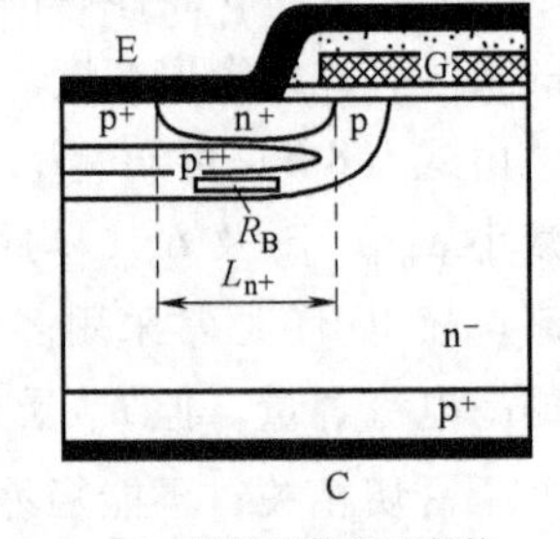

b) p⁺浅基区的IGBT结构

图 8-2　具有$p^+$深阱区、浅基区的 IGBT 结构示意图

除了通过减小 $R_B$ 来提高 $I_{LS}$外，还可通过减小流过 $R_B$的空穴电流来减小 $U_R$，防止 npn 晶体管的发射结注入。图 8-3 给出了一种采用多重表面沟道短路元胞（Multiple Surface Short，MSS）IGBT 结构[3]。如图 8-3a 所示，由于表面沟道短路区为少数载流子空穴提供了直接流向发射极的通路，可以减小横向流过 $R_B$的空穴电流。图 8-3b 中水平箭头所指表示空穴电流转移的方向，表示空穴电流 $I_p$分为两部分（$I_p=I_{p1}+I_{p2}$），其中空穴电流 $I_{p2}$被旁路，流过电阻 $R_B$的空穴电流仅为 $I_{p1}$，因此闩锁效应得以抑制[4]。

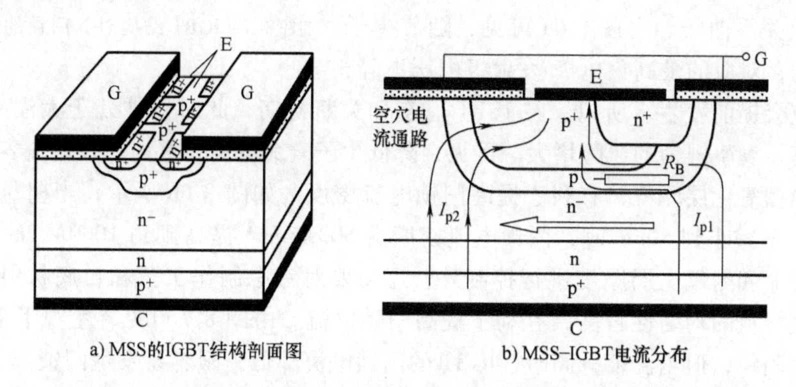


图 8-3 具有多重表面沟道短路元胞（MSS）的 IGBT 结构示意图

图 8-4 给出了元胞图形对 P 基区横向电阻 $R_B$ 和闩锁电流密度的影响[3]。图 8-4a为不同 $R_B$与 $p^+$阱区深度的关系，图 8-4b 为闩锁电流与元胞图形的关系。可见，采用 MSS 元胞设计的 $R_B$最小，闩锁电流密度也最大。

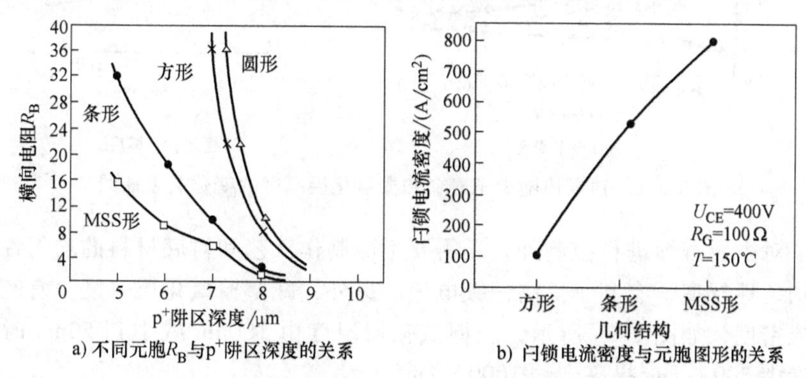


图 8-4 元胞图形对横向电阻和闩锁电流密度的影响

图 8-5 给出了 IGBT 的不同耐压结构对其闩锁电流的影响关系曲线[5]。由图可见，当 IGBT 结构中没有缓冲层或载流子存储层，或者只有缓冲层而无载流子存储层时，IGBT 很容易发生闩锁。当 IGBT 结构中同时存在缓冲层和载流子存储层时，则不会发生闩锁。可见，增加缓冲层或载流子存储层有利于抑制闩锁的发生。此外，由于沟槽栅结构 $n^+$发射区的横向尺寸比平面栅的更小，所以其闩锁电流容量

比平面栅高。

（2）制作工艺　少子寿命 $\tau_p$ 与 pnp 晶体管的电流放大系数 $\alpha_{pnp}$ 密切相关。在大注入条件下，$\alpha_{pnp}$ 与 $\tau_p$ 有关。降低 $\tau_p$，可减小 $\alpha_{pnp}$，使 $I_{LS}$ 提高。同时，少子寿命受温度的影响很大，温度升高，$\tau_p$ 增加，会使 $I_{LS}$ 下降。图 8-6 给出了 IGBT 的闩锁电流随少子寿命[5]和栅氧化层厚度的变化关系曲线。由图 8-6a 可见，随着少子寿命增加，对应的最高集电极-发射极电压下降，闩锁效应会提前发生。所以，在 IGBT 通态和关断初期，此时器件处于大注入状态，寿命较高，发生闩锁的风险增大。可见，降低少子寿命有利于提高闩锁电流容量。另外，减薄栅氧化层厚度，有利于提高闩锁电流密度，如图 8-6b 所示，当栅氧化层厚度由 100nm 减小到 50nm 时，闩锁电流密度由 500A/cm² 提高到约 1000A/cm²。除了对少子寿命和栅氧化层厚度进行控制外，还需要对考虑制作工艺和衬底材料的均匀性。衬底材料的均匀性越高，有利于提高闩锁电流。由图 8-7 可见，室温下 IGBT 不容易发生闩锁，但当温度升高时，IGBT 的闩锁电流降低，很容易发生闩锁。

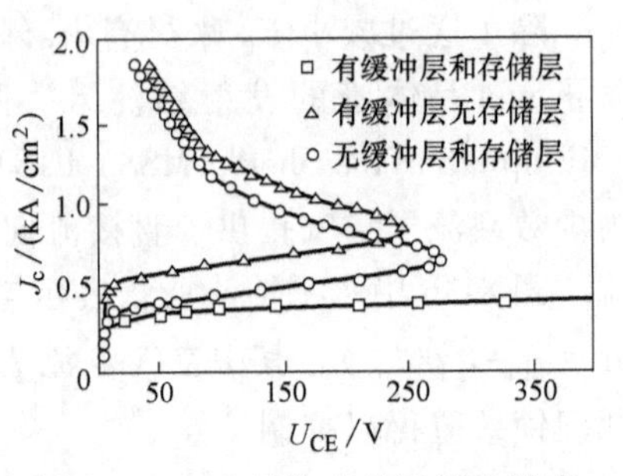


图 8-5　IGBT 结构对其闩锁的影响

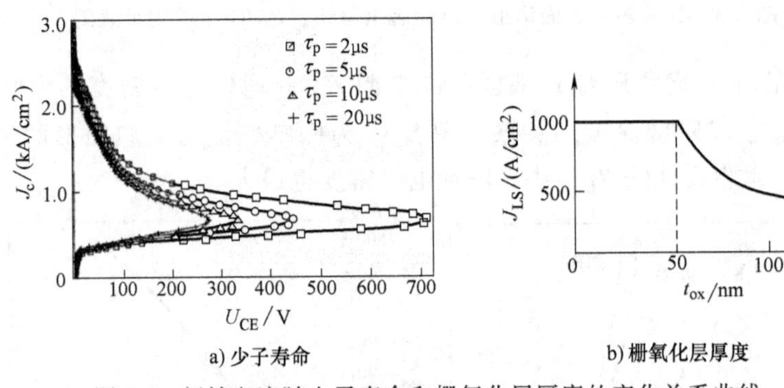


图 8-6　闩锁电流随少子寿命和栅氧化层厚度的变化关系曲线

除了对少子寿命进行控制外，还需要考虑制作工艺和衬底材料的均匀性。衬底材料的均匀性越高，有利于提高闩锁电流。另外，减薄栅氧化层厚度，有利于提高闩锁电流密度，如图 8-6b 所示，当栅氧化层厚度由 100nm 减小到 50nm 时，闩锁电流密度由 500A/cm² 提高到约 1000A/cm²。

（3）使用环境　在实际使用中，应严格限制 IGBT 的工作温度（$T<125$℃）。因为温度升高后，$\rho_p$ 和 $\alpha_{pnp}$ 均随温度的升高而增大，导致 $I_{LS}$ 下降，更容易引起 IGBT 闩锁。由图 8-7 可见，室温下 IGBT 不容易发生闩锁，但当温度升高到 150℃ 时，因闩锁电流降低，导致 IGBT 发生闩锁。所以，使用 IGBT 时必须考虑其安全工作区，注意最大功耗线和最大集电极电流，使其瞬时功耗必须低于由最高结温所决定的最大功耗线，并使其最大集电极电流 $I_{CM}$ 小于其闩锁电流 $I_{LS}$。为了防止

IGBT在关断过程中出现闩锁，可在关断电路中串联大的阻抗，使电流降低的速度放慢，以限制$di_c/dt$，减小$du_{CE}/dt$，从而减小位移电流，抑制闩锁效应的发生。

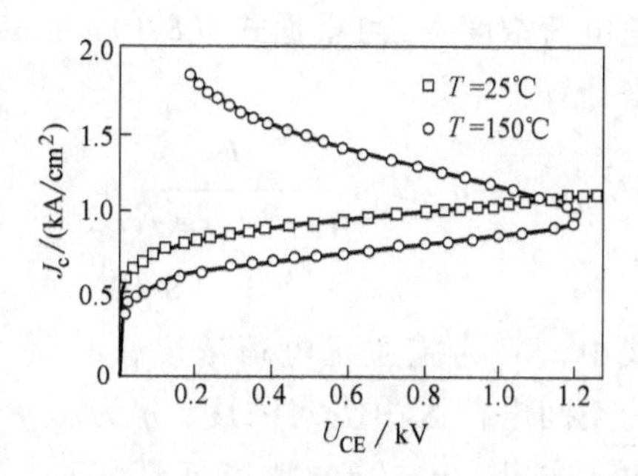


图 8-7　闩锁电流随温度的变化关系曲线

## 8.1.2　雪崩耐量

当IGBT的集-射极电压上升时，由p基区和$n^-$漂移区形成的pn结（即$J_2$结）空间电荷区的电场会逐渐增强，若其峰值电场强度达到临界击穿电场强度时，$J_2$结会发生雪崩击穿现象。此时不论IGBT工作在静态或动态，均会发生雪崩击穿。

### 1. 雪崩击穿

在阻断状态下发生的雪崩击穿称为静态雪崩击穿。雪崩击穿由IGBT内部某处的电场集中决定，此时集-射极电压高于其$J_2$结的雪崩击穿电压。由于IGBT结构是由多个元胞并联而成的，雪崩击穿电压除了与$J_2$两侧的$n^-$漂移区和p基区的参数有关外，还与两个P基区之间的间距有关。图8-8为IGBT发生雪崩击穿时的示意图[5]。如图8-8a所示，如果元胞间距较大，当外加集电极-发射极电压$U_{CE}$增加时，每个元胞的结弯曲处电场强度很高，雪崩击穿将在此处发生。如图8-8b所示，如果元胞间距较小，在较小的集-射极电压$U_{CE}$下，$J_2$结在$n^-$漂移区一侧的空间电荷区就会相连，降低了该处的电场强度，于是雪崩击穿不会在有源区的元胞中发生，可能会发生在IGBT外侧的结终端部分。

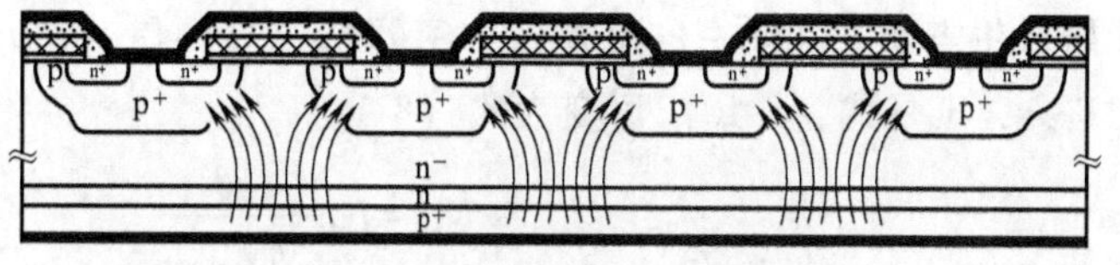


a) 击穿发生在有源区(元胞间距较宽)

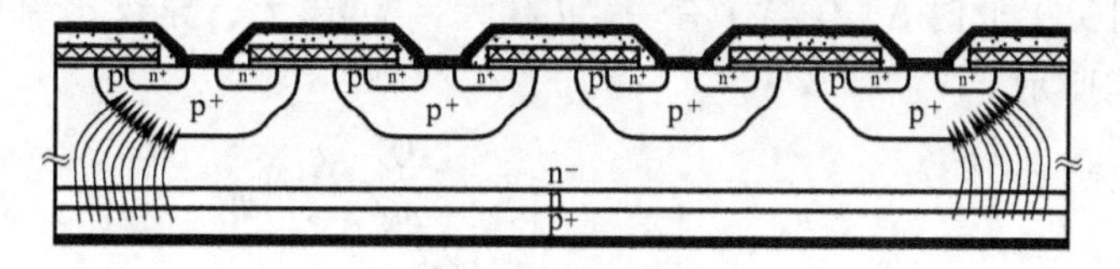


b) 击穿发生在结终端区

图 8-8　IGBT雪崩击穿示意图

在开关过程中发生的雪崩击穿称为动态雪崩击穿。在IGBT的关断过程中，$J_2$结在外加正向集电极-发射极电压$U_{CE}$的作用下逐渐恢复，由于此时n-漂移区仍存在一定的等离子体，导致IGBT在远低于静态击穿电压下就会发生雪崩击穿。图8-9给出了发生动态雪崩时IGBT内部电场强度和等离子体浓度分布。

在IGBT关断过程中，在外加正向集-射极电压$U_{CE}$的作用下，$n^-$漂移区存储的电子流向集电极，空穴则被$J_2$结的电场抽取到p基区然后流向发射极。由于空穴带正电荷，与$J_2$结空间电荷区的电离施主带电极性相同，所以，空间电荷区的有效

正电荷浓度 $N_{eff}$ 可根据式（8-10）来计算：

$$N_{eff}=N_D+p=N_D+\frac{J_p}{q\cdot E\cdot\mu_p(E)} \tag{8-10}$$

式中，$N_D$ 为施主正电荷浓度，$p$ 为空间电荷区中空穴浓度，$q$ 为电子电荷，$\mu_p$（$E$）为空穴迁移率，与空间电荷区局部电场强度（$E$）有关，$J_p$ 为空间电荷区的空穴电流密度，约等于阳极总电流密度 $J$，即 $J_p\approx J$。

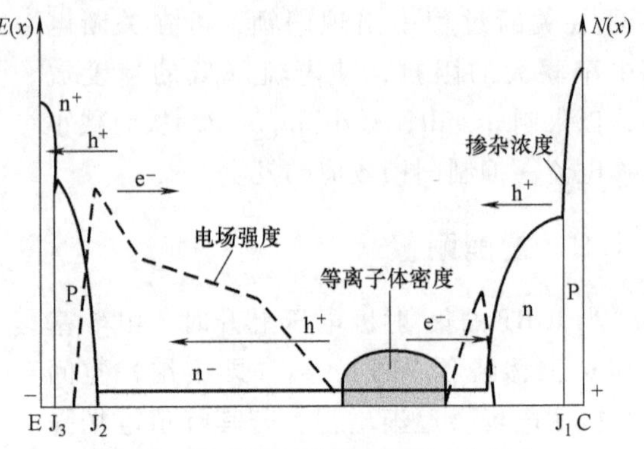


图 8-9 发生动态雪崩时 IGBT 内部电场强度和等离子体密度分布

随着 $U_{CE}$ 增大，当 $J_2$ 结的电场强度峰值 $E_M$ 达到临界击穿电场强度 $E_{cr}$ 后，$J_2$ 结开始发生雪崩。此时空间电荷区中空穴的漂移速度 $v$ 便达到饱和漂移速度 $v_{sat}$（$=\mu_pE_{cr}$），于是式（8-10）可变为式（8-11）[8]：

$$N_{eff}=N_D+\frac{J}{q\cdot v_{sat}} \tag{8-11}$$

可见，此时 $N_{eff}$ 仅与 $J$ 有关。$J$ 越大，$N_{eff}$ 越大，导致 $n^-$ 基区的电场梯度变陡，如下式所示：

$$\frac{dE}{dx}=\frac{q}{\varepsilon}N_{eff} \tag{8-12}$$

根据动态雪崩开启电压的修正公式[9]：

$$U_{BD}=\frac{1}{2}\cdot\left(\frac{0.75\cdot 8}{B}\right)^{\frac{1}{4}}\cdot\left(\frac{q\cdot N_{eff}}{\varepsilon}\right)^{-\frac{3}{4}} \tag{8-13}$$

式中，$B$ 是与电离率有关的常数，在室温下其值为 $1.8\times10^{-35}cm^6V^{-7}$。

由上式可知，$N_{eff}$ 越大，$U_{BD}$ 越小。这说明 IGBT 关断时集电极电流越大，内部等离子体密度越大，使得 $N_{eff}$ 越大，发生动态雪崩的时刻就越早。

当 IGBT 发生强烈的动态雪崩时，空间电荷区会产生雪崩电子和空穴，于是有效正电荷浓度 $N_{eff}$ 变为

$$N_{eff}=N_D+p+p_{av}-n_{av} \tag{8-14}$$

由于雪崩产生的空穴流向发射极，电子流向集电极，使得空间电荷区内靠近 $J_2$ 结处 $p_{av}$ 较大，$n_{av}$ 较小；而远离 $J_2$ 结处 $p_{av}$ 较小，$n_{av}$ 较大，导致靠近 $J_2$ 结处的有效正电荷浓度 $N_{eff}$ 比远离 pn 结处的大，于是发射极侧的电场呈现 S 型分布，如图 8-9 所示，与功率二极管反向恢复过程中的电场强度分布基本相似。但不同的是，在 IGBT 关断过程中，$J_1$ 结仍为正偏，$p^+$ 集电区仍会向 $n^-$ 漂移区注入空穴，对 $J_2$ 结

处的动态雪崩产生影响。即使 IGBT 的 $nn^-$结处产生了二次电场，集电极侧的空穴注入会减弱此处的二次电场，抑制双侧发生动态雪崩。

可见，由于 IGBT 背面存在 $p^+$集电区，对 $nn^-$结处动态雪崩的发生有一定的抑制作用。所以，IGBT 发生动态雪崩时，虽然与功率二极管有相似的畸变电场，但由于 $p^+$集电极的空穴注入，不容易导致像功率二极管那样发生双侧雪崩而失效。这与 GTO 或 GCT 等[10]器件中的动态雪崩有相似之处。

**2. 失效机理**

在 IGBT 关断过程中，当集电极电流下降过快时，由于开关电路中存在电感，使得 IGBT 瞬间承受过高的电压，该电压会导致 IGBT 的动态雪崩加剧，产生很高的雪崩电流。此时，集电极-发射极电压很高，雪崩电流也很大，导致 IGBT 的功耗急增。在极短的时间内就会发生热击穿。此外，若雪崩电流流经 p 基区下方的横向电阻 $R_b$时，产生的压降大于 0.6V 时，会诱发动态闩锁效应，导致 IGBT 失效。

由单脉冲雪崩引发失效的机理是由于结温超过器件的最高结温。在 IGBT 发生雪崩期间，由雪崩产生的能耗会引起瞬时结温 $T_{jAV(max)}$ 升高。此时器件的最高结温 $T_{jm}$ 约等于器件关断前的结温 $T_j$ 与 $T_{jAV(max)}$ 之和。

$$T_{jM} = T_{jAV(max)} + T_j \tag{8-15}$$

图 8-10 为雪崩期间由雪崩能耗引起的瞬时结温随时间的变化曲线。要求雪崩引起的瞬时结温不能超过器件的额定结温。该额定结温是针对最佳可靠性设计的已经降额的最高温度，通常为 175℃。

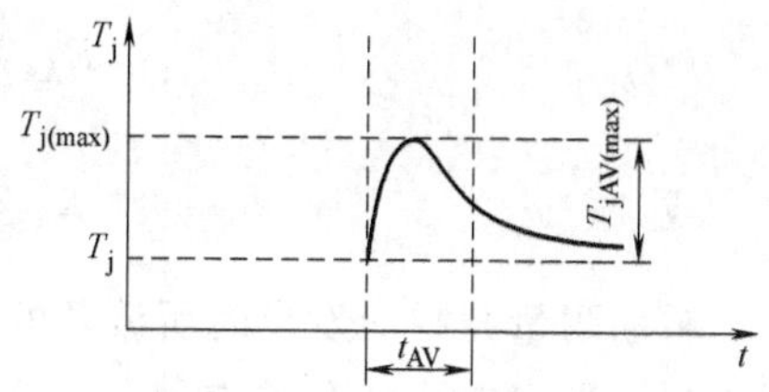


图 8-10　雪崩能耗引起的瞬时结温随时间的变化曲线

实际上，IGBT 发生动态雪崩后，由于高电场和高电流密度共同作用，使晶格的温度升高（温升按 $I_{AS}$的 1.5 次增加），达到本征失效温度后将不再升高[6]。在本征失效温度下，器件不能耗散更多的能量。如果电流继续流动，器件将会因温度过高产生本征导通效应而损坏。导致器件永久性失效的最高结温为 pn 结失效时的温度，近似为 380℃，远超过 175℃的额定值，但超出额定 $T_{jm}$ 值时对器件是非常有害的。

**3. 提高雪崩耐量的措施**

通常用雪崩耐量（Avalanche Ruggedness）来表示 IGBT 抗动态雪崩的能力。雪崩耐量是指器件在开关过程中发生动态雪崩击穿时所能承受的能量。与功率 MOSFET 的雪崩耐量相似，通过测量在单脉冲作用下非箝位感应开关（Unclamped Inductive Switching，UIS）的雪崩能量（$E_{AS}$），可以表示其雪崩耐量[7]。

图 8-11 给出了 IGBT 的动态雪崩测试电路及其在 UIS 条件下关断时的集电极-发射极电压、集电极电流及发生动态雪崩时的功耗波形。在 IGBT 栅极加上电压脉冲后，负载电流由负载电感和集电极-发射极电压决定的斜率上升。在 IGBT 关断时，由

于负载电感中仍有电流流过，故集电极-发射极两端会存在过电压尖峰。随着负载电流逐渐减小到零，集电极-发射极电压 $U_{CE}$ 被箝位在电源电压，如图 8-11a 所示。

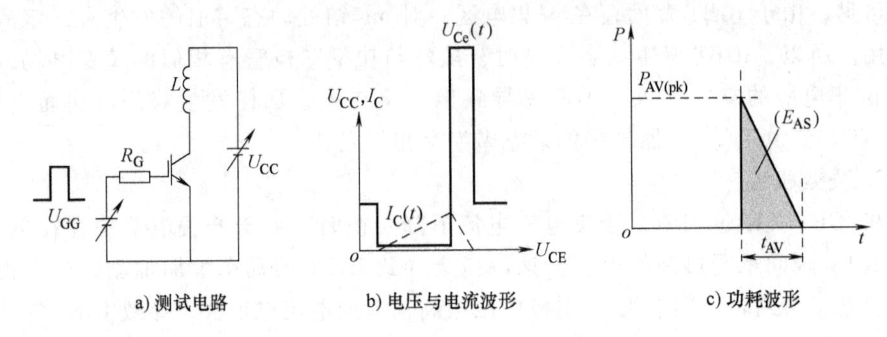


图 8-11 IGBT 的动态雪崩测试电路及其在 UIS 条件下关断时的电压、电流及功耗波形

如果关断电路中的电感过大，使得集电极-发射极两端的过电压尖峰很高，达到 IGBT 的击穿电压 $U_{BR}$，则 IGBT 会发生动态雪崩，雪崩电流会导致很高的功耗。发生雪崩时产生的功耗 $P_{AV(pk)}$ 等于击穿电压 $U_{BR}$ 和雪崩电流 $I_{AS}$ 的乘积。

雪崩耐量 $E_{AS}$ 是由峰值功耗 $P_{AV(pk)}$ 与雪崩时间围成的三角形面积，可用下式来估算：

$$E_{AS} = \frac{1}{2} P_{AV(pk)} t_{AV} \tag{8-16}$$

或

$$E_{AS} = \frac{1}{2} U_{BR} I_{AS} t_{AS} \tag{8-17}$$

雪崩耐量与雪崩发生时所波及的面积和电流分布有关。雪崩面积越大，雪崩耐量越高。雪崩电流分布越均匀，雪崩耐量越高。如图 8-8a 所示，当雪崩发生在有源区时，由于雪崩面积较大，且电流分布较均匀，所以雪崩耐量较高。对于高压 IGBT，由于雪崩发生时能耗增加，导致其雪崩耐量下降。

图 8-12 给出了 IGBT 承受单脉冲冲击时的雪崩耐量 SOA 曲线。当结温 $T_j$ = 25℃时，在给定的 $t_{AV}$ 内，$I_{AS}$ 产生的最高瞬时温升 $T_{jAV(max)}$ 如果超过 150℃，器件会损坏；只有在 $T_{jAV(max)}$ 低于 150℃的情况下，最高结温（$T_{j(max)}$）不超过 175℃，器件才会安全。类似的，$T_j$ = 150℃ 的结温曲线表示指初始 $T_j$ 为 150℃，$T_{jAV(max)}$ 为 25℃，以保证最高结温（$T_{j(max)}$）为 175℃。可见，$T_j$ = 25℃时的 SOA 比 $T_j$ = 150℃的 SOA 要宽。

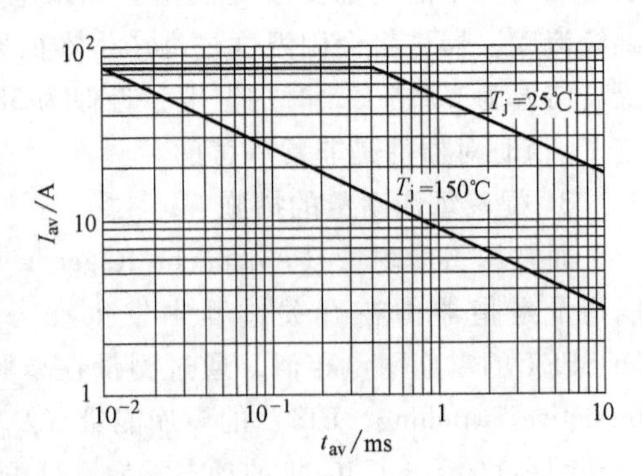


图 8-12 承受单脉冲冲击的雪崩耐量 SOA 曲线

IGBT 的雪崩耐量与其结构参数、制作工艺及使用环境有关。因此，为了提高IGBT 雪崩耐量，可从以下几个方面考虑：

从结构上考虑，需合理选择器件的栅极结构，优化器件结构与工艺参数，以获得较大的雪崩面积，从而提高雪崩耐量。减小 $J_1$结的空穴注入效率，降低通态时等离子体浓度及关断过程中 $J_1$结持续的空穴注入，动态雪崩持续时间会明显缩短，内部温升减小，不容易诱发热击穿。此外，在 p 基区通过硼离子注入形成 $p^{++}$浅基区（称为 UIS 注入，如图 8-2b 所示），或在发射极接触区挖槽后进行硼离子注入形成 $p^{+}$接触区，既提高 IGBT 的雪崩耐量，也有利于减小接触电阻。由于 PT-IGBT 的集电极空穴注入效率较高，故必须降低其少子寿命，才能保证其雪崩耐量。虽然平面栅 NPT-IGBT 和沟槽栅 FS-IGBT 中的少子寿命较为接近，但由于沟槽栅结构发生雪崩的面积较小，故沟槽栅 FS-IGBT 的动态雪崩耐量比平面栅 NPT-IGBT 更低。故从提高雪崩耐量的角度讲，应尽量采用平面栅结构。

从制作工艺上考虑，降低少数载流子寿命，可以减弱动态雪崩。此外，还需考虑衬底材料和制作工艺的均匀性，均匀性越高，雪崩电流分布越均匀，有利于提高雪崩耐量。

从 IGBT 使用角度考虑，应严格控制其集-射极间的电压、开关电路中的杂散电感，以及关断或短路结束时集电极电流下降率，避免由此引起的高电压尖峰导致IGBT 进入持续的动态雪崩状态。

### 8.1.3 抗短路能力

短路是指在电路异常故障情况下，因负载丢失导致电源电压全部加在 IGBT 的集-射极两端，器件因此承受很大的电压，导致电流急剧增加。在一定的外部条件下，IGBT 可以承受短时间的短路，然后被关断，而不会产生损坏。但在极端情况下，由于集电极-发射极间承受过电压和短路电流时间过长，会导致 IGBT 损坏。

#### 1. 短路特征

IGBT 短路时的电路示意图及短路期间集电极电流和结温变化波形如图 8-13 所示。发生短路后，IGBT 中的电流会急剧增加，远超过其额定电流，导致器件的温度上升很快。若不能及时关断，超过规定的短路时间 $t_{sc}$后器件将会发生热崩[11]。

IGBT 负载短路通常有两种情况：一种是负载短路时 IGBT 开通，即短路导致IGBT 由断态转为通态（短路Ⅰ）；另一种是 IGBT 处于通态时负载短路，即在 IGBT导通期间发生了负载短路（短路Ⅱ），此时 IGBT 所承受的电流冲击更大。

IGBT 的短路特性曲线如图 8-14 所示[12]，对于短路Ⅰ情形，即在负载短路时 IGBT 开通，即 IGBT 开通前所有电源电压或直流回路电压全部降落在 IGBT上，此时短路电流上升率 $di/dt$ 由驱动参数（驱动电压，栅极电阻）和 IGBT 的转移特性决定。短路电流增加将在短路回路的寄生电感上引起一个电压，导致集射极电压有一个陡降，如图 8-14a 所示，稳态的短路电流 $I_{SC}$自调节到由 IGBT 输

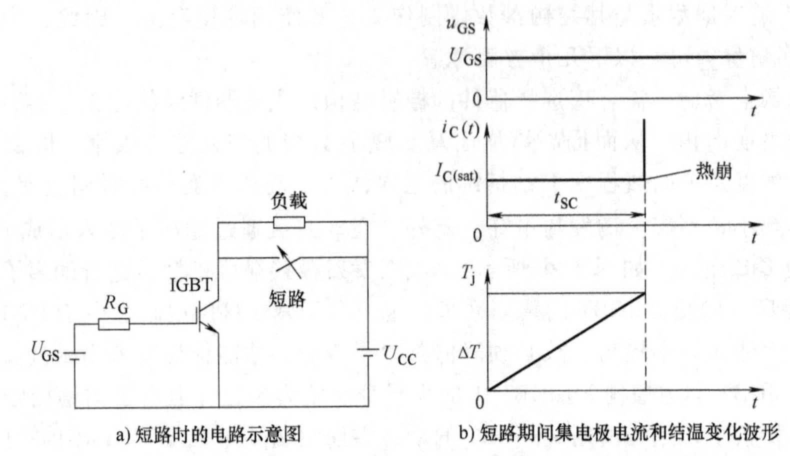


a) 短路时的电路示意图　　b) 短路期间集电极电流和结温变化波形

图 8-13　IGBT 短路时的电路图示意图及短路期间集电极电流和结温变化波形

出特性决定的一个值，该值大约为其额定电流的 6~10 倍。对于短路Ⅱ的情形，即发生短路前，IGBT 处于通态，集射极两端的电压 $U_{CE}$ 很低，此时器件内的电流只有 20A。发生短路后，$U_{CE}$ 升高约 700V，集电极电流剧增到 800A，如图 8-14b所示。可见，在短路期间 IGBT 内部会产生很高的功耗，因此，必须对短路时间加以控制。

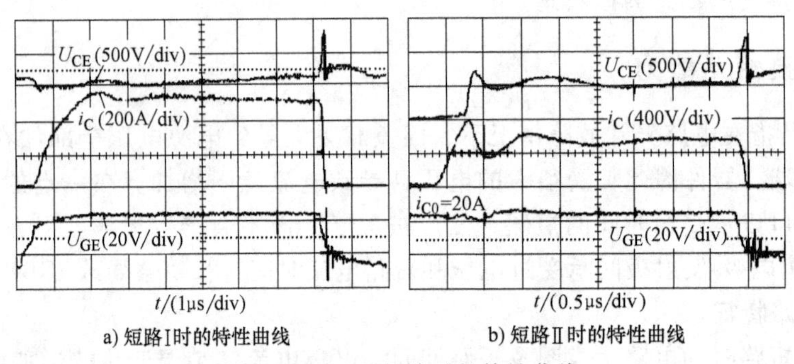


a) 短路Ⅰ时的特性曲线　　b) 短路Ⅱ时的特性曲线

图 8-14　IGBT 短路时的特性曲线

## 2. 短路失效机理

短路失效机理与最高结温、雪崩耐量及闩锁电流容量等有关，可从以下几个方面来分析。

（1）芯片散热限制　在短路情况下，IGBT 承受额定电压（或接近于额定值）和几倍的额定电流，此时需要耗散的热量很大，在一定的时间周期内，如果 IGBT 的结温超出其临界值，最终会发生热崩而烧毁。

（2）过电压引起的动态雪崩　在短路结束时，换流回路中的寄生电感将会再次感应出一个过电压，如图 8-14 所示。该过电压远远超过器件的电压额定值，会导致器件发生动态雪崩。此时，电流密度极大，会导致器件烧毁。

（3）闩锁效应　在短路期间，当短路电流流过 p 基区横向电阻 $R_B$时，在该电阻上产生的压降若超过 0.7V，会触发其中的寄生晶闸管导通，使 IGBT 因发生闩锁而失效。

**3. 提高抗短路能力的措施**

IGBT 的抗短路能力通常用短路时间 $t_{SC}$或短路电流 $I_{SC}$来表示。短路时间越长，或短路电流越小，表示 IGBT 的抗短路的能力越强。影响 IGBT 抗短路能力的因素很多，如饱和电压、栅-射极电压、温度、器件结构及制作工艺等。

图 8-15 为短路时间 $t_{SC}$与饱和电压 $U_{CE(sat)}$及栅极-发射极电压之间的关系[13]。由图 8-15a 可见，短路时间随饱和电压的增大而增加。这说明饱和电压较高的器件，承受短路的时间较长，即其抗短路能力强。由图 8-15b 可见，短路时间还与器件的栅极-发射极电压 $U_{GE}$有关。随栅极-发射极电压 $U_{GE}$的增大，短路时间 $t_{SC}$缩短，短路电流 $I_{SC}$则增大。这是由于器件集电极电流与跨导 $g_m$与栅极-发射极电压 $U_{GE}$有关，故在 $g_m$一定的情况下，$U_{GE}$越大，$I_{SC}$越高。因此，在不影响导通损耗的情况下，适当降低 $U_{GE}$使其不要进入深饱和区，可降低 $I_{SC}$并增加 $t_{SC}$。

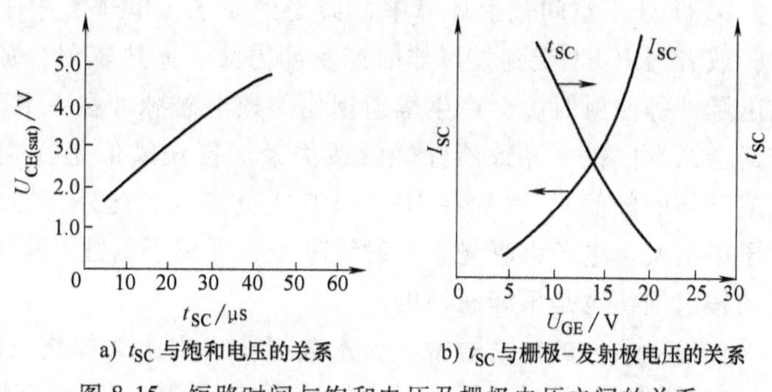


a) $t_{SC}$与饱和电压的关系　　b) $t_{SC}$与栅极-发射极电压的关系

图 8-15　短路时间与饱和电压及栅极电压之间的关系

图 8-16 为短路电流与栅极-发射极极电压及结温的关系[12]，随 $U_{GE}$增加，短路电流与额定电流的比值（$I_{SC}/I_C$）呈线性增大。并且 125℃时 $I_{SC}/I_C$值比 25℃时明显下降，这说明高温下 IGBT 的抗短路能力会下降。这是由于 IGBT 抗短路能力很大程度上取决于器件的 $\alpha_{pnp}$。温度升高，少子寿命增加，$\alpha_{pnp}$增大，导致饱和电流密度增大，故抗短路能力下降。当 IGBT 结构和制作工艺不同时，短路能力也不同。相比较而言，由于 NPT-IGBT 的 pnp 晶体管 $\alpha_{pnp}$较 PT-IGBT 更低，所以 NPT-IGBT 抗短路的能力比 PT-IGBT 更强。

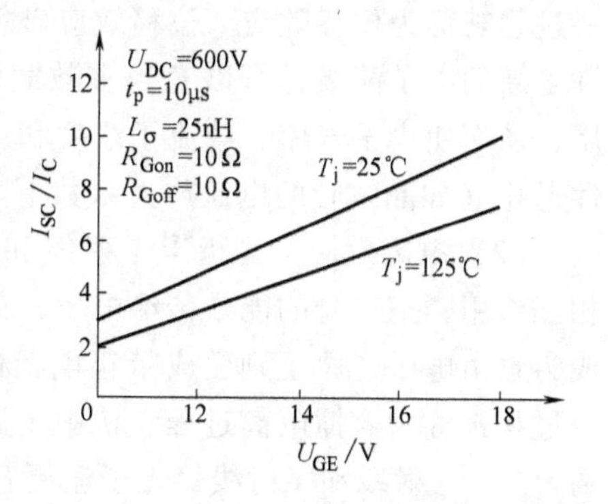


图 8-16　IGBT 短路电流与栅极-发射极电压的关系

为了提高 IGBT 的抗短路能力，设计时须保证 IGBT 有足够宽的 $n^-$漂移区，或者尽可能降低 pnp 晶体管的发射效率，或者在集电极侧增加 n 缓冲层，以减小 $\alpha_{pnp}$；此外，减小栅极宽度与栅间距的比值（$W_G/W_E$），也有益于提高器件的短路能力[5]。

在实际使用中，为了保证IGBT的安全运行，除了限制器件的工作温度不能超过最高结温外，还必须满足以下两个临界条件：一是短路发生时必须及时被检测出，并在不超过10μs的时间内关断器件；二是在总运行时间内，短路次数不得大于1000次，且两次短路的时间间隔最少为1s。

### 8.1.4 抗辐射能力

#### 1. 辐射损伤

IGBT处于空间辐射环境中，会受到质子、电子、中子、X射线和γ射线等照射，或者当IGBT受到核爆炸时产生冲击波、光热辐射，放射性尘埃、核辐射和核电磁脉冲等照射时，会产生辐射损伤。核电磁脉冲在IGBT器件内部产生的感应电流，会诱发闩锁，导致器件烧毁或失效。损伤阈值是（指核电磁脉冲引起器件烧毁或破坏的阈值），一般在$10^{-3}$~$10^{-5}$J范围内。此外，在IGBT的制作过程中，如电子束蒸发、电子束曝光、X射线曝光、等离子刻蚀、离子注入等新工艺对器件造成的辐射损伤也是不能忽视的。

辐射对器件的损伤通常分为永久损伤、半永久损伤及瞬时损伤[14]。永久损伤是指在辐射源去除后，器件仍丧失性能且不能恢复其应有性能。半永久损伤是指辐射源去除后，在较短的时间内元器件可逐渐地自行恢复性能。瞬时损伤是指辐射源消失后，器件性能可立即自行恢复。

#### 2. 辐射失效机理

辐射引起器件失效的基本效应主要有位移效应和电离效应。除此之外，还有瞬时辐射效应、单粒子效应及其他辐射效应等。

（1）位移效应　是指中子穿进硅材料，与硅晶格原子发生弹性碰撞，晶格原子在碰撞中获得能量后，离开了原来的点阵位置，进入晶格某一间隙位置，变成间隙原子。该原子原来的位置变成一个空位，于是形成了一个空位-间隙原子对，这一过程被称为位移效应。位移效应破坏了硅晶格结构及其周围势场，在禁带中引入许多新的电子能级，可以充当多数载流子的复合中心、俘获中心或散射中心的作用，从而使少子寿命、载流子浓度和迁移率等基本参数发生变化，导致IGBT的特性退化（如晶体管的电流放大系数下降、饱和电压增加），甚至失效。

（2）电离效应　是指当γ射线和x射线进入硅材料，与硅原子轨道上的电子相互作用，把自身的能量传给电子，如果电子获得足够的能量脱离原子核的束缚而成为自由电子，原子则变成带正电荷的离子束，即辐射粒子产生电子-空穴对，这一过程被称为碰撞电离过程。快中子流、高能电子、γ射线和x射线等均可引起电离效应，γ射线和x射线等光子流更容易引起材料电离，其中γ射线的电离效应最为显著。电离辐射会产生氧化层正电荷、$Si\text{-}SiO_2$界面陷阱及氧化层表面可动离子，导致表面缺陷及态密度增加，引起器件的阈值电压、跨导、漏电流等参数发生漂移。

（3）瞬时辐射效应　是指瞬时 γ 脉冲辐射在反偏 pn 结空间电荷区内产生了大量的电子-空穴对，在 pn 结内电场的作用下，产生瞬时光电流，对器件形成瞬时辐射损伤。该光电流的方向是从 n 区指向 p 区，大小与空间电荷区宽度有关，并随反偏压的大小而变化。

（4）单粒子效应　是指高能带电粒子在器件敏感区内产生大量带电粒子，由于是单个粒子作用的结果，故称为单粒子效应。单粒子效应会使 IGBT 产生闩锁，甚至出现单粒子永久损伤，如单粒子烧毁（single event burnout，SEB）。

宇宙射线或核电磁脉冲等都能造成材料性质的变化和器件性能的蜕变以至失效，但它们对材料和器件的作用机理却不相同，造成的破坏程度也不一样。中子辐照引起半导体材料特性变化的最灵敏参数是少子寿命，因此它对双极型器件的特性及可靠性影响较大；而电离辐射、核电磁脉冲等对 MOS 型器件的影响较大。由于 IGBT 中含有 MOS 结构和双极晶体管，不仅受到中子辐射的影响，而且受电离辐射影响也很大。所以辐射对 IGBT 的影响要比 MOSFET 和双极晶体管器件更为严重。

**3. 抗辐射加固**

器件的抗辐射能力通常用失效率的高低来评定。失效率的单位用 Fit 表示，1Fit 表示器件每 $10^9$ 工作小时内有一个失效（或者 $10^9$ 器件每小时内有一个失效）。失效率越低，表示器件抗辐射能力越强。辐射失效主要与衬底材料的电阻率、器件结构、外加电压以及海拔高度等因素有关。

（1）衬底材料的电阻率　IGBT 的耐压与衬底材料的电阻率密切相关。受辐射的影响，衬底材料的电阻率会发生变化。为了说明失效率与电压之间的依赖关系，假设每单位面积的失效率相同，可以通过计算电离积分得到失效率与电压的关系。图 8-17 给出了计算结果和实验数据[15]。可见，对给定的电压，材料的电阻率越低，失效率就越高。这是因为中子辐照产生的位移效应使半导体内多子减少。对高阻单晶而言，多子的变化相对较小，因而失效率相对较低。对于电阻率为 190Ω · cm 材料，当电压高于 3.6kV 时，计算结果与实验数据符合很好。对于电阻率为 240Ω · cm 和 350Ω · cm 两种情况，随着电压的增加，计算结果与实验数据偏离，这是因为随电阻率增加，对于给定的漂移区厚度，在低压下

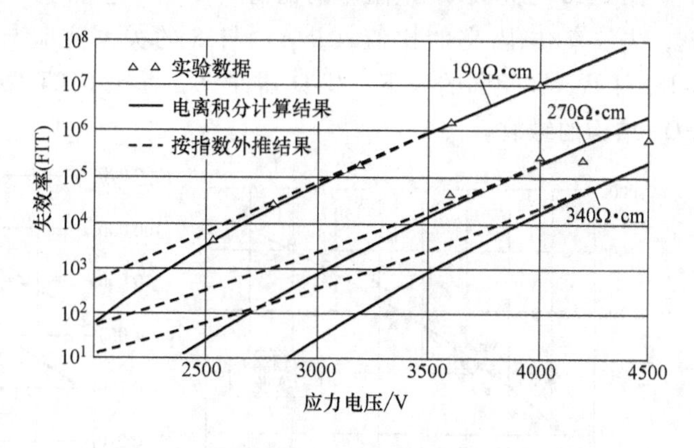


图 8-17　用电离积分计算的失效率与实验数据比较

就会发生穿通击穿。

（2）器件结构　对不同的器件耐压结构，受辐射的影响也不同。宇宙射线对高压器件失效的影响与体内的局部击穿有关，与结终端的不稳定性无关。失效率强烈地依赖外加电压，并与温度几乎无关。

为了便于分析，引入一个电压与电阻率的比例因子 $S$，可由下式来表示[16]

$$S=\sqrt{\frac{U}{\rho}} \tag{8-18}$$

式中，$\rho$ 为 $n^-$ 基区的电阻率，单位为 Ω · cm；$U$ 为外加电压，单位为 V。

对 NPT 型器件，导致器件不稳定性的主要因素是三角形分布的峰值电场强度 $E_m$，它与 $S$ 成正比。其次是电场梯度 $dE/dx$，它与电阻率 $\rho$ 成反比。因此，失效率 $R$ 可用以下 4 个参数表示为

$$R=aS^{b}U^{c}\rho^{d} \tag{8-19}$$

式中 $R$ 的单位为 Fit/cm$^2$。其中除了电阻率 $\rho$ 的影响比较弱（$d\approx0$）以外，其他 3 个参数分别为 $a=1.68e-17$，$b=19.52$，$c=2.44$。

对 NPT 型结构中，$S$ 随 $U$ 的变化不明显，故失效率 $R$ 可用表示为

$$R=aU^{b/2+c}\rho^{-b/2} \tag{8-20}$$

在 PT 型结构中，$S$ 随 $U$ 的变化关系可直接表示为

$$S=0.2786U/w_{n^-}+0.8972w_{n^-}/\rho \tag{8-21}$$

式中，$w_{n^-}$ 表示 $n^-$ 区的总厚度，单位为 μm。

图 8-18 为失效率/电阻率的比值（$R/\rho$）与 $S$ 的关系算曲线[16]。由图 8-18a 可见，失效率/电阻率的比值（$R/\rho$）与 $S$ 的关系实验与计算曲线符合较好。由图 8-18b可见，在相同的 $S$ 下，GTO 器件 $R/\rho$ 远比 IGBT 要低。这是由于 IGBT 中含有 MOS 结构的缘故。

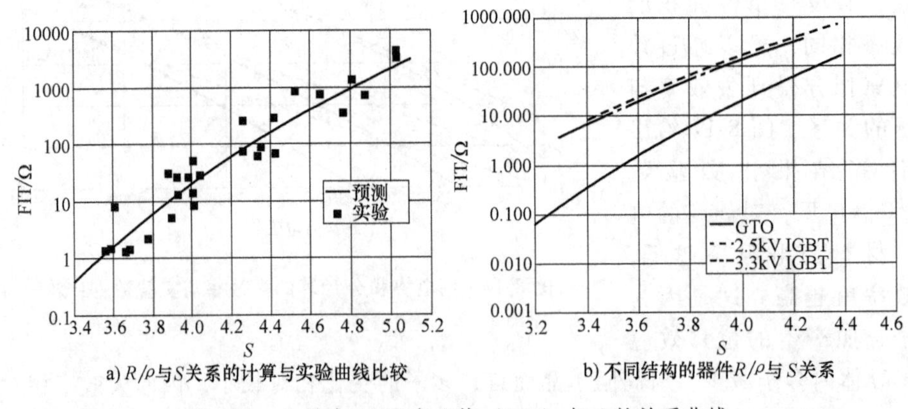


a) $R/\rho$与$S$关系的计算与实验曲线比较　　b) 不同结构的器件$R/\rho$与$S$关系

图 8-18　失效率/电阻率比值（$R/\rho$）与 $S$ 的关系曲线

（3）外加电压与海拔高度　因宇宙射线引起的 IGBT 失效率与外加电压 $U_{DC}$、

温度 $T_{jv}$ 及海拔高度 $h$ 的关系算曲线可以用下式来表示[17]。

$$\lambda(U_{DC},T_{vj},h)=\underbrace{C_3\cdot\exp\left(\frac{C_2}{C_1-U_{DC}}\right)}_{(1)}\cdot\underbrace{\exp\left(\frac{25-T_{vj}}{47.6}\right)}_{(2)}\cdot\underbrace{\exp\left[\frac{1-(1-h/44300)^{5.26}}{0.143}\right]}_{(3)} \tag{8-22}$$

式中，$U_{DC}$ 为直流电压，单位为 V；$T_{vj}$ 为温度，单位为℃；$h$ 为海拔高度，单位为 m；$\lambda$ 为失效率，单位为 FIT（1FIT 表示 $10^9$ 器件小时内有 1 个失效）。$C_1$、$C_2$ 和 $C_3$ 为常数，对不同型号的 IGBT，其值不同，见表 8-1 所示[17]。

**表 8-1 不同型号的 IGBT 失效模型参数**

| 产品型号 | $C_1$/V | $C_2$/V | $C_3$/FIT |
|---|---|---|---|
| 5SNA 1800E170100 | 983 | 914 | $3.41\times10^5$ |
| 5SNA 2400E170100 | 983 | 914 | $4.55\times10^5$ |
| 5SNA 1200E250100 | 1200 | 750 | $4.44\times10^5$ |
| 5SNA 1200E330100<br>5SNA 1200E330100 | 1784 | 2211 | $1.41\times10^6$ |
| 5SNA 0600E650100 | 2866 | 12100 | $2.72\times10^7$ |

式（8-22）中第（1）指数项表示 $\lambda$ 与直流电压 $U_{DC}$ 的依赖关系（要求 $U_{DC}>C_1$），即在额定条件（室温 $T_{vj}=25$℃和海平面 $h=0$）下，当 $U_{DC}<C_1$ 时，失效率为 0；第（2）指数项表示 $\lambda$ 与温度 $T_{vj}$ 的依赖关系，即当 $T_{vj}=25$℃时，此项值为 1；第（3）指数项表示 $\lambda$ 与海拔高度 $h$ 的依赖关系，即当 $h=0$ 时，此项值为 1，第③项就可忽略。因此，针对不同的条件下上式可以简化。

由式（8-17）可知，失效率与温度和海拔高度的关系与器件型号无关。当 IGBT 工作时的直流电压越高、海拔高度越高、温度越低，IGBT 的失效率就越高。可见，IGBT 失效与外加电压和海拔高度的影响较大，受温度的影响相对较小。

图 8-19 为 5SNA 1800E170100 IGBT 模块在不同的温度和海拔高度时失效率与外加电压的关系。当海拔高度和温度一定时，失效率随外加电压的增加而增大。由图 8-19a 可见，当海拔高度相同时，失效率随温度升高而下降。由图 8-19b 可见，当温度相同时，失效率随海拔高度升高而增加。

为了提高 IGBT 抗辐射的能力，必须进行抗中子辐射和电离辐射加固。可以采取以下措施：一是在 IGBT 的结构设计中，可采用减小 $n^-$ 漂移区宽度、增加 $n^-$ 漂移区的掺杂浓度及降低少子寿命等措施，以提高器件本身的抗中子辐射能力。二是在保证工作电压和可靠性前提下，尽量减薄栅介质的厚度，并采用复合栅结构（$Si_3N_4$ 和 $SiO_2$）代替单层 $SiO_2$ 栅介质；三是提高阈值电压和跨导，使其在电离辐射时允许有足够的漂移量。四是采用优化元胞结构和纵向结构参数、缩小有源区面积、在芯片终端表面涂阻挡层（如聚酸胺系列有机高分子化合物）以阻止 α 粒子

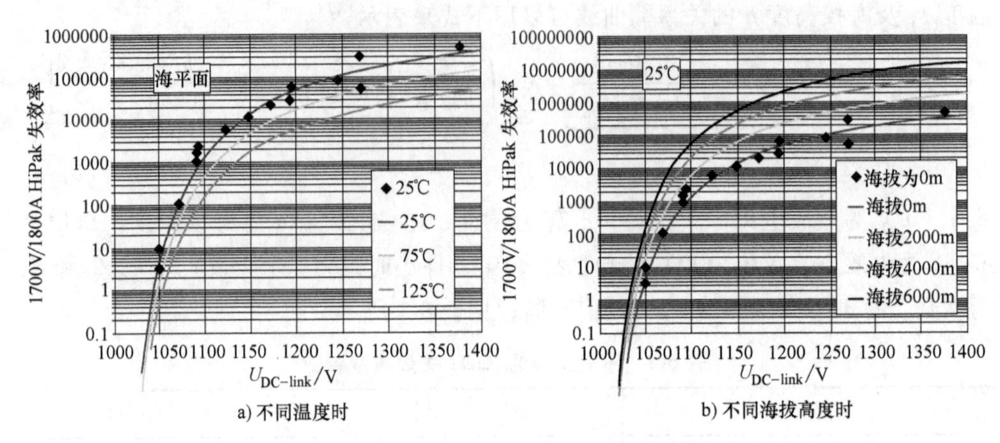


图 8-19　5SNA 1800E170100 IGBT 模块的失效率与外加电压的关系

射入芯片，或采用特殊的表面钝化技术来减少辐射感生电流，提高其抗闩锁的能力。

## 8.2　器件失效分析

在实际应用中，IGBT 的失效主要有过电压失效、过电流失效及过热失效。过电压失效包括集-射极过电压失效和栅-射极过电压失效。其中集-射极过电压的失效包括使用不当导致 $U_{CE}$过高，或电路中杂散电感 $L$ 与 d$i$/d$t$ 过高引起的过电压尖峰，导致集-射极 $U_{CE}$过高而发生雪崩击穿。栅-射极过电压失效包括静电放电导致 MOS 栅极失效、栅氧过薄或有缺陷等质量问题引起的栅氧失效、使用不当导致栅压过高引起的栅氧击穿。过电流失效包括短路引起的过电流、并联使用时的电流不均匀引起局部过电流以及闩锁引起的过电流、超过器件的额定电流、引起静态闩锁和动态闩锁、过热、过电压及雪崩等失效；过热失效包括过电流引起的结温过高（如>150℃）、器件内部热阻过大和外部散热不利引起的结温过高，导致热崩。

此外，由于 IGBT 的工作在不同的环境条件，比如暴露在湿热、盐雾或辐射等恶劣的环境下，均会发生相关的失效问题。美国空军总部对某沿海基地使用的电子产品故障调查结果显示，在产品故障中有 52%是由于环境因素引起的。图 8-20 给出了环境因素引起的器件失效分布。可见，在这些环境因素中，温度、振动、湿度这三个因素引起的失效加在一起占 86%；此外沙尘、盐雾和高空辐射

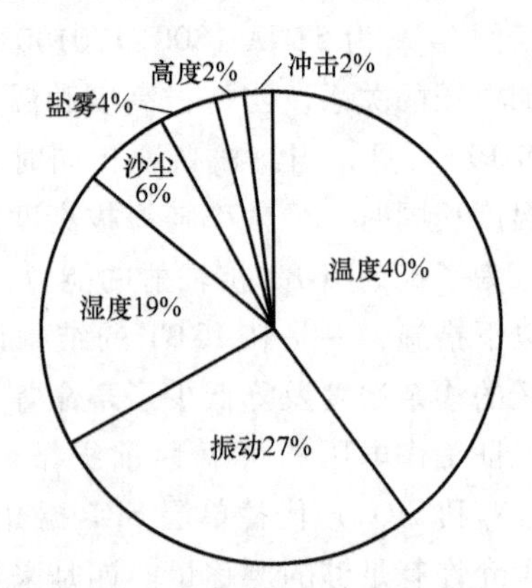


图 8-20　环境因素引起的失效分布

也有一定的影响。比如在盐雾、潮湿或炎热条件下，器件外露部分会被腐蚀；在辐照条件下，器件内部产生缺陷或附加电流，导致参数退化、发生闩锁和产生浪涌电流引起烧毁。并且，某一种环境因素对产品的影响会在另一种环境因素诱发下得到加强而失效。因此，对于 IGBT 而言，环境应力及其与可靠性的关系是不能不考虑的因素。

表 8-2 给出了 IGBT 模块失效机理及其对应的失效位置及形貌之间的关系[12]。可见，与过电流和温度相关的失效部位主要在有源区，与过电压相关的失效部位主要在芯片边缘，常常在有源区与终端区过渡处。

**表 8-2　IGBT 模块的失效机理及其对应的失效位置**

| 失效机理 | | 失效区 | 失效形貌 |
|---|---|---|---|
| 电流与温度 | 平均电流过高 | 位于芯片有源区 | 出现直径为几毫米的熔融区 |
| | 浪涌过电流 | 位于芯片有源区 | 局部熔区尺寸大约为 1mm，有时晶体中会出现裂纹 |
| | 短路过电流 | IGBT 直接被损坏 | 发射区大面积烧毁 |
| 电压 | 自身设计与制造缺陷，钝化层长期稳定性差 | 从芯片边缘开始 | 损坏点较小 |
| | 超过集电极-发射极极额定电压 | 从芯片边缘开始 | 靠近内侧保护环处有小面积烧损（无电流通过时），或大面积烧损（有电流通过时） |
| | 超过栅极-发射极极击穿电压 | 位于芯片表面区 | 有熔点 |
| 动态效应 | 续流二极管的动态耐用性差 | 换流回路中二极管被损坏 | 针孔直径小于 100μm |
| | 动态雪崩耐量 | 只有二极管被损坏 | 针孔直径小于 100μm，原始晶体中出现裂缝 |
| | 动态闩锁 | 有 1 只 IGBT 被损坏 | 大面积损坏 |
| 超 SOA | 电流、电压、功耗、$di/dt$ 或 $du/dt$ 过高 | 位于芯片有源区 | 不在键合点上，且损坏面积较小，伴有贯穿芯片的熔洞 |
| 机械应力 | 紧固力和紧固顺序不合适，搬运过程中受到强外力的冲击 | 位于陶瓷基板、主端子、连接线 | 陶瓷基板上有裂痕，主端子振动裂痕，连接线断裂 |

下面首先从过电压失效、过电流失效及过热失效等方面来分析 IGBT 失效原因及预防措施，然后分析机械应力引起的失效，最后对辐射引起的失效进行分析。

## 8.2.1　过电压失效

### 1. 集-射极过电压失效

在 IGBT 使用中，任何超过集-射极额定电压的外加集-射极电压均称为过电压。

（1）集-射极间过电压产生的原因　如换流电路的过电压原则上可分为“外部过电压”和“内部过电压”，如图 8-21 所示[12]。“外部过电压”指直流电网中产生瞬间上升的外加换流电压，或回馈型负载或整流器的错误控制引起的直流母线的电压的升高等；“内部过电压”指在感性换流电路中电力半导体器件开关时产生的开关过电压（$\Delta u = L_k \mathrm{d}i_k/\mathrm{d}t$）。另外，由串联器件的静态或动态不对称也可以产生过电压。过电压以周期性或非周期性的形式出现在变流器正常运行以及故障运行期间。

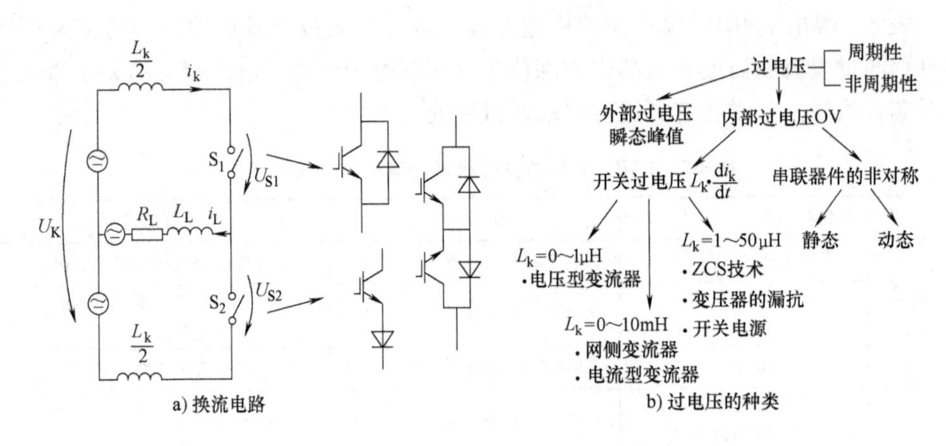


图 8-21 换流电路及其过电压的种类

（2）失效机理 当 IGBT 关断时出现的过电压高于其集-射极的击穿电压时，会导致器件发生持续的动态雪崩，产生很高的雪崩电流，使器件同时处于高压、大电流状态，导致很高的功耗会使 IGBT 烧毁。

集电极-发射极过电压失效包括产品自身的设计弱点、使用电压超过额定电压及钝化层长期稳定性差等原因，失效位置位于有源区的边缘处。图 8-22 给出了 IGBT 集-射极过电压失效典型的形貌图。如图 8-22a 所示，芯片表面场环拐角处因电场强度过高而发生击穿。如图 8-22b 所示，芯片表面有源区靠近内侧终端保护环处有小面积烧损。失效点位于这些边角或敏感区域，因为该处的电场相对较强，击穿后产生的大电流可能使邻近失效点的键合丝被烧断。如图 8-22c 所示，集-射极过电压时，也可能在终端场限环内侧的拐角处形成局部击穿点。

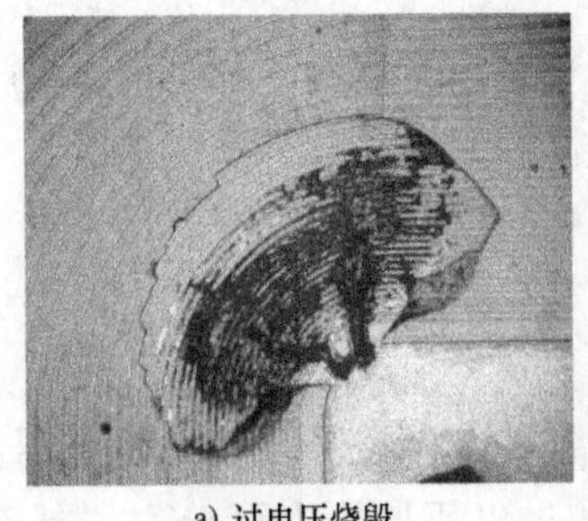

a) 过电压烧毁

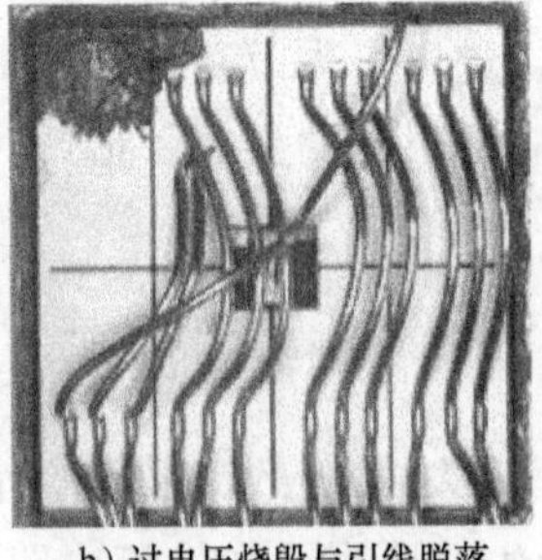

b) 过电压烧毁与引线脱落

c) 过电压击穿

图 8-22 集电极-发射极间的过压失效

(3) 预防措施　为了防止 IGBT 因集-射极过电压而失效，在使用时要防止器件两端所加的电压不要超过其额定值，器件的使用有一定的冗余度。一般情况下，器件使用时两端所加电压 $U_{CE}$ 为其额定值的 40%。此外，还需要采用集-射极过电压保护电路，如采用第 9 章介绍的 $R$、$RC$、$RCD$ 等各种无源缓冲网络、有源箝位和动态栅极控制等，以抑制电路中因杂散电感 $L$ 或 $di/dt$ 过高引起的过电压。

**2. 栅-射极过电压失效**

在 IGBT 使用中，任何超过其栅极-发射极额定电压的外加栅极-发射极电压均称为过电压。

(1) 栅极-发射极间过电压产生的原因　包括静电聚积在栅极电容上引起过电压和电容密勒效应引起的栅极过电压。MOS 栅极的栅氧化层厚度（$t_{ox}$）通常大约在 100~150nm 之间，能承受的 $U_{GSmax}$ 约为 100V。由于热氧化形成的栅氧化层都会有一些缺陷，因此栅氧化层的实际耐压还要低一些，约为 20V。实际使用中，如果外加的栅极电压 $U_{GE}$ 过大，可能会损坏 IGBT 的栅氧化层，导致器件永久失效。

(2) 失效机理　当 IGBT 处在电场中时，栅极电荷会重新分布，产生感应电场，使栅氧化层上静电压超过 $U_{GSmax}$，导致栅氧化层击穿，造成栅极与 p 基极区或栅-射之间短路[18]。此外，由于 IGBT 存在寄生的晶闸管，遭受静电放电（ESD）后，静电脉冲电流完全可能使寄生晶闸管导通引起闩锁，也可能因过电流的热效应或过电压的场效应而造成器件失效。过电流产生的热效应失效与热致二次击穿模式一样，过电压的场效应失效往往表现为薄氧化层击穿。

图 8-23 给出了 IGBT 栅-射极过电压失效典型的形貌图。图中圆圈示出了栅极附近和终端部位氧化层的失效点。如图所示，栅-射极过电压失效点位于栅极氧化层，但由于栅极氧化区分布于整个芯片面，所以，失效点在芯片上的相对位置是随机的。

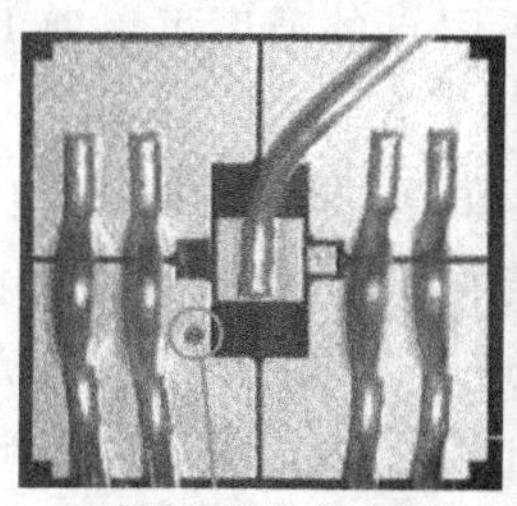

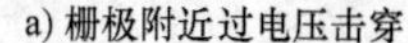

a) 栅极附近过电压击穿

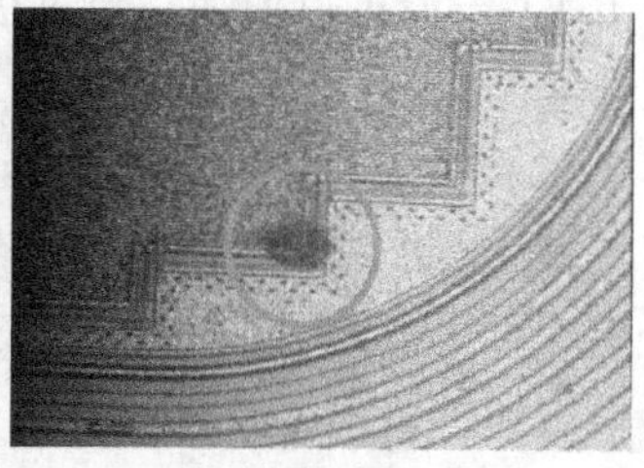

b) 终端部位过电压击穿

图 8-23　IGBT 栅-射极过电压失效

(3) 预防措施　首先在实际使用时要注意防静电，并需采用保护电路。

预防器件静电放电失效的措施，包括针对器件制造者和器件使用者两个方面。在芯片制作过程中，需要改善工艺条件，提高氧化层质量。严格控制氧化、退火、抛光、清洗、刻蚀等工艺对栅氧化层质量的影响。工艺工程中要采取有效的洁净措施，防止玷污。在实际的栅氧化层形成过程中，可通过在栅氧前加强硅表面处理，采用掺氯氧化以固定可动钠离子。也可以用掺杂氮氧化物（SiON）以改进栅氧质量。在栅氧化层之后加强质量监测，以及改善工艺均匀性等手段，来避免栅氧化层因质量问题引起的栅氧失效。

在使用IGBT器件时，操作人员应接地，尽量避免用手去触摸器件的外引线，最好是使用专用的工具或夹具。在检测、安装及焊接IGBT器件，测量仪器、工作台及烙铁等应事先接地。在安装、运输MOS器件时，应将栅源短路，或将器件装在抗静电的袋内，或用铝箔包裹器件，不能装在塑料盒或塑料袋中。为了防止因电路故障或使用不当引起的IGBT栅极过电压，可以对栅极进行过电压保护。在实际电路中，对于器件内部未设置栅保护二极管的MOS器件，可外接一个栅保护二极管。为防止栅极开路，在靠近栅极与发射极之间并联一个几十千欧的电阻。

### 8.2.2 过电流与过热失效

#### 1. 过电流失效

过电流是指流过IGBT集电极电流超过其允许的最大电流。过电流失效是指IGBT因通过了过电流而导致器件烧毁或引线脱落而失效。

（1）过电流产生的原因　如当IGBT用于变压变频（VVVF）逆变器，电动机起动时会产生突变电流。若控制回路、驱动回路的配线欠合理，将会引起误动作，导致桥臂短路、输出短路等事故，此时电流变化非常迅速，器件要承受极大的电压和电流。在IGBT开通过程中，由于续流二极管的附加电流，会引起IGBT过电流。在导通期间出现浪涌或者发生短路故障时，由于热电载流子倍增，均会引起过电流。

过电流失效不是一种独立失效模式，其诱发原因有多种，如器件失效、隔离失效、连接错误、软件或硬件处理不当。表现为有超出限量倍数的电流。过大的电流使IGBT结温迅速增加，超过极限点的温度可以使IGBT芯片的金属层融化，甚至键合线断裂。

（2）失效机理　过电流导致器件损坏的机理包括过电流引起高功耗导致热损坏（热击穿），诱发静态和动态闩锁而失效，以及由过电流引起高电压和动态雪崩击穿。过电流会引起过电压，过电压也会引起过电流。所以，过电流失效可以归纳为以下四种机制：发生闩锁、电流拉弧、关断时过电压及高温状态漏电流过大。

图8-24给出了IGBT过电流失效形貌图。失效均位于有源区，因电流过高引起的熔区面积较大。相比较而言，浪涌电流引起的熔区稍小，短路电流则会导致发射区的大面积烧毁，如图8-24a、b所示。失效点集中在键合点区域，因为短路电流是从芯片背部的集电极端流入正面键合点的发射区，烧毁区域可能遍及所有键合点，使键合线脱落，也可能使键合丝被烧断，如图8-24c、d所示。

（3）预防措施　IGBT的过电流失效预防措施可从以下两个方面来考虑：一是使用过程中的过电流保护，二是并联使用时的均流措施。

在IGBT使用中，通常在电路中设置检测电阻，加强过电流检测。一旦发现短路故障，必须快速检测出过电流，在器件未被破坏之前，及时采取措施关断IGBT，从而对器件进行保护。

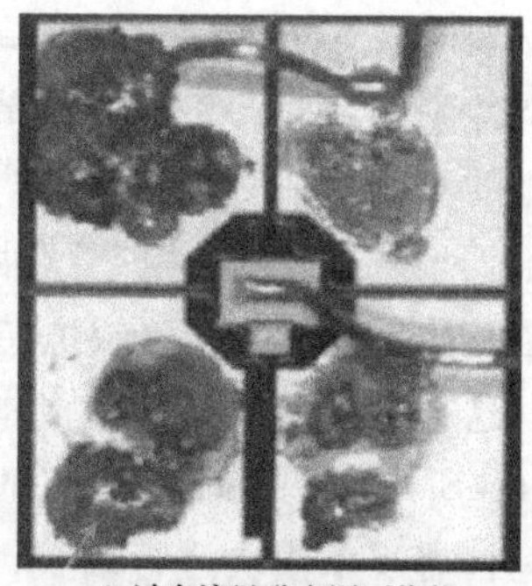

a) 过电流导致有源区烧毁

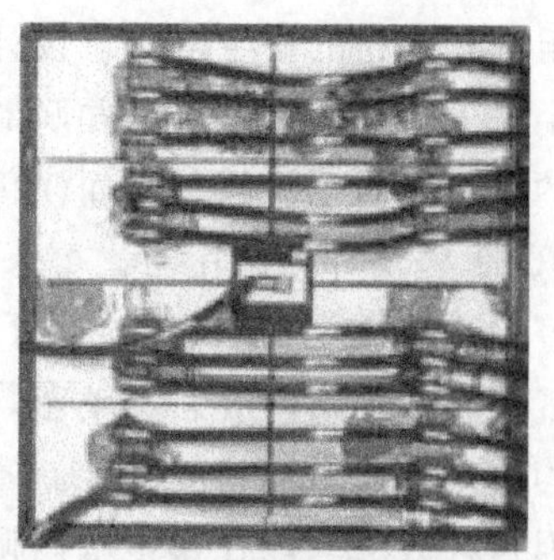

b) 过电流导致键合点熔化

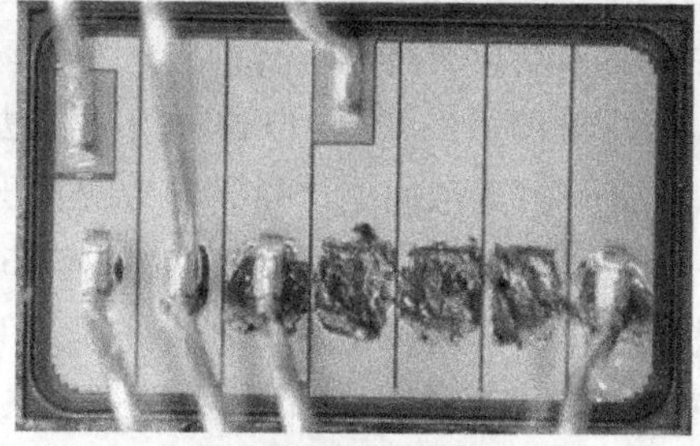

c) 过电流导致键合线脱落

d) 过电流导致键合线断裂

图 8-24 IGBT 的过电流失效形貌

图 8-25 给出了短路电流的测试方法。由图 8-25a 可见，通过发射极串联电流检测电阻来检测逆变电流，从而判断 IGBT 是否发生短路。由图 8-25b 可见，可以在每相输出端接电流检测电阻来检测逆变电流。由图 8-25c 可见，在直接母线端接电流传感器来检测短路电流，同时在每相输出端接电流传感器来检测逆变电流。

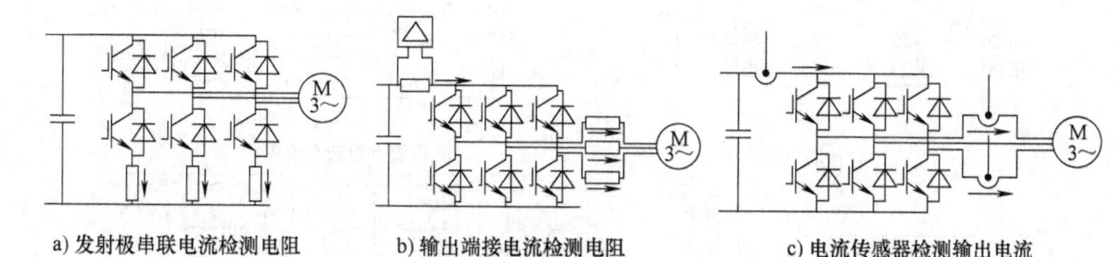


a) 发射极串联电流检测电阻　　b) 输出端接电流检测电阻　　c) 电流传感器检测输出电流

图 8-25 短路电流的测试方法

IGBT 并联使用时，必须考虑 IGBT 芯片的饱和电压、集电极电流、阈值电压及开关延迟时间、上升时间及下降时间以及与驱动有关参数等偏差，会造成 IGBT 不均流。此外，换相回路的电感、驱动回路的输出阻抗（包括栅极串联电阻）和电感、总回路电感（包括模块内外）及集电极流经的驱动电路电感等都会影响动态均流。为了改善并联器件的均流问题，首先要尽量选择特性参数一致的器件进行并联，并使用独立的栅极电阻消除寄生振荡。同时选用相同的驱动电路，降低驱动电路的输出阻抗和回路的寄生电感。设计和安装时，尽可能使电路布局对称和引线最短，以减小寄生参数的影响。当并联器件特性不一致时，可通过调节栅极电阻值来改变器件的栅极充放电时间，从而改善电流的不均衡[19]。

当多个IGBT模块并联使用时，可采用无源网络、栅极电阻、脉冲变压器及有源栅极网络等均流措施。如图8-26a所示，在集电极串联由电阻或电感组成的无源网络，可实现并联各支路的静态和动态均流。这种方法简单易行、成本低。适用于低损耗和对均流效果要求不高的场合。图8-26b所示，调节栅极电阻的大小，实现动态均流。但这种方法只能在小范围内调整，且需逐个模块进行调整，也会影响开关速度。如图8-26c所示，采用脉冲变压器均流，将变比为1∶1的脉冲变压器的一次侧和二次侧分别串入两路并联器件的输入端，通过磁耦合的方式对驱动信号做补偿，实现驱动信号的同步性，从而达到均流的目的[20]。但这种均流方法所需的变压器数量多、体积大、不易集成、成本高，且离散问题严重，导致栅极出现过电压、欠压和相应离散。此外，也可采用有源栅极网络均流[21]。如图8-26d所示，采用均流冲变压器可对负载端的信号进行采样，再经数字逻辑电路处理，用于下周期驱动信号的调整。这种方法均流效果好，但电路复杂，需要数字逻辑芯片（如DSP，FPGA及MCU等），成本较高，且只能在发生电流失衡的下一周期对栅极信号进行调整。

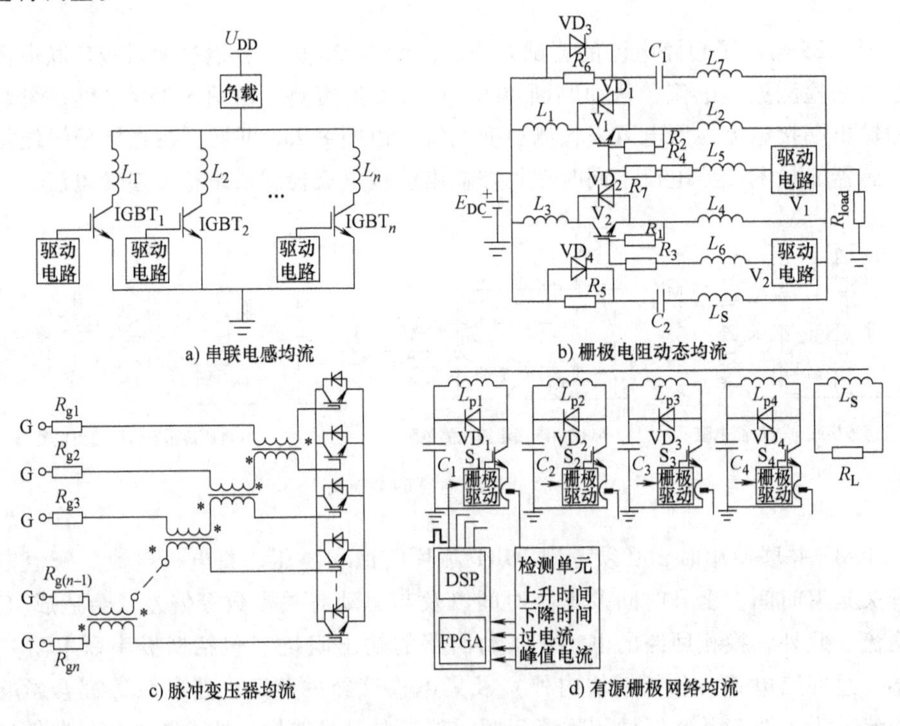


图8-26　IGBT模块并联时的均流措施

### 2. 过热失效

过热失效是指 IGBT 的工作结温超过其允许的最高额定结温，导致 IGBT 永久性损坏。

（1）过热产生的原因　在 IGBT 导通期间，出现浪涌或者发生短路故障时，由于热电载流子倍增，均会引起过电流。过电流会引起过电压，使功耗急剧增大，导致结温升高，出现过热。此外，也可能是驱动器故障，或开关频率太高，导致功耗增加，均会导致过热。如果散热状况不好，产生的热量无法及时散出，导致 IGBT 过热失效。

（2）失效机理　过热会出现过电流、过电压之后。IGBT 的能量损耗转换为热量，会使模块的温度升高，同时模块温度升高会带来更高损耗，出现恶性循环。如果 IGBT 的结温 $T_j$ 超过制造厂家所指定的最高结温（$T_{jmax}$），IGBT 可能损坏。

IGBT 的总损耗包括开关损耗和断态损耗及导通损耗。其中开关损耗和断态损耗均为正温度系数，除了 PT-IGBT 的导通损耗为负温度系数外，目前的主流 IGBT 产品都是正温度系数，所以模块温度升高时损耗也增长，损耗增长又导致温度继续升高。在温度上升到某个关键点，漏电流增加，使得断态损耗会呈几何指数增长且占损耗的主导。由于热阻使热量不能及时散发时，温度和漏电损耗会进入循环增长，IGBT 结温会超出最高结温，造成热失效。即结温过高导致热崩。

图 8-27 为过热引起的失效形貌图[22]。可见，过热失效位置通常在芯片表面，表现为表面喷涂的聚酰亚胺层起泡，严重时表面的焊料被烧熔，甚至引线脱落。

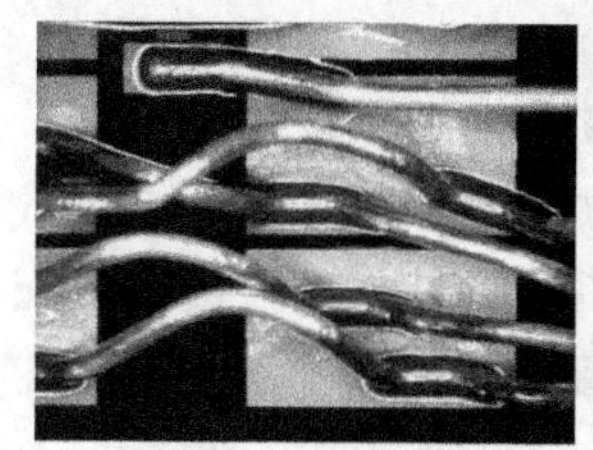

a) 芯片表面涂层起泡

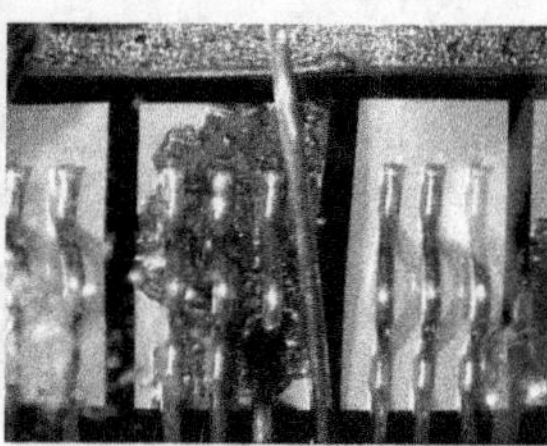

b) 芯片焊料烧熔

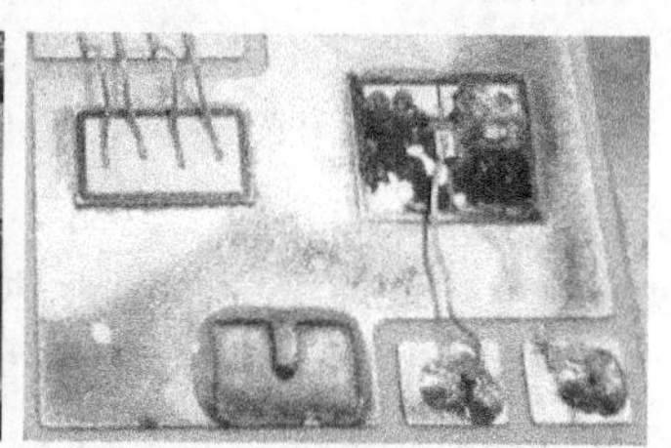

c) 芯片表面焊料熔化引线断裂

图 8-27　过热失效形貌

（3）预防措施　IGBT 的过热失效预防措施可从以下两个方面来考虑：一是进行合理的热设计，二是使用时进行过热检测，三是使用过程中的散热措施。

在热设计时，不仅要保证器件在正常工作时能够充分散热，而且还要保证在发生短路或过载时，内部的 $T_j$ 低于 $T_{jmax}$。合理设计的散热条件，控制结温度的上升，这是解决热失效的关键。关于热设计与计算已在第 6 章 6.4 节有详细阐述。

为了防止过热，可利用温度传感器检测 IGBT 散热器的温度，当超过允许温度时使主电路停止工作。温度传感器通常采用负温度系数热敏电阻（NTC）。在较小的温度范围内，NTC 的电阻-温度特性关系为

$$R_{\mathrm{T}}=R_0\exp\left[B\left(\frac{1}{T}-\frac{1}{T_0}\right)\right] \tag{8-23}$$

在小电流范围内，NTC的端电压和电流成正比，因为电压低时电流也小，温度不会有显著升高，其电流和电压关系符合欧姆定律。但是，当电流增加到一定数值时，由于温度升高而元件阻值下降，故电压反而下降。因此，要根据热敏电阻的允许功耗来确定电流，在测温中电流不能选得太高。

图8-28为IGBT模块中选用的NTC温度传感器示意图及隔离放大器原理图。由图8-28a可见，在靠近IGBT处加一个NTC，可以检测出IGBT模块DCB基板的平均温度（接近壳温），实时监控IGBT的工作温度。在图8-28b的隔离放大器电路中，只要电阻$R_2$和$R_3$有温差，放大器就会输出与温差有关的信号。当检测的温度超过温度设定值时，由控制单元切断IGBT的输入信号，确保IGBT的安全。

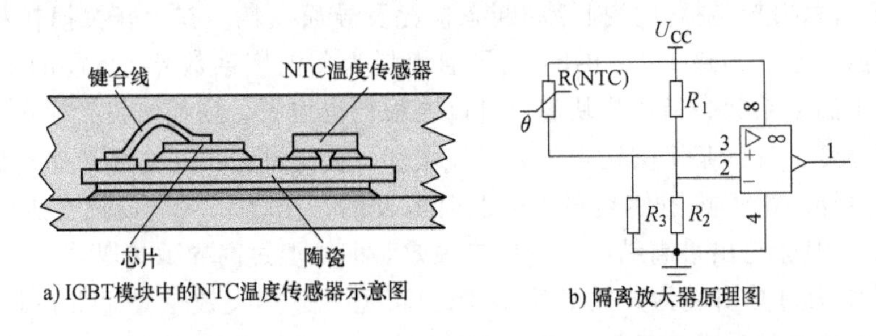


图8-28　IGBT模块中选用的NTC温度传感器示意图及隔离放大器原理图

不论IGBT采用模块封装还是压接式封装，在实际使用时必须安装散热器，并加强温度检测，防止温度升高。可以通过采用有效的散热措施、合理的封装方式以及改善使用环境等措施加强散热。散热器应根据使用环境及封装参数进行匹配选择，以保证IGBT工作时对散热能力的要求。为了减少接触热阻，推荐在散热器与模块之间涂上一层很薄的导热硅脂。并采用说明书中给出的安装压力。安装几个模块时，应根据每个模块发热情况留出相应的空间，发热大的模块应留出较多的空间，以减少风机散热时热量叠加，最大限度发挥散热器的效率。在连接使用时，母线排不能给主端子电极造成过大的机械应力和热应力，以免电极内引线断裂或电极端子发热，同时端子的连接要有利于减少杂散电感，尤其高频使用时更重要。

在实际的应用中，除了对IGBT进行过电压与d$u$/d$t$、过电流与d$i$/d$t$以及过热进行保护外，还需要通过可靠性筛选来保证其可靠性。

### 8.2.3　机械应力失效分析

#### 1. 热机械应力引起的失效

当IGBT的开关频率小于3kHz时，特别是间歇运行时（如拖动、电梯）或脉冲负载，负载变化会导致模块内部连接处的温度变化，所产生的热机械应力会导致模块各部分失效。图 8-29 给出了 IGBT 模块内部影响其寿命的主要连接处。其中包括 DBC 基板和底板之间的焊接层、芯片与 DBC 基板上表面铜膜的焊接处、芯片与芯片及压焊点之间的键合线连接处、键合线与芯片表面金属化电极的焊接处等。

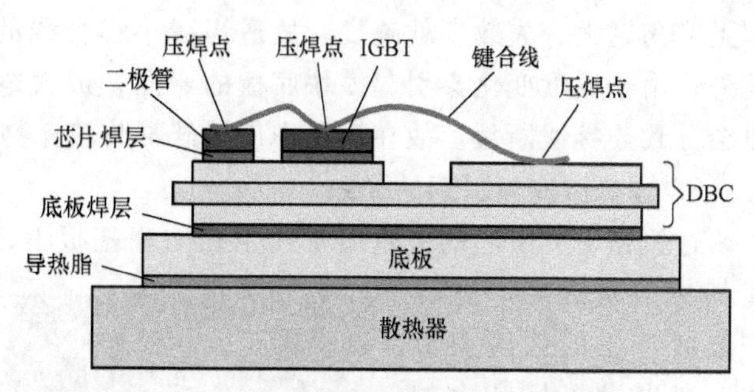

图 8-29　影响 IGBT 模块寿命的主要连接处

在模块结构中，DBC 基板和底板之间的面积最大，在温度大幅度变化时 DBC 基片容易变形和损坏，故必须采用高质量的焊料和焊接方法。此外，温度循环变化时，硅芯片在长度方向膨胀系数（$\Delta L/L$）比较小（约 $4.7\times10^{-6}$/K），但铝电极有较高的膨胀系数（约 $23\times10^{-6}$/K），导致芯片寿命随温度变化幅度的增加而降低；键合线在长度方向上的膨胀系数不同，受热产生变形程度不一致，最终导致材料疲劳和磨损。键合线与芯片之间的连接（压焊点）寿命同样也受两者之间热膨胀系数差异的影响。失效形貌主要表现为由于材料的热膨胀系数不同在温度变化时会在连接处产生老化，或温升 $\Delta T$ 会引起所有连接点膨胀导致最后脱焊。可见，器件彻底失效取决于负载和冷却条件。

图 8-30 给出了 IGBT 芯片焊接疲劳试验后在超声波显微镜下的观测结果。可见，热疲劳造成的芯片与基板之间出现剥离分层。由于电流流过 4 个平行的芯片时，中心点处的温度最高，故剥离分层是从内角开始的。如果芯片面积较大时，芯片的温度梯度也较大，这种剥离分层就会从温度变化最大的中心点开始。

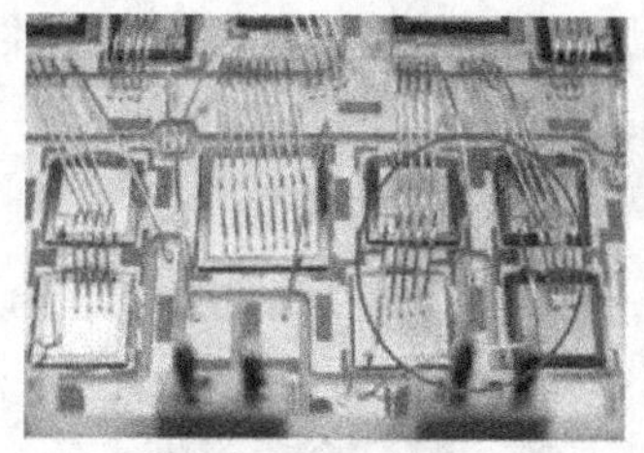
a) 芯片连接

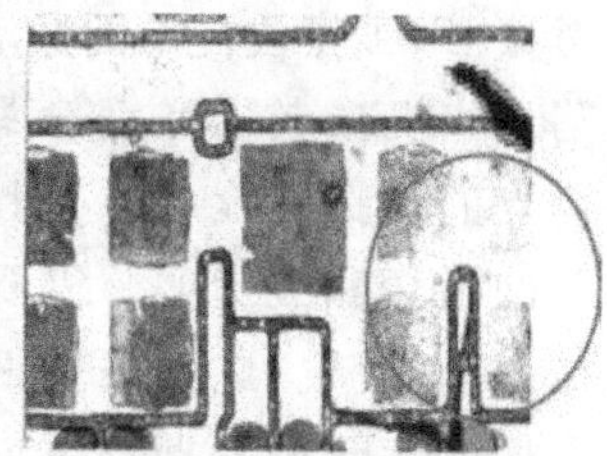
b) 超声波显微镜照片

图 8-30　IGBT 芯片焊接疲劳失效

图 8-31 给出了 IGBT 模块连接线的损坏形貌。键合线的断裂和脱焊与键合材料以及键合线的高度和宽度比值（即高宽比）等有关。由于铝比铜和硅的热膨胀系数都高，温度变化时在焊接底部和连接

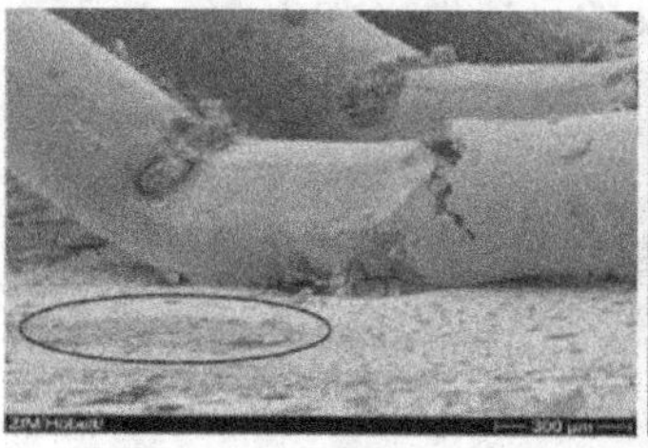
a) 断裂

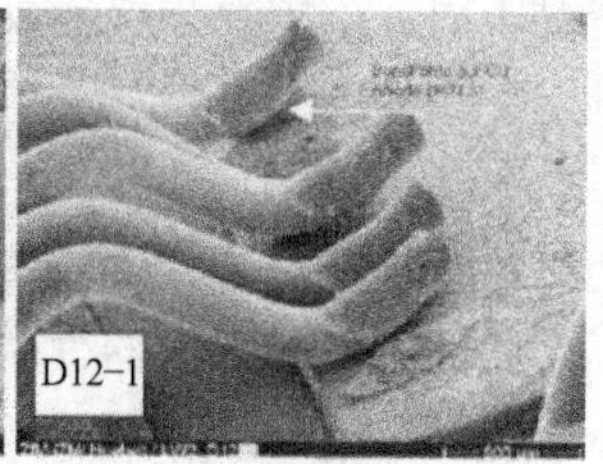

b) 脱焊

图 8-31　IGBT 模块连接线的损坏

线拐弯处容易出现损坏。键合点连接线的上升角与其高宽比成正比。高宽比越大，即上升角越大，失效率就越高。故适当减小键合线的上升角，有利于降低失效率。此外，由于温度变化会引起模块底板的弯曲，或大电流冲击产生其他的结构变形，也会导致连接线断裂。故在模块中使用硅凝胶填充物能减轻这些机械变动。

2. 过机械应力引起的失效

过机械应力引起的失效通常发生在陶瓷基板上，如图 8-32 中箭头所示处，陶瓷基板上有裂痕。这与安装时产生的强应力有关。产生过机械应力的原因是导热硅脂涂抹不均匀，使得底板和散热器的接触不在同一个平面，在紧固时产生应力导致陶瓷基板破裂；或者是紧固力和紧固顺序不合适，在陶瓷基板上产生应力，导致陶瓷基板破裂；此外，也可能是在模块搬运或应用过程中受到强外力的影响所致。

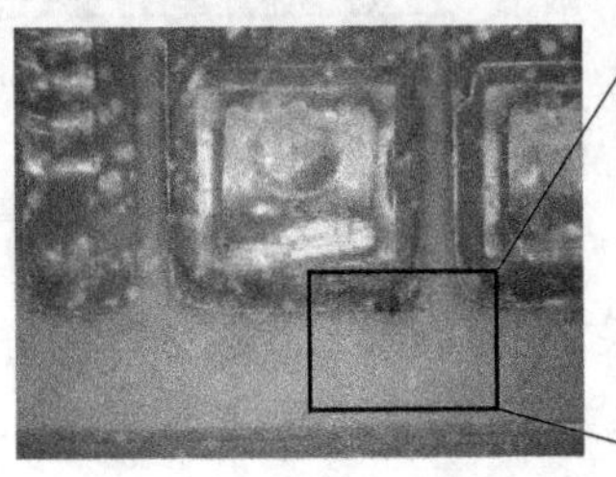
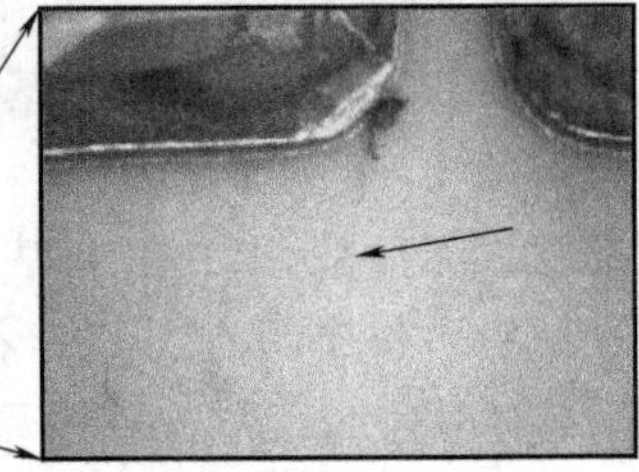

图 8-32　安装问题造成陶瓷基板破裂

振动引起的主端子断裂失效如图 8-33a 所示，热疲劳导致的主端子焊层开裂如图 8-33b 所示，与振动的引起的失效有所不同。在 IGBT 模块投入实际应用前，为了考核 IGBT 模块在不同振动条件下结构牢固性和电特性稳定性，暴露其结构机械缺陷，如机械老化弹簧触头、焊接焊点的抗振强度、外壳和结构部分的损坏和裂缝等，需要进行机械振动试验。试验条件振动频率、加速度峰值及振动方向。频率范围为 10Hz～1kHz，加速度≥5g（重力加速度），对所有主、辅端口都接同一个小电流来检测连接情况。振动试验与实际应用情况不同，不需要连接额外的元器件（如电缆、电容等）。

a) 主端子振动裂痕

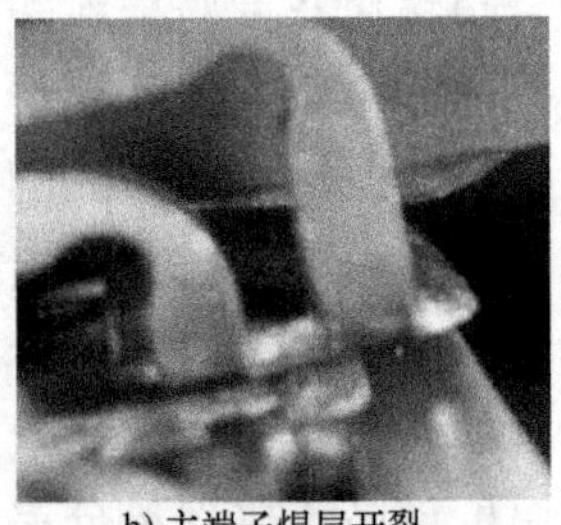

b) 主端子焊层开裂

图 8-33　主端子失效形貌

## 8.2.4　辐射失效分析

1. 高能质子辐照引起的失效

高能质子辐照在器件中会引起很高的电流脉冲，产生很大的功耗，导致器件损坏。图 8-34 给出了在 1.9kV 反偏压下，180MeV 的高能质子在 NPT-IGBT 和二极管中引起的电流脉冲的测量曲线[23]。对二极管而言，当电流脉冲的幅度为 0.5～0.6A，持续时间为 150～200ns 时，器件将被损坏；对 NPT-IGBT 而言，当电流脉冲的幅度高于 1.2A，持续时间在大于 200ns 时，器件才会被损坏。相比较而言，在 NPT-IGBT 中引起的电流脉冲远远高于二极管中的电流脉冲，这是因为 IGBT 中存在电流放大作用。研究发现，高能质子辐照虽然在 NPT-IGBT 中感生出较高的电流脉冲，但 IGBT 损坏却很少，并且在相同的反偏电压下两者的失效率相近。这说明反偏工作时只要感生电流没有触发 IGBT 发生闩锁，就不会引起失效。

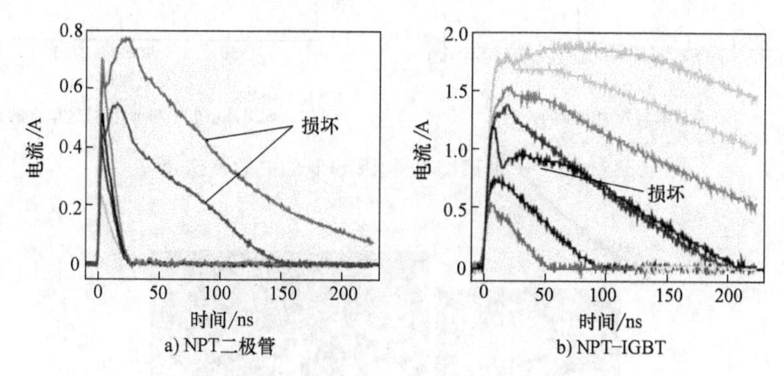


图 8-34　由高能质子在器件（反偏压 1.9kV）中引起的电流脉冲的测量曲线

**2. 单粒子烧毁**（SEB）

当 IGBT 工作在高温潮湿、高海拔及粉尘等恶劣的环境条件下（如用于混合动力汽车 HVs），由于宇宙射线感生的中子会撞击 MOS 栅极，积累的能量会引起单粒子烧毁（Single Event Burnout，SEB）。SEB 失效机理是由于中子感生的电子-空穴对引起 IGBT 闩锁所致。IGBT 结构不同，SEB 阈值和失效率不同[24]。SEB 失效率随外加电压呈指数增加，并且 IGBT 结构不同时，对应的 SEB 阈值电压不同，失效率也不同。

图 8-35 比较了平面栅 PT-IGBT、沟槽栅 PT-IGBT 和沟槽栅 FS-IGBT 三种结构因 SEB 的失效率及其阈值电压与 $n^-$漂移区的关系。如图 8-35a 所示，失效率随外加电压按指数增加。器件结构不同，对应的 SEB 阈值电压也不同。平面栅 PT-IGBT、沟槽栅 PT-IGBT 及沟槽栅 FS-IGBT 的 SEB 阈值电压依次分别约为 580V、700V 及 1100V。如图 8-35b 所示，SEB 阈值电压与 $n^-$漂移区厚度有关。随着 $n^-$漂移区厚度增加，SEB 阈值电压也依次增大。这是因为 $n^-$漂移区越厚，pnp 晶体管的电流放大系数 $\alpha_{pnp}$越低，有利于抑制闩锁效应。相比较而言，由于沟槽栅结构的栅电容较大，可接受的感生电荷较多，故沟槽栅结构的抗宇宙射线能力比平面栅结构更强。

图 8-36 为平面栅 PT-IGBT 的 SEB 图像。由图 8-36a 显示，SEB 使得栅极与发射极的铝线短路。由图 8-36b 中放大部分可见，在 $n^-$漂移区出现许多 10μm 以下的微粒和很多裂纹。用 X 射线能谱（Energy Dispersive X-ray，EDX）进行元素成分分析表明，铝在硅中形成了树状结晶。这是由于 IGBT 发生闩锁后，局部区域存在大电流，导致硅被熔化后，发射极金属铝扩散到硅中而出现了裂缝和微粒。因此，减

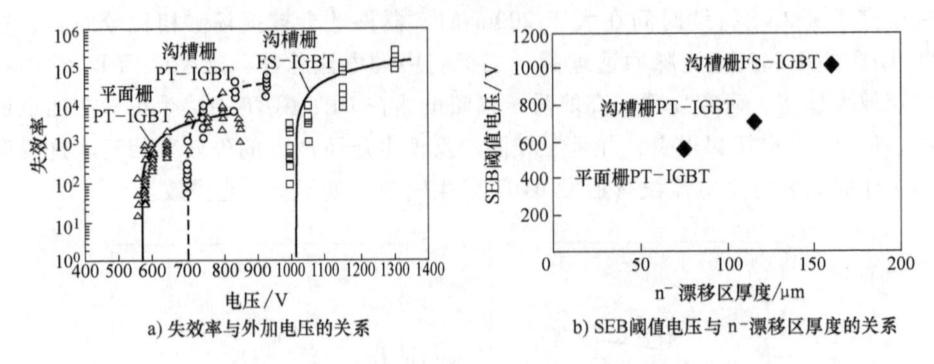

a) 失效率与外加电压的关系　　b) SEB阈值电压与n⁻漂移区厚度的关系

图 8-35　三种 IGBT 结构因 SEB 的失效率比较

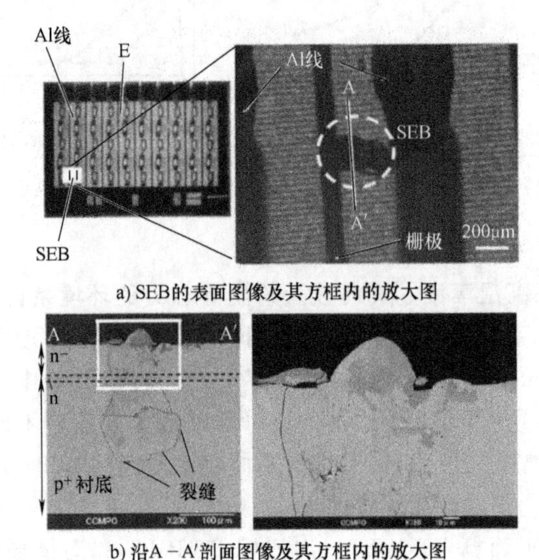

a) SEB的表面图像及其方框内的放大图

b) 沿A－A′剖面图像及其方框内的放大图

图 8-36　SEB 导致的芯片表面与剖面的 SEM 图像

小集电极侧 pnp 晶体管的电流放大系数对改善 IGBT 因中子感生的 SEB 破坏很重要。

在特殊应用中，为了考核 IGBT 产品在高能粒子辐照环境下的工作能力，在投入使用前需进行辐照试验，通常分为中子辐照和 $\gamma$ 射线辐照。测试时控制总剂量和剂量率不能超过阈值，需有安全防护措施。通过辐照试验来保证器件抗辐射的可靠性。

## 参 考 文 献

[1]　BALIGA B J. Fundamentals of Power Semiconductor Devices [M]. Springer, 2008.

[2]　聂代祚. 新型电力电子器件 [M]. 北京：兵器工业出版社，1994.

[3]　YILMAZ H. Cell geometry effect on IGT latch-up [J]. IEEE Electron Device Letters, 1985, 6 (8): 419-421.

[4]　袁寿财. IGBT 场效应半导体功率器件导论 [M]. 北京：科学出版社，2007.

[5] 张景超，赵善麒，刘利峰，等．绝缘栅双极晶体管的设计要点［J］．电力电子技术．2010，44（1）：1-4.

[6] PAWEL I，SIEMIENIEC，ROSCH M，et al. Experimental study and simulations on two different avalanche modes in trench power MOSFETs［J］．IET Circuits Devices Syst.，2007，1（5）：341-346.

[7] Power MOSFET single-shot and repetitive avalanche ruggedness rating［J/OL］．NXP Semiconductors，//http：//www. nxp. com/，Application note（用户手册），2009（3）：3.

[8] DOMEIJ M，BREITHOLTZ B，HILLKIRK L M，et al. Dynamic avalanche in 3. 3-kV Si power diodes［J］．IEEE Transactions on Electron Devices，1999，46（4）：781-786.

[9] LUTZ J，BABURSKE R. Dynamic avalanche in bipolar power devices［J］．*Microelectronics Reliability*，2012，52（3）：475-481.

[10] 王彩琳，杨武华，杨晶．GCT 动态雪崩失效机理的研究［J］．固态电子学研究与进展，2017，37（2）：81-87.

[11] LUTZ J，SCHLANGENOTTO H，SCHEUERMANN U，et al. Semiconductor Power Devices Physics，Characteristics，Reliability［M］．Springer-Verlag Berlin Heidelberg，2011.

[12] WINTRICH A，NICOLAI U，TURSKY W，et al. Application Manual Power Semiconductors［M/OL］．ISLE-Verlag，2011，//http：//www. semikron. com/service-support/downloads. html#show/filter/document_ type = book/.

[13] 赵忠礼．从安全工作区探讨 IGBT 的失效机理［J］．电力电子．2006，5.

[14] 高光勃，李学信．半导体器件可靠性物理［M］．北京：科学出版社，1987.

[15] ZELLER H R. Cosmic Ray Induced Failures in High Power Devices［J］．Solid-State Electronics 1995，38：2041-2046.

[16] ZERRER H R. Cosmic ray induced breakdown in high voltage semiconductor devices，microscopic model and phenomenological lifetime prediction［C］．Proceedings of the ISPSD' 1994：338-340.

[17] NANDO KAMINSKI. Failure Rates of HiPak Modules Due to Cosmic Rays. Application Note 5SYA 2042-02［M］．ABB Switzerland Ltd，Semiconductors，2004.

[18] 卢曾豫．功率 MOSFET 的应用［M］．上海：上海科学技术出版社，1986.

[19] 孙强，王雪茹，曹跃龙．大功率 IGBT 模块并联均流问题研究［J］．电力电子技术，2004，38（2）：4-6.

[20] BREHAUT，S，COSTA F. Gate driving of High power IGBT through a double gavanic insulation transfer［C］．Proceedings of the IECON'2006：2505-2510.

[21] BORTIS D，BIELA J，KOLAR J W. Active gate control for current balancing of parallel-connected IGBT modules in solid-state modulators［J］．IEEE Transactions on Plasma Science，2008，36（5）：2632-2637.

[22] 王彩琳．电力半导体新器件及其制造技术．北京：机械工业出版社，2015.

[23] KAINDL W，SOELKNER G，SCHULZE H J，et al. Cosmic Radiation-Induced Failure Mechanism of High Voltage IGBT［C］．Proceedings of the ISPSD' 2005：158-162.

[24] NISHIDA S，SHOJI T，OHNISHI T，et al. Cosmic ray ruggedness of IGBTs for hybrid vehicles［C］．ISPSD' 2010：128-132.

# 第9章 器件应用

IGBT现已广泛应用到电机变频调速、电源、照明、光伏逆变、风能变流、轨道交通、电动汽车、医疗仪器、智能电网、航天航空及军事等领域。本章从器件应用的角度介绍IGBT在应用系统中的地位及其驱动保护电路与常用测试设备。

## 9.1 IGBT应用系统介绍

本节以电机变频调速系统为例介绍IGBT模块在应用系统中的地位。图9-1是一个典型的电机变频调速系统的主回路，其三相逆变回路是系统实现变频调速的关键。从图中可以看出，逆变主回路的核心部件是IGBT模块，由三相桥构成，每个桥臂由两只IGBT组成，每只IGBT模块中封装有IGBT及相应的续流二极管[1]。同时，为了保证IGBT模块的正常工作，每只IGBT模块需要有驱动和保护电路。

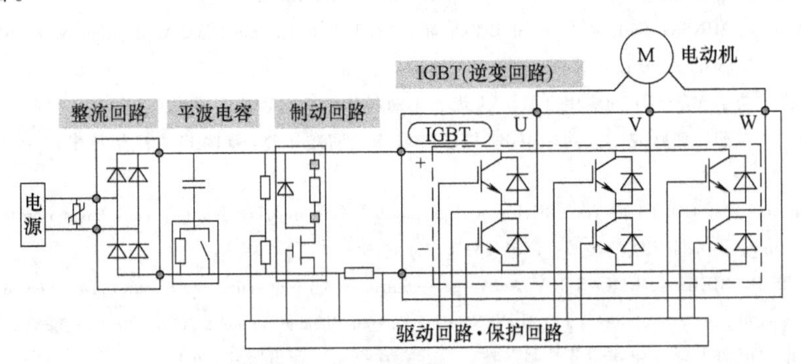


图9-1 变频器主回路

在应用中，如图9-1所示，驱动保护电路从IGBT的栅极和发射极接入，发射极通常作为驱动保护回路的地；桥臂的上管IGBT集电极接变换器的直流母线DC+，上管发射极与下管的集电极相连为交流输出AC端子，下管IGBT的发射极接直流母线负极DC−。

在应用系统设计中进行IGBT选型时重点要考虑以下几点：

### 1. 根据变频器行业应用特点选择合适频率和损耗的IGBT

通常IGBT厂家会根据应用情况来优化配置IGBT，主要有三种类型：a）工作频率 1~8kHz 的低通态压降、高开关损耗型，适合大功率变频器的应用。b）工作频率 9~15kHz 的中通态压降、低开关损耗型，适合中小功率变频器的应用。c）工作频率>15kHz 的高通态压降、极低开关损耗型，适合小功率变频器的应用。

**2. 根据应用需求选择合适的 IGBT 电流等级、电压等级**

下面分别介绍 IGBT 损耗的计算方法和电压、电流等级的选取。

## 9.1.1 IGBT 损耗的计算

IGBT 并非一个完全理想的开关。首先通态并非零电压，阻态并非零电流，同时开通和关断过程存在延迟时间。第 2 章介绍过 IGBT 整个工作过程包括四个状态（见图 9-2）：开通（$P_{ON}$）、通态（$P_{CON}$）、关断（$P_{OFF}$）、阻断（$P_{BL}$）。四个过程的损耗计算如式（9-1）、式（9-2）、式（9-3）、式（9-4）：

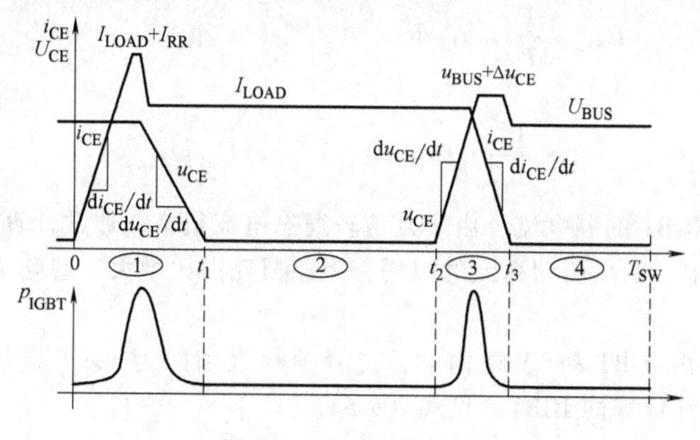


图 9-2　IGBT 开关周期

$$
\begin{aligned}
P_{ON} &= \frac{1}{T}\int_{0}^{t_1} i_C(t)\,u_{CE}(t)\,dt \\
&= f_{SW}(E_{ON} + E_{RR}) \\
&\cong f_{SW}\left\{\frac{(I_{LOAD} + I_{RR})^2}{\left(\dfrac{di_c}{dt}\right)_{ON}} U_{BUS} + \frac{U_{BUS}^2}{\left(\dfrac{du_{CE}}{dt}\right)_{ON}}(I_{LOAD} + I_{RR})\right.
\end{aligned}
\tag{9-1}
$$

式中，$I_{RR}$为 FRD 的反向恢复电流，$f_{SW}$为 IGBT 开关频率，以下同。

$$
\begin{aligned}
P_{CON} &= \frac{1}{T}\int_{t_1}^{t_2} i_C u_{CE}\,dt = \frac{1}{T}\int_{0}^{mT} i_C u_{CE}\,dt \\
&\cong U_{CE(0)} I_{C(AV)} + r_{CE} I_{C(RMS)}^2
\end{aligned}
\tag{9-2}
$$

式中，$r_{CE}$为 IGBT 通态电阻。

$$P_{\mathrm{OFF}}=\frac{1}{T}\int_{t_2}^{t_3} i_{\mathrm{C}}(t)\,u_{\mathrm{CE}}(t)\,\mathrm{d}t$$
$$=f_{\mathrm{SW}}E_{\mathrm{OFF}}$$
$$\cong f_{\mathrm{SW}}\frac{1}{2}\left(\frac{(U_{\mathrm{BUS}}+\Delta U_{\mathrm{CE}})^2}{\left(\frac{\mathrm{d}i_{\mathrm{C}}}{\mathrm{d}t}\right)_{\mathrm{OFF}}}I_{\mathrm{LOAD}}+\frac{I_{\mathrm{LOAD}}^2}{\left(\frac{\mathrm{d}u_{\mathrm{CE}}}{\mathrm{d}t}\right)_{\mathrm{OFF}}}(U_{\mathrm{BUS}}+\Delta U_{\mathrm{SW}})\right) \tag{9-3}$$

$$P_{\mathrm{BL}}=\frac{1}{T}\int_{t_3}^{T} i_{\mathrm{C}}u_{\mathrm{CE}}\,\mathrm{d}t$$
$$\cong\frac{1}{T}\int_{mT}^{T} i_{\mathrm{C}}u_{\mathrm{CE}}\,\mathrm{d}t=(1-m)\,U_{\mathrm{BUS}}I_{C(\zeta)} \tag{9-4}$$

式中，$I_{\mathrm{C}(\zeta)}$为 IGBT 的漏电流，由于其值较通态电流很小，通常计算可以忽略$P_{\mathrm{BL}}$。但在某些应用中，如高压和高温的应用，阻态损耗占比增大，忽略$P_{\mathrm{BL}}$会导致系统热失效。

IGBT 模块由 IGBT 和 FWD 构成，二者损耗之和即为 IGBT 模块整体损耗[2]。FWD 的通态损耗计算同 IGBT，见式（9-5）。

$$P_{\mathrm{CON\text{-}F}}\cong U_{\mathrm{F(0)}}I_{\mathrm{F(AV)}}+r_{\mathrm{F}}I_{\mathrm{F(RMS)}}^2 \tag{9-5}$$

综上所述，IGBT 模块的总损耗为：

$$P_{\mathrm{IGBT}}=P_{\mathrm{ON}}+P_{\mathrm{CON}}+P_{\mathrm{OFF}}+P_{\mathrm{BL}}+P_{\mathrm{CON\text{-}F}} \tag{9-6}$$

以宏微生产的 MMG75J120U6HN 模块为例，在 10kHz 的工作频率下，其各项损耗如下：

$$P_{\mathrm{ON}}=f_{\mathrm{SW}}(E_{\mathrm{ON}}+E_{\mathrm{RR}})=10\mathrm{kHz}\times(11+3.8)\mathrm{mJ}=148\mathrm{W}$$
$$P_{\mathrm{CON}}\cong U_{\mathrm{CE(0)}}I_{\mathrm{C(AV)}}=2.5\mathrm{V}\times75\mathrm{A}\times3/4=140.625\mathrm{W}$$
$$P_{\mathrm{OFF}}=f_{\mathrm{SW}}E_{\mathrm{OFF}}=10\mathrm{kHz}\times4.5\mathrm{mJ}=45\mathrm{W}$$
$$P_{\mathrm{CON\text{-}F}}\cong U_{\mathrm{F}}I_{\mathrm{F(AV)}}=2.05\mathrm{V}\times75\mathrm{A}\times1/4=38.4375\mathrm{W}$$
$$P_{\mathrm{IGBT}}=P_{\mathrm{ON}}+P_{\mathrm{CON}}+P_{\mathrm{OFF}}+P_{\mathrm{CON\text{-}F}}=372.0625\mathrm{W}$$

该计算是基于最大损耗，同时假设占空比为 3/4。

### 9.1.2 IGBT 电压、电流等级选取

在应用中，IGBT 的集电极-发射极间加载的电压 $U_{\mathrm{CE}}$不能超过其允许的额定电压值 $U_{\mathrm{CES}}$。IGBT 的电压规格应高于工作时的最大电压，并留有一定的降额余度。

考虑瞬间过电压，一般应选择工作时的母线电压为 IGBT $U_{\mathrm{CES}}$的 60%以下[3]。然而实际应用并非理想的状态，因而需要考虑电源纹波、回路电感等因素。

IGBT 模块耐压值可按下式计算：

$$U_{\mathrm{rrm}} \geqslant (1.414 \times U_{\mathrm{ac}} \times \beta + 150) \times \alpha \tag{9-7}$$

式中，$\alpha$ 为安全系数，$\beta$ 为纹波系数。

如输入电压 AC 380V，则：$U_{\mathrm{rrm}} \geqslant [(1.414 \times 380 \times 1.1 + 150) \times 1.5]\mathrm{V} = 1111.6\mathrm{V}$，可以选 1200V 电压等级的模块。

变频器 IGBT 电流等级的选取，主要是 IGBT 集电极电流 $I_{\mathrm{c}}$ 的选取，选取额定电流过小的 IGBT 易造成其过电流或过热失效，选取额定电流过大的 IGBT 有比较浪费。总的来说，电流等级的选取跟实际的工作条件关系极大，如机器效率、工作温度、电源条件、负载情况等因素。下面的计算是按通用的条件进行，不考虑极端情况。

IGBT 电流等级可按下式计算：

$$I_{\mathrm{c}} = 1.414 \times I_{\mathrm{ac}} \times 1.1 \times 1.1 \times K \times T \tag{9-8}$$

式中，1.1 的系数分别为电流和电压降额系数；$T$ 为温度降额系数；$K$ 为过载降额系数；其中 $I_{\mathrm{ac}}$ 可用下式进行计算：

$$I_{\mathrm{ac}} = P/(1.732 \times U_{\mathrm{ac}} \times \cos\theta \times \eta) \tag{9-9}$$

式中，$P$ 为变频器功率，$\cos\theta$ 为功率因数，$\eta$ 为效率。

## 9.2　IGBT 驱动电路与设计

IGBT 栅极驱动是控制电路和强电回路间的连接桥梁，如图 9-3 所示。控制电路是低压低电流（0.8V、1.8V、3.3V、5V）回路，强电回路包括高电压和大电流（如 600~6500V，15~2000A）。

IGBT 的典型驱动电路主要包括：

1）电源电路；

2）信号隔离与传输电路；

3）栅极驱动输出电路；

4）栅极-发射极过电压保护。

IGBT 栅极特性主要与栅极电压和栅极电阻有关，选择合适的栅极参数是产品可靠性保障的关键[4]。表 9-1 描述了栅极电压和栅极电阻对 IGBT 关键参数的影响。

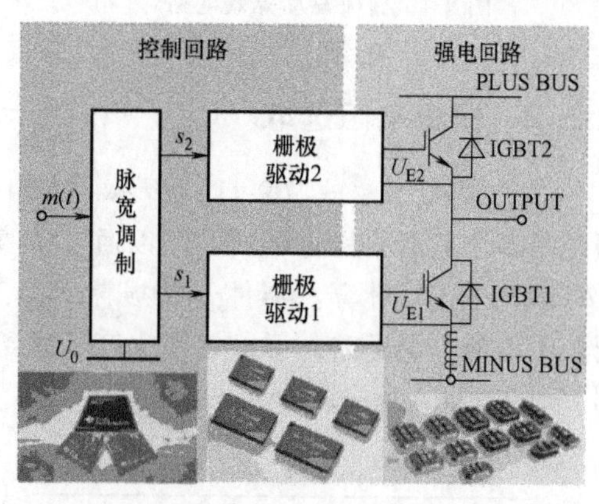


图 9-3　连接控制和强电回路的栅极驱动器

表 9-1 栅极特性对 IGBT 开关参数的影响

| 主参数 | $U_{GE}$ 增加 | $\|-U_{GE}\|$ 增加 | $R_g$ 增加 |
|---|---|---|---|
| $U_{CE(sat)}$ | ↓ | — | — |
| $t_{ON}$、$E_{ON}$ | ↓ | — | ↑ |
| $t_{OFF}$、$E_{OFF}$ | — | ↓ | ↑ |
| 开通浪涌电流 | ↑ | — | ↓ |
| 关断脉冲电压 | — | ↑ | ↓ |
| d$u$/d$t$ 误导通 | ↑ | ↓ | ↓ |
| 电流上限值 | ↑ | — | ↓ |
| 短路耐量 | ↓ | — | ↑ |

## 9.2.1 IGBT 的栅极驱动电路

IGBT 的栅极驱动电路通常可以等效为图 9-4，电路中的关键参数包括开通电阻 $R_{G\_ON}$、关断电阻 $R_{G\_OFF}$（有的应用把开通和关断电阻简化为一个电阻 $R_G$）、开关管 $S_1$、$S_2$，开、关的典型波形如图 9-5 和图 9-6 所示[5]。

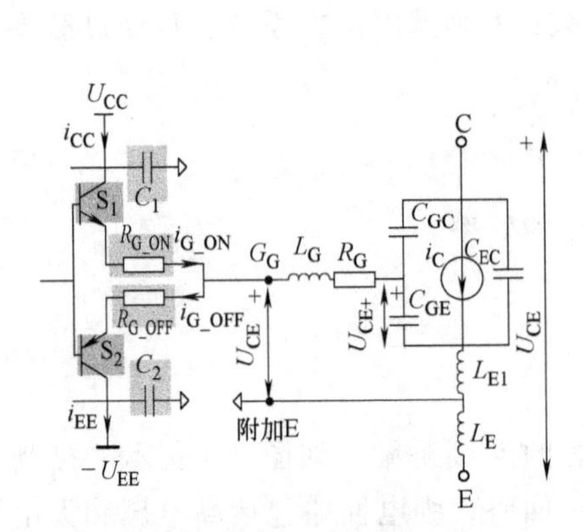


图 9-4 栅极驱动等效电路

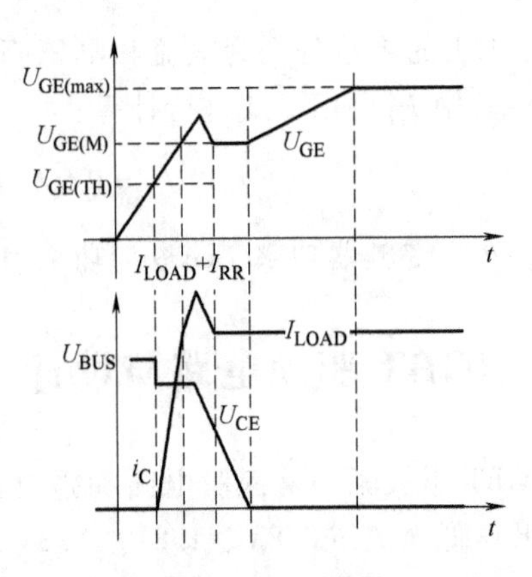


图 9-5 开通波形

## 9.2.2 栅极电阻选取

如式（9-10）、式（9-11）所示，IGBT 的开关损耗是多个变量的复合函数，可以通过仿真工具如 MATLAB 来进行计算。器件开关损耗 $E_{ON}$、$E_{OFF}$ 是栅极电阻的单调函数，可以参考生产厂家给出的数据手册中的 $R_G$-$E$ 曲线图（见图 9-7）。

$$\frac{\partial E_{ON}(R_{G\_ON},U_{GE(ON)},U_{BUS},I_{LOAD})}{\partial R_{G\_ON}}>0 \quad (9\text{-}10)$$

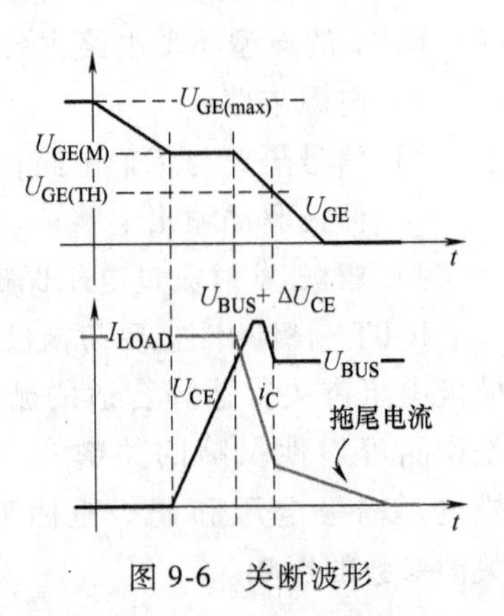


图 9-6 关断波形

$$\frac{\partial E_{\mathrm{OFF}}(R_{\mathrm{G\_OFF}}, U_{\mathrm{GE(OFF)}}, U_{\mathrm{BUS}}, I_{\mathrm{LOAD}})}{\partial R_{\mathrm{G\_OFF}}} > 0 \tag{9-11}$$

从图 9-7 可见，开通损耗随栅极电阻的增大而明显增加，关断损耗随栅极电阻的增大而略增，其影响不明显。为了降低开关损耗可以适当减少栅极电阻，主要是开通电阻。

图 9-8 给出了开关过程中电流变化率（d$i$/d$t$）与栅极电阻的关系曲线。开通过程 d$i$/d$t$ 随栅极电阻的增大而减少，且其影响明显；而关断过程 d$i$/d$t$ 随栅极电阻的增大而略增，故为了抑制 d$i$/d$t$ 可以适当增加开通电阻，减少关断电阻。

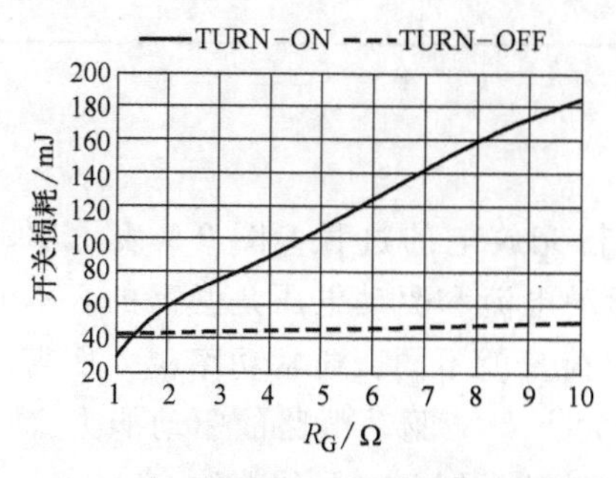


图 9-7　开关损耗和栅极电阻的关系曲线

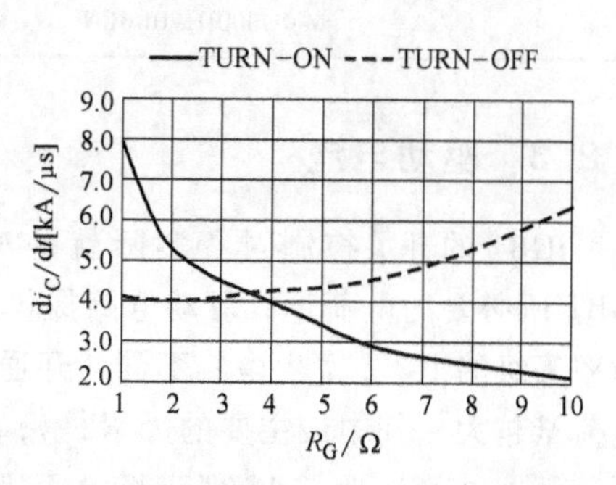


图 9-8　开关过程中 d$i$/d$t$-$R_G$ 关系曲线

从 IGBT 栅极特性可知，$R_G$ 的选取是产品设计的关键，需要根据行业的应用进行选择，通常 $R_{G\text{-}OFF}$ 可以小于 $R_{G\text{-}ON}$。一般 $R_G$ 的选择原则上不小于 IGBT 数据手册中 $R_G$-$E$ 曲线的最小值，通常可取最小值的 2~5 倍。以宏微科技的产品为例，表 9-2 给出了常用 IGBT 栅极电阻的推荐值。值得提醒的是因为不同生产厂家的设计不同，有些厂家在 IGBT 芯片里内置了栅极电阻。在应用过程中，外加栅极电阻时，一定要考虑芯片内置栅极电阻的阻值大小（一般可直接在产品规格书中查到）。

**表 9-2　宏微常用 IGBT 栅极电阻推荐值**

| 额定电压 | 型号 | $R_G$ 最小值/Ω | $R_G$ 最大值/Ω |
|---|---|---|---|
| 600V | MMG100S060B6N | 2.2 | 15 |
| | MMG150S060B6N | 2 | 12 |
| | MMG200S060B6N | 2 | 12 |
| | MMG75S060B6EN | 5.1 | 30 |
| | MMG100S060B6EN | 3.3 | 20 |
| | MMG200S060B6EN | 2 | 12 |
| 1200V | MMG75S120B6TN | 4.7 | 30 |
| | MMG150D120B6TN | 4.7 | 25 |
| | MMG300D120B6TN | 2.4 | 12 |
| | MMG150D120B6HN | 2.5 | 15 |
| | MMG400D120B6HN | 1.8 | 7.5 |

（续）

| 额定电压 | 型号 | $R_G$最小值/Ω | $R_G$最大值/Ω |
|---|---|---|---|
| 1700V | MMG50S170B6EN | 8 | 40 |
| | MMG75S170B6EN | 6.8 | 30 |
| | MMG100S170B6EN | 4 | 24 |
| | MMG150D170B6EN | 3.3 | 15 |
| | MMG200D170B6EN | 6.8 | 35 |
| | MMG300D170B6EN | 4.7 | 25 |

## 9.2.3 驱动电流

IGBT 的开关控制过程实际就是对栅极进行充放电的过程，图 9-9 表示驱动 IGBT 所必要的电荷量，驱动电路提供足够的驱动电流和驱动电压是必需的。不同功率等级的 IGBT 寄生电容不同，开通所需的电荷量就不同，通常功率越大所需的电荷量越大，其中最主要的因素是密勒电容的大小[6]。驱动电路的驱动能力（电源、元器件等）要与 IGBT 匹配，否则会导致驱动信号振荡，器件失效。

驱动电流的峰值可由以下公式近似计算：

$$I_{\text{ON\_PEAK}}=\frac{(U_{CC}+|U_{EE}|)}{R_{\text{G\_ON}}} \quad (9\text{-}12)$$

$$I_{\text{OFF\_PEAK}}=\frac{(U_{CC}+|U_{EE}|)}{R_{\text{G\_OFF}}} \quad (9\text{-}13)$$

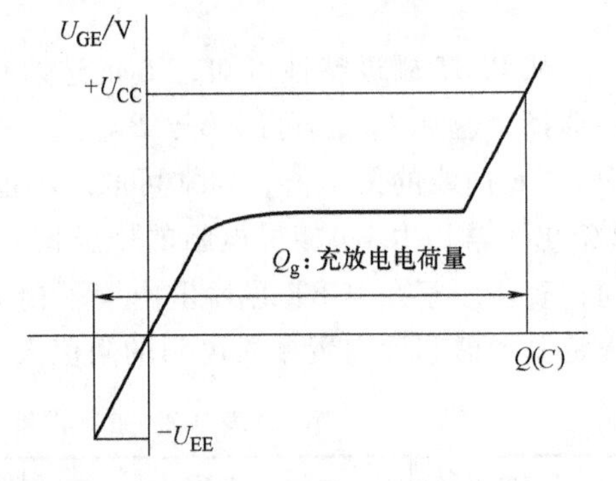


图 9-9　栅极充电电荷

## 9.2.4 栅极保护

IGBT 的栅极通过一层氧化层与发射极实现电隔离。该氧化层很薄，击穿电压一般只有 20~60V，过高的电压施加在栅极会导致栅极的氧化层被击穿。因此，栅极击穿是 IGBT 失效的常见原因之一。通常推荐栅极电压为±15V。

另一方面栅极连线的寄生电感和栅极-集电极间的密勒电容，会造成栅极信号的振荡，进而导致器件失效。严重的情况，如在栅极阈值电压较低时，发射极-集电极间的高 d$u$/d$t$ 变化通过密勒电容使栅极产生一个超出阈值的电压而使器件误开通，造成桥臂电路的直通失效[7]。解决该问题最简单的办法是在栅极与发射极间并接 2 只反向串联的 TVS 管，如图 9-10a 所示。另一种更有效的方法是在 $U_{CC}$ 与栅极并联钳位肖特基管，同时在 $U_{CC}$ 与 E 极并联陶瓷电容，如图 9-10b 所示，其容值可通过式（9-14）计算。

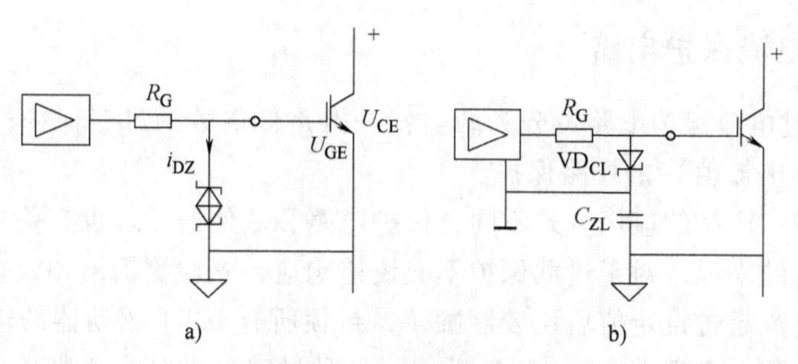


图 9-10　栅极保护电路

$$C_{CL} \cong \frac{Q_G}{\Delta U_{GE}} \tag{9-14}$$

式中，$\Delta U_{GE}$为容许 G-E 电压的上浮值。

通常采用双绞线来传送驱动信号，以减小寄生电感，并且长度最好不超过 0.5m。为防止栅极开路，建议靠近栅极与发射极间并联 10kΩ 电阻。一般选择栅极和发射极电阻 4.7~10kΩ，双向稳压二极管 16.8~17.5V，必要时加小电容抑制电压尖峰。

### 9.2.5　死区时间

在变频电路中，为了防止桥臂电路中上下臂的直通，需要在开通、关断切换时设定死区时间，如图 9-11 所示。IGBT 器件的空载时间通常设定在 3μs 以上。由于加大 $R_G$ 会使交换时间变长，因此死区时间也有必要加长。此外，还必须考虑其他驱动条件和元件本身的特性、温度特性等，比如器件的关断时间随温度的增加而延长。

可以通过确认无负荷时直流电源线的电流判断空载时间的设定是否合理；测定 DC 线的电流，死区时间充分，会有微小的脉冲状电流，通常小于额定电流的 5%，如果死区时间不足，将会有更大的短路电流通过。另外，反偏压电压$-U_{GE}$不足，短路电流也增加[8]。推荐反偏压电压$-U_{GE} \leqslant -5V$。

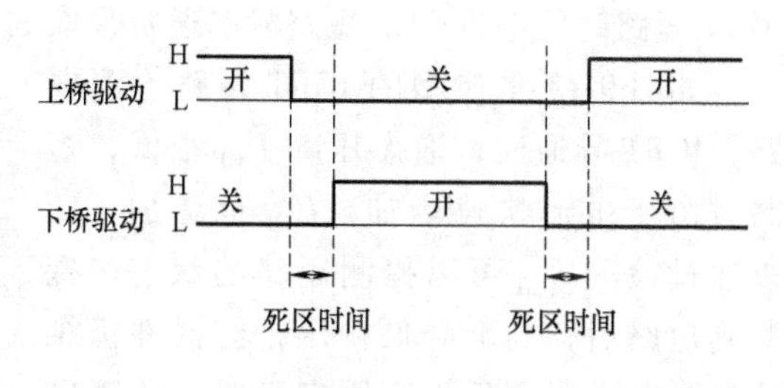


图 9-11　死区时间

## 9.3　IGBT 保护电路

IGBT 保护电路通常包括过电流、过电压和过热保护电路，下面分别进行简要介绍。

## 9.3.1 过电流保护电路

IGBT 的过电流保护电路可分为两类：一类是低倍数的过载保护；一类是高倍数（大于短路电流值）的短路保护。

过载保护：产品的应用方式不同，保护电路和软件的处理也有差异，这里只作简单表述。总的来说，对于过载保护不必快速响应，先检测输出端或直流环节的总电流，当此电流超过设定值后比较器翻转，封锁所有 IGBT 驱动器的输出脉冲，使输出电流降为零，实现 IGBT 的软关断[9]。这种过载电流保护通常要通过复位才能恢复正常工作。电流采样检测电路如图 9-12 所示。

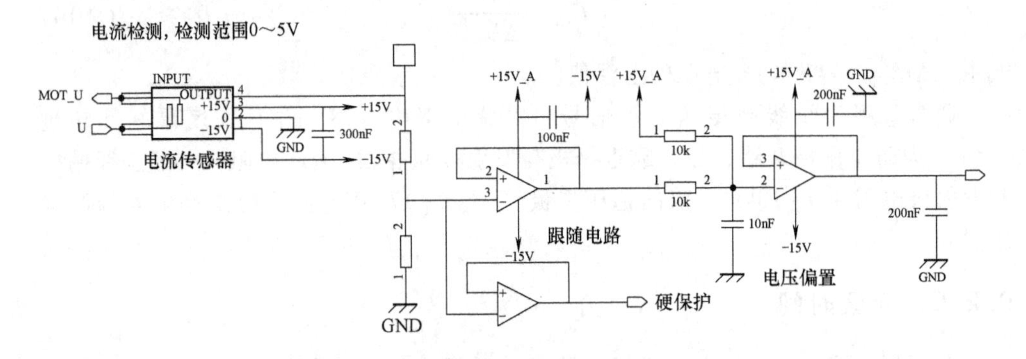


图 9-12　过载电流检测电路

短路保护：IGBT 能承受短路电流的时间与该 IGBT 的特性密切相关，通常随着饱和电压的增加而延长。IGBT 短路时，正处在退饱和区，此时 IGBT 过电流的大小决定于栅极电压，在 IGBT 关断时，如果可以控制栅极电压，就可以很好地控制 IGBT 短路时的电流[9]。短路状态通常采取的保护措施就是降低栅压。

如图 9-13 是典型的 IGBT 短路检测电路，IGBT 导通时，通态压降 $U_{CE}$很低，短路时由于电流快速增加，$U_{CE}$也增加，所以通过检测 $U_{CE}$可以探测短路的状态。探测到短路后，马上降低栅压，但器件仍维持导通。降栅压后设有固定延时，故障电流在这一延时期内被限制在一较小值，降低了故障时器件的功耗，延长了器件抗短路的时间。需要注意的是图中 $C_{BL}$电容用于滤除 IGBT 开通或关断状态的杂波干扰，防止误触发。探测时间通常为 3μs，具体值由 $R_{BL}$、$C_{BL}$决定。比较电压值由式（9-15）决定：

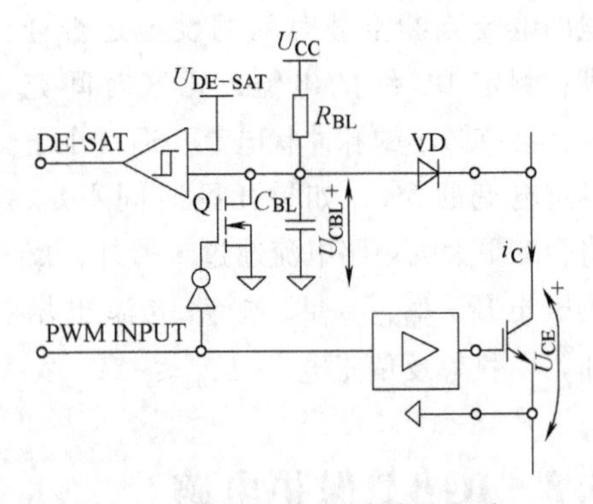


图 9-13　IGBT 的短路检测电路

$$U_{\mathrm{CBL}}=\begin{cases}u_{\mathrm{CE}}+U_{\mathrm{VD}} & u_{\mathrm{CE}}<U_{\mathrm{CC}}-U_{\mathrm{VD}}\\ U_{\mathrm{CC}} & u_{\mathrm{CE}}\geqslant U_{\mathrm{CC}}-U_{\mathrm{VD}}\end{cases} \tag{9-15}$$

电压检测短路和降低栅压的技术因其可靠高效的处理方式已经被厂家广泛采用。成为了短路保护电路的标准模式。安捷伦、三菱等厂家都有成熟的器件可以使用。

### 9.3.2 过电压保护电路

抑制过电压的方法主要有以下几种：

a）在 IGBT 中加缓冲保护电路，并配置在 IGBT 附近，吸收浪涌电压。

b）调整 IGBT 的驱动电路的 $-U_{\mathrm{GE}}$ 和 $R_{\mathrm{G}}$，减小 d$i$/d$t$。

c）尽量将电解电容器配置在 IGBT 的附近，减小配线电感。

d）降低主电路和缓冲电路的配线电感，配线要粗而短。在配线中使用铜条，采用分层配线。

缓冲电路分为两种：一种是在单个 IGBT 上安装的个别缓冲电路，另一种是在直流母线集中安装的集中式缓冲电路。图 9-14 为几种典型的缓冲电路，其中图 9-14a为电阻型 RCD 缓冲电路，该电路对关断浪涌电压抑制效果明显，应用于大容量 IGBT 时，需要选取低值电阻，否则会加重 IGBT 负荷，由于缓冲电路的损耗很大，不适用于高频用途；图 9-14b 为充放电型 RCD 缓冲电路，该电路对关断浪涌电压的抑制作用比图 9-14a 稍弱，但由于外加了缓冲二极管，缓冲电阻值可以调大，不用担心加重开通时 IGBT 的负荷，同样由于损耗大，不适用于高频应用；图 9-14c 为放电阻止型缓冲电路，对关断浪涌电压有抑制效果，缓冲电路损耗低，可应用于高频交换应用中[10]。

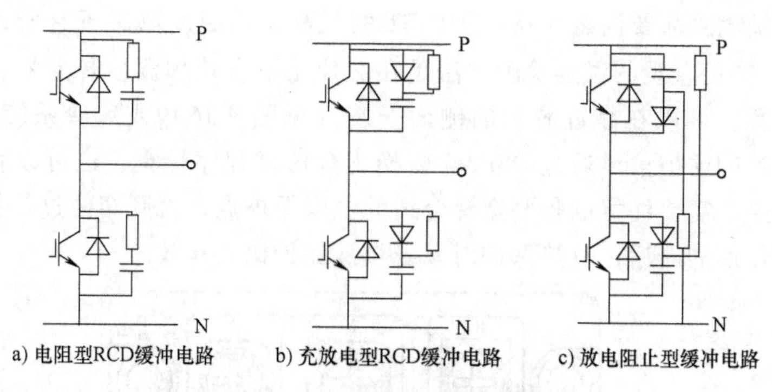


a) 电阻型RCD缓冲电路　　b) 充放电型RCD缓冲电路　　c) 放电阻止型缓冲电路

图 9-14　几种典型的缓冲电路

图 9-15 为几种典型的集中式缓冲电路，图 9-15a 为 C 缓冲电路，该电路简单易行，但电路电感与缓冲电容器会产生 LC 谐振电路，母线电压容易产生震荡；图 9-15b 为 RCD 缓冲电路，在该电路中缓冲二极管的选取很重要，如果缓冲二极管选取不当，则会导致高电压尖峰，或者缓冲二极管的反向恢复电压可能会引起震荡。

下面以常用的放电阻止型RCD缓冲电路为例，对其基本设计方法进行说明。电路中缓冲电容器（$C_S$）电容值可通过式（9-16）计算，$U_{CEP}$值需要控制在IGBT的耐压值以下，同时要选择高频特性良好的缓冲电容器，例如薄膜电容器等。

$$C_S = LI_0^2/(U_{CEP}-E_D)^2 \tag{9-16}$$

式中，$L$为主电路的寄生电感；$I_O$为IGBT关断时的集电极电流；$U_{CEP}$为缓冲电容器电压的最终到达值；$E_D$为直流电源电压。

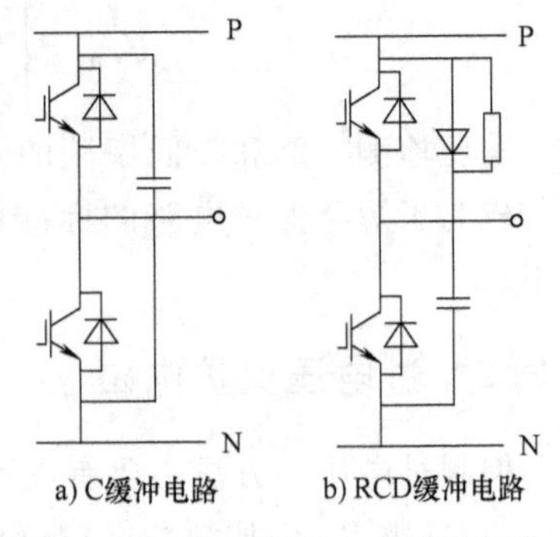


图9-15　典型的集中式缓冲电路

缓冲电阻要求的机能是在IGBT下一次关断动作进行前，将存储在缓冲电容器中的电荷放电。存储电荷90%放电的条件下，求取缓冲电阻的方法如式（9-17），其中$f$为交换频率。

$$R_S \leqslant 1/(2.3C_S f) \tag{9-17}$$

缓冲电阻值如果设定过低，由于缓冲电路的电流振荡，IGBT开通时的集电极电流峰值也增加，请在满足式（9-16）的范围内尽量设定为高值。

缓冲二极管的反向恢复时间越长，高频交换动作时缓冲二极管产生的损耗就会越大，并且在缓冲二极管反向恢复动作时，IGBT的集电极-发射极间电压急剧地大幅度振荡。吸收二极管应选用快开通和快软恢复二极管，以免产生开通过电压和反向恢复引起较大的振荡过电压。其他几种缓冲电路的二极管选取也遵循该原则。

## 9.3.3　过热保护电路

过热保护电路需要注意3点：①IGBT的最高工作温度取决于它所允许的最高结温（$T_j$）；②更直观的温度检测方法是在芯片正下方填埋温度传感器，若无条件在正下方布置，可以在靠近芯片的侧面安装（见图9-16）或风冷系统的下风口；③温度传感器的模拟信号通过DSPAD转换为数值供程序计算，也可以直接输出到硬件保护电路。需要注意的是要选择合适的温度保护点，否则会使过热保护失去效果。由于热传递的滞后，过热保护对系统过载保护比较有效。

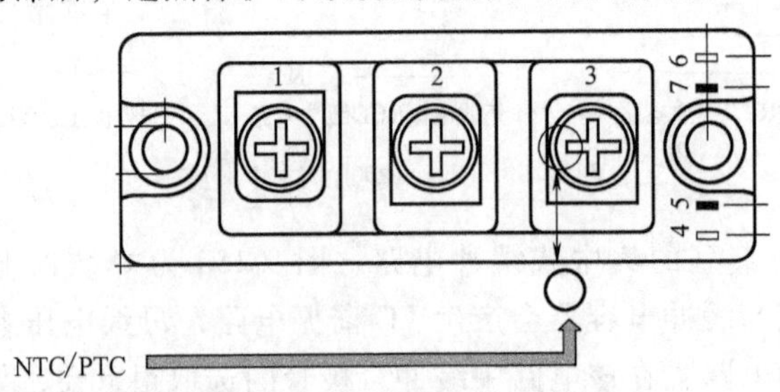


图9-16　IGBT温度传感器的填埋

### 9.3.4　典型的驱动电路示例

在变频电路中 IGBT 与控制电路间必须有电绝缘，使用高速光耦隔离的驱动已经是广泛应用的成熟的驱动模式。图 9-17 是一个驱动电路实例：

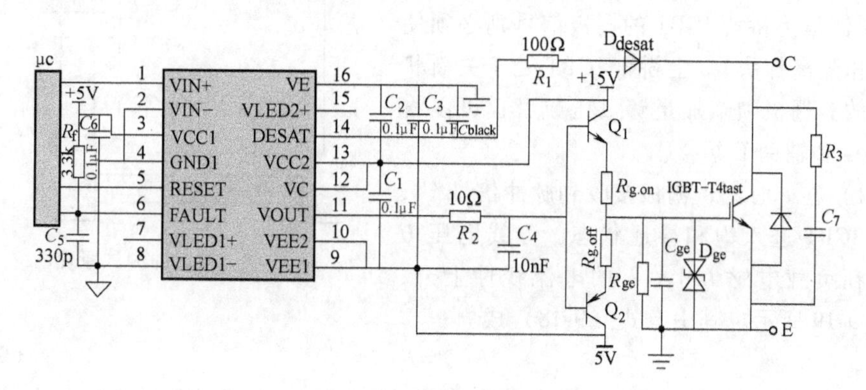


图 9-17　316J 构建的驱动电路

该电路仅供设计时参考。电路中 $C_{\text{black}}$、$\mathrm{D}_{\text{desat}}$、$R_{\text{g.on}}$、$R_{\text{g.off}}$、$Q_1$、$Q_2$、$R_{\text{ge}}$、$C_{\text{ge}}$、$\mathrm{D}_{\text{ge}}$、$R_3$、$C_7$ 的参数和型号需要根据实际使用情况进行设定。

## 9.4　IGBT 评估测试

在 IGBT 量产投放市场前，对 IGBT 进行对应应用的测试评估极为重要，包括性能测试、实际空载、带载运行、温升测试等，本节默认在实际具体应用中所设计的 IGBT 驱动与 IGBT 模块匹配，对其进行开关测试、评估，主要测试参数包括：开通延时 $t_{\text{don}}$，上升时间 $t_{\text{r}}$，关断延时 $t_{\text{doff}}$，下降时间 $t_{\text{f}}$，开通损耗 $E_{\text{on}}$，关断损耗 $E_{\text{off}}$，短路电流 $I_{\text{SC}}$ 等。要观测这些参数，专业的测量设备和有效的测量方法是必不可少的。对 IGBT 模块及驱动电路进行测试过程中，常用的方法为双脉冲测试法。

### 9.4.1　双脉冲测试法

目前电力电子设备中，绝大多数呈现感性负载且电感量较大。由于较大感性负载导致 IGBT 关断后负载电流不会迅速消失，需要通过 IGBT 反并联二极管续流[11]。如果在此时开通对应桥臂 IGBT，将会出现二极管反向恢复现象。而单脉冲测试无法观测二极管反向恢复过程，所以双脉冲测试比单脉冲测试更能展现 IGBT 开关过程中的各种现象。因此在大功率 IGBT 应用场合中，IGBT 进行双脉冲测试的意义十分重大。

双脉冲测试原理如图 9-18 所示，半桥结构，控制桥臂的上管为关断状态，下管 IGBT 和上管的续流二极管为被监测对象。利用高压隔离探头测量集电极电压 $U_{CE}$，利用罗氏线圈电流探头测量集电极电流 $I_C$，用普通探头测量下桥臂 IGBT 的栅极信号 $U_{GE}$（如果测量上桥臂 IGBT 的栅极信号则必须使用电压隔离探头）。上桥臂 IGBT 处于关断状态，故其栅极须施加足够负压或者也可以将辅助 G 和辅助 E 短接。

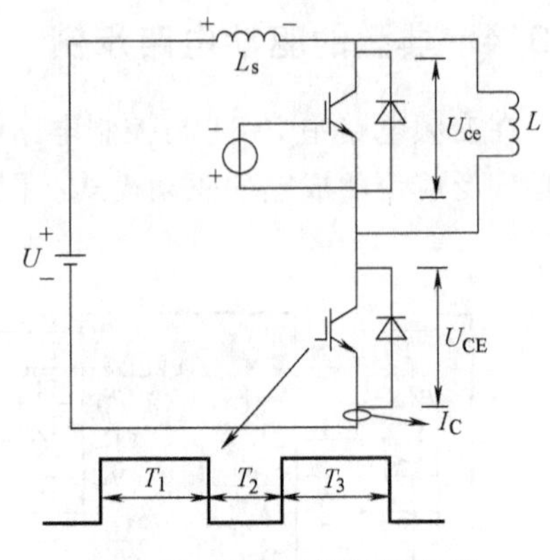

图 9-18　双脉冲测试原理图

1）在 $t_0$时刻，栅极接收到脉冲信号 $T_1$，被测 IGBT 进入饱和导通状态，母线电压 $U$ 施加在负载电感 $L$ 上，$L$ 的电流线性上升，如图 9-19 所示。其中有式（9-18）成立：

$$U \cdot T = I \cdot L \tag{9-18}$$

式中，$U$ 为直流母线电压；$L$ 为负载电感值；$T$ 为时间；$I$ 为主回路电流。

在 $t_1$时刻，电感电流的数值由 $U$ 和 $L$ 决定，当母线电压 $U$ 和负载电感值 $L$ 都确定时，负载电流值就和导通时间 $t_1$相关了，时间越长电流越大，因此可以通过设定开通时间来调整电流的数值。

2）在 $t_1$时刻，关断被测 IGBT，被测 IGBT 电流 $I_C$降为 0，负载 $L$ 的电流由上管二极管续流，该电流缓慢衰减，如图 9-20a 所示。

3）在 $t_2$时刻，IGBT 栅极接收到第二个脉冲信号，下桥臂 IGBT 再次导通，续流二极管进入反向恢复状态，反向恢复电流流过 IGBT（如图 9-20b）。在 $t_2$时刻，反向恢复电流是重要的监测对象，该电流特征影响到开关过程的许多重要指标。

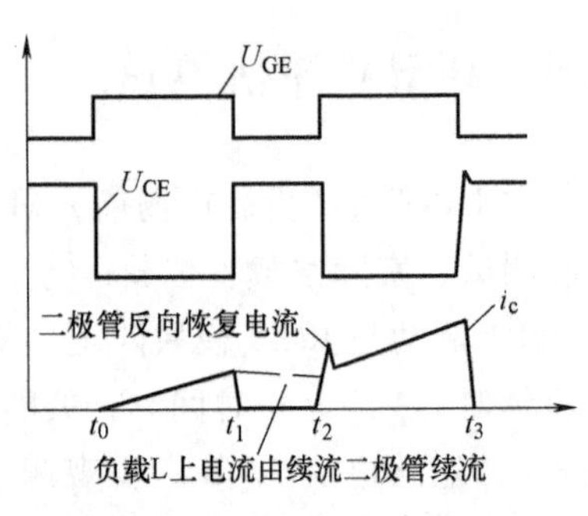

图 9-19　双脉冲波形示意图

4）在 $t_3$时刻，下桥臂 IGBT 再次关断，由于母线杂散电感 $L_s$的存在，较大的关断电流会感应出一定的关断电压尖峰。在 $t_3$时刻，关断电压尖峰是此阶段重要的监测对象。

## 9.4.2　双脉冲测试设备

### 1. 功率平台

图 9-21 给出了 IGBT 双脉冲平台的原理图和实物图，从图 9-21a 可以看出，双脉冲测试平台主要由高压恒流源、支撑电容、负载电感、放电电阻、放电开关、低压控制电源、脉冲信号发生器等组成[12]。图 9-21b 所示双脉冲测试柜将上述设备置于柜体内部，在此基础上还包含了通信模块、上位机及测试系统软件等。测试机

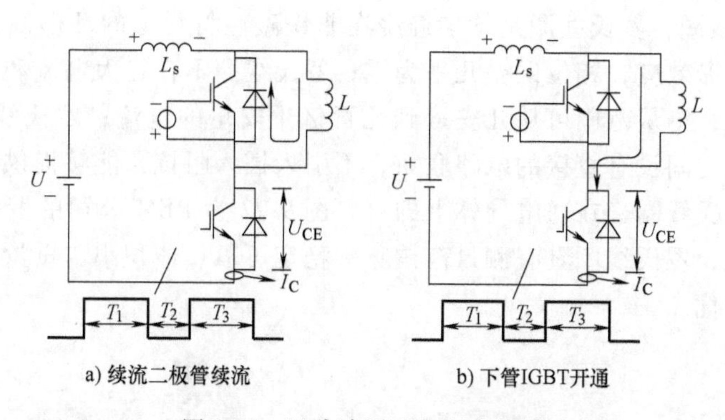


a) 续流二极管续流　　　　b) 下管IGBT开通

图 9-20　双脉冲测试中电流路径

柜采用整体化设计，维护拆卸简单。

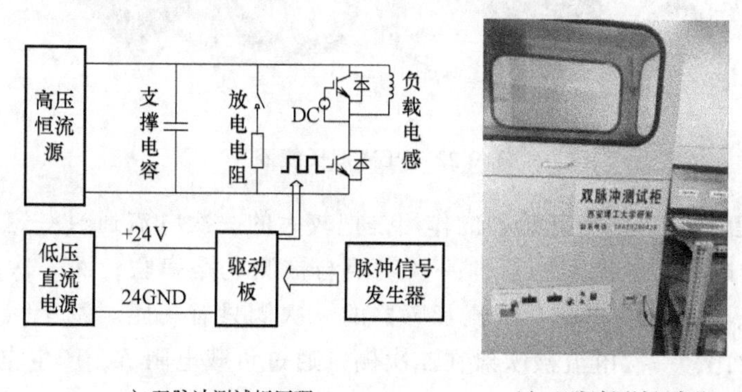


a）双脉冲测试柜原理　　　　b）双脉冲测试柜实物

图 9-21　双脉冲测试平台

其次需要准备的硬件就是测量仪器，这也是完成双脉冲测试最关键的设备，选择合适的测量设备是实验成功的关键因素。双脉冲测试中主要用到的测量设备有电流探头、电压探头、示波器，本章节对测量设备进行简单的讨论。

**2. 测量设备**

（1）电流测量

电流测量设备用于测量开关电流瞬态过程时需满足如下要求：测量设备带宽必须大于百兆赫兹，才能准确抓到上升和下降沿只有几十纳秒的时间和相位；测量设备的电流幅值取决于被测电流值的范围，要求测量设备在小电流下具有足够的灵敏度，在测量大电流时不能发生饱和；有些电流测量设备是串入被测回路中，要求电流测量设备不能为测试电路引入太大的插入阻抗；根据电流、电压是否有公共测试点考虑测量设备是否电气隔离[13]。常用的电流测量设备有：罗氏线圈、电流互感器、电流探头、霍尔电流传感器、分流器电阻和同轴电阻。其中霍尔传感器带宽过窄，不适合测量开关电流瞬态过程。大功率 IGBT 中流过电流较大，采用同轴电阻和分流器电阻会导致较高的损耗，此三者在本书中不予讨论。

1）罗氏线圈：罗氏线圈是均匀缠绕在非铁磁性材料上的环形线，不含铁磁性材料，没有磁滞效应，相位误差几乎为零；罗氏线圈不存在大电流和直流偏置引起的磁饱和现象，测量范围可从几安培到几百亿千安培的电流；罗氏线圈结构简单，且与被测电流之间没有直接的电路联系，不引入插入阻抗，能够提供电隔离。测量电流时，把罗氏线圈套在通电导体上即可。图 9-22 为 PEM 公司的罗氏线圈。与传统互感器相比，罗氏线圈具有测量范围宽，稳定可靠、体积小、重量轻、安全且符合环保要求的优点。

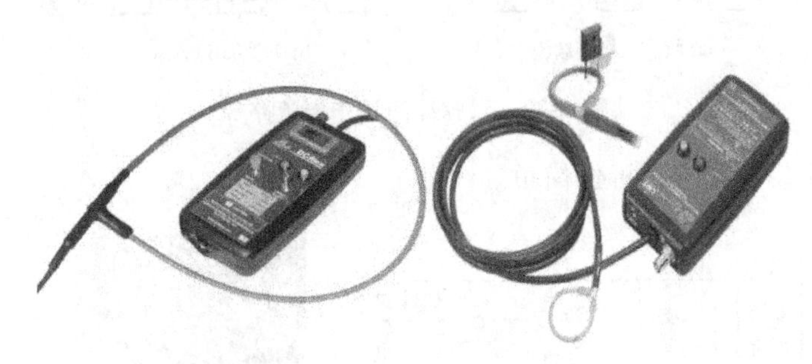

图 9-22　PEM 罗氏线圈

2）电流互感器：电流互感器的作用是把较大的一次电流通过一定的变比转换为较小的二次电流。电流互感器的一次绕阻与被测电路串联，而二次绕阻则通过 BNC 同轴接头与示波器相连。电流互感器的一次侧只有一匝。基于一次和二次绕组之间的匝数比，一次电流被映射在二次侧，通过负载电阻 $R$，产生电压 $U_{out}$，然后通过示波器来观测电压波形，如图 9-23 所示。图 9-24 为 Pearson 电流互感器。电流互感器能够提供电气隔离，具有足够带宽的电流互感器可以准确地测量开关电流瞬态过程。

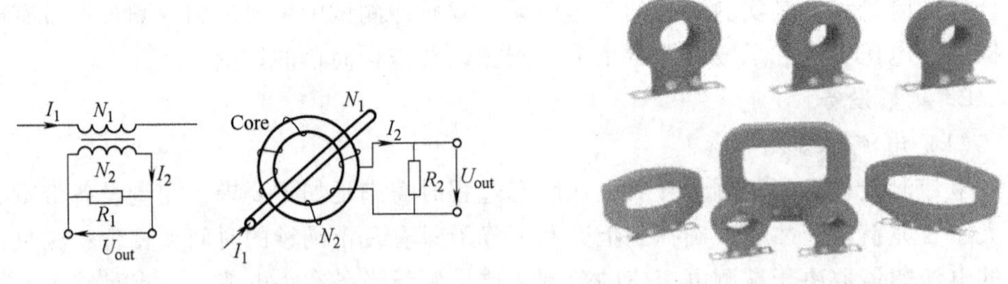


图 9-23　电流互感器原理图

图 9-24　Pearson 电流互感器

3）电流探头：现有电流探头的测量范围从毫安级到 20kA，电流探头技术包括霍尔效应、电流互感器及无芯线圈技术。带宽随应用技术不同从 DC～2GHz，精确度高达 0.1%～1%。但测量范围大的电流探头带宽较窄。图 9-25 为泰克公司的电流探头。

（2）电压测量

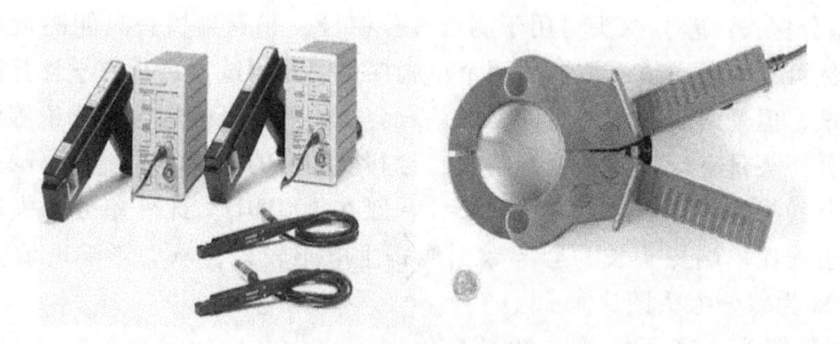

图 9-25　泰克电流探头

双脉冲测试中需要测量的电压信号是栅极电压 $U_{GE}$ 和集电极-发射极电压 $U_{CE}$。前者电压范围在±20V 以内，后者电压则高达数千伏。目前常用电压探头有四种：无源电压探头、有源电压探头、差分探头和高压探头。

1）无源电压探头：无源探头结构简单，结实、经济、易使用，具有不同的衰减率，对于具有两种衰减率的探头，实际上相当于两个探头，衰减系数不同探头带宽、上升时间、输入阻抗、输入电容都各不相同，需要分别对示波器进行阻抗匹配。图 9-26 为无源电压探头。

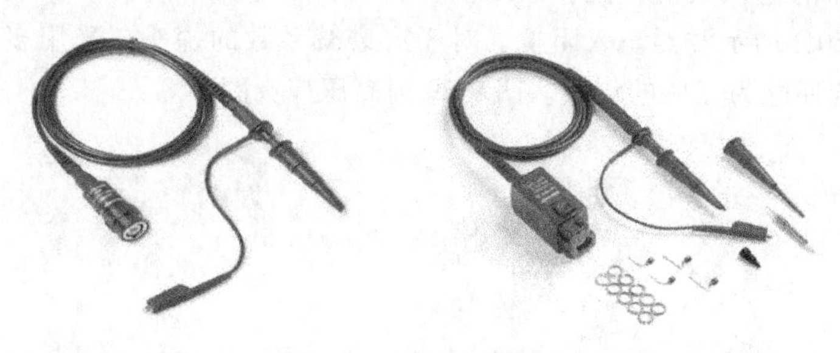

图 9-26　无源电压探头

2）有源电压探头：有源电压探头中包含有源元件，优点是输入电容小，一般在几皮法。输入电容是探头输入阻抗的主要部分，低输入电容使有源探头的信号源负载效应大大减小，探头带宽得到了拓展，有源探头的带宽范围一般在 500MHz~4GHz，缺点是测量范围小，最高才±40V，易过压损坏。图 9-27 为有源电压探头图片。

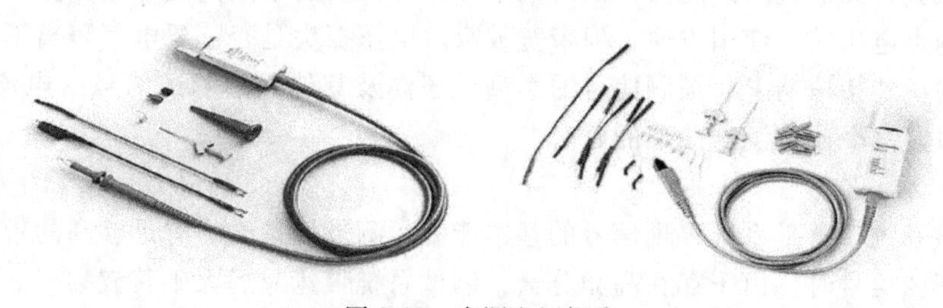

图 9-27　有源电压探头

3）差分探头：差分探头可用于测量差分信号，非隔离探头只能测量对地电压信号，虽然可以用两通道示波器、两个单端探头同时测试再进行数学计算进行差分信号的测试，但是两个探头之间的延时差异会对被测信号的幅值和相位等引入很大误差。差分探头具有较高的共模抑制比，对共模噪声的抑制能力更好，缺点是受到差分放大器转换速率的限制，带宽较小，一般在 100MHz。此外差分探头连接到被测器件的引线比单端探头长，会导致引线寄生电感较大，从而影响电流瞬态的测量。图 9-28 为差分探头图片。

4）高压探头：高压探头一般具有高衰减系数（10、100、1000 或更高倍乘），测试电压在四五百伏到数万伏。考虑到高压测试的安全性，高压探头的电缆线长度比普通探头长。选择高压探头除考虑带宽、上升时间、接头连接方式、测量范围，尽量选择高输入电阻和低输入电容等参数外，探头的输入阻抗必须与示波器的输入阻抗匹配，50Ω 探头必须对应 50Ω 的示波器输入阻抗。对于有衰减系数的探头，采用多少倍衰减其输入电阻就应匹配为相应的倍数。图 9-29 为高压探头图片。

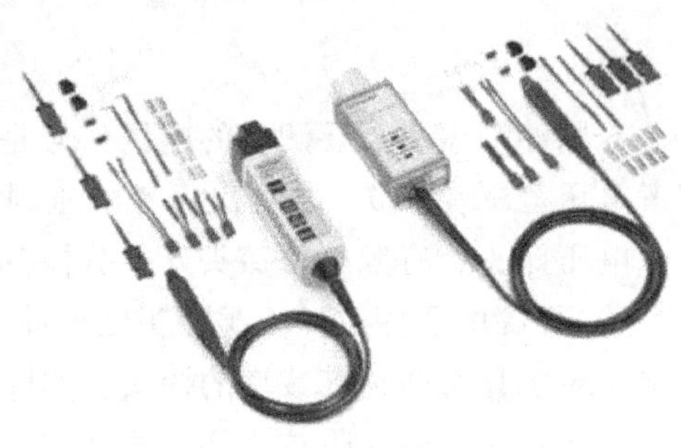

图 9-28　差分探头

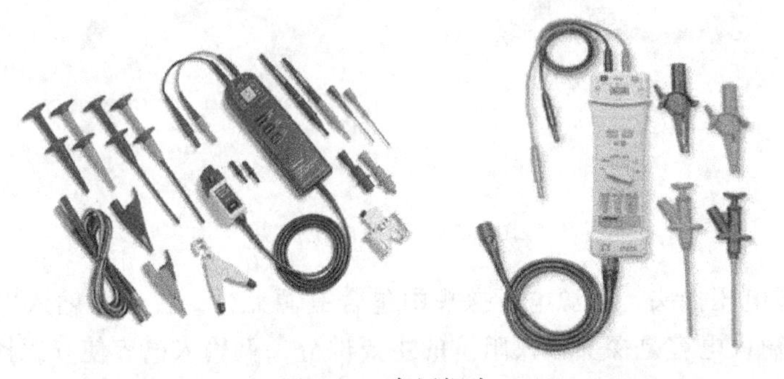

图 9-29　高压探头

其中无源和有源探头属于非隔离型单端探头，用于测量测试点的对地信号，带宽范围较大，无电气隔离能力，延时较小；差分探头属于隔离型双端探头，可以测量任意两点电压差，使用方便，但带宽较窄。电压探头是否需要电气隔离不仅取决于被测系统的接地情况、被测信号的类型，还涉及其他通道测试信号（电流测量）的类型以及多个通道测试波形的延时。

（3）示波器

测试系统带宽是系统再现信号的基本能力，测量设备必须有足够高的带宽。在测试非正弦信号时，由于存在高频分量，测试系统带宽应远大于基波频率。对于开关管的电压电流信号，快速的上升和下降沿会产生高次谐波，其信号等效频率远大于开关管开关频率。由于带宽描述基于正弦激励，所以与方波上下沿有相同斜率的正弦波就可以用来近似信号的等效频率。在其带宽频率处，示波器和探头频率响应的幅频特性有3dB的下降（-3dB点），带宽频率处的正弦信号幅值衰减到70.7%（近30%误差）。通常情况下，为获得准确的被测信号，示波器系统的带宽应该至少比被测信号的等效带宽高5倍。"5倍原则"确保了测试设备的频率能覆盖非正弦信号中的高频分量。按照"5倍原则"选取示波器带宽，测试误差将在±2%以内。测试系统带宽越高，测试结果越真实。从时间测量的角度（比如测量延迟时间），在带宽频率处，其实已经发生了45°的相移。考虑到-3dB点的45°相移，系统带宽应取信号最高频率的10倍同样，示波器系统对于被测信号也必须有足够的上升时间，示波器的上升时间描述了示波器的有效频率范围。在测试信号上升沿和下降沿时，探头和示波器的上升时间必须比被测信号快3~5倍。然而采用该原则并不总是足够的，测试系统上升时间越快，测试结果越真实。在双脉冲测试中，要求示波器为高带宽四通道示波器。

## 参考文献


[1] 王彩琳. 电力半导体新器件及其制造技术［M］. 北京：机械工业出版社，2015.

[2] LICITRA C，MUSUMECI S，RACITI A，et al. A new driving circuit for IGBT devices［J］，IEEE transactions on power electronics，1995：373-378.

[3] XIAO Y，LIU Q，TANG Y，et al. Current sharing model of parallel connected IGBTs during tum-0n［C］. Industrial Electronics Society，IECON 2014，Conference of the IEEE，2015：1350-1355.

[4] PALMER P R，RAJAMANI H S. Active voltage control Of IGBTs for high power applications［J］. IEEE transactions on power electronics，2004，19（4）：894-901.

[5] JI S，WANG F，TOLBERT L，et al. Active voltage balancing control for multi HV-IGBTs in series connection［C］. Energy Conversion Congress and Exposition，2017：1-6.

[6] 陈娜. 中高压功率IGBT模块开关特性测试及建模［D］. 浙江大学，2012.

[7] 周志敏，纪爱华. IGBT驱动与保护电路设计及应用电路实例［M］. 北京：机械工业出版社，2014.

[8] KUHN H，KONEKE T，MERTENS A. Considerations for a digital gate unit in high power applications［C］. Proceedings of the 39th Annual IEEE Power Electronics Specialists Conference（PESC），2008：2784-2790.

[9] LOBSIGER Y，KOLAR J W. Stability and robustness analysis of d/dt-closed-loop IGBT gate drive［C］. Proceedings of the 28th Annual IEEE Applied Power Electronics Conference and Exposition（APEC），2013：2682-2689.

[10] PARK S，JAHNS T M. Flexible dV/dt and dI/dt control method for insulated gate power switches［J］. IEEE transactions on industry applications，2003，39（3）：657-664.

[11] GAO Y，LIU J，YANG Y. Research on reverse recovery characteristics of SiGeC p-i-n diodes［J］. Chinese physics B，2008，17（12）：4635-4639.

[12] YANG Y，LI G P，GAO Y，et al. Characteristics analysis of vertical double gate strained channel hetero structure metal-oxide-semiconductor-field-effect-transistor［J］. Chinese physics letters，2009，26（2）：259-262.

[13] KAINDL W，SOELKNER G，SCHULZE H J，et al. Cosmic Radiation-Induced Failure Mechanism of High Voltage IGBT［C］. Proceedings of the ISPSD′2005：158-162.

# 第10章 衍生器件及SiC-IGBT

本章主要介绍了在IGBT发展过程中，衍生的几种新结构，另外介绍了宽禁带SiC材料IGBT器件。

## 10.1 双向IGBT

自20世纪中期以来，“交-直-交”变换（即“整流器-直流环节-逆变器”的组合）一直是电力电子应用的主流模式。这套变换模式在运作过程中会产生谐波，电容器的工作寿命也有限，而且在器件开关过程中损耗很大。因此从20世纪80年代末开始，人们就探讨“交-交”矩阵式变换的可行性。经过多年的研究，已取得了不少进展，但其实用化还存在不少问题，其中之一就是开关器件的数量太多。“交-交”矩阵式拓扑需要在输入三相与输出三相共九个节点中各放置一对反并联开关器件，共用18个开关，而如果在“交-交”矩阵式拓扑中采用双向开关器件，那么开关器件数量可以大大减少，从原来的18个可以减少为9个，不仅大幅度节约了成本，而且在器件开关过程中也大大降低了开关损耗。

双向开关器件对交流电源控制的应用有很高的要求，如矩阵变换器、交流AC变换器、谐振交流环、交流调节器和同步整流器等。在各种设备的电源开关中，可控硅是使用最为广泛的交流电源开关之一。但是，该器件存在高触发功率，高电磁干扰，没有门极控制关断功能，无电流饱和能力等缺点，而且无饱和电流这个缺点使得双向可控硅的正向和反向偏置安全工作区（FBSOA和RBSOA）变差。因此，为了寻找一种代替双向可控硅的开关器件，人们把目光又瞄向了双向开关MOS栅极控制器件。在大功率交流开关应用中，具有垂直结构的器件是首选器件，采用双栅或单栅的双向MOS器件，可以用来有效控制正向和反向的表面电流[1-3]，但是，这种结构不能提供对称的触发特性，故提出了一种双向绝缘栅整流结构[4]，在此结构的基础上又研发了双向IGBT[5、6]，它和“交-交”矩阵式变换器相辅相成，有可能发展成为21世纪电力电子变换的主流产品。

### 10.1.1 基本结构

双向IGBT（BIGBT）的结构如图10-1所示，BIGBT由正反两个IGBT结构组成，共同集成在一个硅衬底上，等效电路如图10-2所示。从图10-1和图10-2中可以看出该器件的顶部和底部具有对称性，这种对称性结构保证了器件在第一象限和第三象限都具有对称的电学特性。

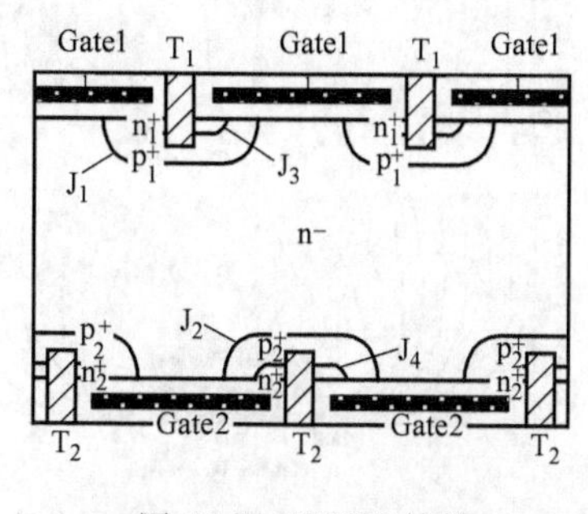


图 10-1　BIGBT 结构

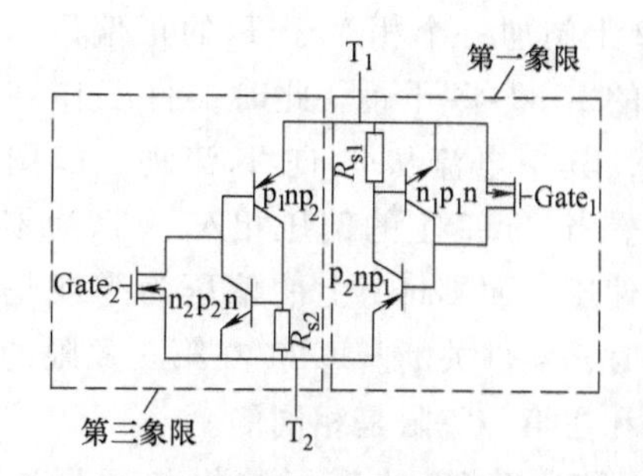


图 10-2　BIGBT 等效图

当 Gate1 和 Gate2 上的偏压均为零时，在 $T_2$上施加一个相对于 $T_1$的正向电压偏置时，$J_1$结和 $J_4$结反偏，$J_2$结和 $J_3$结正向偏置，此时器件处于正向阻断模式，正向阻断电压由 $J_1$结提供。当给 Gate1 加上一个正向偏压，Gate2 加反向偏压时，那么由于 Gate1 正向偏压使得顶部栅下产生 n 型沟道，因此电子会从 $n_1{}^+$发射区进入 $n^-$漂移区，使得顶部 IGBT 处于正向导通工作模式。在这两种正向阻断和正向导通工作模式下，器件均工作在第一象限中，电流从 $T_2$传输到 $T_1$中的模拟结果如图 10-3 所示。

为了使顶部 IGBT 从开通状态切换到关闭状态，顶部栅极 Gate1 需要为零或者加上一个相对于 $T_1$的负偏压，而且底部栅极 Gate2 也为零或加上一个相对于 $T_2$的正偏压。这样就切断了 $n_1^+$区电子的来源。当 Gate2 正向偏置时，$p_2$基区表面的 n 沟道开始形成，在关断过程中，类似于阳极短路结构的工作原理，$n^-$漂移区的过剩载流子从 $T_2$端被抽取，这样的关断过程有利于减小关断时间[5,6]，载流子模拟的结果如图 10-4 所示。

当在 Gate1 和 Gate2 上施加的偏压为零时，并且在 $T_2$上施加一个相对于 $T_1$的负

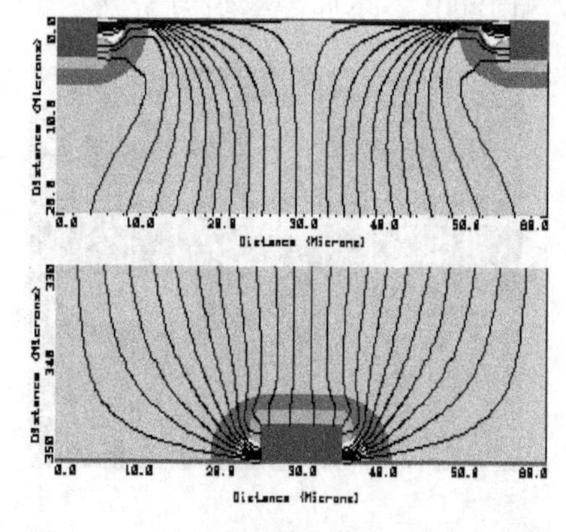

图 10-3　正向导通状态下的载流子分布

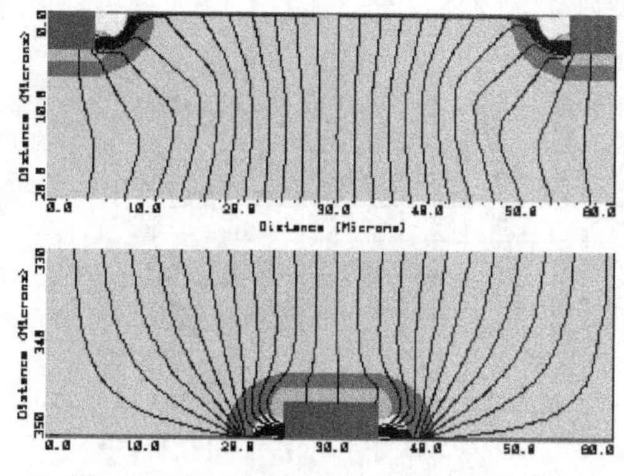

图 10-4　正向阻断状态下的载流子分布

电压，此时器件具有很高的反向阻断电压，反向电压由反向偏置结 $J_2$ 提供。如果在Gate2 上施加一个相对于 $T_2$ 的正偏压，那么底部的 IGBT 将开通。此时器件工作在第三象限，其中电流从 $T_1$ 向 $T_2$ 流动，如图 10-5 所示。当 Gate2 上的偏压相对于 $T_2$ 为零或是反向偏压，而 Gate1 上的偏压为零或是正向偏压时，器件关断。IGBT 在第三象限的工作机制和在第一象限是相同的。

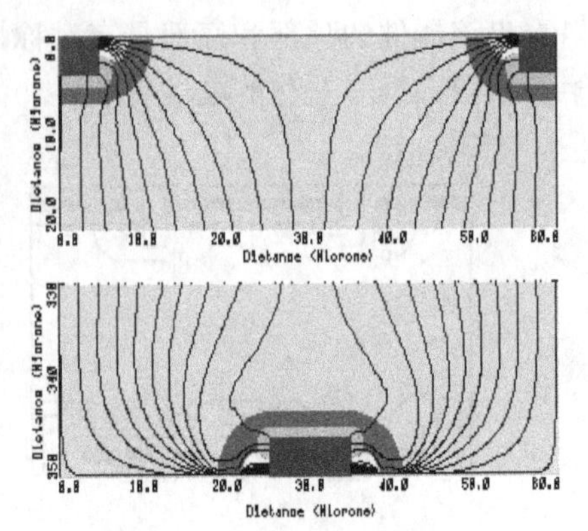

图 10-5　反向阻断载流子分布

由于 BIGBT 的底层结构与顶层结构相同，只是底层元胞与顶层元胞相差半个元胞的间距，如图 10-1 所示，因此每个 BIGBT 芯片都并联集成了大量的相同元胞。利用沟槽线性元胞结构的拓扑结构，可以实现高密度电流的闭锁[7,8]，并可以减小元胞的单元尺寸。为了获得高阻断电压，可以使用多个浮动的场限环与场板相结合的终端结构[9]。增加场板中的磷掺杂浓度，可以有效增加其阻断电压[10]。

## 10.1.2　器件特性

图 10-6 为室温下 BIGBT 第一象限的输出特性。与单向 IGBT 的导通情况类似，器件在不同的栅极电压下，有源区电流最后都趋于饱和，从图中可以看出通态电压约为 0.7V。

BIGBT 第一象限和第三象限的 IV 特性和转移特性分别如图 10-7 和 10-8 所示，该测试结果是在室温下得到的。从图 10-7 中可以看出，当 $I_{ce}=2A$ 时，器件的顶部和底部正向电压分别为 $U_{ce}=4.4V$，$U_{ce}=4.2V$。器件顶部和底部的正向电压不匹配，不匹配率大约为 4.6%。从图 10-8 中可以看出，该器件的顶部和底部的阈值电压分别为 2V 和 2.5V。室温下第一象限和第三象限的阻断特性如图 10-9 所示。从图中可以看出，器件的顶部和底部的击穿电压分别为 1700V 和 1800V，不匹配率约为 5.7%。

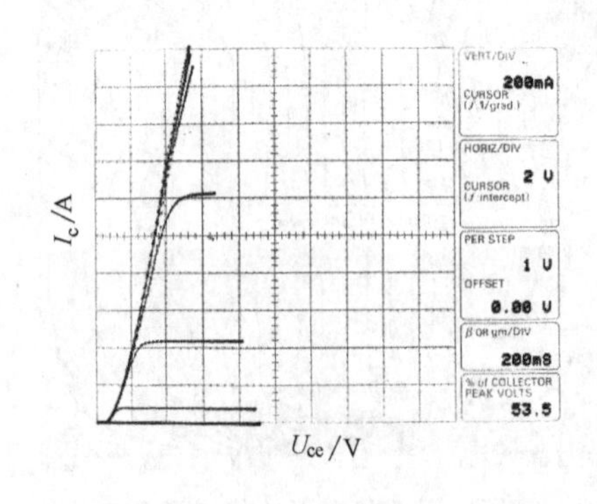


图 10-6　BIGBT 第一象限的输出特性

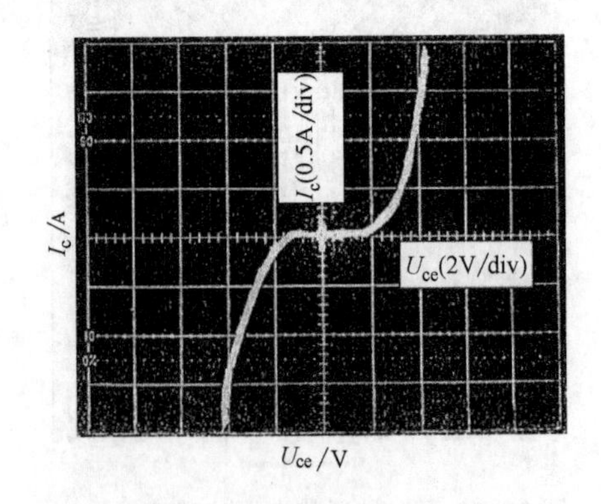


图 10-7　BIGBT 的 $I$-$U$ 特性

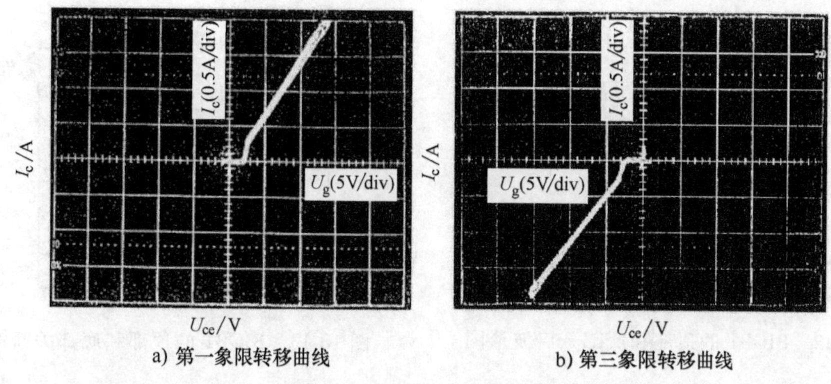

a) 第一象限转移曲线　　b) 第三象限转移曲线

图 10-8　BIGBT 的转移特性

图 10-10 和图 10-11 分别为室温下 BIGBT 顶部 IGBT 开启和关断的波形。该器件关断状态下的电压为 600V，开启后的电流为 2A。导通延迟时间大约为 70ns，上升时间约为 300ns。关断延迟时间约为 275ns，下降时间约为 480ns。图 10-12 和图 10-13 分别为室温下 BIGBT 顶部和底部共同开启和关断的波形。从图中可以看出，器件顶部和底部对应的上升时间分别约为 250ns 和 275ns，下降时间分别约为 425ns 和 486ns，器件顶部和底部的上升时间相差约为 9.5%，下降时间相差约为 13.4%。

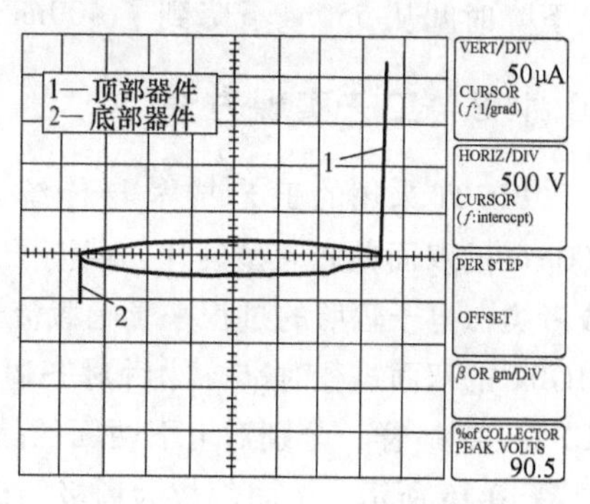

图 10-9　BIGBT 的阻断特性

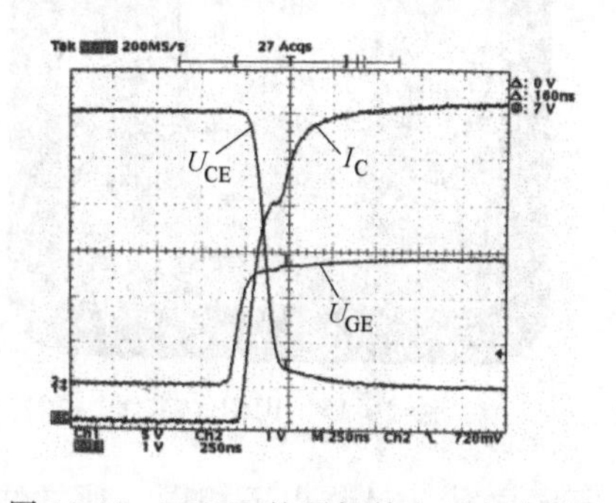

图 10-10　BIGBT 的顶部单个开启波形图

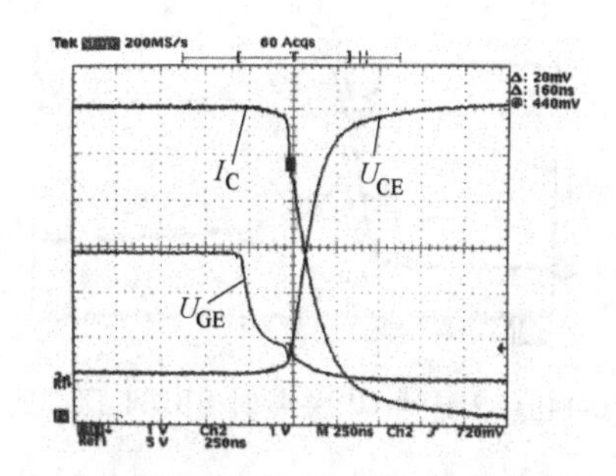

图 10-11　BIGBT 的顶部单个关断波形

从 BIGBT 的静态特性和动态特性，可以看出 BIGBT 的电学特性在两个方向上都具有良好的对称性。

图 10-14 为室温条件下，$U_{G2}-U_{T2}=0V$ 和 $U_{G2}-U_{T2}=15V$ 时，BIGBT 顶部的关断波形。当栅极 Gate2 导通 Gate1 关断时，$n^-$漂移区和 $n_2^+$ 发射极中间相互连接的 Gate2 下面的 n 型沟道短路，$T_2$停止向 $n^-$漂移区注入空穴，同时在关断时阻止电子

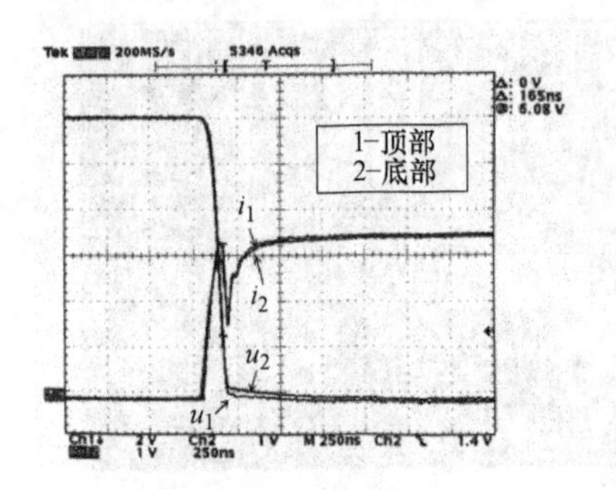


图 10-12　BIGBT 的顶部和底部开启波形图

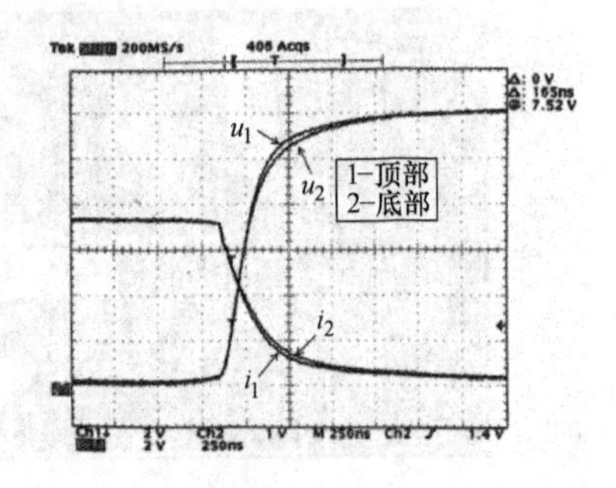


图 10-13　BIGBT 的顶部和底部关断波形

从 $n^-$ 漂移区向 $T_2$ 端移动。由实验可以看出，此时的关断时间显著下降，集电极电流下降时间从 550ns 下降到了 400ns。

### 10.1.3　工艺实现方法

BIGBT 采用的工艺技术与传统 IGBT 略有不同，采用晶向为<100>，厚度为 300μm 的双面抛光 n 型硅片，载流子寿命大于 200μs，对硅片没有使用铂或金的掺杂或者类似电子辐照的过程来影响载流子寿命。晶片采用 CMOS 技术制造，通过掩模将 BIGBT 的双面进行对准，然后对齐边缘对晶片进行双面图形套刻，后续工艺与传统 IGBT 工艺一样，分别对上下两面的晶片进行工艺制作，最终制作出的 BIGBT 的芯片如图 10-15 所示，中间部位为栅极，栅的周围部位为元胞，最外层为终端结构。

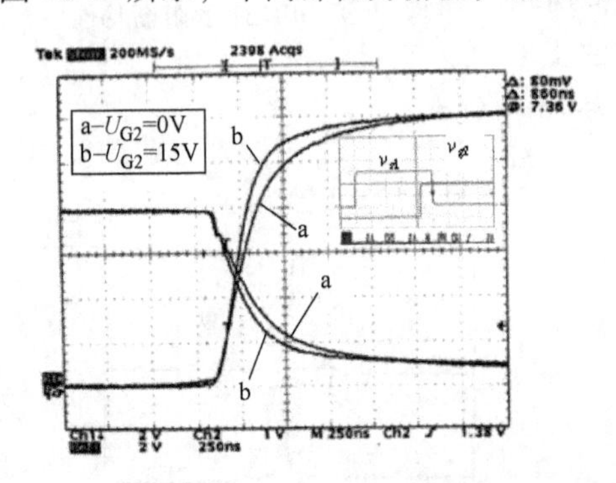


图 10-14　G2 导通 G1 关断时 BIGBT 顶部的关断波形

图 10-15　BIGBT 芯片

BIGBT 的芯片除了制作工艺与传统 IGBT 不同之外，封装也不相同。通常情况下，IGBT 是键合在一个金属基板上（对于分立器件）或者直接铜键合到外壳的内侧（对于功率模块）。IGBT 芯片只需要冷却集电极一侧。对于 BIGBT，栅极和底部的主要部分都必须绝缘，BIGBT 的顶部封装如图 10-16 所示。BIGBT 的内部封装示意如图 10-17 所示，从图中可以看出栅极和元胞都是直接铜键合的，通过这种双面的直接铜键合技术，BIGBT 可以和实际使用的器件相连，而且这种扁平封装技术可以有效提高器件的散热性能[11]。

图 10-16　BIGBT 顶部封装

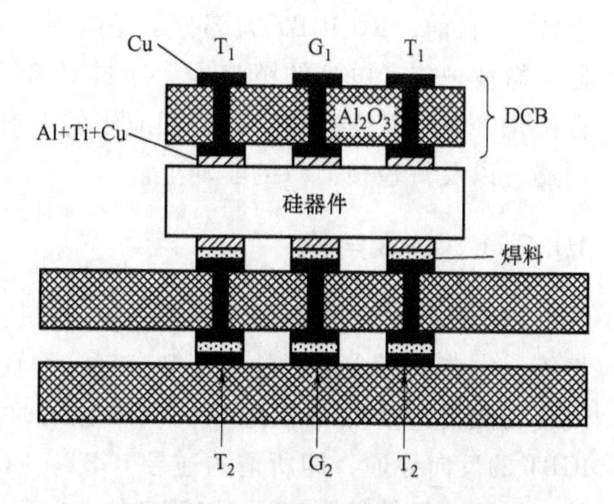


图 10-17　BIGBT 内部封装示意图

图 10-18 为双侧封装的 BIGBT 的最大集电极电流和温度的关系曲线。从图中可以看出，随着温度的升高，单面 DCB 封装和双面 DCB 封装的可处理的电流量随之增大，当在 $T_c$ = 80℃时，双面 DCB 封装的可处理电流量比单面 DCB 封装的可处理电流量大约多 20%左右，这意味着，双向封装器件具有更好的散热性能。

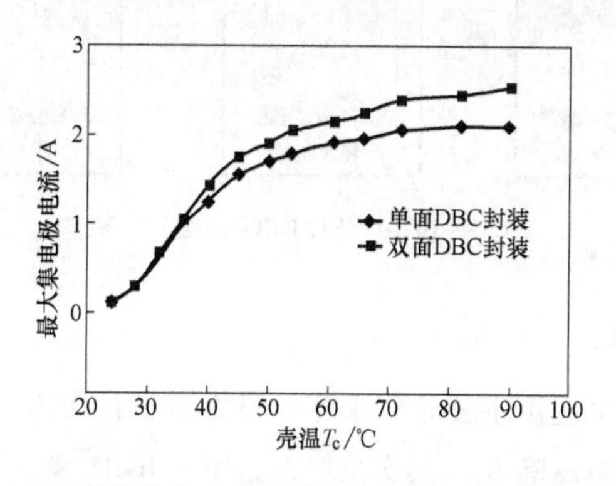


图 10-18　双侧封装的 BIGBT 的最大集电极电流和温度的关系

## 10.2　逆导 IGBT

IGBT 作为开关器件，通常需要反并联续流二极管使用，成本高。封装时需要考虑热分布问题。同时随着电力半导体高集成度的需求，逆导 IGBT（RC-IGBT）进入到了人们的视野中。

对于 RC-IGBT，它有许多优点，最主要的就是缩减了芯片尺寸，减小了二极管芯片的面积，使得 RC-IGBT 和 IGBT 的面积类似。除此之外，还节省了测试、引线级联的成本。RC-IGBT 的概念最早是应用在了 600V 的电灯镇流器上，被称为“亮 MOS”[12,13]。在这之后，RC-IGBT 又进一步优化并应用在了 1200V 的感应加热上[14]。目前，RC-IGBT 大部分都是应用于具有软开关能力的设备中，像感应加热器、微波炉或者电灯的镇流器。通过对 RC-IGBT 的集成二极管的反向恢复特性进行优化，也可以使其满足硬开关应用的需求，因此可以应用于像冰箱、空调中的变频器，以及一些相类似的驱动上。

### 10.2.1 基本结构

RC-IGBT 的结构如图 10-19 所示，它是在一个 IGBT 内部加入一个自由交换二极管，在背面形成平行的 n 区和 p 区，取代传统的 n 缓冲区和 p 集电区结构，这样就使得在集电极-发射极电压反向偏置的时候 IGBT 同样能传导电流，从而形成了 IGBT 的反向导通，即所谓的逆导 IGBT。RC-IGBT 背面的 n 型掺杂区就是集成在芯片上续流二极管的阴极，而 IGBT 的 p 基区和靠近顶端的高 $p^+$型掺杂区是续流二极管的阳极。

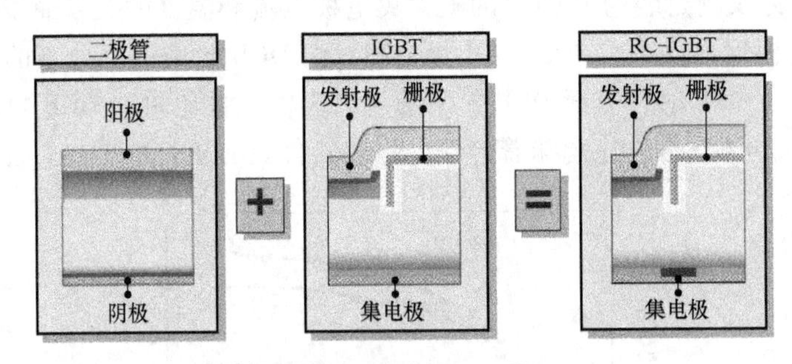


图 10-19　RC-IGBT 的结构

### 10.2.2 器件特性

RC-IGBT 的软开关应用主要是要求器件具有较低的 IGBT 饱和电压 $U_{CE}$（sat）和较低的正向二极管电压降 $U_f$，其次是器件工作在 IGBT 模式下要具有较低的关断损耗 $E_{on}$，较低的二极管损耗 $E_{rec}$，高短路能力，过电流关断稳定性和软开关行为。图10-20给出了 600V 二极管和工作在二极管模式下的 600V RC-IGBT 的载流子浓度的模拟结果。对于硬开关的应用，主要是通过优化集成二极管的反向恢复特性来实现的。

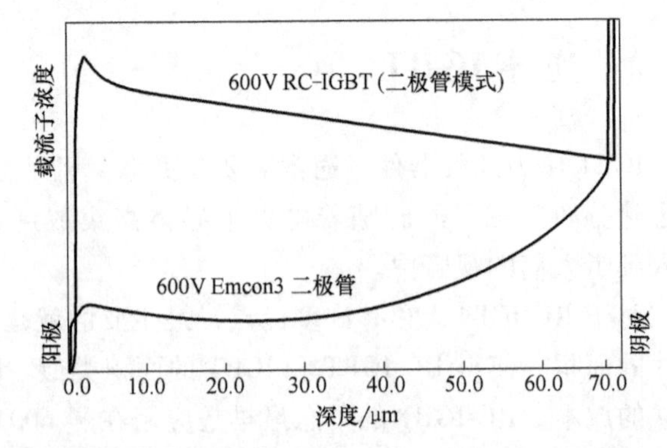


图 10-20　600V 二极管和 RC-IGBT 的载流子浓度分布[15]

对 RC-IGBT 集成二极管的反向恢复特性的优化主要有两种方法，一种是进行载流子寿命控制，另一种是降低反闩锁

$p^+$发射区的注入效率。这两种方法的结合将会使得 RC-IGBT 反向恢复特性变好，使其具有低的正向和反向压降，并且电流关断能力要优于沟槽栅场阻止型 IGBT，后来这些方法也被应用在 600V[16] 和 1200V[17] 的硬关断 NPT-IGBT 上。

载流子寿命控制：采用电子、质子和氦离子辐照进行，或者用铂、金等重金属进行掺杂，但是会在栅氧和硅-栅氧界面处形成不必要的陷阱电荷，导致阈值电压增加。由于阈值电压对温度比较敏感，高温下为了避免器件特性的不稳定性，进行高温下的退火处理是必要的。采用这种方法的缺点是会导致器件的通态压降 $U_{CE(sat)}$ 增大。

图 10-21 为二极管正向压降和反向恢复电荷的关系曲线，图 10-22 为 IGBT 正向通态压降和反向恢复电荷的关系曲线。从图中可以看出，在二极管正向压降 $U_f$ 和 IGBT 通态压降 $U_{CE(sat)}$ 都为 1.7V 的情况下，和整体寿命控制相比，局部寿命控制的器件反向恢复电荷 $Q_{rr}$ 分别下降了 14% 和 25%。在实际工艺中，可以借助于扩散铂来降低 RC-IGBT 的载流子寿命，因为这种方法可以避免在栅氧和硅-栅氧的界面处产生不需要的陷阱电荷。

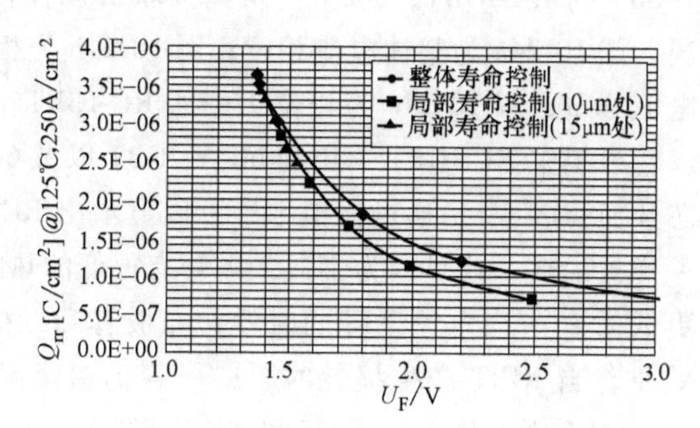


图 10-21 二极管正向压降和反向恢复电荷的关系[17]

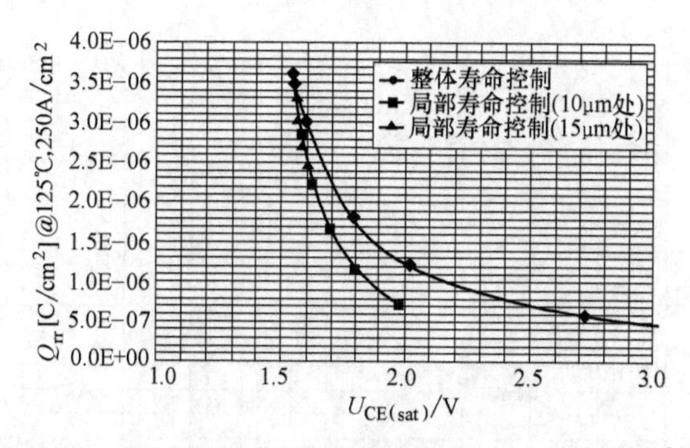


图 10-22 IGBT 正向通态压降和反向恢复电荷的关系[17]

降低反闩锁 $p^+$发射区的注入效率，优点在于对 $U_{CE(sat)}$ 没有影响。然而，$p^+$注入剂量的减少量被过电流关断的稳定性（闩锁稳定性）所限制，对 $p^+$发射区的注入效率的降低幅度有限。

图 10-23 显示了 20A/1200V RC-IGBT 反向恢复电荷 $Q_{rr}$ 和依赖于 $p^+$ 发射区注入剂量的过电流关断能力的关系。从图中可以看出，当发射剂量减小到原来剂量的 50%和 20%时，可以分别使 $Q_{rr}$ 降低至 85%和 75%。然而，低注入剂量下，器件的过电流关断能力也大幅度减弱。因此，目前的 RC-IGBT 在相同的稳定条件下，借助于减少 $p^+$ 发射区剂量来降低 $Q_{rr}$ 电荷的幅度不会很大，在 15%~25%之间。

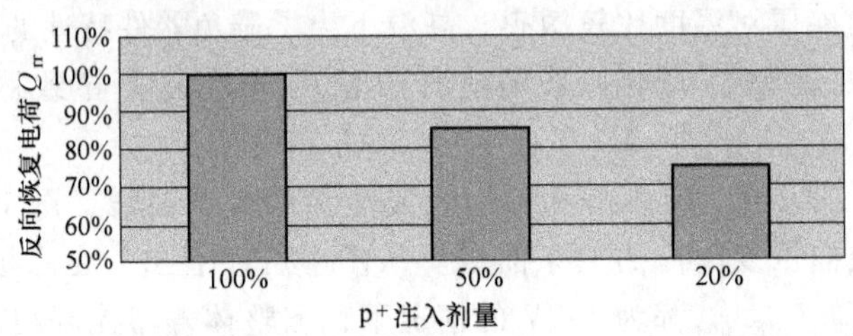


图 10-23　20A/1200V RC-IGBT 反向恢复电荷 $Q_{rr}$ 和过电流关断能力的关系[17]

对于一个新型器件，除了考虑其特性之外，还应考虑其热损耗的情况，图 10-24为一个包含了 600V 的 RC-IGBT、600V 的反向并联二极管和 600V 的 IGBT 的三相反相器模拟情况，图 10-24a 为整体电流相位，图 10-24b 为相位 1 中的 IGBT 和反向并联二极管的电流分布，图 10-24c 为相位 1 中的 RC-IGBT、IGBT 和反向并联二极管的温度对比。在模拟中 RC-IGBT 采用和 600V IGBT 以及 600V 二极管相同的电参数以及同样的芯片面积[18,19]。通过模拟结果可以显示出 RC-IGBT 在二极管模式下不会像二极管一样被加热。这是因为集成二极管有很低的热阻以及由于较低的电流密度而导致的更低的 $U_f$。当电流下降的时候，二极管和二极管工作模式下的 RC-IGBT 的温度都减小。当 IGBT 产生损耗时，二极管仍然降温，而工作在 IGBT 模式下的 RC-IGBT 再一次升温。因此，IGBT 和 RC-IGBT 之间的温差低于最开始时 IGBT 工作模式下的情况。RC-IGBT 中的平均功率损耗导致芯片额外增加的温度仅仅为 2.4℃。

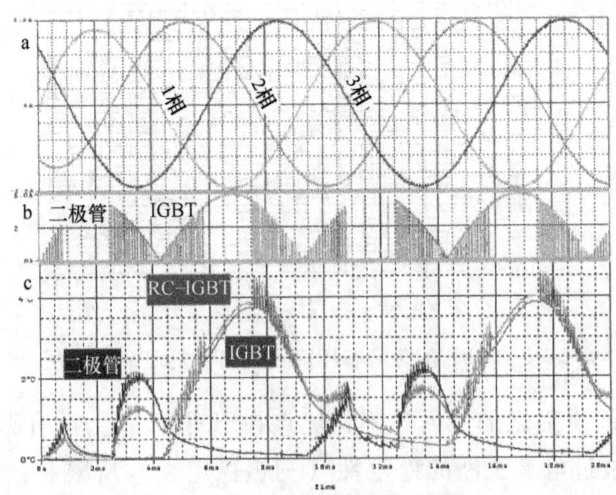


图 10-24　三相反相器模拟[17]

### 10.2.3　工艺实现方法

制作逆导型 IGBT 的方法主要有以下几个步骤：

1）正面工艺与传统的 IGBT 正面工艺相同。

2）正面工艺结束后，首先将圆片翻过来，从背面将 $n^-$型漂移区减薄到所需要的厚度，厚度不同耐压也相应地不同，一般而言 $n^-$型漂移区越厚，器件耐压越高。

3）从背面无遮挡注入 n 层来作为电场截止层，n 层一般通过磷注入或者质子注入来形成。

4）从背面无遮挡注入 p 层来形成 IGBT 的背面集电极，p 层一般通过注入 B 来实现。

5）然后在背面用光刻定义出需要注入 $n^+$层的区域，也就是逆导区域，让 $n^-$漂移区通过截止 n 层以及后面注入的 $n^+$层与背面直接接触，实现逆向导通。

6）从背面注入 $n^+$层，形成背面的欧姆接触以降低接触电阻。

7）祛除光刻胶后激光退火来激活前面注入的高掺杂 $n^+$层，激光退火的时间是微秒到毫秒级，瞬间温度超过 1000℃以确保完全激活注入的 $n^+$层。

8）最后背面金属化形成接触电极，一般都采用溅射的方式来沉积 Al-Ti-Ni-Ag 多层金属。

## 10.3　逆阻 IGBT

当前，在变频电源领域，正在大力发展矩阵式变换器，它要求功率开关器件具备反向阻断功能。由于传统的 IGBT 缺乏反向阻断能力，而引起额外正向导通压降，因此在器件中加入一个二极管是很有必要的。逆阻 IGBT（RB-IGBT）[20,21]是在 NPT-IGBT 基础上衍生出来的一种新型器件，正、反向均可承受电压。

### 10.3.1　基本结构

RB-IGBT 的结构如图 10-25 所示，左侧部分是一个传统的 IGBT，右侧是一个贯穿器件的 p 型掺杂区，相当于串联了一个二极管，提高了器件反向阻断的能力。

### 10.3.2　器件特性

1200V 时 RB-IGBT 的正向和反向阻断特性如图 10-26 所示，室温下反向阻断电压大于 1500V，125℃下，漏电有所增加。由于没有 $n^+$缓冲区来维持寄生 pnp 晶体管处于低增益状态，故高温下，寄生 pnp 晶体管导致反向漏电增加。正向漏电流增加同理。采用薄片工艺和载流子寿命控制技术相结合的方法来制作 RB-IGBT，以降低寄生 pnp 晶体管的影响。

图 10-27 是在栅极电压 $U_{GE}=15V$ 时，RB-IGBT 的 $I$-$U$ 特性。额定电流 100A 下，

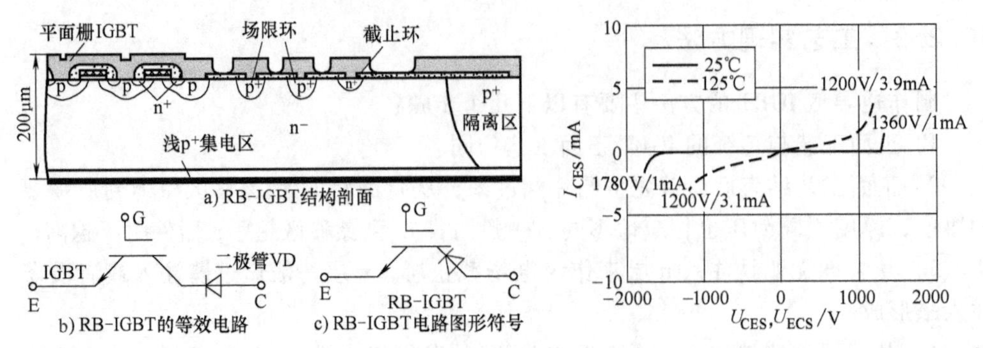


图 10-25　RB-IGBT 的结构剖面及等效电路　图 10-26　1200V 的 RB-IGBT 的双向阻断特性[22]

25℃和 125℃时正向饱和压降 $U_{CE(sat)}$ 分别为 2.62V 和 3.06V，与 IGBT 和二极管串联结构相比，压降依然较小。因此，作为双向阻断的 RB-IGBT 可以有效减少通态损耗。

图 10-28 为 1200V RB-IGBT 的关断波形，RB-IGBT 的关断能量损耗非常小，$E_{off}$ 仅为 6.85mJ。

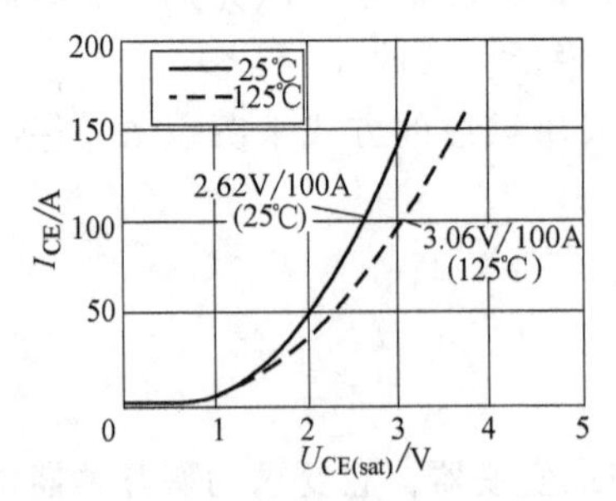


图 10-27　1200V RB-IGBT 正向 *I-U* 特性[22]

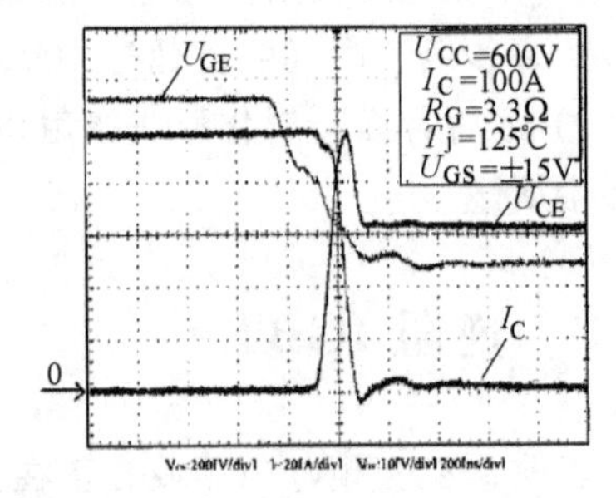


图 10-28　1200V RB-IGBT 的关断波形[20]

### 10.3.3　工艺实现方法[22]

制作逆阻 IGBT 的方法主要有以下几个步骤：

1）硼选择性地扩散到切割区域，以形成结隔离区；

2）利用厚达数微米的热氧化层作为扩散的掩蔽膜；

3）去除掩蔽氧化层，形成表面结构的方法与传统 IGBT 相同；

4）非隔离区通过背面硼离子注入，然后退火形成一个浅的 $p^+$ 层。

## 10.4　超结 IGBT

超结（Super Junction）技术的发明打破了所谓的“硅限”（Silicon-limit），根本性地解决了传统功率器件提高击穿电压和降低导通电阻的矛盾。n 型半导体和 p 型半导体相互交替所构成的耐压区，使得耐压区中的电场趋于均匀分布，耐压区也可以有很高的掺杂浓度[23,24]。这种交替分布的 p 柱、n 柱形超结结构在阻断情况下，将器件耗尽区的扩展分成水平和垂直两个方向，在相同 $n^-$ 基区掺杂浓度和厚度的条件下，器件的阻断电压得以提升。同时，垂直的柱状 p 型区域被引入 $n^-$ 基区后能够补偿剩余的电子电荷。在 IGBT 结构中引入类似的"Super Junction"结构就诞生了 SJ-IGBT[25]，通过改进器件的结构和掺杂参数可以有效提升 IGBT 器件性能。

## 10.4.1 基本结构

SJ-IGBT 的结构如图 10-29 所示，正向阻断状态下，SJ-IGBT 在阳极较小的电压（约为几伏）时，漂移区就已经全部耗尽。与普通穿通型 IGBT 漂移区电场的梯形分布不同，SJ-IGBT 漂移区内的电场是均匀分布的。众所周知，普通功率器件耐压区的电场斜率与衬底掺杂浓度有关，浓度越高，斜率越大，耐压能力越差。而超结器件由于耐压区的电场分布几乎与衬底浓度无关，n 柱、p 柱掺杂浓度可以在一个很大的范围内变化而不影响器件的耐压能力。

## 10.4.2 器件特性

图 10-30 所表示的是 SJ-IGBT 在不同衬底浓度下击穿电压的变化，其中 n 柱和 p 柱的掺杂浓度相等。当 n 柱和 p 柱掺杂浓度从 $5\times10^{13}\,cm^{-3}$ 变化到 $1\times10^{14}\,cm^{-3}$ 时，器件的击穿电压变化很小，随着掺杂浓度的继续增加，击穿电压逐渐降低，这与超结结构内部独特的电场分布有关[26]。

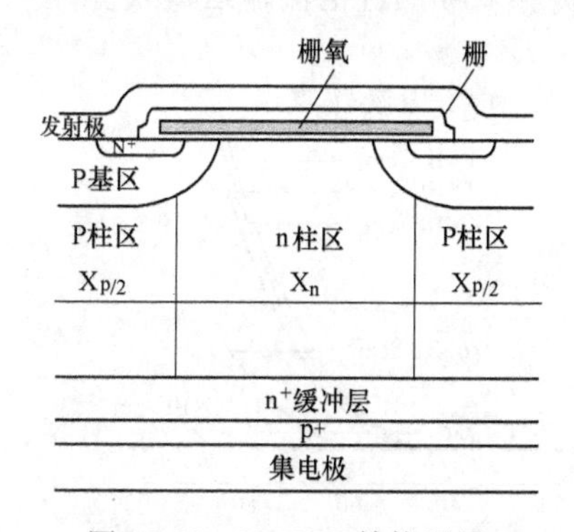


图 10-29 SJ-IGBT 结构图图

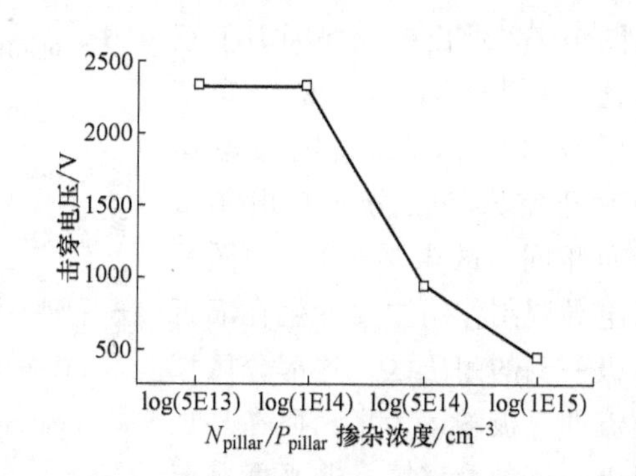


图 10-30 n 柱和 p 柱掺杂浓度对器件击穿电压的影响

不同 n 柱和 p 柱的宽度对器件的击穿特性也有很大影响，如图 10-31 所示，当 n 柱和 p 柱的掺杂浓度一定时，随着宽度的增加，击穿电压逐渐增大。

在电荷平衡条件下，具有"Super Junction"结构的器件在 p 柱区和 $n^-$ 基区的宽度满足以下条件[27]：

$$X_n \cdot N_n = X_p \cdot N_p \tag{10-1}$$

式中，$X_n$ 代表 n 柱区的宽度；$N_n$ 代表 n 柱区的掺杂浓度；$X_p$ 代表 p 柱宽度；$N_p$ 代表 p 柱区的掺杂浓度。

同时，在获得电中性平衡条件下，当n柱区的掺杂浓度超过一定的值也会导致器件的阻断电压急剧下降。因此，为获得理想的阻断电压，n柱区的掺杂浓度 $N_n$ 还必须满足下面的条件[27]：

$$N_n \leqslant \frac{3.26\times10^{11}}{\sqrt[5]{X_n^6}} \qquad (10\text{-}2)$$

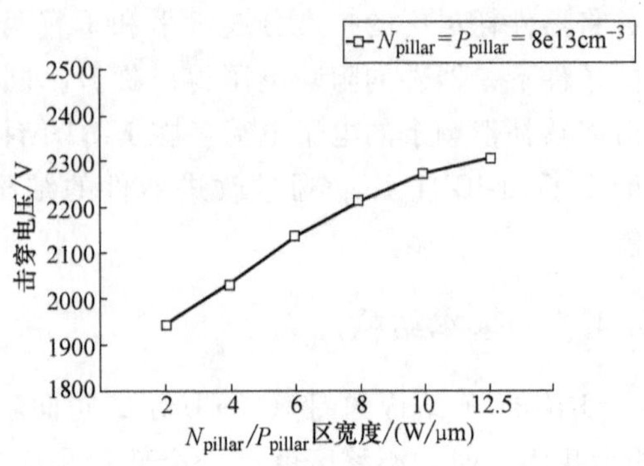


图 10-31　n柱和p柱宽度对器件击穿电压的影响

在相同阻断电压下，SJ-IGBT的$n^-$基区的厚度可以设计得更薄。同时由于p柱区掺杂浓度较高，也可通过增加n柱区的掺杂浓度来降低SJ-IGBT的导通损耗。

SJ-IGBT在正向导通时的工作机理与传统穿通型IGBT有很大的不同。对于传统穿通型IGBT，在集电极加正电压且栅极电压大于其阈值电压时，大量的电子通过栅极下的沟道进入耐压区，这使得$p^+$集电区也向耐压区注入大量的空穴，所以耐压区内的载流子浓度在正向导通时远大于其本身的掺杂浓度。IGBT正是通过这种强烈的电导调制效应降低导通压降，实现电流的双极输运。但是，SJ-IGBT由于在耐压区插入了相互交替的n柱和p柱，并且其掺杂浓度还远高于普通IGBT耐压区的掺杂浓度，这使得SJ-IGBT导通时同时存在单极和双极两种电流输运模式。

图10-32示出的是SJ-IGBT正向导通时耐压区载流子的分布情况，栅极电压10V，集电极电压3V（由于空穴浓度分布与电子浓度分布相同，故未画出）。如图所示，电导调制作用主要发生在靠近集电极一侧的耐压区，这部分区域以电流的双极输运为主；而在靠近发射极一侧的漂移区，非平衡载流子浓度几乎为零，电子电流和空穴电流分别在n柱和p柱内各自流动，以电流的单极输运模式为主。这与普通IGBT在整个耐压区都有强烈的电导调制作用是不同的。并且n型缓冲层浓度对SJ-IGBT的电导调制作用有明显的影响。

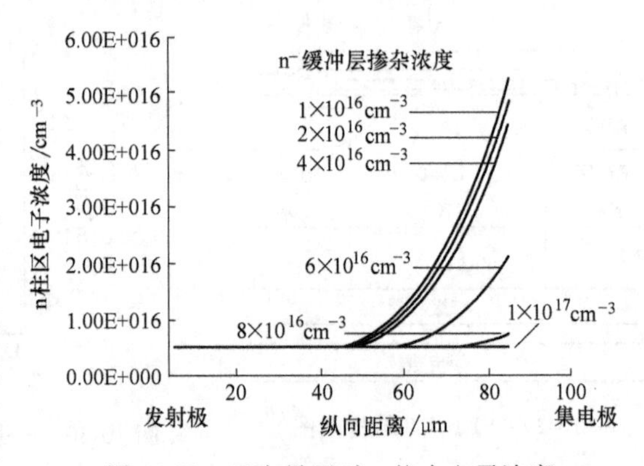


图 10-32　正向导通时n柱内电子浓度

n型缓冲层浓度对SJ-IGBT导通特性的影响分两种情况：①当n型缓冲层的浓度较高时，n柱和p柱内的载流子浓度等于各自的掺杂浓度，此时耐压区内没有明显的电导调制效应，电子电流和空穴电流分别在n柱和p柱流动。这时电流的单极输运占主要地位。值得指出的是，这一现象是 SJ-IGBT 所独有的，其他的超结器件，如超结 MOSFET，在导通时电流只流经 n 柱，p 柱内只流动着少量的漏电流。②当 n 型缓冲层的浓度较低时，n 柱和 p 柱内发生了明显的电导调制效应，非平衡载流子浓度远大于各自区域的掺杂浓度。但是这一现象仅发生在靠近集电极一侧 n 柱和 p 柱内，靠近发射极一侧的 n 柱和 p 柱的上半部分内，载流子浓度依然等于各自区域的掺杂浓度。此时在靠近集电极一侧的耐压区内电流以双极输运为主，在靠近发射极一侧电子电流和空穴电流则分别在 n 柱和 p 柱内各自流动[28]。

SJ-IGBT 的关断特性相比普通 IGBT 也有明显的改善。由于超结器件在关断情况下具有补偿剩余载流子的作用，因此在很低的电场强度下 SJ-IGBT 就能够将 n 柱区内的剩余空穴通过 p 柱区扫向电极。SJ-IGBT 在关断时 $J_2$结和 n 柱区内的 p 柱区形成的 pn 结处于反偏状态，沿着反偏的 pn 结（p/n 柱区）方向存在一个横向电场。随着横向电场的增大，p/n 柱结的耗尽层向 n 柱区扩展。由 pn 结的特性可知，在反向偏置条件下，耗尽层的作用像一个少数载流子的“抽取器”，从附近的准中性区吸取载流子。因此，耗尽层的扩展加速了储存在 n 柱区内的少子的移出和复合[29]。从图 10-33 中普通 IGBT 和 SJ-IGBT 关断时的电压波形的对比可以看出，SJ-IGBT 器件关断特性获得明显的提升。

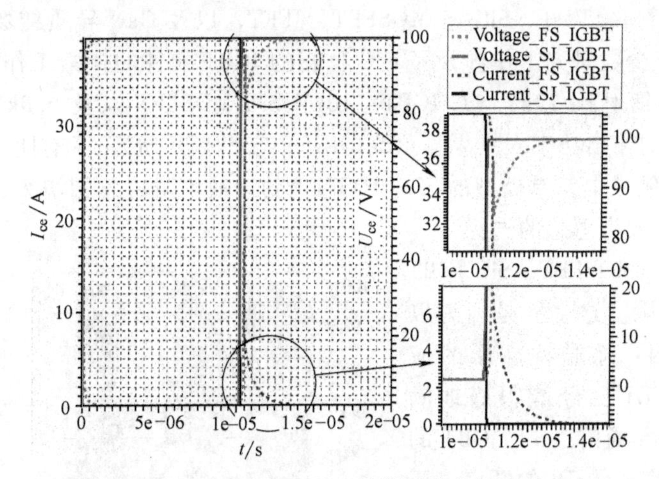


图 10-33　IGBT 和 SJ-IGBT 关断时的电压波形对比

### 10.4.3　工艺实现方法

制作超结 IGBT 的方法主要有以下几个步骤：

1）在 p 型重掺杂的衬底上生长浓度由高到低的第一层 n 型外延；

2）生长第二次 n 型外延；

3）在硅片正面曝光图形，进行 p 柱的刻蚀；

4）通过刻蚀形成槽，然后对槽生长高掺杂硼的外延；

5）再进行外延层的研磨，研磨至单晶硅的表面；

6）进行沟槽栅的曝光定义，生长 n 型掺杂的多晶硅；

7）对多晶栅进行刻蚀；

8）正面进行 $n^+$ 发射极和 p 基区的注入和推进；

9）背面进行硅片减薄，最后进行集电极的背金。

## 10.5 SiC-IGBT

发展高压高频的功率器件对于工业控制、电力传输等领域具有重要意义。目前商用的 Si 基 IGBT 最高耐压为 6.5kV，更高电压等级应用中只能使用晶闸管类器件或者串联 IGBT 使用。在高压领域，基于 Si 功率器件的方案在通态压降与开关损耗之间的折中变得非常困难[30,31]。SiC 功率器件以其高击穿电场，高热导率等优良特性成为高压系统中最具前景的选择。

在宽禁带半导体中，p 型受主杂质一般具有较高的电离能（100～200meV），使得 p 型掺杂激活率低下，同时由于空穴迁移率较低，所以目前商用的宽禁带半导体电力电子器件的种类不涉及双极型器件，还只限于单极型器件，如 GaN、SiC 肖特基势垒二极管（SBD）、SiC 基 MOSFET、JFET，以及 GaN 异质结场效应晶体管 HFET，而只有少数研究工作涉及了 SiC 材料的 IGBT 器件的探索工作。如图 10-34 所示，通过详细对比 12kV SiC IGBT、10kV SiC MOSFET 以及 6.5kV Si IGBT 在 7.2kV 系统中的输出功率，结果显示 SiC IGBT 与 SiC MOSFET 具有明显的优势[32]。而在更高压的领域中，单极型的 SiC MOSFET 的导通电阻将急剧增大，因而双极型的 SiC IGBT 将成为理想的选择。

相对于 SiC MOSFET，SiC IGBT 的报道相对有限。这主要是因为以下几方面原因：除非特高压的应用，SiC MOSFET 已经能很好地满足需要；正向导通时，SiC IGBT 的 Collector 结上需要约 3V 的开启电压（Si IGBT 的 Collector 开启电压约 0.7V），因而限制了其应用范围；目前缺乏有效控制 SiC 中少子寿命的方法。

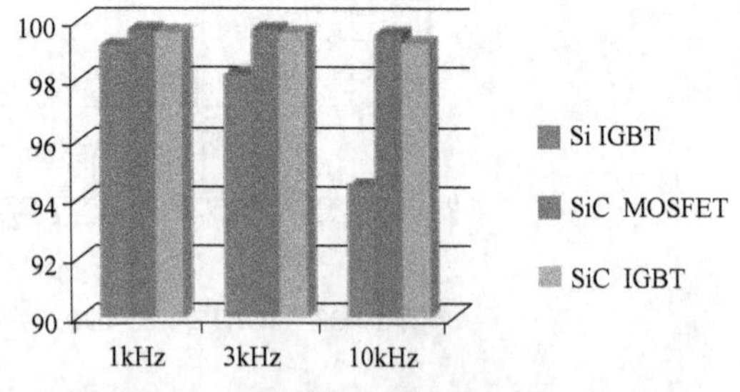


图 10-34　Si IGBT、SiC MOSFET，SiC IGBT 在 7.2kV 系统中输出功率对比[33]

图 10-35a、b 分别是 n 沟道与 p 沟道的 SiC IGBT。通常来说，由于电子迁移率通常比空穴迁移率高，n-IGBT 易于获得较低的导通电阻，并且开关速度大于 p-IGBT[33-37]。Si IGBT 通常采用 n 沟道，因而 SiC n-IGBT 的驱动电路可以与 Si IGBT 相兼容。然而，SiC n-IGBT 需要 p 型衬底，由于 SiC p 型掺杂电离率低并且空穴迁移

率低，低阻 SiC p 衬底难以获得，因此目前的研究大部分集中于 SiC p-IGBT[38-41]。除了低阻的衬底，由于空穴雪崩电离率低，p-IGBT 的可靠性更佳[36,41]，npn 具有更高的共基放大系数，使得 p-IGBT 的跨导更大[41]；由于 n-well 电阻率低，p-IGBT 具有更强的抗闩锁能力[36]。

对于 IGBT，高的载流子寿命将带来更有效的电导调制效应，从而获得较低的正向导通电压。Cree 公司使用一种载流子寿命增强技术，在 1300℃高温中对 SiC 材料进行长达 10h 的热氧化过程。实验证明，采用此项技术的 n-IGBT 的导通电压降低了大概 1V[42]。

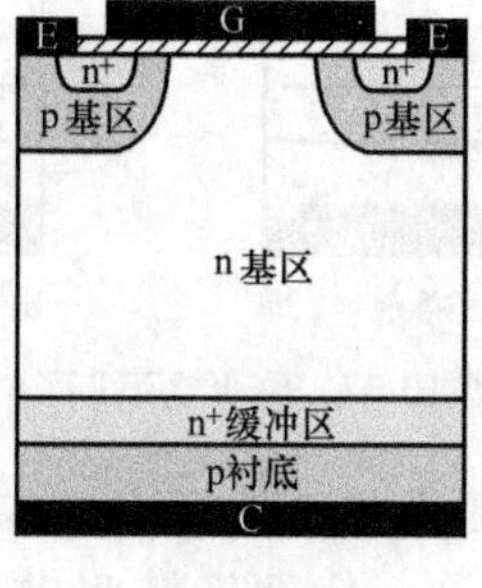


a) SiC n-IGBT

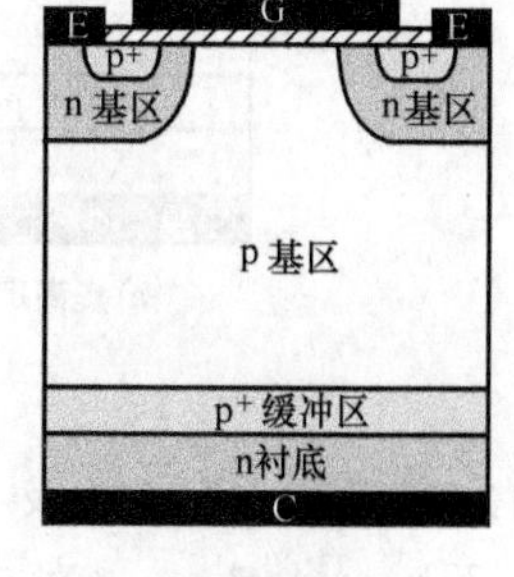


b) SiC p-IGBT

图 10-35　SiC n-IGBT 和 SiC p-IGBT 结构剖面图

在实际应用中，希望功率开关器件的导通电阻具有一定的正温度系数，这样，芯片局部出现高温则引起相应区域的电流密度下降，形成一个负反馈。p-IGBT 导通电阻通常具有负温度系数[40,41,43,44]，主要由以下几方面引起[41,45]：温度升高引起漂移区双极载流子寿命增大，电导调制效应增强，从而正向压降降低，图 10-36 为根据 IGBT 开关时间估算出来的双极性载流子寿命随温度变化的关系[46]；p-发射区中的空穴电离率随温度增大而增大，发射区电阻减小，同时发射区金属的接触电阻也会随之减小；反型层的载流子迁移率也随温度升高而增大。但是温度升高，漂移区载流子迁移率降低，会一定程度增大导通电阻，可以通过对器件参数进行合理的设计使 p-IGBT 的导通电阻随温度升高而保持大体不变，甚至获得正温度系数[41]。

在 SiC IGBT 制备中，由于掺杂的杂质扩散率非常低，因而不能使用自对准的双扩散工艺，这给器件制备带来了一定困难。通常，为了减小沟道长度，SiC IGBT 的沟道是通过电子束光刻进行定义。然而，有文献中提出一种自对准的方法，使用多晶硅作为 n 基区的掩膜，然后高温氧化多晶硅，氧化后多晶硅掩膜会有一定的横向生长，大概几百 nm 的量级，接着进行 p+发射区域的注入[38]。

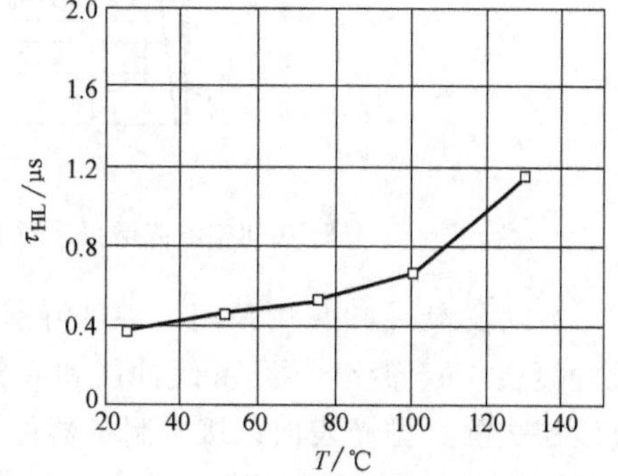


图 10-36　SiC p-IGBT 中双极性载流子寿命随温度的关系[46]

SiC IGBT 由于 pn 结耗尽区宽度较大，两个 n 基区之间的 JFET 区域的电阻相应会受到影响。在实际的 SiC IGBT 设计中，可以在 JFET 区域通过离子注入等方法提高 p 掺杂的浓度（见图 10-37a），从而降低 JFET 区电阻[34,46]。另外一种常用的方

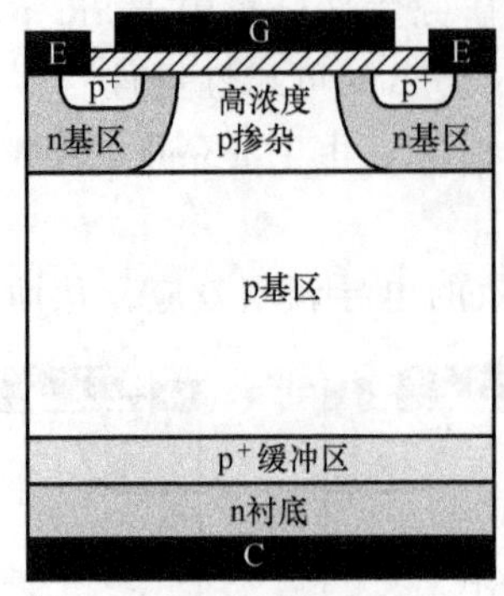


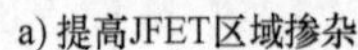
a) 提高JFET区域掺杂

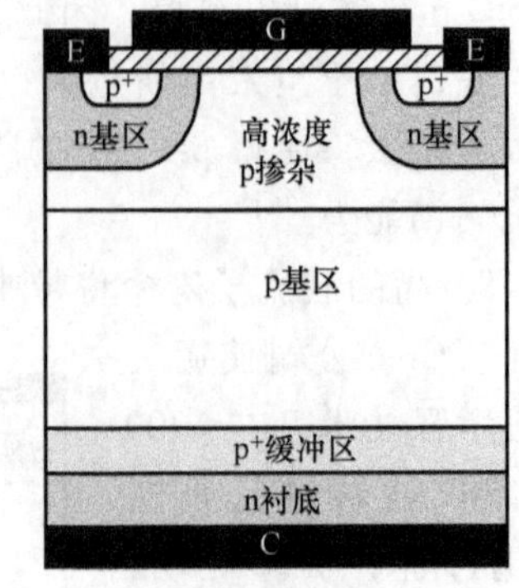


b) 具有电流增强层的SiC p-IGBT

图 10-37　降低 JFET 区电阻的结构

法是在 JFET 区域以及 n 基区下方一定距离之内提高 p 型掺杂的浓度（见图 10-37b）[33,40,41]，文献中将这一掺杂区域叫做电流增强层（CEL），这类似于 Si IGBT 中的 CSTBT[47,48]。电流增强层可以在 IGBT 正向导通时，显著提高靠近 n 基区处的等离子体浓度，从而加强电导调制。在图 10-38 中，对比了电流增强层对漂移区等离子体分布的影响，可以看出，在靠近器件表面，具有电流增强层的 IGBT 电导调制更强，因而器件的导通电阻更小[41]。

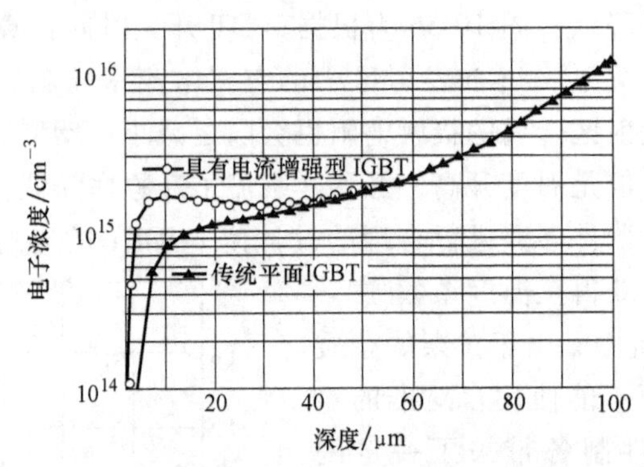


图 10-38　电流增强层对 IGBT 等离子体分布的影响[41]

参考文献［49］中采用了一种特别的方式制备 SiC n-IGBT，在 n 型衬底依次生长过渡层、$n^-$漂移区层、n 缓冲层和 p 集电极层，然后将衬底翻转，将 n 型衬底及过渡层去除，抛光表面，接着制备器件，如图 10-39 所示。2013 年的国际电子器件会议（IEDM）上报道了采用此方法制备的击穿电压高达 16kV 的 SiC n-IGBT，其正向电流为 $100A/cm^2$时，压降仅为 5V[50]。

近年来亦有研究人员尝试使用自支撑 n 型衬底制备 n-IGBT，如图 10-40a 所示[51]，背部的 $p^+$集电区通过离子注入形成。由于离子注入引入大量晶体缺陷，通过这种方法形成的 SiC IGBT 的少子寿命较小，电导调制的效果不明显。采用类似方法，研究人员制备出双向 SiC n-IGBT[52]，如图 10-40b 所示。这项研究中，器件

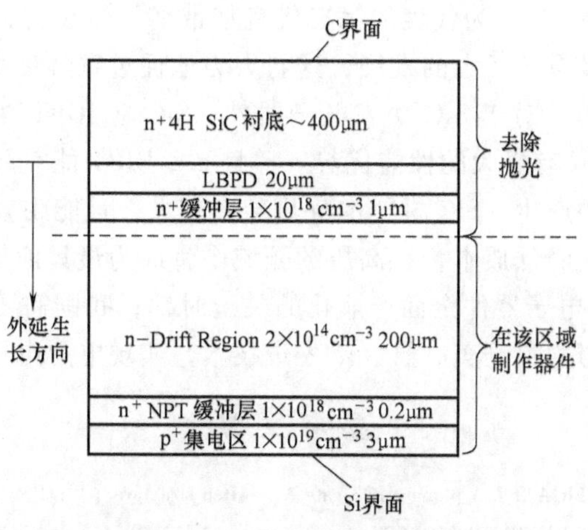


图 10-39 SiC n-IGBT 材料制备[49]

的正面与背面都制作了 MOS 结构，使得器件的电流方向可以通过栅极控制切换。双向 IGBT 适用于交流电力系统中，相比于传统的使用两个器件串联的方案，双向 IGBT 能大大减小器件的导通损耗。目前双向 SiC n-IGBT 仍需要进一步的优化，在设计中需要考虑 SiC 的 Si 面与 C 面在材料特性上的差异。

SiC n-IGBT 导通电阻的温度系数由诸多参数决定，温度升高时，衬底中空穴激活率升高，使得衬底电阻降低，并且集电区中空穴发射效率增大，从而引起导通电阻随温度升高而降低。然而，通过减薄衬底等方式能够较为有效降低衬底电阻的影响，同时因为漂移区载流子迁移率降低，从而扩散长度减小，文献中有报道具有正温度系数的 n-IGBT[44]。

此外，需要看到的是，SiC IGBT 还有诸多不成熟之处，p 型掺杂激活率随温度变化给器件的可靠性带来了一定的隐患，对 SiC 的载流子寿命控制的方法和高压下栅氧化层的可靠性也有待进一步研究。

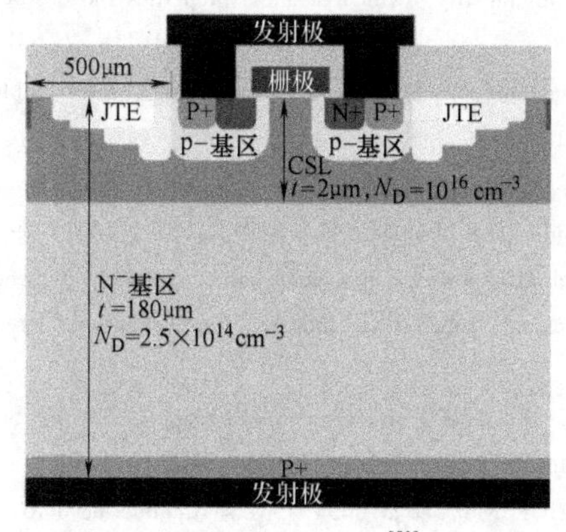


a) SiC n－IGBT[51]

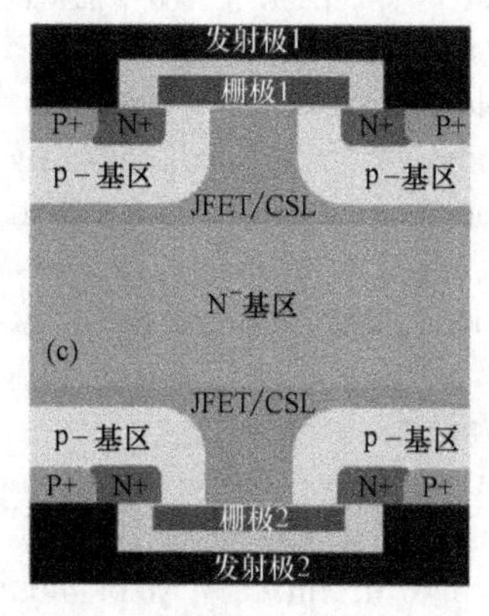


b) 双向SiC n－IGBT[52]

图 10-40 制备于 n-衬底上的 n-IGBT 结构

近年来，以 GaN、SiC 为代表的第三代宽禁带半导体在材料、器件研发以及系统应用等方面都已经有了巨大的发展，这将大力地促进宽禁带半导体电力电子器件的低成本化普及应用。对于 SiC 功率电子器件：SiC 基 IGBT 在高压系统，特别是 10kV 以上的系统，具有极大的性能优势。并且 SiC IGBT 能兼顾导通损耗与开关损耗，因而减小热量的产生；SiC 材料本身热导率较大，且能耐较高温度，从而能减少冷却系统的使用，降低成本，在高压的领域中将成为最具前景的选择。未来几年将是 GaN、SiC 功率电子器件全面产业化的关键时期，我国需要紧紧抓住这一发展机遇，迎接挑战，努力追赶美、日、欧先进技术，实现电力电子领域的产业升级。

## 参考文献


[1] MEHROTRA M, BALIGA B J. A planar MOS-gate AC switch structure [J]. Proc. IEDM, 1995: 349-352.

[2] DUTTA R, AJIT J S, KINZER D. MOSFET-gate three-terminal bi-directional switch [J]. Proc. ISPSD, 1998: 213-216.

[3] AJIT J S, DUTTA R, KINZER D. Insulated gate triac: device and applications [J]. Proc. PESC, 1998: 1180-1185.

[4] BALIGA B J. Bi-directional insulated-gate rectifier structure and method of operation [J]. European Patent, 1984.

[5] HOBART K D, KUB F J, DOLNY G, et al, Fabrication of a double-side IGBT by very low temperature wafer bonding [J]. Proc. ISPSD, 1999: 45-48.

[6] HOBART K D, KUB F J, ZAFRANI M, et al. Characterization of a double-side IGBT by very low temperature wafer bonding [J]. Proc. ISPSD, 2001: 125-128.

[7] OTSUKI M, MOMOTA S. A Nishiura, et al. The 3rd generation IGBT toward a limitation of IGBT performance [J]. Proc. ISPSD, pp24-29, 1993.

[8] NEZAR A, MOK P K T, SALAMA A T. Latch-up prevention in insulated gate bipolar transistor [J]. Proc. ISPSD, 1993: 236-239.

[9] YILMAZ H, Optimization and surface charge sensitivity of high voltage blocking structure with shallow junctions [J]. IEEE transactions on electron devices, 1991, 38 (7): 1666-1674.

[10] LASKA T, MILLER G. A 2000 V-non-punch-through-IGBT with dynamical properties like a 1000V V-IGBT [J]. Proc. IEDM, 1990: 807-810.

[11] SHANQI ZHAO, JOHNNY K O. Improved thermal and switching characteristics of high power double-side packaged IGBT [J]. Proc. ISPSD, 2000: 229-232.

[12] GRIEBL E, HELLMUND O, HERFURTH M, et al. Light MOS-IGBT with Integrated Diode for Lamp Ballast Applications [J]. Conference on Power Electronics and Intelligent Motion PCIM2003, 2003: 79.

[13] GRIEBL E, LORENZ L, PUIRSCHEL M. LightMOS a new power semiconductor concept dedicated for lamp ballast application [J]. Conference Record of the 2003 IEEE Industry Applications Conference, 2003: 768-772.

[14] HELLMUND O, LORENZ L, RUITHING H, 1200V Reverse Conducting IGBTs for Soft-Switching Applications [J]. China Power Electronics Journal, Edition 5/2005, 2005: 20-22.

[15] RULTHING H, HILLE F, NIEDERNOSTHEIDE F J, et al. 600V Reverse Conducting (RC-) IGBT for Drives Applications in Ultra-Thin Wafer Technology [J]. Proceedings of the 19th International Symposium on Power Semiconductor Devices & Ics, 2007: 89-92.

[16] SATOH K, IWAGAMI T, KAWAFUJI H, et al. A new 3A/600V transfer mold IPM with RC (Reverse Conducting) -IGBT [J]. Conference for Power Conversion Intelligent Motion PCIM2006, 2006: 73-78.

[17] TAKAHASHI H, YAMAMOTO A, AONO S, et al. 1200V Reverse Conducting IGBT [J]. Proceedings ofthe 16th ISPSD, 2004: 133-136.

[18] Datasheet of IKPION60T. www. infineon. com/IGBT.

[19] Datasheet of FS6RO6VE3 B2. www. infineon. com/IGBTModules.

[20] TAKEI M. 600V-RB-IGBT With Reverse Blocking Capability [J]. ISPSD 2001: 413-416.

[21] TAKEI M. The Reverse Blocking IGBT for Matrix Converter With Ultra Thin Wafer Technology [J]. ISPSD 2003: 156-159.

[22] HIDEKI TAKAHASHI, MITSURU KANEDA, TADAHAM MINATO. 1200V class Reverse Blocking IGBT (RB-IGBT) for AC Matrix Converter [J]. Proceedings of 2004 International Symposium on Power Semiconductor Devices & ICs, 2004: 121-124.

[23] 陈星弼. 超结器件 [J]. 电力电子技术, 2008, 48 (12): 2-7.

[24] CHEN XING BI. Semiconductor Power Devices with Alternating Conductivity Type High-voltage Breakdown Regions [P]. US Patent 5216275, 1993.

[25] BAUER F. The super junction bipolar transistor: a new silicon power device concept for ultra low loss switching application at medium to high voltages [J]. Solid state Electronics, 2004, 48 (5): 705-714.

[26] CHEN XING BI. Theory of a novel voltage-sustain composite buffer (CB) layer for power device [J]. Chin J Electron, 1990, 7 (3): 211-216.

[27] SPULBER O, DE SOUZA M M, SANKARA E M. ANALYSIS OF A COOL-MOSFET [J]. Semiconductor Conference, 1999. 131-134.

[28] 王永维, 陈星弼. 一种具有独特导通机理的新型超结IGBT [J]. 固体电子学研究与进展, 2011, 31 (6): 545-600.

[29] 陆斌. IGBT器件结构的改进与器件性能的提升 [D]. 上海交通大学, 2008.

[30] LIDOW A, STRYDOM J, ROOIJ M D, et al. GaN Transistors for Efficient Power Conversion [M]. John Wiley & Sons, 2014.

[31] BALIGA B J. Silicon Carbide Power Devices [M]. World Scientific, 2005.

[32] MADHUSOODHANAN S, HATUA S, BHATTACHARYA S, et al. Comparison study of 12kV n-type SiC IGBT with 10kV SiC MOSFET and 6. 5kV Si IGBT based on 3L-NPC VSC applications [C]. 2012 IEEE Energy Conversion Congress and Exposition (ECCE), 2012: 310-317.

[33] SUNG W, JUN W, HUANG A Q, et al. Design and investigation of frequency capability of 15kV 4H-SiC IGBT [C]. Proceedings of the Power Semiconductor Devices & IC's (ISPSD), 2009: 271-274.

[34] BALIGA B J. Fundamentals of power semiconductor devices [M]. Springer, 2008.

[35] SZE S M, Ng K K. Physics of Semiconductor Devices [M]. 3rd. ed. John Wiley & Sons, 2007.

[36] ZHANG QINGCHUN, JONAS C, CALLANAN R, et al. New Improvement Results on 7. 5kV 4H-SiC p-IGBTs with $R_{diff,on}$ of 26Ω · cm$^2$ at 25℃ [C]. Proceedings of the Power Semiconductor Devices & IC's (ISPSD), 2007: 281-284.

[37] LINDER S. Power Semiconductors [M]. Lausanne, Switzerland: EPFL Press, 2006.

[38] SUI Y, WANG X, COOPER J A. High-voltage self-aligned p-channel DMOS-IGBTs in 4H-SiC [J] IEEE Electron Device Lett., 2007, 28 (8): 728-730.

[39] BALIGA B J. Advanced High Voltage Power Device Concepts [M]. Springer, 2011.

[40] ZHANG QINGCHUN, DAS M, SUMAKERIS J, et al. 12-kV p-Channel IGBTs With Low On-Resistance in 4H-SiC [J]. IEEE Electron Device Lett, 2008, 29 (9): 1027-1029.

[41] ZHANG QINGCHUN, JUN W, JONAS C, et al. Design and Characterization of High-Voltage 4H-SiC p-IGBTs [J]. IEEE Trans. Electron Devices., 2008, 55 (8): 1912-1919.

[42] BRUNT E V, CHENG L, LOUGHLIN M O, et al. 22kV, $1cm^2$, 4H-SiC n-IGBTs with Improved Conductivity Modulation [C]. Proceedings of the Power Semiconductor Devices & IC's (ISPSD), 2014: 358-361.

[43] ZHANG Q, CHANG H R, GOMEZ M, et al. 10kV Trench Gate IGBTs on 4H-SiC [C]. Proceedings of the Power Semiconductor Devices & IC's (ISPSD), 2005: 303-306.

[44] HYUNG R S, CAPELL D C, JONAS C, et al. Ultra high voltage (>12kV), high performance 4H-SiC IGBTs [C]. Proceedings of the Power Semiconductor Devices & IC's (ISPSD), 2012: 257-260.

[45] RANBIR S, HYUNG R S, CAPELL D C, et al. High temperature SiC trench gate p-IGBTs [J]. IEEE Trans. Electron Devices., 2008, 50 (3): 774-784.

[46] ZHANG QINGCHUN, JONAS C, HYUNG R S, et al. Design and Fabrications of High Voltage IGBTs on 4H-SiC [C]. Proceedings of the Power Semiconductor Devices & IC's (ISPSD), 2006: 1-4.

[47] TAKAHASHI H, HARUGUCHI H, HAGINO H, et al. Carrier stored trench-gate bipolar transistor (CSTBT)-A novel power device for high voltage application [C]. Proceedings of the Power Semiconductor Devices & IC's (ISPSD), 1996: 349-352.

[48] ANTONIOU M, UDREA F, BAUER F, et al. Point injection in trench insulated gate bipolar transistor for ultra low losses [C]. Proceedings of the Power Semiconductor Devices & IC's (ISPSD), 2012: 21-24.

[49] WANG X K, COOPER J A. High-Voltage n-Channel IGBTs on Free-Standing 4H-SiC Epilayers [J]. IEEE Trans. Electron Devices, 2010, 57 (2): 511-515.

[50] YONEZAWA Y, MIZUSHIMA T, TAKENAKA K, et al. Low $V_f$ and Highly Reliable 16kV Ultrahigh Voltage SiC Flip-Type n-Channel Implantation and Epitaxial IGBT [C]. Proceedings of the 2013 IEEE International Electron Devices Meeting (IEDM), 2013.

[51] CHOWDHURY S, HITCHCOCK C, STUM Z, et al. 4H-SiC n-Channel Insulated Gate Bipolar Transistors on (0001) and (000-1) Oriented Free-Standing n-Substrates [J]. IEEE Electron Device Lett., 2016, 37 (3): 317-320.

[52] CHOWDHURY S, HITCHCOCK C, DAHAL R, et al. High voltage 4H-SiC bi-directional IGBTs [C]. Proceedings of the Power Semiconductor Devices & IC's (ISPSD), 2016: 463-466.

# 电力电子新技术系列图书
# 目　　录

- 电力电子装置中的信号隔离技术　李维波编著
- 三端口直流变换器　吴红飞、孙凯、胡海兵、邢岩著
- 风力发电系统及控制原理　马宏伟、李永东、许烈等编著
- 电力电子装置建模分析与示例设计　李维波编著
- 碳化硅功率器件：特性、测试和应用技术　高远、陈桥梁编著
- 光伏发电系统智能化故障诊断技术　马铭遥、徐君、张志祥编著
- 单相电力电子变换器的二次谐波电流抑制技术　阮新波、张力、黄新泽、刘飞等著
- 交直流双向变换器　肖岚、严仰光编著